第3版

Python 高效开发实战

Django、Tornado、Flask、Twisted

刘长龙 / 著

电子工业出版社
Publishing House of Electronics Industry
北京·BEIJING

内 容 简 介

也许你听说过全栈工程师,他们善于设计系统架构,精通数据库建模、通用网络协议、后端并发处理、前端界面设计,在学术研究或工程项目中能独当一面。通过对 Python 3 及相关 Web 框架的学习和实践,你就可以成为这样的全能型人才。

本书分为 3 篇:上篇是 Python 基础,带领初学者实践 Python 开发环境,掌握基本语法,同时对网络协议、Web 客户端技术、数据库建模等网络编程基础进行深入浅出的学习;中篇是 Python 框架,用于学习当前最流行的 Python Web 框架,即 Django、Tornado、Flask 和 Twisted,以达到对各种 Python 网络技术融会贯通的目的;下篇是 Python 框架实战,帮助读者使用 4 种框架进行项目实践,利用其各自的特点开发适用于不同场景的网络程序。

本书内容精练、重点突出、实例丰富、讲解通俗,是广大网络应用设计和开发人员不可多得的一本参考书。本书非常适合大中专院校师生学习和阅读,也可作为计算机培训机构的教材。

未经许可,不得以任何方式复制或抄袭本书之部分或全部内容。
版权所有,侵权必究。

图书在版编目(CIP)数据

Python 高效开发实战:Django、Tornado、Flask、Twisted / 刘长龙著. —3 版. —北京:电子工业出版社,2021.8
(高效实战精品)
ISBN 978-7-121-41603-3

Ⅰ. ①P… Ⅱ. ①刘… Ⅲ. ①软件工具—程序设计 Ⅳ. ①TP311.561

中国版本图书馆 CIP 数据核字(2021)第 141209 号

责任编辑:董 英
印　　刷:天津千鹤文化传播有限公司
装　　订:天津千鹤文化传播有限公司
出版发行:电子工业出版社
　　　　　北京市海淀区万寿路 173 信箱　　邮编:100036
开　　本:787×980　1/16　印张:32.5　字数:744 千字
版　　次:2016 年 10 月第 1 版
　　　　　2021 年 8 月第 3 版
印　　次:2021 年 8 月第 1 次印刷
定　　价:108.00 元

凡所购买电子工业出版社图书有缺损问题,请向购买书店调换。若书店售缺,请与本社发行部联系,联系及邮购电话:(010)88254888,88258888。
质量投诉请发邮件至 zlts@phei.com.cn,盗版侵权举报请发邮件至 dbqq@phei.com.cn。
本书咨询联系方式:010-51260888-819,faq@phei.com.cn。

前　　言

有些人想学 Python，却不知如何下手；有些人已经学会 Python 的基本语法，却不知如何使用 Python 进行网站设计和开发；有些人实践过个别 Python 网络框架，却因为 Python 框架过多而无法融会贯通。本书就是为他们准备的一本指南。正所谓知识来源于实践，本书严格遵守这一原则，对每个知识点都进行了示例分析，并在 Python 框架实战篇精选了 4 个不同应用场景的网络项目，帮助读者真正掌握和运用 Python 3 及其相关框架。

改版说明

相较于第 2 版，本版有如下改进。

（1）基于 Python 3.8。

（2）四大框架的版本更新。

- Django 修订为基于 Python 3 的 Django 3。
- Tornado 修订为基于 Python 3 的 Tornado 6。
- Flask 修订为基于 Python 3 的 Flask 1.1.2。
- Twisted 修订为基于 Python 3 的 Twisted 20。

（3）根据前两版的读者反馈，修订了一些印刷错误和描述有歧义的地方。有些读者反馈说本书的项目案例都在 Linux 环境下，为此这次修订增加了一些 Windows 环境下运行程序的提示。

（4）书中对 Python 2 和 Python 3 的关联与不同都做了说明，零基础的读者阅读后可以同时具备这两种 Python 版本的编程能力和代码阅读能力。

（5）对描述中的一些语法相关的单词，规范了英文大小写，与代码中的大小写保持一致。

为什么要读这本书

如果你不知道本书能否帮到你，或者你不知道是否要选择本书，那么请先想想在平时的学习或工作中是否遇到过下列问题：

- 有一个很好的设计网站的想法，想用 Python 实现却无从下手；
- 刚学习了编程语言的 if、for、while 等各种语法，却不知道利用编程语言到底能做些什么；
- 精通 C、C++ 等后台编程语言，却跟不上互联网新技术蓬勃发展的脚步；
- 学了美工画图、网页设计，却不懂数据库和网站搭建；
- 觉得 Django、Tornado、Flask、Twisted 框架的在线资料过于晦涩难懂；
- 知道各种 Python Web 框架，却不知道自己的项目适合哪一种；
- 学过 W3CSchool 中的 Python 课程，却不知道如何使用 Python 框架提高开发效率；
- 会开发网站程序，却不知道如何集成 Nginx 等 Web 服务器；
- 听说过 SSL，让自己的网站支持 HTTPS/SSL 却力不从心；
- 学过网络编程，却还是不知道 IPv6 和 IPv4 的区别；
- 会网络数据库开发，却搞不清楚 PostgreSQL、SQLite、Oracle、MySQL、SQL Server 之间的区别；
- 不知道网络流量大的网站使用什么框架开发最好。

如果以上问题中有些是你困惑的，那么本书也许能帮到你；如果通过学习本书能帮你解决实际问题，那么笔者也就实现了写作本书的目标。

本书的编写特点

1. 零基础要求

在学习本书之前不需要具备任何计算机专业背景，任何有志于 Python 及 Web 站点设计的读者都能利用本书从头学起。本书在基础和实践部分都有大量实例，代码精练，紧扣所讲要点，以加深读者的印象；同时，结合笔者多年使用 Python 的开发经验，本书阐述了很多代码编写技巧，读者可将代码复制到自己的机器上进行实践和演练。

2. 合理的章节安排

本书首先讲解了 Python 编程语言基础、网络和数据库基础、前端页面基础等，然后详细讲解了 Django、Tornado、Flask、Twisted 这四大主流的 Python Web 开发框架，最后通过项目实践帮助读者综合运用之前学到的知识。

3. 最新的框架版本

主流 Python Web 框架都是开源软件，并且仍随着计算机软硬件的进步不断发展，所以使用 Python Web 框架的开发者必须紧跟最新的框架版本！本书讲解的四个 Python Web 框架都使用基于 Python 3 的最新版本，读者能马上将其运用在当前开发环境中。这是一本内容新颖、全面的 Python Web 框架应用实战教材。

4. 内容全面

本书使得 Python 开发者不再局限于某个 Web 框架，一起学习这些框架有助于在学习的过程中举一反三。学完本书，读者可以成为 Python Web 编程方面的集大成者，对不同网络应用场景的设计和开发都能做到得心应手。

5. 中小示例、项目案例，一个都不能少

根据笔者多年的项目经验，本书将典型的示例与知识点加以整合，使读者对每章的知识点都能整体把握。最后介绍的项目案例不仅可以让读者在实际应用中更加熟练地掌握前面讲到的知识点，而且能让读者了解前端开发中由轮廓到细节的完整实现流程。

本书以 Python Web 实战为主，所有代码均通过了上机调试，力求让读者学得懂、练得会。

本书的内容安排

本书共 3 篇 13 章，内容覆盖编程基础、Web 框架详解及开发实战。

上篇（第 1~4 章）：Python 基础

系统学习 Python 编程语言，并且掌握进行网络开发必备的网络、数据库设计、HTML、CSS、JavaScript 等知识。本篇不仅适合新手学习，而且对有经验的开发者同样适用。

中篇（第 5~9 章）：Python 框架

详细讲述 Django、Tornado、Flask、Twisted 四大主流 Python Web 框架，在其中穿插讲解 Python 虚拟环境、Nginx 服务器、SQLAlchemy、HTML 模板、HTML 5、WebSocket 等通用组件和技术。站在框架这个巨人的肩膀上，我们不仅可以提高开发效率，而且可以实现多人协同、风格统一。

下篇（第 10～13 章）：Python 框架实战

分别用四大主流框架开发不同类型的网站项目，模拟场景覆盖社交网站、聊天室、信息管理系统、物联网消息网关等各个方面，还加入了 JavaScript、CSS、jQuery、Bootstrap 等前端关键技术的应用，使得读者通过深入浅出的学习和实践成为全能开发者。

本书的阅读建议

笔者按照自身近 20 年的学习和开发经验编排了本书的章节顺序，因此推荐按顺序从第 1 章学习到第 13 章，尤其不能遗漏 Python 基础篇的内容。时间特别紧迫或者只想精通个别 Python Web 框架的读者，可以在阅读 Python 基础篇后直接阅读所需框架在其他两篇中的相应内容。

本书知识点缩略图

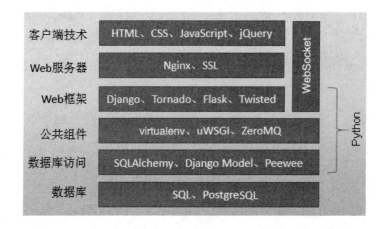

本书的目标读者

- Python 编程技术爱好者。
- Django、Tornado、Flask、Twisted 项目参与者。
- 网站设计人员。
- 网站开发人员。
- Web 前端开发入门者。

- 想从网页设计拓展到后台开发的设计者。
- 由单机软件开发转向 Web 开发的技术人员。
- 全栈开发人员。
- 大中专院校的学生及各种 IT 培训学校的学生。
- 希望自己动手设计站点原型的需求分析人员。

编辑推荐

本书的写作目的是，确保读者能运用一些工具、框架、已有代码来提高开发效率及节约人力成本，确保读者能活学活用本书所讲解的内容。通过阅读本书，读者能知道如何设计一个网站、如何选择 Python Web 框架，以及如何使用框架快速开发应用。全书包含大量的实战案例和开发技巧，总结了使用 Python 进行 Web 开发时的优秀实践（Django、Tornado、Flask、Twisted、SQLAlchemy、Nginx、JavaScript、jQuery），讨论了各种实际问题的解决方案，是目前市场上少有的全面介绍 Python Web 开发的图书。

致谢

笔者要把本书献给笔者的父母、岳父母、妻子和孩子，感谢他们一直鼓励笔者，没有他们的支持，笔者无法做到这一切；还要感谢笔者的朋友和同事，感谢他们不断地鼓励和帮助笔者。笔者非常幸运，能够和这些聪明、努力的人一起工作和交流。

参与本书编写的还有薛淑英，特此致谢！

刘长龙

读者服务

微信扫码回复：41603

- 获取本书配套代码
- 加入本书读者交流群，与作者互动
- 获取【百场业界大咖直播合集】（持续更新），仅需 1 元

目　　录

上篇　Python 基础

第 1 章　Python 基础知识 2
1.1　Python 综述 3
1.1.1　了解 Python 的特性及版本 3
1.1.2　安装 Python 5
1.1.3　使用 Python 原生编辑器 8
1.1.4　使用 Eclipse 开发环境 10
1.1.5　Python 编程入门——解决"斐波那契数列"问题 15
1.2　数据类型 18
1.2.1　Number 类型 18
1.2.2　Sequence 类型 22
1.2.3　string 与 bytes 24
1.2.4　tuple 类型 31
1.2.5　list 类型 32
1.2.6　set 类型 33
1.2.7　dict 类型 36
1.3　流程控制 38
1.3.1　程序块与作用域 38
1.3.2　判断语句 39
1.3.3　循环语句 41
1.3.4　语句嵌套 43
1.4　函数 44
1.4.1　定义与使用 44
1.4.2　变长参数 46
1.4.3　匿名函数 48

	1.5	异常 50
		1.5.1 异常处理 50
		1.5.2 自定义异常 52
	1.6	面向对象编程 53
		1.6.1 什么是面向对象 53
		1.6.2 类和对象 55
		1.6.3 继承 62
	1.7	本章总结 65
第 2 章	Web 编程之网络基础 66
	2.1	TCP/IP 网络 67
		2.1.1 计算机网络综述 67
		2.1.2 TCP 和 UDP 71
		2.1.3 C/S 及 B/S 架构 74
	2.2	HTTP 75
		2.2.1 HTTP 流程 76
		2.2.2 HTTP 消息结构 77
		2.2.3 HTTP 请求方法 81
		2.2.4 基于 HTTP 的网站开发 81
	2.3	Socket 编程 83
		2.3.1 Socket 基础 83
		2.3.2 实战演练 1：Socket TCP 原语 84
		2.3.3 实战演练 2：Socket UDP 原语 88
	2.4	本章总结 89
第 3 章	客户端的编程技术 90
	3.1	HTML 91
		3.1.1 HTML 介绍 91
		3.1.2 HTML 基本标签 94
		3.1.3 HTML 表单 100
	3.2	CSS 103
		3.2.1 样式声明方式 104
		3.2.2 CSS 语法 105
		3.2.3 基于 CSS+DIV 的页面布局 107
	3.3	JavaScript 109
		3.3.1 在 HTML 中嵌入 JavaScript 109

  3.3.2 JavaScript 的基本语法 110
  3.3.3 DOM 及其读写 115
  3.3.4 window 对象 119
  3.3.5 HTML 事件处理 122
 3.4 jQuery 125
  3.4.1 使用 jQuery 125
  3.4.2 选择器 126
  3.4.3 行为 127
 3.5 本章总结 131

第 4 章 数据库及 ORM 132
 4.1 数据库的概念 132
  4.1.1 Web 开发中的数据库 133
  4.1.2 关系数据库建模 135
 4.2 关系数据库编程 138
  4.2.1 常用的 SQL 语句 138
  4.2.2 实战演练：在 Python 中应用 SQL 144
 4.3 ORM 编程 146
  4.3.1 ORM 理论基础 146
  4.3.2 Python ORM 库介绍 148
  4.3.3 实战演练：Peewee 库编程 149
 4.4 本章总结 152

中篇 Python 框架

第 5 章 Python 网络框架纵览 154
 5.1 网络框架综述 155
  5.1.1 网络框架及 MVC 架构 155
  5.1.2 4 种 Python 网络框架：Django、Tornado、Flask、Twisted 156
 5.2 开发环境准备 157
  5.2.1 easy_install 与 pip 的使用 157
  5.2.2 使用 Python 虚环境 virtualenv 159
 5.3 Web 服务器 161
  5.3.1 实战演练 1：WSGI 161
  5.3.2 实战演练 2：Linux+Nginx+uWSGI 配置 163
  5.3.3 实战演练 3：建立安全的 HTTPS 网站 169

5.4 本章总结 171

第 6 章 企业级开发框架——Django 172
6.1 Django 综述 173
6.1.1 Django 的特点及结构 173
6.1.2 安装 Django 3 174
6.2 实战演练：开发 Django 站点 174
6.2.1 建立项目 174
6.2.2 建立应用 176
6.2.3 基本视图 177
6.2.4 内置 Web 服务器 178
6.2.5 模型类 179
6.2.6 表单视图 182
6.2.7 使用管理界面 186
6.3 Django 模型层 187
6.3.1 基本操作 187
6.3.2 关系操作 195
6.3.3 面向对象 ORM 200
6.4 Django 视图层 203
6.4.1 URL 映射 203
6.4.2 视图函数 209
6.4.3 模板语法 210
6.5 使用 Django 表单 216
6.5.1 表单绑定状态 216
6.5.2 表单数据验证 217
6.5.3 检查变更字段 219
6.6 个性化管理员站点 220
6.6.1 模型 220
6.6.2 模板 223
6.6.3 站点 225
6.7 本章总结 227

第 7 章 高并发处理框架——Tornado 228
7.1 Tornado 概述 229
7.1.1 Tornado 介绍 229
7.1.2 安装 Tornado 229

7.2 异步及协程基础 230
  7.2.1 同步与异步 I/O 230
  7.2.2 可迭代（Iterable）与迭代器（Iterator） 231
  7.2.3 用 yield 定义生成器（Generator） 233
  7.2.4 协程 235
7.3 实战演练：开发 Tornado 网站 239
  7.3.1 网站结构 239
  7.3.2 路由解析 240
  7.3.3 RequestHandler 242
  7.3.4 异步协程化 247
7.4 用户身份验证框架 248
  7.4.1 安全 Cookie 机制 248
  7.4.2 用户身份认证 250
  7.4.3 防止跨站攻击 252
7.5 HTML 5 WebSocket 的概念及应用 255
  7.5.1 WebSocket 的概念 255
  7.5.2 服务端编程 257
  7.5.3 客户端编程 260
7.6 Tornado 网站部署 262
  7.6.1 调试模式 262
  7.6.2 静态文件 264
  7.6.3 运营期配置 266
7.7 本章总结 268

第 8 章 支持快速建站的框架——Flask 269

8.1 Flask 综述 270
  8.1.1 Flask 的特点 270
  8.1.2 安装 Flask、SQLAlchemy 和 WTForm 271
8.2 实战演练：开发 Flask 站点 272
  8.2.1 Hello World 程序 272
  8.2.2 模板渲染 274
  8.2.3 重定向和错误处理 276
8.3 路由详解 277
  8.3.1 带变量的路由 277
  8.3.2 HTTP 方法绑定 279
  8.3.3 路由地址反向生成 280

8.4 使用上下文 282
8.4.1 会话上下文 282
8.4.2 应用全局对象 283
8.4.3 请求上下文 285
8.4.4 回调接入点 287
8.5 Jinja2 模板编程 289
8.5.1 Jinja2 语法 289
8.5.2 使用过滤器 291
8.5.3 流程控制 294
8.5.4 模板继承 297
8.6 SQLAlchemy 数据库编程 300
8.6.1 SQLAlchemy 入门 300
8.6.2 主流数据库的连接方式 304
8.6.3 查询条件设置 304
8.6.4 关系操作 307
8.6.5 级联 312
8.7 WTForm 表单编程 318
8.7.1 定义表单 318
8.7.2 显示表单 319
8.7.3 获取表单数据 321
8.8 本章总结 323

第 9 章 底层自定义协议网络框架——Twisted 324
9.1 Twisted 综述 325
9.1.1 框架概况 325
9.1.2 安装 Twisted 及周边组件 325
9.2 实战演练：开发 TCP 广播系统 327
9.2.1 广播服务器 327
9.2.2 广播客户端 329
9.3 UDP 编程技术 332
9.3.1 实战演练 1：普通 UDP 333
9.3.2 实战演练 2：Connected UDP 336
9.3.3 实战演练 3：组播技术 337
9.4 Twisted 高级话题 339
9.4.1 延迟调用 339
9.4.2 使用多线程 345

9.4.3 安全信道 347
9.5 本章总结 351

下篇　Python 框架实战

第 10 章　实战 1：用 Django+PostgreSQL 开发移动 Twitter 354
10.1 项目概览 355
　　10.1.1 项目来源（GitHub） 355
　　10.1.2 安装 PostgreSQL 数据库并配置 Python 环境 356
　　10.1.3 项目结构 359
10.2 页面框架设计 361
　　10.2.1 基模板文件 361
　　10.2.2 手机大小自适应（jQuery 技术） 363
　　10.2.3 文本国际化 364
　　10.2.4 网站页面一览 367
10.3 用户注册及登录 368
　　10.3.1 页面设计 368
　　10.3.2 模型层 370
　　10.3.3 视图设计 371
10.4 手机消息的发布和浏览 376
　　10.4.1 页面设计 376
　　10.4.2 模型层 381
　　10.4.3 视图设计 382
10.5 社交朋友圈 385
　　10.5.1 页面设计 385
　　10.5.2 模型层 388
　　10.5.3 视图设计 389
10.6 个人资料配置 392
　　10.6.1 页面设计 392
　　10.6.2 图片上传（第三方库 PIL） 394
10.7 Web 管理站点 397
　　10.7.1 定义可管理对象 397
　　10.7.2 配置管理员 398
　　10.7.3 使用管理站点 399
10.8 本章总结 400

第 11 章 实战 2：用 Tornado+jQuery 开发 WebSocket 聊天室 402
11.1 聊天室概览 403
11.1.1 项目介绍 403
11.1.2 安装和代码结构 404
11.2 消息通信 405
11.2.1 建立网站 405
11.2.2 WebSocket 服务器 408
11.2.3 WebSocket 客户端 409
11.3 聊天功能 412
11.3.1 昵称 412
11.3.2 消息来源 414
11.3.3 历史消息缓存 416
11.4 用户面板 417
11.4.1 用 CSS 定义用户列表 417
11.4.2 服务器通知 419
11.4.3 响应服务器动态通知（jQuery 动态编程）............ 420
11.5 本章总结 421

第 12 章 实战 3：用 Flask+Bootstrap+Restful 开发学校管理系统 422
12.1 系统概览 423
12.1.1 项目来源及功能 423
12.1.2 项目安装 424
12.1.3 代码结构 427
12.2 数据模型设计 429
12.2.1 E-R 图设计 429
12.2.2 SQLAlchemy 建模 431
12.3 响应式页面框架设计 437
12.3.1 基模板组件引用 437
12.3.2 响应式导航 440
12.4 新建学校 443
12.4.1 WTForm 表单 443
12.4.2 视图及文件上传 445
12.4.3 响应式布局 446
12.5 学校管理 449
12.5.1 查询视图 449
12.5.2 分页模板 452

12.6 Restful 接口 454
12.6.1 Restful 的概念 454
12.6.2 Restless 插件 455
12.6.3 开发 Restful 接口 459
12.7 本章总结 464

第 13 章 实战 4：用 Twisted+SQLAlchemy+ZeroMQ 开发跨平台物联网消息网关 465
13.1 项目概况 466
13.1.1 功能定义 466
13.1.2 安装和测试 467
13.1.3 项目结构 471
13.2 项目设计 472
13.2.1 SQLAlchmey 建模 472
13.2.2 TCP 接口设计 476
13.3 通信引擎 479
13.3.1 跨平台安全端口 479
13.3.2 管理连接 481
13.3.3 收发数据 482
13.3.4 TCP 流式分包 485
13.3.5 异步执行 487
13.4 协议编程 488
13.4.1 执行命令 489
13.4.2 struct 解析字节流 491
13.4.3 序列号生成 493
13.4.4 连接保持 494
13.4.5 发送 Response 495
13.4.6 错误机制 497
13.5 ZeroMQ 集群 499
13.5.1 内部接口设计 499
13.5.2 PUB/SUB 通信模型编程 501
13.6 本章总结 502

上篇
Python 基础

- 第 1 章　Python 基础知识
- 第 2 章　Web 编程之网络基础
- 第 3 章　客户端的编程技术
- 第 4 章　数据库及 ORM

第 1 章
Python 基础知识

目前，国内外信息化建设已经进入以 Web 和 Cloud 应用为核心的阶段。Python 作为解释性的计算机程序设计语言，由于其在开发效率上的优势，越来越多的企业和开发者将其作为全新 Web 应用的首选开发语言。掌握 Python 本身是用 Python 进行 Web 开发的基础。本章涉及的主要内容如下。

- Python 综述：了解 Python，学习其安装、编辑环境。
- 基本数据类型：掌握数值、字符串等 Python 基本数据类型。
- 流程控制：掌握 if、for、while 等语句，学会使用函数。
- 复合数据结构：掌握集合、列表、字典等在 Python 中的应用。
- 函数编程：掌握函数定义及调用，变长参数、匿名函数的使用。
- 异常：掌握异常的概念及如何生成、处理 Python 异常。
- 面向对象基础：掌握面向对象概念在 Python 中的应用。

1.1 Python 综述

Python 是一种可以撰写跨平台应用程序的面向对象程序设计语言,它具有卓越的通用性、高效性、平台移植性和安全性,被广泛应用于 Web、PC、商业分析等领域,同时在全球范围内拥有众多开发者社群。

1.1.1 了解 Python 的特性及版本

1. Python 的历史及特点

Guido Van Rossum 于 1989 年底首创 Python,当时他还在荷兰的 CWI(Centrum voor Wiskunde en Informatica,国家数学和计算机科学研究院)工作。1991 年初,Python 发布了第 1 个公开发行版。至 2021 年,Python 已经流行并发展了 30 年,在各个领域都有着广泛的应用,究其原因,Python 的流行归结于以下几个方面。

- **解释性语言**:解释性语言的程序不需要开发者进行编译,在运行程序时才被翻译成机器代码。脚本语言解释执行的特点是"随时编辑、随时生效"。计算机硬件愈发廉价,间接使得在多数商务应用中软件的运行效率不再是选择开发语言的首要标准。而企业也逐步意识到开发效率和可移植性的重要性,这使得脚本语言在软件项目中扮演着越来越重要的角色。
- **高级性**:Python 的高级性不是相对于汇编语言而言的,而是相对于 C++、Java 等高级语言而言的。Python 在语言层面对开发者提供了更强大的支持。任何具有规模的应用程序都需要用到链表、字典等数据结构,在 Python 中,List、Set、Dict 等是内建于语言本身的。在核心语言中提供这些重要的构建单元,可以鼓励人们使用它们,缩短开发时间,减少代码量,生产出可读性更好的代码。而在 C++ 等语言中,这些需要通过附加的标准库来实现。
- **胶水语言**(glue language):即使读者从未学习过 Python,可能也知道 Python 是最主要的胶水语言之一。胶水语言是用来连接软件组件的程序设计语言,这意味着 Python 就像一只八爪章鱼,可以连接各种主要的技术标准,比如 Shell Command、Windows DLL 和 Web Service。在 B/S 应用大行其道的时代,曾经出现过几十个 Python Web 开发框架,发展到现在已经形成了 Django、Tornado 等成熟的解决方案。

- **跨平台性**：Windows、Linux、macOS 等操作系统的优劣之争由来已久，但这是一个永无止境的话题。目前已形成的共识可以归结为：Windows 客户端简单易用，Linux 操作系统胜在稳定性，macOS 操作系统提供了更好的用户体验。Python 在各平台上都实现了编译解释器，使得 Python 程序可以运行在不同的操作系统平台上。
- **健壮性**：所谓健壮的系统是指对于规范要求以外的输入能够判断出这个输入不符合规范要求，并有合理的处理方式。一个软件能够检测自己内部的设计或者编码错误，并得到正确的执行结果，这是软件的正确性标准，但也可以说，软件有内部的保护机制，是模块级健壮的。Python 的强类型机制、异常处理、垃圾的自动收集等是其程序健壮性的重要保证。使用 Python 的开发者不用在资源申请、回收等方面花费太多精力。
- **易学易用**：Python 的设计哲学是"优雅""明确""简单"。由于 Python 的简洁、易读及可扩展性，在国外用 Python 做科学计算的研究机构日益增多，一些知名大学已经采用 Python 教授程序设计课程，如卡耐基梅隆大学的编程基础、麻省理工学院的计算机科学及编程导论就使用 Python 讲授。众多开源的科学计算软件包都提供了 Python 的调用接口，如著名的计算机视觉库 OpenCV、三维可视化库 VTK、医学图像处理库 ITK。当然，在本书的主题 Web 领域，Python 目前涌现了众多框架，最具代表性的就是本书将要讲解的 Django、Tornado、Flask 和 Twisted。

说明：Python 是一种解释性语言，虽然属于开源项目，但我们可以将其用于商业用途，并且可以将其放在用于商业用途的产品光盘中一同发售。

2. Python 的当前版本

经过长时间的发展，Python 同时流行两个不同的版本，它们分别是 2.x 和 3.x 版本，但是与其他语言不同的是，这两个主要版本之间无法实现兼容。

本书第 1 版发行时，Python 2 还是大多数应用的主流版本，包括本书详细介绍的 Twisted 等框架都未发布基于 Python 3 的稳定版本。但是到了 2018 年本书第 2 版发行时，多数 Python 项目都选择了 Python 3，所有主流框架也都完成了基于 Python 3 的稳定版本的发布。

而本书确定更新第 3 版时，Python 2 已经退出历史舞台，Python 3 是 Python 初学者的必然选择。因此，本书全部基于 Python 3 进行讲解与实践。

注意：本书中的程序都是基于 Python 3.8 介绍的。截止到本书写作时，虽然已经有 Python 3.9，但还不够完善。

1.1.2 安装 Python

只有在操作系统中安装了 Python 环境之后，Python 程序才能运行。Python 安装包可以去 Python 官方网站下载，如图 1.1 所示。

注意：虽然这里已经是 Python 3.9.1，但当我们选择 Windows 版本下载时，最近一次的发行版本依然是 3.8.x。

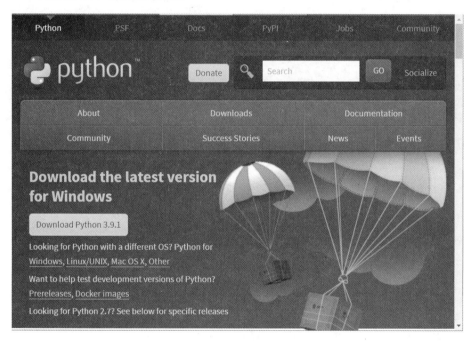

图 1.1　Python 安装包下载

1. 在 Windows 10 上的安装

Python 的 Windows 安装包以 python-x.x.x.exe 或 python-x.x.x.amd64.exe 方式命名，其中 x.x.x 是所下载的版本号。直接运行该程序可以进入 Python 的安装界面，如图 1.2 所示。

确保对话框下方的"Add Python x.x to PATH"复选框已勾选，然后单击"Install Now"按钮继续安装，Python 在 Windows 中的安装过程如图 1.3 所示。

图 1.2　Python 在 Windows 中的安装界面

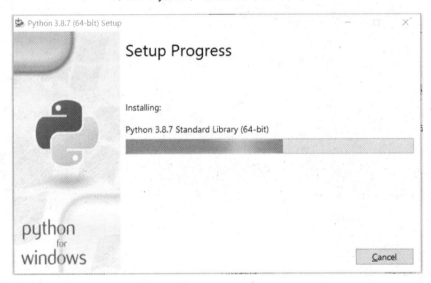

图 1.3　Python 在 Windows 中的安装过程

安装完成后，Python 3 的可执行程序路径就会被自动加入 Windows 环境变量中。可以通过环境变量对话框查看，具体查找路径为：【计算机】|【属性】|【高级系统设置】|【环境变量】对话框中的【Path】变量，如图 1.4 所示。

图 1.4　在 Windows 中设置 PATH 环境变量

在操作系统中安装了 Python 后就可以手动运行 Python 程序了，比如，通过如下命令运行一个 Python 文件：

```
C:\> python hello.py                                    # 运行名为hello.py的代码文件
```

说明：Python 代码文件一般以*.py 命名。

或者可以在 Console（命令行窗口）中直接运行 Python 命令，以进入 Python 环境，如图 1.5 所示。图 1.5 中的 ">>>" 是 Python 命令提示符，在其后可以输入任意 Python 命令。

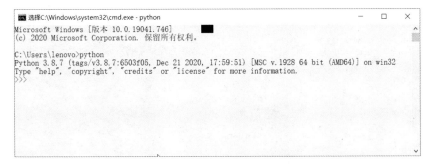

图 1.5　在 Windows 中启动 Python 环境

2. 在 Linux 与 macOS 上的安装

较新的 Linux 与 macOS 系统都自带了 Python 3 的解释器。对于 Linux 来说，如果需要单独安装，可以利用这些系统上的软件包管理器，通过简单的命令完成 Python 3 的安装，如对于 Ubuntu 来说：

```
# sudo add-apt-repository ppa:deadsnakes/ppa
# sudo apt-get update
# sudo apt-get install python3.8
```

对于 macOS 系统，可以从 Python 官网下载 pkg 安装包用图形化方式安装。

它们的安装都较简单，唯一需要注意的是，在这些系统中如果同时安装了 Python 2 和 Python 3，建议用"python3"命令执行 Python 程序：

```
# python3 hello.py                              # 指定用 Python 3 运行 hello.py
```

这样做的原因是，在这些系统中，"python"命令往往指向系统自带的 Python 2 解释器。当然，也可以用更加明确的带小版本号的命令：

```
# python3.8 hello.py                            # 指定用 Python 3.8 运行 hello.py
```

1.1.3 使用 Python 原生编辑器

IDLE 是 Python 软件包自带的一个集成开发环境，初学者可以利用它方便地创建、运行、测试和调试 Python 程序。在安装 Python 后，开发者可以通过【Windows 开始】|【Python x.x】|【IDLE】直接运行，IDLE 的界面如图 1.6 所示。

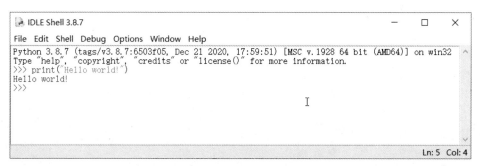

图 1.6　IDLE 的界面

图 1.6 中已经完成了一个 "Hello World" 的演示。通过 IDLE，开发者可以快速进入 Python 环境，除了学习，有经验的开发者还可以用 IDLE 进行快速验证、测试等工作。作为一个编辑器，IDLE 环境提供了如下功能。

- 一个多窗口环境，提供自动完成、自动缩进等基于 Python 的编辑功能。
- 语义解析、关键字高亮。
- 提供单步调试、断点、调用栈视图等功能。

常用的编辑方式如下。

- Undo：撤销上一次的修改。
- Redo：重复上一次的修改。
- Cut：将所选文本剪切至剪贴板。
- Copy：将所选文本复制到剪贴板。
- Paste：将剪贴板上的文本粘贴到光标所在的位置。
- Find：在窗口中查找单词或模式。
- Find in Files：在指定的文件中查找单词或模式。
- Replace：替换单词或模式。
- Go to Line：将光标定位到指定的行首。

技巧：Python 可以记录会话期间在命令行中执行过的所有命令。在提示符下，可以按 Alt+P 组合键找回这些命令，每按一次，IDLE 就会从最近的命令开始检索命令历史，按命令使用的顺序逐个显示。按 Alt+N 组合键，则可以反方向遍历各个命令，即从最初的命令开始遍历。

通过菜单【Debug】|【Debugger】可以打开 "Debug Control" 窗口，在 IDLE 中输入 Python 语句后，可以通过调试对话框中的 4 个控制按钮 Go（执行）、Step（单步）、Over（单行执行）、Out（跳出函数）进行调试。在 IDLE 中调试 Python 语句如图 1.7 所示。

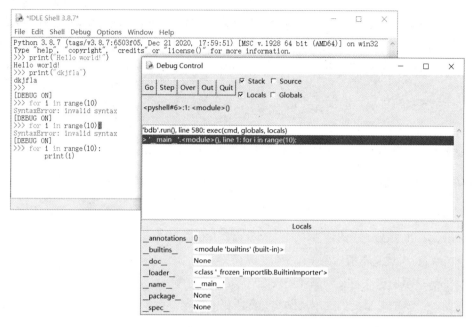

图 1.7　在 IDLE 中调试 Python 语句

1.1.4　使用 Eclipse 开发环境

虽然 Python 自带的 IDLE 环境提供了简单的编辑和调试 Python 程序的方法，但其功能简单，无法满足企业级项目开发的需求。

Python 程序本身可以用任何文本编辑器来编写，从 Windows 记事本、Notepad++、UltraEdit，到 Linux 的 VIM、EMACS 等，有经验的开发者可以根据自己的习惯进行选择。但因为初学者可能缺少开发经验并熟悉 Windows 平台的操作，所以本书为初学者推荐一个成熟度较高的开发环境——Eclipse。使用 Eclipse 的 PyDev 插件可以搭建可视化、控制灵活、调试方法完备的 Python 专业开发环境。

1. 安装 Eclipse

Eclipse 是一个在 Windows 环境下开放源代码的、基于 Java 的可扩展开发平台。就其本身而言，它只是一个框架和一组服务，通过插件构建开发环境。读者可以通过 Eclipse 官方网站下载适合自己操作系统的最新版本 Eclipse 软件包。Eclipse 的启动界面如图 1.8 所示。

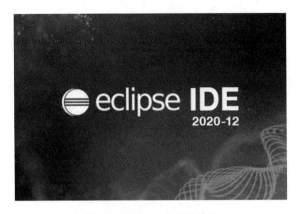

图 1.8　Eclipse 的启动界面

注意：在安装 Eclipse 之前，必须先安装 Java 开发套件 JDK。

首次启动 Eclipse 时会询问开发者项目的默认路径,确认则勾选"Use this as the default and do not ask again"复选框，然后单击"Launch"按钮即可，如图 1.9 所示。

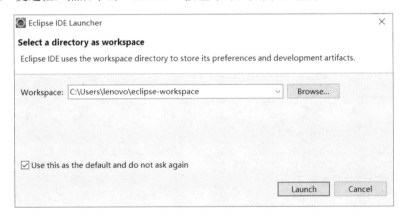

图 1.9　Eclipse 项目默认路径设置

2. 安装 PyDev 插件

PyDev 是 Python 在 Eclipse 中的环境插件，需要在 Eclipse 启动后进行安装。

（1）单击【Help】|【Install New Software】菜单，在出现的界面中单击"Add..."按钮，在 Add Repository 对话框的"Name"栏中填写 PyDev，在"Location"栏中填写"http://www.pydev.org/updates"，之后单击"Add"按钮，如图 1.10 所示。

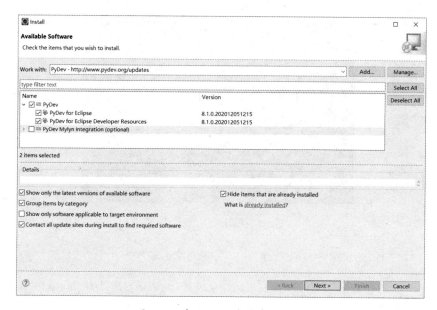

图 1.10　在 Eclipse 中搜索 PyDev

（2）Eclipse 会在线搜索 PyDev 并列出可安装的包，开发者需要选择"PyDev"，然后单击 Install 窗口中的"Next>"按钮，如图 1.11 所示。

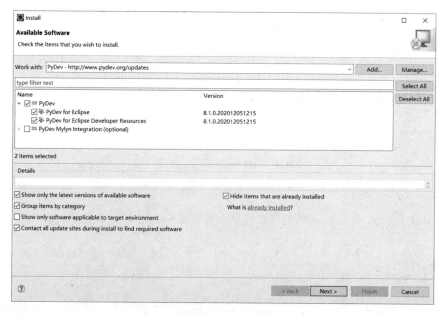

图 1.11　在 Eclipse 中安装 PyDev

（3）按照提示完成条目及协议确认，逐步完成安装即可。在安装过程中，Eclipse 会自动从 Internet 下载安装包并安装，需要耐心等待。

（4）安装完成后，需要重启 Eclipse 才能使 PyDev 生效。

在进行 Python 开发之前，需要在 Eclipse 中先配置 Python 解释器的路径，方法为：选择【Window】|【Preferences】菜单，在出现的对话框中选择【PyDev】|【Interpreters】|【Python Interpreter】，单击对话框中的"Browse for python/pypy.exe"按钮，在出现的对话框中将"Interpreter Name"设置为 Python 3，在"Interpreter Executable"栏为所安装的 Python 可执行程序输入完整路径名，如"C:\xxx\Python38\python.exe"。Python 解释器的配置如图 1.12 所示。

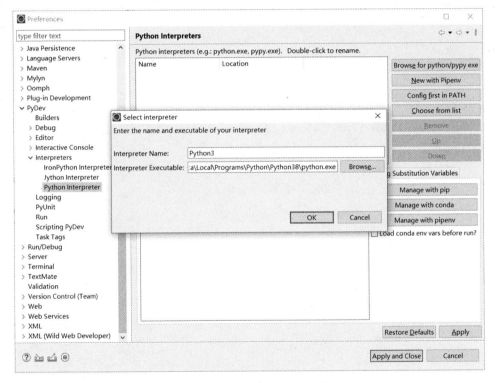

图 1.12 Python 解释器的配置

确认后会出现如图 1.13 所示的 pythonpath 配置对话框。

单击"OK"按钮后按照提示完成配置即可，不再赘述。至此 Python 环境已经在 Eclipse 中安装完成。

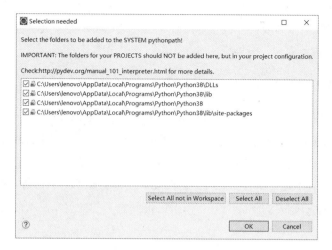

图 1.13　pythonpath 配置

3. 用 PyDev 新建项目进行 Python 开发

可以通过在 Eclipse 中建立 PyDev 项目来进行 Python 项目开发。新建 PyDev 项目的方法如下。

（1）在 Eclipse 中选择【File】|【New】|【Project...】菜单，在弹出的对话框中选择【PyDev】|【PyDev Project】，并单击"Next＞"按钮，如图 1.14 所示。

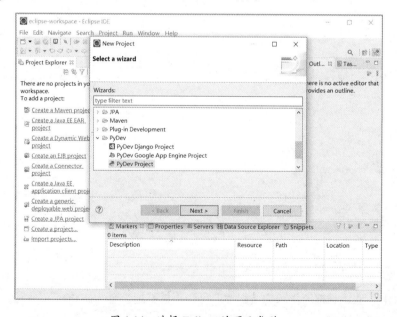

图 1.14　选择 Eclipse 的项目类型

（2）在弹出的 PyDev 项目对话框中输入项目的名字，其他选项可保持默认，单击"Finish"按钮，如图 1.15 所示。

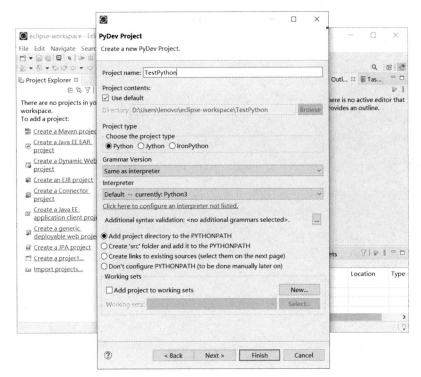

图 1.15　新建 PyDev 项目

至此，已经可以使用 Eclipse 的强大功能进行 Python 开发了。

1.1.5　Python 编程入门——解决"斐波那契数列"问题

在 1.1.3 节中，读者应该已经完成了对 Python "Hello World"程序的编写。在本节中，通过解决一个被称为"斐波那契数列"的数学问题，读者可以对 Python 编程方法有一个初步了解。

斐波那契数列（Fibonacci Sequence）又被称为黄金分割数列，因数学家列昂纳多·斐波那契以兔子繁殖为例子而引入，故又被称为"兔子数列"，指的是这样一个数列：0、1、1、2、3、5、8、13、21、34……在数学上，斐波那契数列以递归的方法定义：$F(0)=0$，$F(1)=1$，$F(n)=F(n-1)+F(n-2)(n \geqslant 2, n \in N^*)$。简单地归结斐波那契数列的规律为：第 1 个数值为 0，第 2

个数值为 1，之后的每个数值都是位于它之前的两个数值的和。

【示例 1-1】如下 Python 代码用于每隔一秒打印一个斐波那契数列数字，并且将数列保存到指定的文件中：

```python
#!/usr/bin/env python
# -*- coding: utf-8 -*-

import time

def fbis(num):
    result=[0,1]
    for i in range(num-2):
        result.append(result[-2]+result[-1])
    return result

def main():
    result = fbis(10)
    fobj = open('result.txt', 'w+')
    for i, num in enumerate(result):
        print("index %d is %d" % (i, num))
        fobj.write("%d"%num)
        time.sleep(1)

if __name__ == '__main__':
    main()
```

代码解析如下。

- 一般情况下，在 Python 中用"#"标识注释行，但有两种特殊情况：
  - 当 Python 代码作为可执行文件直接运行在 Linux 系统中时，"#!/usr/bin/env python"用于告诉系统 Python 解释器的位置。
  - " # -*- coding: utf-8 -*-"用于标识本文件用 UTF-8 格式编码，虽然 Python 3 本身默认使用 UTF-8 编码，但该项声明对某些编辑器来说仍然有用。
- import 语句用于导入包。本例中导入了 time 包，因为之后的 sleep()函数位于其中。
- Python 中的函数定义用 def 关键字完成，":"用于代码块。代码块通过缩进对齐而不用大括号来表达代码逻辑，因为没有了额外的字符，程序的可读性更高，而且缩进完全能够清楚地表达一个语句属于哪个代码块。本例中定义了两个函数：fbis()和 main()。

注意：Python 用缩进标识代码块，因此一个代码块内的每行代码的前导空格必须一致，否则执行时解释器会报错。

- 函数参数无须定义类型，如本例中函数 fbis() 的参数 num。
- list 是 Python 中常用的列表类型，Python 中的 list 类型用中括号"[ ]"定义。本例中 fbis() 函数的 result 变量是 list 的实例，用于保存被生成的数列。
- range(num) 函数用于生成从 0 到 num−1 的数字序列。
- [for … in …] 语句是循环流程语句。在函数 fbis() 的 for 语句中，生成一个从 0 到 num−2−1 的循环，每个循环体中计算一个数值并加入 result 列表。
- 列表变量的负数索引用于获取列表中倒数的元素，如本例中的 result[-1] 意为获取 result 的倒数第 1 个元素。
- main() 函数中用参数 10 调用 fbis() 函数，生成 10 个斐波那契数字。
- Python 的内置函数 open() 用于打开文件，其第 1 个参数是被打开的文件名，第 2 个参数是打开的方式，"w+"表示打开待写入的文件。main() 函数将打开的文件句柄放在 fobj 变量中。
- enumerate() 函数会将数组或列表组成一个索引序列，其返回值内包含两个变量的迭代器，第 1 个是序列号，第 2 个是数组或列表中本来就有的元素。

技巧：用 enumerate 生成带索引的迭代序列。

- 在 Python 中可以使用 print() 函数打印输出，可以用 print 显示变量的字符串表示，或者仅使用变量名查看该变量的原始值。Python 的 print() 函数与字符串格式运算符（%）结合使用，可实现字符串替换功能，这一点和 C 语言中的 printf() 函数非常相似。

注意：格式运算符（%）后面有多个被替换变量时一定要放在小括号内。

- 用文件句柄的 write() 函数可以向文件写入数据。文件句柄的 read() 函数可以从文件中读取数据。

技巧：用 open() 函数打开文件，用 write() 函数向文件写入数据，用 read() 函数从文件中读出数据。

- 用 time 包的 sleep() 函数可以让程序暂停一段时间，本例中输入参数 1 以指定暂停 1 秒。
- 与其他高级语言一样，判断逻辑用 if 语句表达。本例中的 if 语句用于判断代码是被其他模块导入还是直接被执行，如果直接被执行，则调用 main() 函数。
- __name__ 是 Python 的只读内置变量。在模块中访问该变量时，随着模块的调用方式的不同，它有不同的值：当该模块被直接调用时，__name__的值为__main__；当该模块被其他模块用 import 语句调用时，它的值为当前模块名。

技巧：用本例中的 if __name__ == '__main__': main()的方法启动 main()函数是 Python 的常用方法。在 Python 中，所有内置变量都以"前带两个下画线、后带两个下画线"的方式命名。另一个常用的内置变量是__class__，在类内部使用时其内容为当前类名。

将代码文件保存为 1-1.py 文件，无须编译程序，直接用 python 命令执行程序，如图 1.16 所示。

图 1.16　执行斐波那契数列程序的结果

1.2　数据类型

经过对 1.1 节的学习，读者已经对 Python 开发有所了解，从本节开始，我们将逐步学习 Python 的编程技巧。

数据类型的定义是一个值的集合及定义在这个集合上的一组操作。变量用来存储值的所在之处，它们有名字和数据类型。变量的数据类型决定了如何将代表这些值的位存储到计算机的内存中。Python 在声明变量时虽然无须指定数据类型，但是每个变量在被赋值时便会被赋予一种数据类型。所以，所有变量都具有数据类型，掌握数据类型是学好 Python 的基础。

1.2.1　Number 类型

Number 类型即数值类型，通常用于存储数字，是最常用的变量类型。

1. 类型定义

Python 中的数值类型包括 integer、bool、float 和 complex。

（1）integer：整型，相当于 C 语言中的 int 及 long 型。与 C 语言及 Python 2 不同的是，在 Python 3 中不限制整型变量的取值范围，即可以使用超出 $-2^{64} \sim 2^{64}$ 范围的数值，示例如下：

```
a = 12                                    # 正整数
b = -405                                  # 负整数
c = 0x3A                                  # 十六进制表示的正整数，相当于 58
d = 0o24                                  # 八进制表示的正整数，相当于 20
e = 92309489909209384029347293424238923   # 一个非常大的整数
```

（2）bool：布尔型，多用于判断场景，只有两个值，即 True 和 False，示例如下：

```
a = False                                 # 假
b = True                                  # 真
```

（3）float：浮点数，可以用直接的十进制或科学计数法表示，每个浮点数占 8 字节。浮点数值通常都有一个小数点和一个可选的后缀 e（大写或小写，表示科学计数法），在 e 和指数之间可以用正（+）或负（-）表示指数的正负，示例如下：

```
a = 1.7983                                # 普通小数
b = -40.                                  # 相当于 -40.0
c = 3e8                                   # 科学计数法，相当于 300,000,000
d = float("inf")                          # 无穷大
e = float("nan")                          # 非数值
```

其中 float("inf") 与 float("nan") 常被用来与其他数值做比较运算。

（4）complex：复数，可以指不实的数字或并非表明具体数量的数字。复数由实数部分和虚数部分构成，虚数部分必须有后缀 j 或 J。示例如下：

```
a = 85.234+3j                             # 以 j 结尾的复数
b = 0-23.4J                               # 以 J 结尾的复数
```

2. 操作符

Python 中的数值操作符分两类：一类是算术操作符，如加、减、乘、除；另一类是比特操作符，如取反、异或等。表 1.1 列出了 Python 中的算术操作符及其含义，表 1.2 列出了 Python 中的比特操作符及其含义。

表 1.1 Python 中的算术操作符及其含义

操作符	含义
A + B	加号；也可单独置于数字前，用于表示正数
A − B	减号；也可单独置于数字前，用于表示负数
A * B	乘号
A / B	除号；B不能为零；如若不能整除，得到浮点数结果
A % B	取余；结果为A除以B后取余
A ** B	幂操作符；结果为A的B次方
A // B	取整除符；结果为A除以B后的结果的整数部分
not A	取反操作；只用于bool类型
A > B	判断A是否大于B，结果为True或者False
A < B	判断A是否小于B，结果为True或者False
A == B	判断A与B是否相等，结果为True或者False
A >= B	判断A是否大于等于B，结果为True或者False
A <= B	判断A是否小于等于B，结果为True或者False

算术操作符的使用示例如下：

```
a = 3 + 5.6           # 结果为 8.6
b = 2 ** 3            # 结果为 2×2×2 等于 8
c = 5 / 2             # 结果为 2.5
d = 5.0 / 2           # 结果为 2.5
e = 5.0 // 2          # 结果为 2.0
f = 10 % 3            # 结果为 1
g = not True          # 结果为 False
h = a ==b             # 结果为 False
```

表 1.2 Python 中的比特操作符及其含义

操作符	含义
~A	按二进制取反；按照补码规则，结果数字是−(A+1)
A & B	并操作；只有两个比特位都为1时结果中的对应比特位才是1，否则是0
A | B	或操作；只要两个比特位有一个为1，结果中的对应比特位则是1，否则是0
A ^ B	异或操作；如果两个比特位相同，则结果中的对应比特位是0，否则是1
A >> B	按比特位右移
A << B	按比特位左移

比特操作符的使用示例如下：

```
a = ~30                           # 结果为 -31
b = 3 & 3                         # 结果为 3
c = 3 & 1                         # 结果为 1
d = 3 ^ 1                         # 结果为 2
e = 3 << 1                        # 结果为 6
```

技巧：进行比特运算时，可以先想想这些数字的二进制形式，之后就能手到擒来。比如对于表达式 3 ^ 1，其二进制形式为 011 ^ 001 = 010，结果为十进制的 2。

3. 内置函数

除了操作符，Python 中还有一组内置函数支持数值类型的变量操作。本书把这些内置函数分为两类：一类是通用函数，它们不仅适用于数值类型的变量，还适用于其他类型的变量；另一类是特定函数，它们只适用于数值类型的变量的相关操作。表 1.3 列出了 Python 中的通用函数及其含义。

表 1.3 Python 中的通用函数及其含义

函 数	含 义
str(A)	将参数转换为可显示的字符串
type(A)	返回参数的类型对象
bool(A)	将参数转换为布尔类型
int(A)	将参数转换为整数类型，以十进制表达
float(A)	将参数转换为浮点类型
complex(A)	将参数转换为复数类型

通用函数的使用示例如下：

```
d = str(0x20)                     # 结果为 '32'
e = type(4.9)                     # 结果为 <class 'float'>
f = type(True)                    # 结果为 <class 'bool'>
g = type(45+5.4j)                 # 结果为 <class 'complex'>
h = bool("True")                  # 输入为字符串类型，返回布尔类型 True
```

表 1.4 列出了 Python 中的数值类型的特定函数及其含义。

表 1.4 Python 中的数值类型的特定函数及其含义

函 数	含 义
abs(A)	取绝对值
divmod(A, B)	取模操作；生成一个元组，形式为(A/B, A%B)
pow(A, B)	幂操作符；结果为 "A的B次方"
round(A)	返回参数的四舍五入结果

续表

函　　数	含　　义
hex(A)	将A转换为用十六进制表示的字符串
oct(A)	将A转换为用八进制表示的字符串
chr(A)	将A转换为ASCII字符，要求0≤A≤255
ord(A)	chr(A)的反函数

数值类型特定函数的使用示例如下：

```
a = abs(-3)                    # 结果为 3
b = pow(2,3)                   # 结果为 8
c = divmod(5, 2)               # 结果为 (2, 1)
d = round(5.7)                 # 结果为 6
e = hex(10)                    # 结果为 '0xa'
f = chr(0x32)                  # 结果为 '2'
```

1.2.2　Sequence 类型

除了基本的数值类型，Python 中的 Sequence 类型在 Python 编程中占有重要的地位，Python 中的字符串（string）、元组（tuple）、列表（list）都属于 Sequence 类型，即序列类型。可以将字符串看作由字符组成的序列类型，元组是由任意对象组成的不可修改序列类型，列表是由任意对象组成的可修改序列类型。序列类型的操作方式在这些类型中共用，本节学习序列类型的共同技巧。

1. 操作符

Python 中的序列操作符包括元素提取、序列链接等，如表 1.5 所示。

表 1.5　序列操作符及其含义

操　作　符	含　　义
A[index]	获取序列中的第index个元素；index的取值从0开始
A[index1 : index2]	切片操作，获取序列中从第index1到第index2-1个元素组成的子序列
A in B	判断序列B中是否有A，如果有则返回True，否则返回False
A not in B	判断序列B中是否有A，如果没有则返回True，否则返回False
A + B	链接A和B，生成新的序列并返回
A * number	将A重复number次，生成新的序列并返回
A > B	判断A是否大于B，结果为True或者False
A < B	判断A是否小于B，结果为True或者False

续表

操 作 符	含 义
A == B	判断A与B是否相等,结果为True或者False
A >= B	判断A是否大于等于B,结果为True或者False
A <= B	判断A是否小于等于B,结果为True或者False

【示例 1-2】序列操作符的使用示例如下:

```
>>> a = "Hello, I like Python Web Practice!"    # 字符串类型
>>> b = a[1]                                     # 结果为 'e'
>>> b = a[7:13]                                  # 结果为 'I like'
>>> print(a[:13])
Hello, I like                                    # 如不写第1个index,则默认为0
>>> print(a[14:])
Python Web Practice!                             # 如不写第2个index,则默认到序列结尾
>>> print("like" in a)
True                                             # 'like'是a的子字符串
>>> print(a + "!!")
Hello, I like Python Web Practice!!!             # 字符串链接
>>> print(a)
Hello, I like Python Web Practice!               # 变量a本身不会因为链接操作而变化
>>> print("ABC" * 3)
ABCABCABC                                        # 字符串重复生成
>>> c = [2, 4, "apple", 5]                       # 列表类型
>>> print(c[1:])
[4, "apple", 5]                                  # 打印从第1个到最后一个元素
>>> print(b + " " + c[2])                        # 多个字符串链接
I like apple
```

2. 内置函数

序列类型可以使用内置函数进行求长度、类型转换、排序等操作。序列类型内置函数及其含义如表1.6所示。

表1.6 序列类型内置函数及其含义

函 数	含 义
enumerate(A)	对序列A生成一个可枚举对象,对象中的每个元素都是一个二位元组,元组内容为(index, item),即(索引号,序列元素)
len(A)	返回序列A的长度
list(A)	转换为list类型
max(A)	A是一个序列,返回A中的最大元素

续表

函　　数	含　　义
max(a, b, …)	返回所有参数中的最大元素
min(A)	A是一个序列，返回A中的最小元素
min(a, b, …)	返回所有参数中的最小元素
reversed(A)	生成A的反向序列迭代器
sorted(A, func=None, key=None, reverse=False)	对A排序，按照参数func、key、reverse指定的规则进行
sum(A, init=0)	对A中的元素求和
tuple(A)	转换为tuple类型

【示例1-3】序列类型内置函数的使用示例如下：

```
>>> a = [56, 2, 1, 893, -0.4]          # 列表类型
>>> b = len(a)                          # 结果为 5
>>> b = max(a)                          # 结果为 893
>>> b = min(a)                          # 结果为 -0.4
>>> print(list(reversed(a)))
[-0.4, 893, 1, 2, 56]                   # 反向序列
>>> print(sorted(a))
[-0.4, 1, 2, 56, 893]                   # 排序
```

1.2.3　string 与 bytes

string（字符串）是由零个或多个字符组成的有限序列。字符串通常以串的整体作为操作对象，例如，在字符串中查找某个子串、求取一个子串、在串的某个位置上插入一个子串及删除一个子串等。Python 中的字符串是 Sequence 类型的一员，字符串用引号包含标识，如"Hello"、'This is fantacy!'。

技巧：在 Python 中双引号和单引号的意义相同，都可用于表示字符串。

在 Python 3 中，string 类型中的每个字符都以 Unicode 方式编码，因此实际上每个字符都可由多个字节组成。与 string 类型相对的另一种 Sequence 类型是 bytes（字节串），它由若干字节组成，以字节为单位进行操作。字节串用前缀 b 表示，如 b"I'm bytes"、 b'Python3'。

string 与 bytes 类型的对象可以通过 encode() 与 decode() 函数相互转换，比如：

```
>>> b"Hello world".decode()             # 用decode()函数将bytes类型转为string类型
'Hello world'
```

```
>>> "Python3 is great!".encode()          # 用 encode()函数将 string 类型转为 bytes 类型
b'Python3 is great!'
```

在 Python 3 中对 string 类型进行这样的定义大大改善了在 Python 2 中恼人的非 ANSI 字符显示乱码的问题。总的来说，string 是适用场景更多的文本 Sequence 类型，是本节讲解的重点。但在本书将要学习的网络通信类框架 Tornado 与 Twisted 中，收发数据的数据类型多为 bytes，届时请读者注意。

1. **基本使用**

Python 中的字符串可以用单引号、双引号或三重引号定义，其中前两者用于定义单行文本，而三重引号用来定义多行文本。此外，在 Python 2 中用为字符串增加前缀 u 的方式将其定义为 Unicode 编码；但如前所述，在 Python 3 中所有字符串都是 Unicode 编码的，因此在开发过程中该前缀已无实际意义。

【示例 1-4】字符串基本使用演示如下：

```
>>> str1 = u"Hello, World!"              # 普通字符串，可以加前缀 u
>>> str2 = "Hello, I'm Unicode !"        # 在双引号字符串中允许嵌入单引号，反之亦可
>>> str3 = u'你好，世界！'                # 也可以用单引号定义字符串
>>> print(str2)                          # 打印字符串
Hello, I'm Unicode!

>>> str4 = """The first line.
The second line.
The third line."""                       # 用三重引号定义多行文本字符串
>>> print(str4)
The first line.
The second line.
The third line.
```

注意：Python 3 仍然支持字符串前缀 u，但其目的仅仅是兼容旧的 Python 2 代码。

【示例 1-5】通过所有 Sequence 类型通用的切片操作可以读取字符串的部分内容：

```
>>> str1 = "Hello,World!"                # 定义字符串
>>> print(str1[5])                       # 读取位置为 5 的元素
,                                        # 位置为 5 的元素是逗号','
>>> print(str1[6:])                      # 读取位置从 6 到最后的子串
World!
```

【示例1-6】字符串是不可变类型，也就是说，改变一个字符串的元素需要新建一个新的字符串。如下代码演示了如何修改字符串：

```
>>> str1 = str2 = "Hello, World!"              # 此时 str1 与 str2 的内容相同
>>> str1 = str1 + " I like Python!"            # 在 str1 尾部附加内容
>>> print(str1)
Hello, World! I like Python!
>>> str1 = str1[:6] + str1[-8:]                # 删除 str1 中间的部分内容
>>> print(str1)
Hello, Python!
>>> print(str2)                                # str2 的内容保持不变
"Hello, World!"
```

技巧：因为 string 是一种 Sequence 类型，所以 1.1.2 中的所有操作符和函数都适用于 string 类型，本节不再重复举例。

2. 字符串格式化

【示例1-7】字符串格式化是按指定的规则连接、替换字符串并返回新的符合要求的字符串。比如：

```
>>> charA = 65
>>> charB = 66

>>> print(u"ASCII 码 65 代表：%c" % charA)     # 将 charA 的内容以字符形式替换在要显示的字符串中
ASCII 码 65 代表：A

>>>print(u"ASCII 码%d 代表：B" % charB)         # 将 charB 的内容以数值形式替换在要显示的字符串中
ASCII 码 66 代表：B
```

Python 中格式化字符串的表达式语法主要有两类：

```
format_v2 % obj_to_convert
format_v2 % (obj_to_convert1, obj_to_convert2, …)           # Python 2 与 Python 3 都支持

format_v3.format(obj_to_convert1, obj_to_convert2, …)       # 仅 Python 3 支持
```

其中 format_v2 是 Python 2 风格的格式化模板，format_v3 是 Python 3 风格的格式化模板。格式化模板中包括字符串中的固定内容与待替换内容，待替换的内容用格式化符号标明；obj_to_convert 为要格式化的字符串，如果是两个以上，则需要用小括号括起来。format_v2 与 format_v3 中的可用格式化符号如表 1.7 所示。

表 1.7　format_v2 与 format_v3 中的可用格式化符号

Python 2风格格式化符号	Python 3风格格式化符号	解　释
%c	{:c}	转为单个字符
%r	{!r}	转为用repr()函数表达的字符串
%s	{:s} 或 {!s}	转为用str()函数表达的字符串
%d or %i	{:d}	转为有符号的十进制整数
%o	{:o}	转为无符号的八进制整数
%x	{:x}	转为无符号的十六进制整数，十六进制字母用小写表示
%X	{:X}	转为无符号的十六进制整数，十六进制字母用大写表示
%e	{:e}	转为科学计数法表达的浮点数，其中的e用小写表示
%E	{:E}	转为科学计数法表达的浮点数，其中的E用大写表示
%f or %F	{:f}或{:F}	转为浮点数
%g	{:g}	由Python根据数字的大小自动判断转换为%e或者%f
%G	{:G}	由Python根据数字的大小自动判断转换为%E或者%F
%%	无须格式化	输出"%"
无须格式化	{{ 或 }}	输出"{"或"}"

除了表 1.7 中的格式化符号，有时需要调整格式化符号的显示方法，如调整数字的显示精度及是否输出正值符号"+"等，表 1.8 列出了辅助格式化符号的使用方法。

表 1.8　辅助格式化符号的使用方法

辅助格式化符号	解　释
*	定义宽度或小数点的精度
-	左对齐
+	对正数输出正值符号"+"
<sp>	数字的大小不足m.n的要求时，用空格补位
#	在八进制数前面显示零（0），在十六进制前面显示"0x"或者"0X"（取决于用的是"x"还是"X"）
0	数字的大小不满足m.n的要求时，用0补位
m.n	m是显示的最小总宽度，n是小数点后的位数（如果可用）

【示例 1-8】结合表 1.7 和表 1.8，格式化字符串的使用方法举例如下：

```
>>> print("%#x" % 108)                                      # 十六进制数字
0x6c

>>> print('%E' % 1234.567890)                               # 科学计数法
1.234568E+03
```

```
>>> print('Host: %s\tPort: %d' % ('python', 80))        # 多个参数
Host: python    Port: 80

>>> print('MM/DD/YY = %02d/%02d/%d' % (2, 1, 95))       # 数字前补 0
MM/DD/YY = 02/01/95

>> print("Hello, I'm {:s}.".format("David"))            # Python 3 风格的格式化
Hello, I'm David.
```

使用 Python 3 风格格式化的一个好处是，可以在格式化模板中指定待替换内容的具体位置，并允许内容复用。比如：

```
>>> print("{1:s} is my best friend, {1!r} is {0:d} years old.".format(7, "Henry"))
Henry is my best friend, 'Henry' is 7 years old.
```

本例中.format()的参数列表里共有两个变量，但是在格式化模板中有三个格式化符号，其中{1:s}与{1!r}替换的是同一个参数"Henry"。

此外，Python 3 风格的格式化模板还允许省略替换格式，比如：

```
>>> print("{} is my best friend, he is {} years old.".format("Jerry", 10))
Jerry is my best friend, he is 10 years old.
```

在格式化模板中用简单的花括号对"{}"就完成了内容替换。

注意：Python 2 风格的字符串格式化在今后的 Python 版本中可能被废弃，建议在新项目开发中使用 Python 3 风格。

格式化字符串中的固定内容除了字母、数字、标点符号等可显示的字符，还可以包含不可显示字符，如回车、缩进等。Python 中称这种字符为转义字符，表 1.9 总结了转义字符。

表 1.9 转义字符

转义字符	解　　释	ASCII值
\a	响铃（BEL）	7
\b	退格（BS），将当前位置移到前一列	8
\f	换页（FF），将当前位置移到下页开头	12
\n	换行（LF），将当前位置移到下一行开头	10
\r	回车（CR），将当前位置移到本行开头	13
\t	水平制表（HT）（跳到下一个Tab位置）	9

续表

转义字符	解 释	ASCII值
\v	垂直制表（VT）	11
\\	代表一个反斜线字符'\'	92
\'	代表一个单引号（撇号）字符	39
\"	代表一个双引号字符	34
\?	代表一个问号	63
\0	空字符（NULL）	0

【示例1-9】在字符串中，这些转义字符串会被解释为相应的意义，如果在字符串前面加了标识"r"，则可禁用转义字符解释，示例如下：

```
>>> print("Hi, \nToday is Friday.")              # 转义字符'\n'
Hi,
Today is Friday.

>>> print(r"Hi, \ntoday is Friday.")             # 用'r'禁用转义字符
Hi,\ntoday is Friday.
```

3. 内置函数

字符串作为最重要的常用类型之一，有一系列特有的内置函数，常用的字符串如下。

- capitalize()：将字符串中的第1个字符大写。
- center(width)：返回一个长度至少为 width 的字符串，并使原字符串的内容居中。
- count(str,beg=0,end=len(str))：返回子串 str 出现的次数，可以用开始索引（beg）和结束索引（end）指定搜索的范围。
- encode(encoding='UTF-8',errors='strict')：以 encoding 指定的编码格式编码 string，返回一个 bytes 类型对象。
- endswith(obj, beg=0,end=len(string))b,e：检查字符串是否以 obj 结束，如果是，则返回 True，否则返回 False；可以用开始索引（beg）和结束索引（end）指定搜索的范围。
- expandtabs(tabsize=8)：把字符串 string 中的 Tab 符号转为空格，默认的空格数 tabsize 是 8。
- find(str, beg=0,end=len(string))：检测 str 是否包含在 string 中；可以用开始索引（beg）和结束索引（end）指定搜索的范围，找到则返回索引值，找不到则返回-1。
- index(str, beg=0,end=len(string))：跟 find()类似，但是如果 str 不在 string 中，则报一个异常。
- isalnum()：如果发现有一个字符并且所有字符都是字母或数字，则返回 True，否则返回 False。

- isalpha()：如果发现有一个字符并且所有字符都是字母，则返回 True，否则返回 False。
- isdecimal()：如果可解释为十进制数字，则返回 True，否则返回 False。
- isdigit()：如果可解释为数字，则返回 True，否则返回 False。
- islower()：如果字符串中的字符都是小写，则返回 True，否则返回 False。
- isnumeric()：如果只包含数字字符，则返回 True，否则返回 False。
- isspace()：如果字符串是空格，则返回 True，否则返回 False。
- istitle()：如果字符串是标题，则返回 True，否则返回 False。
- isupper()：如果字符串中的字符都是大写的，则返回 True，否则返回 False。
- ljust(width)：返回一个原字符串左对齐，并使用空格填充至长度 width 的新字符串。
- lower()：转换所有大写字符为小写。
- lstrip()：截掉 string 左边的空格。
- replace(str1, str2,num=count(str1))：把 string 中的 str1 替换成 str2，num 指定替换的最大次数。
- rfind(str, beg=0,end=len(string))：类似于 find()，但是从右边开始查找。
- rindex(str, beg=0,end=len(string))：类似于 index()，但是从右边开始查找。
- rjust(width)：返回一个原字符串右对齐并使用空格填充至长度 width 的新字符串。
- rpartition(str)e：类似于 partition()函数，但是从右边开始查找。
- rstrip()：删除 string 字符串末尾的空格。
- split(str="", num=count(str))：以 str 为分隔符切片 string，如果 num 有指定的值，则仅分隔 num 个子字符串。
- splitlines(num=count('\n'))：按照行分隔，返回一个包含各行作为元素的列表，如果 num 已指定，则仅切片 num 个行。
- startswith(obj, beg=0,end=len(string))：检查字符串是否以 obj 开头，如果是则返回 True，否则返回 False。可以用开始索引（beg）和结束索引（end）指定搜索的范围。
- strip([obj])：在 string 上执行 lstrip()和 rstrip()。
- swapcase()：翻转 string 中的大小写。
- title()：将字符串标题化，即所有单词都以大写开始，其余字母均小写。
- translate(str, del="")：根据 str 给出的表转换 string 的字符，将要过滤掉的字符放到 del 参数中。
- upper()：转换 string 中的小写字母为大写。
- zfill(width)：返回长度为 width 的字符串，原字符串 string 右对齐，前面填充 0。

【示例 1-10】内置函数示例如下：

```
>>> str = "hello world"                    # 定义

>>> print(str.title())                     # 标题化
Hello World

>>> print(str.split())                     # 切片
['hello', 'world']                         # 切成两个元素的 list
```

1.2.4 tuple 类型

tuple 类型即元组，是一种特殊的 Sequence 类型。tuple 用圆括号"( )"表示，在不同的元素之间以逗号隔开。在 Python 中，tuple 的大小和其中的元素在初始化后不能修改，tuple 的操作速度比可修改的 list 的操作速度快。如果开发者定义了一个值的常量集，并且唯一要用它做的是不断地读取，则这正可以发挥 tuple 的长处。

【示例 1-11】tuple 通过 Sequence 类型的通用方法进行操作，示例如下：

```
>>> tuple1 = ('you', 456, 'English', 9.34)    # 定义

>>> print(tuple1[2])                           # 读取元素
English

>>> print(tuple1[1:])                          # 截取子元组
(456, 'English', 9.34)

>>> tuple1[2]='France'                         # 错误! 不能修改元组内容
Traceback (most recent call last):
  File "<stdin>", line 1, in <module>
TypeError: 'tuple' object does not support item assignment

>>> tuple2 = (3, 'you and me')
>>> tuple1 = tuple1 + tuple2                   # 可以对元组变量重新赋值
>>> print(tuple1)
('you', 456, 'English', 9.34, 3, 'you and me')

>>> print(len(tuple2))                         # 用函数 len() 获得元组的长度
2
```

1.2.5 list 类型

list 类型即列表，是一种常用的 Sequence 类型。list 用中括号"[ ]"表示，不同的元素之间以逗号隔开。在 Python 中，list 的大小和其中的元素在初始化后可以被再次修改，这是 list 与 tuple 的主要区别。如果开发者定义了一组值，并且在之后需要不断对其进行增、删、改等操作，则应该使用 list 类型。

1. 基本操作

【示例 1-12】list 通过 Sequence 类型的通用方法进行操作，示例如下：

```
>>> myList = ['you', 456, 'English', 9.34]            # 定义
>>> print(myList[2])                                   # 读取元素
English
>>> print(myList[1:])                                  # 截取子列表
[456, 'English', 9.34]
>>> myList[2]='France'                                 # 可以修改内容
>>> print(myList)
['you', 456, 'France', 9.34]
>>> print(len(myList))                                 # 用函数 len()获得列表的长度
4
>>> numList = [2, 8, 16, 1, -6, 52, -1]                # 定义
>>> print(sorted(numList))                             # 排序
[-6, -1, 1, 2, 8, 16, 52]
>>> print(numList)                                     # sorted 后 myList 本身并不改变
[2, 8, 16, 1, -6, 52, -1]
>>> print(sum(numList))                                # 求和
72
```

2. 内置函数

除了 Sequence 类型公用的操作，tuple 类型还有一组自己的函数，常用的函数如下。

- append(obj)：在列表尾部添加一个对象。
- count(obj)：计算对象在列表中出现的次数。

- extend(seq)：把序列 seq 的内容添加到列表中。
- index(obj, i=0, j=len(list))：计算对象 obj 在列表中的索引位置。
- insert(index, obj)：把对象插入列表 index 指定的位置。
- pop(index=-1)：读取并删除 index 位置的对象，默认为最后一个对象。
- remove(obj)：从列表中删除对象 obj。
- reverse()：获得反向列表。
- list.sort(func=None,key=None,reverse=False)：以指定的方式排序列表中的成员。

【示例 1-13】这些函数的使用方式示例如下：

```
>>> numList = [2, 8, 16, 8, -6, 52, -1]           # 定义
>>> print(numList.count(8))                       # count
2
>>> numList.insert(1, 9)                          # 在位置 1 增加元素 9
>>> print(numList)
[2, 9, 8, 16, 8, -6, 52, -1]
```

1.2.6　set 类型

set 类型即集合，用于表示相互之间无序的一组对象。集合在算术上的运算包括并集、交集、补集等。Python 中的集合分为两种类型：普通集合和不可变集合。普通集合在初始化后支持并集、交集、补集等运算；而不可变集合初始化后就不能改变。

1. 类型定义

Python 中通过关键字 set 和 frozenset 定义普通集合和不可变集合，初始化集合内容的方法是向其传入 Sequence 类型簇的变量。

【示例 1-14】set 类型示例如下：

```
>>> sample1 = set('understand')                   # 用 string 初始化 set
>>> print(sample1)
{'u', 'n'', 'd', 'e', 'r', 's', 't', 'a', 'n', 'd'}

>>> myList = [ 4, 6, -1.1, 'English', 0, 'Python']
>>> sample2 = set(myList)                         # 用 list 初始化 set
>>> print(sample2)
{ 4, 6, -1.1, 'English', 0, 'Python'}
```

```
>>>sample3 = frozenset(myList)                    # 初始化 frozenset
frozenset({0, 4, 6, 'Python', 'English', -1.1})
```

普通集合定义时也可以省略 set，直接用大括号"{}"代替，如：

```
sample2 = {4, 6, -1.1, 'English', 0, 'Python'}
```

根据集合的算术意义，Python 定义了相应的操作符，如表 1.10 所示。

表 1.10　集合操作符

操　作　符	解　　释
in	判断包含关系
not in	判断不包含关系
==	判断等于
!=	判断不等于
<	判断绝对子集关系
<=	判断非绝对子集关系
>	判断绝对超集关系
>=	判断非绝对超集关系
&	交运算
|	并运算
-	差运算
^	对称差运算
|=	执行并运算并赋值
&=	执行交运算并赋值
-=	执行差运算并赋值
^=	执行对称差运算并赋值

【示例 1-15】集合类型的操作符的使用方法如下：

```
>>> myList = [ 4, 6, -1.1, 'English', 0, 'Python']
>>> sample2 = set(myList)                         # 初始化 set
>>> sample3 = frozenset([ 6, 'English', 9])       # 初始化 frozenset

>>> print(6 in sample2)                           # 判断包含关系
True

>>> print(sample2 >= sample3    )                 # 判断子集关系
```

```
False
>>> print(sample2 - sample3)                         # 差运算
{0, 'Python', -1.1, 4}

>>> print(sample2 & sample3)                         # 交运算
{6, 'English'}

>>> sample3 |= sample2                               # 可以对 frozenset 执行 |= 重新赋值
>>> print(sample3)
frozenset({0, 4, 6, 9, 'Python', 'English', -1.1})
```

2. 内置函数

set 类型有一组自己的内置函数，用于集合的增、删、改等操作，如下所述。

- add()：增加新元素。
- update(seq)：用序列更新集合，序列的每个元素都被添加到集合中。
- remove(element)：删除元素。

【示例 1-16】set 类型的内置函数的使用方法如下：

```
>>> sample2 = set([ 4, 6, -1.1, 'English', 0, 'Python'])   # 初始化 set

>>> sample2.add('China')                             # 增加元素
>>> print(sample2)
{ 4, 6, -1.1, 'English', 0, 'Python', 'China'}

>>> sample2.update('France')                         # 用序列更新
>>> print(sample2)
{0, 'a', 'c', 4, 6, 'F', 'Python', 'n', 'r', 'China', 'English', 'e', -1.1}

>>> sample2.remove(-1.1)                             # 删除元素
>>> print(sample2)
{0, 'a', 'c', 4, 6, 'F', 'Python', 'n', 'r', 'China', 'English', 'e'}

>>> sample3 = frozenset([ 6, 'English', 9])          # 初始化 frozenset

>>> sample3.add('China')                             # 错误，frozenset 无法更新
Traceback (most recent call last):
  File "<stdin>", line 1, in <module>
AttributeError: 'frozenset' object has no attribute 'add'
```

1.2.7 dict 类型

dict 类型即字典，代表一个键值存储库，工作方式很像映射表。给定一个键，可以在一个 dict 对象中搜索该键对应的值，因此字典被认为是键值对的列表。

1. 类型定义

dict 是 Python 中唯一表示映射关系的类，所以其有自己独特的定义和操作方式。

【示例 1-17】开发者可以用 "{key1:value, key2:value…}" 的方式初始化字典，示例如下：

```
#字典定义
>>> dict1 = {'Language': 'English', 'Title': 'Python book', 'Pages': 450}

>>> print(dict1['Title'])                                    # 读取元素
Python book

>>> dict1['Date'] = '2002-10-30'                             # 直接通过下标增加字典的内容
>>> print(dict1)
{'Language': 'English', 'Title': 'Python book', 'Pages': 450, 'Date': '2002-10-30'}

>>> dict1['Language'] = 'Chinese'                            # 直接通过下标更新字典的内容
>>> print(dict1)
{'Language': 'Chinese', 'Title': 'Python book', 'Pages': 450, 'Date': '2002-10-30'}

#在初始化时，如果相同的键值出现多次，则只会有一个Value生效
>>> dict2 = {'Language': 'English', 'Language': 'Chinese'}
>>> print(dict2)
{'Language': 'Chinese'}
```

2. 内置函数

Python 为字典类型定义了丰富的函数操作，如下所述。

- clear()：清除字典中的所有键值对。
- copy()：复制字典的一个副本。
- fromkeys(seq,val=None)：用 seq 中的元素作为键创建字典，所有键的值都被设为 val，val 默认为 None。
- get(key,default=None)：读取字典中的键 key，返回该键的值；如果找不到该键则返回 default 所设的值。

- key in DICT：用 in 关键字判断键 key 在字典中是否存在，如果存在则返回 True，否则返回 False。
- items()：返回一个包含字典中键值对元组的列表。
- keys()：返回一个字典中所有键的列表。
- iteritems()：返回字典中所有键值对的迭代器。
- iterkeys()：返回字典中所有键的迭代器。
- itervalues()：返回字典中所有值的迭代器。
- pop(key[, default])：读取某键的值，并且从字典中删除该键的值。如果键 key 不存在且没有设置 default，则引发 KeyError 异常。
- setdefault(key,default=None)：设置字典中键 key 的值为 default。
- update(dict)：合并字典。
- values()：返回一个包含字典中所有值的列表。

【示例 1-18】dict 内置函数的使用方法示例如下：

```
#字典定义
>>> dict1 = {'Language': 'English', 'Title': 'Python book', 'Pages': 450}

>>> print(dict1.get('Title', 'Todo'))                    # 读取元素
Python book

>>> print(dict1.get('Author', 'Anonymous'))              # 读取不存在的键
Anonymous

>>> print(dict1.pop('Language'))                         # pop
English
>>> print(dict1)                                         # 检查 pop 后的字典内容
{ 'Title': 'Python book', 'Pages': 450}

>>> dict2={'Author': 'David', 'Price':32.00, 'Pages':409 }
>>> dict1.update(dict2)                                  # 合并字典
>>> print(dict1)
{ 'Title': 'Python book', 'Author': 'David', 'Price':32.00, 'Pages':409}

>>> print(dict1.values())                                # 获取值列表
dict_values([ 'Python book', 'David', 32.00, 409])

>>> print('Pages' in dict1)                              # 检查某键是否存在于字典中
True
```

1.3 流程控制

流程控制语句用来对程序流程的选择、循环和返回等进行控制。Python 中主要的流程控制语句包括 if（判断）、for（循环）、break（跳出）、continue（继续）等。

1.3.1 程序块与作用域

在大多数高级语言中，程序块与作用域有不同的概念。

- 程序块是一种程序结构形式，使程序变得清晰，便于阅读和修改。如 C、C++中允许程序员按照自己的习惯在不同的行之间采取任意对齐方式。
- 作用域是按变量或函数的可见性定义的程序子集。如果某个符号的名称在给定执行点是可见的，则称该符号在作用域内。如在 C、C++中用大括号"{ }"表示作用域。

Python 将两个概念进行了结合，用一种表达方式（即缩进）同时表达程序块和作用域的概念，即相同缩进范围内的代码在一个程序块和作用域中，且同一程序块和作用域中不能有不同的缩进。Python 中用冒号":"作为程序块标记关键字。比如，Python 中可以有这样的代码：

```
if __name__ == '__main__':
    print("Hello")
    print("World")
```

上述代码在 if 块中分两行打印了两个单词，该块中的两条语句有相同的缩进。

下面的代码因为在 if 块中出现了两个不同缩进的语句行，所以不符合 Python 的语法规则（执行时 Python 解释器会报错）：

```
if __name__ == '__main__':
    print("Hello")
     print("World")
```

注意：每个用冒号":"标记的程序块内的代码必须有相同的缩进。

在 C、C++、Java 等语言中允许定义空作用域，即在作用域中不写任何代码，达到使作用域什么也不做的目的。由于在 Python 中使用缩进自动表示作用域，因此作用域中必须要写入一行以上的代码。在 Python 中使用语句 pass 来定义作用域，但不执行任何动作。

【示例 1-19】如下程序定义了 if 语句块，但不做任何操作：

```
if __name__ == '__main__':
    pass
```

技巧：pass 语句用于"需要写代码，但实际什么也不做"的场合。

1.3.2 判断语句

条件判断是依据指定的变量或表达式的结果，决定后续运行的程序，最常用的是 if-else 指令，可以根据指定条件是否成立来决定后续的程序。也可以组合多个 if-else 指令进行较复杂的条件判断。

Python 中的 if 语句有如下 3 种语法形式。

```
# 如果条件为真，则执行某代码块
if expression1:
    block_for_True
```

或者

```
# 如果条件为真，则执行某代码块；如果为假，则执行另一代码块
if expression1:
    block_for_True
else:
    block_for_False
```

或者

```
if expression1:
    block_for_expression1
elif expression2:
    block_for_expression2
    …
elif expression3:
    block_for_expression3
else:
    block_for_False
```

【示例 1-20】如下程序可演示 if 语句的使用方法：

```
import sys

param = None

if len(sys.argv) > 1:
   param = int(sys.argv[1])

if param is None:
   print("Alert")
   print("The param is not set")
elif param < -10:
   print("The param is small")
elif param > 10:
   print("the param is big")
else:
   print("the param is middle")
```

这是一段根据控制台输入数字的参数判断数值大小的程序，对其解析如下。

- 定义了变量 param 的初始值为空（None），该变量用于在之后保存输入参数。
- 第 1 个 if 语句判断控制台是否有参数输入，如果有，则将第 1 个参数转换为 int 类型并放入 param 变量中。
- sys.argv 是一个系统 tuple 变量，Python 解释器在运行 Python 程序时将命令行参数传入 sys.argv 中。sys.argv 中的第 1 个值（索引为 0）是 Python 程序名，从第 2 个（索引为 1）开始的其他元素为字符串类型的控制台输入参数。
- 表达式 int(sys.argv[1]) 将第 1 个输入参数从字符串类型转换为整型。
- 第 2 个 if 语句是一个多条件判断语句：首先判断 param 变量是否被设置，如果没有被设置，则通过两条 print 语句输出警告；通过两个 elif 语句判断另外两个条件并进行输出；通过 else 执行默认语句。

技巧：每个 if、elif、else 块中都可以放入多条语句。

将如上代码保存为 if.py 文件，在控制台中调用该程序的执行结果如下：

```
//没有输入参数
C:\> python  if.py
Alert
```

```
The param is not set

//输入比较小的参数:
C:\> python    if.py         -18
The param is small

//输入中等值的参数:
C:\> python    if.py         2
The param is middle
```

1.3.3 循环语句

在不少实际问题中有许多具有规律性的重复操作,因此在程序中需要重复执行某些语句,而能否继续重复则取决于循环的终止条件。循环结构是在一定条件下反复执行某段程序的流程结构,被反复执行的程序叫作循环体。循环语句由循环体及循环的终止条件两部分组成。Python 中的循环语句有两种形式:while 语句和 for 语句。

1. while 语句

while 语句的语法为:

```
while expression:
   repeat_block
```

其语意为:判断 expression 表达式,如果该表达式为真,则执行 repeat_block 并再次判断 expression,直到 expression 返回假为止。

【示例 1-21】while 语句代码演示如下:

```
myList = ['English', 'Chinese', 'Japanese', 'German', 'France']

while len(myList) > 0:
   print("pop element out :", myList.pop())
```

如上代码逐个输出 myList 列表中的内容,直到列表长度为 0,即不满足条件 len(myList) > 0。将其保存为文件 while.py,执行结果如下:

```
C:\> python while.py
pop element out : France
pop element out : German
```

```
pop element out : Japanese
pop element out : Chinese
pop element out : English
```

注意： 循环语句要防止死循环，如果 while 语句中的 expression 一直为真，则程序永远无法退出 repeat_block 的执行。

2. for 语句

Python 中的 for 语句类似于 C#、Java 中的 foreach 语句，语法为：

```
for element in iterable:
    repeat_block
```

其中 for 和 in 是关键字，语意为：针对 iterable 中的每个元素都执行 repeat_block，在 repeat_block 中可以用 element 变量名来访问当前的元素。iterable 可以是任意 Sequence 类型、集合或迭代器等。

【示例 1-22】for 语句代码演示如下：

```
myList = ['English', 'Chinese', 'Japanese', 'German', 'France']

for language in myList:
    print("Current element is :", language)
```

如上代码逐个输出 myList 列表中的内容。将其保存为文件 for.py，执行结果如下：

```
C:\> python for.py
Current element is : English
Current element is : Chinese
Current element is : Japanese
Current element is : German
Current element is : France
```

3. break 及 continue 语句

开发逻辑较复杂的程序时，在 while 或 for 循环语句的循环体中，有时需要提前结束循环，或者在本轮循环体尚未结束时提前开始下一轮循环，这就需要用到 break 及 continue 语句。

【示例 1-23】break 及 continue 语句代码演示如下：

```
count = 0
while True:
```

```
    str = input("Enter quit: ")
    if str == "quit" :
        break
    count = count + 1
    if count%3 > 0:
        continue
    print("Please input quit!")
print("Quit loop successfully!")
```

上述代码一直提示让用户输入字符串"quit",如果用户输入不正确则让用户再次输入,直到输入正确为止;并且每输错 3 次就提示用户"Please input quit!"。解析如下。

- 变量 count 用于对循环体计数,程序主体由 while 循环体构成。
- raw_input()函数获得客户端输入,raw_input 的参数是提示用户输入的字符串。
- 用 if 语句判断输入是否正确,如果正确则用 break 语句退出循环。
- 用 if 语句判断本次输入是否是 3 的整数倍,如果不是则用 continue 语句继续循环。

将代码保存为 break.py,程序运行结果如下:

```
C:\> python  break.py
enter quit: I'm David                           // 输入完成后按回车键使其生效
enter quit: no
enter quit: getin
Please input quit!
enter quit: no!!!!
enter quit: quit
Quit loop successfully!
```

技巧:raw_input()函数用于获取控制台输入。

1.3.4 语句嵌套

和其他高级语言一样,Python 允许 if、while、for 等语句的嵌套使用。

【示例 1-24】如下是用 Python 实现排序算法的代码:

```
myList = [4, 0, 3, -13, 5, 8, 31]
print("before sort:")
```

```
print(myList)

lenList = len(myList)
for i in range(0, lenList-1):
    for j in range(i+1, lenList):
        if myList[i] > myList[j]:
            myList[i], myList[j] = myList[j], myList[i]

print("after sort:")
print(myList)
```

在代码中实现了两层循环,在 if 语句的执行体中用到了交换运算符:

```
x, y = y, x
```

交换运算符可直接交换两个变量的内容,而无须用到中间变量。把代码保存为 loop.py,执行结果如下:

```
C:\> python   loop.py
before sort:
[4, 0, 3, -13, 5, 8, 31]
after sort:
[-13, 0, 3, 4, 5, 8, 31]
```

技巧:用交换运算符可以直接交换变量的值。

1.4 函数

在编程中使用函数可以写出优雅的程序结构,模块化的结构使程序简单化,并提高了可读性和可维护性。读者在本节之前的示例中已接触过 Python 函数,本节对函数的主要特性进行详细介绍。

1.4.1 定义与使用

Python 中函数定义的关键字是 def,语法如下:

```
def func_name (param1, param2, …):
    func_block
```

Python 中函数的返回值可以是零个或任意多个，无须在函数定义中显式声明返回值的数量和类型，只需在函数体中用 return 关键字返回即可；函数的参数可以有任意个。

【示例 1-25】函数的定义和调用演示如下：

```
def sum(x, y):
    return x+y

def total(x, y, z):
    sum_of_two = sum(x, y)
    sum_of_three = sum(sum_of_two, z)
    return sum_of_two, sum_of_three

def main():
    print("return of sum:", sum(4, 6))
    x, y = total(1,7, 10)
    print("return of total:", x, ",", y)

if __name__ == '__main__':
    main()
```

代码中定义了 3 个函数：没有参数和返回值的 main() 函数、有 2 个参数和 1 个返回值的 sum() 函数、有 3 个参数和 2 个返回值的 total() 函数。将代码保存为 func.py，执行结果如下：

```
C:\> python  func.py
return of sum: 10
return of total: 8 , 18
```

【示例 1-26】函数参数可以定义默认值，当调用者没有提供参数时，函数在执行过程中用默认值设置该参数。比如：

```
def sum(x, y = 10 ):
    return x+y

if __name__ == '__main__':
    print("return of sum(2, 3):", sum(2, 3))
    print("return of sum(-4):", sum(-4))
```

执行该代码的结果如下：

```
C:\> python  func2.py
return of sum(2, 3): 5
```

```
return of sum(-4): 6
```

有默认值的参数必须声明在没有默认值的参数之后，不能出现类似如下形式的函数声明：

```
def sum(x = 10, y):                                    # 错误！有默认值参数，不能在无默认值参数之前声明
    return x+y
```

【示例1-27】在调用函数时，除了按参数的声明顺序传递参数，还可以不按顺序传递命名参数，如下代码演示了命名参数的函数调用方式：

```
def sum(x, y, z ):
    return x + y + z

if __name__ == '__main__':
    #如下两种调用方式的意义相同
    ret1 = sum(1, 2, 3)
    ret2 = sum( y = 2, z = 3, x = 1)

    print("return of sum( 1, 2, 3):", ret1)
    print("return of sum( y = 2, z = 3, x = 1):", ret2)
```

上述代码文件的执行结果如下：

```
C:\> python  named_param.py
return of sum( 1, 2, 3): 6
return of sum( y = 2, z = 3, x = 1): 6
```

1.4.2 变长参数

变长参数的函数即参数个数可变、参数类型不定的函数。设计一个参数个数可变、参数类型不定的函数，为函数设计提供了更大的灵活性。Python中允许定义两种类型的函数变长参数。

- 元组变长参数：适用于未知参数的数量不固定、但在函数中使用这些参数时无须知道这些参数的名字的场合。在函数定义中，元组变长参数用星号"*"标记。
- 字典（dict）变长参数：适用于未知参数的数量不固定、而且在函数中使用这些参数时需要知道这些参数的名字的场合。在函数定义中，字典变长参数用双星号"**"标记。

【示例1-28】元组变长参数的使用方法示例如下：

```
def show_message(message, *tupleName ):
    for name in tupleName:
```

```
        print(message, ", ", name)
if __name__ == '__main__':
    show_message("Good morning", "Jack", "Evans", "Rose Hasa", 893, "Zion")
```

代码中的 show_message 是一个带有固定参数 message 和变长参数 tupleName 的函数。在调用 show_message 时，向其传入了固定参数值"Good morning"和若干其他参数。将代码保存为 tuple_param.py，执行结果如下：

```
C:\> python  tuple_param.py
Good morning , Jack
Good morning , Evans
Good morning , Rose Hasa
Good morning , 893
Good morning , Zion
```

【示例 1-29】字典变长参数的使用方法示例如下：

```
def check_book(**dictParam ):
    if 'Price' in dictParam:
        price = int(dictParam['Price'])
        if price > 100:
            print("*******I want buy this book!*******")
    print("The book information are as follow:")
    for key in dictParam.keys():
        print(key, ": ", dictParam[key])
    print("")

if __name__ == '__main__':
    check_book(author = 'James', Title = 'Economics Introduction')
    check_book(author = 'Linda', Title = 'Deepin in Python', Date='2018-5-1', Price = 302)
    check_book(Date = '2002-3-19', Title = 'Cooking book', Price = 20)
    check_book(author = 'Jinker Landy', Title = 'How to keep healthy')
    check_book(Category = 'Finance', Name = 'Enterprise Audit', Price = 105)
```

代码中的 check_book()是一个带有字典变长参数 dictParam 的函数，它的内容是打印参数内容，并且当检查到书的价格大于 100 元时，输出"*******I want to buy this book!*******"信息。将代码保存为 dictionary_param.py，执行结果如下：

```
C:\> python  dictionary_param.py
The book information are as follow:
Title : Economics Introduction
author : James
```

```
*******I want to buy this book!*******
The book information are as follow:
Date : 2018-5-1
Price : 302
Title : Deepin in Python
author : Linda

The book information are as follow:
Date : 2002-3-19
Price : 20
Title : Cooking book

The book information are as follow:
Title : How to keep healthy
author : Jinker Landy

*******I want to buy this book!*******
The book information are as follow:
Category : Finance
Price : 105
Name : Enterprise Audit
```

1.4.3 匿名函数

匿名函数（Anonymous Function）指一类无须定义标识符（函数名）的函数或子程序，普遍存在于多种编程语言中，一般用于只在代码中存在一次函数引用的场合。Python 用 lambda 语法定义匿名函数，只需用表达式而无须声明。lambda 语法的定义如下：

```
lambda [arg1[, arg2, ... argN]]: expression
```

除了没有函数名，其语义与如下函数的定义相同：

```
def func([arg1[, arg2, ... argN]]):
    return expression
```

lambda 函数可以在定义时直接被调用，比如：

```
>>>print((lambda x, y: x-y)(3, 4))
-1
```

但通常都是在定义 lambda 函数的同时，将其作为参数传递给另一个函数，该函数将在其处理过程中对 lambda 定义的函数进行调用。

【示例 1-30】lambda 代码的示例如下：

```
import datetime

def namedFunc(a):
    return "I'm named function with param %s"% a

def call_func(func, param) :
    print(datetime.datetime.now())
    print(func(param))
    print("")

if __name__ == '__main__':
    call_func(namedFunc, 'hello')
    call_func(lambda x: x*2, 9)
    call_func(lambda y: y*y, -4)
```

以上代码演示了将 lambda 函数传递给另一个函数 call_func() 进行处理的过程。在函数 call_func() 中，首先通过 datetime 包中的函数 datetime.now() 打印时间，然后调用被传递的函数。不仅 lambda 函数可以作为参数传递给其他函数，普通函数也可以作为参数传递。将代码保存为 lambda.py，程序的运行结果如下：

```
C:\> python lambda.py
2021-01-29 15:06:15.375364
I'm named function with param hello

2021-01-29 15:06:15.375364
18

2021-01-29 15:06:15.375364
16
```

技巧：用 datetime.datetime.now() 函数可以获取系统的当前时间。

1.5 异常

异常处理是编程语言中的一种机制,用于处理软件或信息系统中出现的异常状况(即超出程序正常执行流程的某些特殊条件)。在当前主流编程语言的错误处理机制中,异常处理已经逐步代替了 error code 错误的处理方式,异常处理分离了接收和处理错误代码。这个功能使开发者理清了思绪,也增强了代码的可读性,方便了维护者阅读和理解。

1.5.1 异常处理

异常处理(又称为错误处理)功能提供了处理程序运行时出现的任何意外或异常情况的方法。Python 异常处理使用 try、catch、else 和 finally 关键字来尝试可能未成功的操作、处理失败及正常情况,以及在事后清理资源。Python 异常捕捉及处理的常用语法如下:

```
# 可能会发生异常的程序块
try:
  block_try

# 第1种except形式
except Exception1:
  block_when_exception1_happen

# 第2种except形式
except (Exception2, Exception3, Exception4):
  block_when_exception1_or_2_or_3_happen

# 第3种except形式
except Exception5 as variance:
  block_when_exception5_happen

# 第4种except形式
except (Exception6, Exception7) as variance:
  block_when_exception6_or_7_happen

# 第5种except形式
except:
```

```
    block_for_all_other_exceptions
# 当没有出现异常时的处理
else:
    block_for_no_exceptions
# 无论是否出现异常，最后都要做的处理
finally:
    block_anyway
```

语法规则较复杂，对其解释如下。

- 可能产生异常的代码需要写在 try 块中。在执行过程中一旦 try 块发生异常，则 try 块剩余的代码会被终止执行。
- except 块用于定义当某种异常发生时所要执行的代码。except 有 5 种具体形式：第 1 种形式是 except 指定当某种异常发生时，执行其块内的代码；第 2 种形式是一条 except 语句可以捕获多种异常；第 3 种形式是捕获的异常可以被转换为一个变量 variance；第 4 种形式是可以捕获多种异常并转换为变量；第 5 种形式是捕获任何异常。
- 每种 except 形式都可以被定义多次，当 try 块中发生异常时，系统从上到下逐个检查 except 块。当发现满足发生异常定义的 except 块时，进入该 except 块进行异常处理，并且其他 except 块被忽略。
- else 是可选块，用于定义当 try 块中的代码没有发生异常时所要做的处理。
- finally 是可选块，无论 try 块中是否有异常发生，其中的代码都会被执行。

【示例 1-31】异常处理的示例代码如下：

```
try:
    result = 3/0
    print("This is never been called")
except:
    print("Exception happened")
finally:
    print("Process finished!")
```

算术中 0 作为除数没有意义，所以上述 try 块中的第 1 行代码将产生 ZeroDivisionError 异常，该异常会在 except 块中被捕获。该代码的执行结果如下：

```
>>>python except.py
Exception happened
Process finished!
```

【示例1-32】多个except块捕获异常的示例代码如下：

```
try:
    myList = [4, 6]
    print(myList[10])
    print("This is never been called")
except ZeroDivisionError as e:
    print("ZeroDivisionError happened")
    print(e)
except (IndexError, EOFError) as e:
    print("Exception happened")
    print(e)
except:
    print("Unknown exception happened")
else:
    print("No exception happened!")
finally:
    print("Process finished!")
```

try 块中先定义了一个列表 myList，然后尝试打印 myList 中的 index 为 10 的元素，但是因为 myList 中只有两个元素，所以会引发 IndexError 异常。该异常被第 2 个 except 块所捕获，代码执行结果如下：

```
C:\> python except2.py
Exception happened
list index out of range
Process finished!
```

1.5.2 自定义异常

除了系统预定义的异常（比如之前例子中出现的 IndexError、ZeroDivisionError 等），开发者还可以定义自己的特定逻辑异常。自定义异常的编程方法是建立一个继承自系统异常的子类，并且在需要引发该异常时用 raise 语句抛出该异常。

【示例1-33】自定义异常代码演示如下：

```
import sys
class MyError(Exception):
    def __str__(self):
        return "I'm a self-defined Error!"
```

```
def main():
    try:
        print("**********Start of main()************")
        if len(sys.argv)==1:
            raise MyError()
        print("**********End of main()************")
    except MyError as e:
        print(e)

if __name__ == '__main__':
    main()
```

本例定义了一个异常类 MyError，异常类的__str__()函数可以用于设置本异常的字符串表达方式。主函数 main()判断是否在启动程序时输入了命令行参数，如果没有输入参数则用 raise 关键字引发 MyError 异常。将该代码保存到文件 except3.py 中，执行结果如下：

```
C:\> python except3.py
**********Start of main()************
I'm a self-defined Error!

C:\> python except3.py hello
**********Start of main()************
**********End of main()************
```

1.6 面向对象编程

Python 从被设计之初就是一门面向对象的语言，正因为如此，在 Python 中创建一个类和对象是很容易的。本节从面向对象的概念说起，带领读者掌握用 Python 网络框架进行开发所必需的面向对象编程知识。

1.6.1 什么是面向对象

面向对象程序设计（Object Oriented Programming，OOP）是一种程序设计范型，也是一种程序开发方法。对象指的是类的实例，类是创建对象的模板，一个类可以创建多个对象，每个对象都是类类型的一个变量；创建对象的过程也叫作类的实例化。面向对象程序设计将对象作为程序的基本单元，将程序和数据封装其中，以提高软件的重用性、灵活性和扩展性。面向对象编程中的主要概念如下。

- 类（class）：定义了一件事物的抽象特点。通常来说，类定义了事物的属性和它可以做到的行为。举例来说，设计一个电子画板程序中的"Figure"类，它包含二维图形的一切基本特征，即所有二维图形共有的特征或行为，例如它的制作者、颜色、是否实心等。类可以为程序提供模板和结构。一个类中可以有成员函数和成员变量。在面向对象的术语中，成员函数被称为方法，成员变量被称为属性。
- 对象（object）：是类的实例。例如，"Figure"类定义了图形的概念，而在电子画板程序中画出一个图形时，则建立了一个 Figure 类的实例，即对象。当一个类被实例化时，它的属性就有了具体的值，如该图形有了作者、某种具体的颜色。每个类都可以有若干被实例化的对象。在操作系统中，系统给对象分配内存空间，而不会给类分配内存空间。
- 继承（inheritance）：是指通过一个已有的类（父类）定义另外一个类（子类），子类共享父类开放的属性和方法。子类的对象不仅是子类的一个实例，而且是其父类的一个实例。比如，可以从图形父类 Figure 继承并定义一个方形子类 Rectangle，它具备 Figure 类的一切特征，并具备自己的独有特征，比如长度、宽度。在画板上画出一个方形实例时，它就是一个 Rectangle，也是一个 Figure。
- 封装性（Encapsulation）：是指类在定义时可以将不能或不需要其他类知道的成员定义成私有成员，而只公开其他类需要使用的成员，以达到信息隐蔽和简化的作用。在电子画板程序的 Figure 类中，可以定义 Move 方法为公开成员，而 Move 方法需要调用的其他成员（clear、paintline、paint_color 等）可以被定义为私有成员。
- 多态性（Polymorphism）：是指同一方法作用于不同的对象，可以有不同的解释，产生不同的执行结果。在具体实现方式上，多态性是允许开发者将父对象的变量设置为对子对象的引用，赋值之后，父对象变量就可以根据当前的赋值给它的子对象的特性以不同的方式运作。比如，设计 Figure 的两个子类：圆形 Circle 和方形 Rectangle，两个子类的绘制（Paint）实现方法肯定不相同，因此当用父对象变量分别引用并调用两个子对象的 Paint 方法时会产生不同的效果。

随着面向对象编程的普及，面向对象设计（Object Oriented Design，OOD）也日臻成熟，形成了以 UML（Unified Modeling Language）为代表的标准建模语言。UML 是一个支持模型化和软件系统开发的图形化语言，为软件开发的所有阶段提供模型化和可视化支持，包括由需求分析到规格，再到构造和配置的所有阶段。

1.6.2 类和对象

类和对象是面向对象编程的基础，本节我们学习类的基本定义、对象的使用方法等。

1. 基本使用

在 Python 中通过关键字 class 实现类的定义，其语法为：

```
class ClassName(object):
    block_class
```

在块 block_class 中写入类的成员变量及函数。如下是一个类 MyClass 的定义：

```
class MyClass(object):

    message = "Hello, Developer."

    def show(self):
        print(self.message)
```

类定义代码的解析如下。

- 类名为 **MyClass**。
- 类中定义了一个成员变量 message，并对其赋了初始值。
- 类中定义了成员函数 show(self)，注意类中的成员函数必须要带参数 self。
- 参数 self 是对象本身的引用，在成员函数体中可以引用参数 self 获得对象的信息。

使用该类的代码如下：

```
>>> print(MyClass.message)                    # 读取成员变量
Hello, Developer.

>>> MyClass.message = "Good Morning!"         # 修改成员变量
>>> print(MyClass.message)
Good Morning!

>>> inst = MyClass()                          # 实例化一个 MyClass 的对象
>>> inst.show()                               # 调用成员函数，无须传入参数 self
Good Morning!                                 # 之前已经修改过 MyClass 的 message 属性
```

通过在类名后面加小括号可以直接实例化类来获得对象变量，使用对象变量可以访问类的成员函数及成员变量。

> **注意**：Python 中直接在类作用域中定义的成员变量相当于 C、C++中的静态成员变量，既可以通过类名访问，也可以通过对象访问。因此，类和所有该类的对象共享同一个成员变量。

2. 构造函数

构造函数是一种特殊的类成员方法，主要用来在创建对象时初始化对象，即为对象成员变量赋初始值。Python 中的类构造函数用__init__命名，为 MyClass 添加构造函数方法，并实例化一个对象。

【示例 1-34】构造函数的示例代码如下：

```python
class MyClass(object):

    message = 'Hello, Developer.'

    def show(self):
        print(self.message)

    def __init__(self):
        print("Constructor is called")


inst = MyClass()
inst.show()
```

构造函数在 MyClass 被实例化时被 Python 解释器自动调用，输出代码如下：

```
C:\> python class.py
Constructor is called
Hello, Developer.
```

【示例 1-35】如果需要用多种方式构造对象，则可通过默认参数的方式实现：

```python
class MyClass(object):

    message = 'Hello, Developer.'

    def show(self):
        print(self.message)
```

```
    def __init__(self, name = "unset", color = "black"):
        print("Constructor is called with params: ",name, " ", color)
inst = MyClass()
inst.show()

inst2 = MyClass("David")
inst2.show()

inst3 = MyClass("Lisa", "Yellow")
inst3.show()

inst4 = MyClass(color = "Green")
inst4.show()
```

在上述代码中定义了 3 个构造函数，分别接收 0、1、2 个构造参数，之后分别通过不同的构造参数构造实例。代码的运行结果如下：

```
C:\> python class.py
Constructor is called with params:  unset   black
Hello, Developer.
Constructor is called with params:  David   black
Hello, Developer.
Constructor is called with params:  Lisa   Yellow
Hello, Developer.
Constructor is called with params:  unset   Green
Hello, Developer.
```

注意：在构造函数中不能有返回值。

如果开发者试图调用未被定义过的构造函数，比如：

```
Inst5 = MyClass("Jerry", "Yellow", "John")
Inst5.show()
```

将会导致异常：

```
C:\> python class.py
Traceback (most recent call last):
  File "C:\ZZ_Disc_D\Lynn\book\PartI\chapter 1\class.py", line 26, in <module>
    inst4 = MyClass("Green", 4, "Weekend")
TypeError: __init__() takes at most 3 arguments (4 given)
```

技巧：Python 中不能定义多个构造函数，但可以通过为命名参数提供默认值的方式达到用多种方式构造对象的目的。

3. 析构函数

析构函数是构造函数的反向函数，在销毁（释放）对象时将调用它们。析构函数往往用来做"清理善后"的工作，如数据库链接对象可以在析构函数中释放对数据库资源的占用。Python 中为类定义析构函数的方法是在类中定义一个名为 __del__ 的没有返回值和参数的函数。

与 Java 类似，Python 解释器的堆中储存着正在运行的应用程序所建立的所有对象，但是它们不需要程序代码来显式地释放，因为 Python 解释器会自动跟踪它们的引用计数，并自动销毁（同时调用析构函数）已经不再被任何变量引用的对象。在这种场景中，开发者并不知道对象的析构函数何时会被调用。同时，Python 提供了显式销毁对象的方法：使用 del 关键字。

【示例 1-36】为 MyClass 类添加析构函数的代码如下：

```
class MyClass(object):

    message = 'Hello, Developer.'

    def show(self):
        print(self.message)

    def __init__(self, name = "unset", color = "black"):
        print("Constructor is called with params: ",name, " ", color)

    def __del__(self):
        print("Destructor is called!")
inst = MyClass()
inst.show()

inst2 = MyClass("David")
inst2.show()

del inst, inst2

inst3 = MyClass("Lisa", "Yellow")
inst3.show()

del inst3
```

用 del 释放对象时析构函数会自动被调用，代码运行结果如下：

```
C:\> python class.py
Constructor is called with params:  unset   black
Hello, Developer.
Constructor is called with params:  David   black
Hello, Developer.
Destructor is called!
Destructor is called!
Constructor is called with params:  Lisa    Yellow
Hello, Developer.
Destructor is called!
```

4. 实例成员变量

在之前的例子中，MyClass 类中的成员变量 message 是类成员变量，即 MyClass 类和所有 MyClass 对象共享该成员变量。那么如何定义属于每个对象自己的成员变量呢？答案是在构造函数中定义 self 引用中的变量，这样的成员变量在 Python 中叫作实例成员变量。

【示例 1-37】实例成员变量的示例如下：

```python
class MyClass(object):

    message = 'Hello, Developer.'

    def show(self):
        print(self.message)
        print("Here is %s in %s!" % (self.name, self.color))

    def __init__(self, name = "unset", color = "black"):
        print("Constructor is called with params: ",name, " ", color)
        self.name = name
        self.color = color

    def __del__(self):
        print("Destructor is called for %s!"% self.name)


inst2 = MyClass("David")
inst2.show()

print("Color of inst2 is ", inst2.color, "\n")
```

```
inst3 = MyClass("Lisa", "Yellow")
inst3.show()
print("Name of inst3 is ", inst3.name, "\n")

del inst2, inst3
```

本例在构造函数__init__中定义了两个实例成员变量：self.name 和 self.color。在 MyClass 的成员函数（如本例中的 show()函数和析构函数）中可以直接使用这两个成员变量，通过实例名也可以访问实例成员变量（如本例中的 inst2.color、inst3.name）。代码的运行结果如下：

```
C:\> python class.py
Constructor is called with params: David   black
Hello, Developer.
Here is David in black!
Color of inst2 is black

Constructor is called with params: Lisa   Yellow
Hello, Developer.
Here is Lisa in Yellow!
Name of inst3 is Lisa

Destructor is called for David!
Destructor is called for Lisa!
```

5. 静态函数和类函数

到目前为止，读者在本书中接触到的类成员函数均与实例绑定，即只能通过对象访问而不能通过类名访问。Python 中支持两种基于类名访问成员的函数：静态函数和类函数，它们的不同点是类函数有一个隐性参数 cls 用来获取类信息，而静态函数没有该参数。静态函数使用装饰器@staticmethod 定义，类函数使用装饰器@classmethod 定义。

【示例 1-38】静态函数和类函数的代码示例如下：

```
class MyClass(object):

    message = 'Hello, Developer.'

    def show(self):
        print(self.message)
        print("Here is %s in %s!" % (self.name, self.color))
```

```
    @staticmethod
    def printMessage():
        print("printMessage is called")
        print(MyClass.message)

    @classmethod
    def createObj(cls, name, color):
        print("Object will be created: %s(%s, %s)"% (cls.__name__, name, color))
        return cls(name, color)

    def __init__(self, name = "unset", color = "black"):
        print("Constructor is called with params: ",name, " ", color)
        self.name = name
        self.color = color

    def __del__(self):
        print("Destructor is called for %s!"% self.name)

MyClass.printMessage()

inst = MyClass.createObj( "Toby", "Red")
print(inst.message)
del inst
```

该段代码中定义了静态函数 printMessage()，在其中可以访问类成员变量 MyClass.message，可以通过类名对它进行调用；代码中还定义了类方法 createObj()，类方法定义中的第 1 个参数必须为隐性参数 cls，在类方法 createObj() 中可以通过隐性参数 cls 替代类名本身，本例中的 createObj 建立并返回了一个 MyClass 实例。代码的运行结果如下：

```
C:\> python class2.py
printMessage is called
Hello, Developer.
Object will be created: MyClass(Toby, Red)
Constructor is called with params: Toby  Red
Hello, Developer.
Destructor is called for Toby!
```

6. 私有成员

封装性是面向对象编程的重要特点，Python 也提供了将不希望外部看到的成员隐藏起来的私有成员机制。但不像大多数编程语言用 Public、Private 关键字表达可见范围，Python 使用指定变量名格式的方法定义私有成员，即所有以双下画线"__"开始命名的成员都为私有成员。

【示例 1-39】私有成员代码示例如下：

```
class MyClass(object):

    def __init__(self, name = "unset", color = "black"):
        print("Constructor is called with params: ",name, " ", color)
        self.__name = name
        self.__color = color

    def __del__(self):
        print("Destructor is called for %s!"% self.__name)

inst = MyClass("Jojo", "White")
del inst
```

本例中的构造函数将实例成员参数设置为私有形式，不影响在类本身的其他成员函数中访问这些变量（本例在析构函数中访问了 __name 属性）。但是类之外的代码无法访问私有成员，比如，如下代码在运行中将产生 AttributeError 异常：

```
>>> inst = MyClass()
>>> print(inst.__name)
Traceback (most recent call last):
  File "C:\ZZ_Disc_D\Lynn\book\PartI\chapter 1\class3.py", line 18, in <module>
    print(inst.__name)
AttributeError: 'MyClass' object has no attribute '__name'
```

1.6.3 继承

类之间的继承是面向对象设计的重要方法，通过继承可以达到简化代码和优化设计模式的目的。Python 在定义类时可以在小括号中指定基类，所有 Python 类都是 object 类型的子类，语法如下：

```
class BaseClass(object):                    # 父类定义
    block_class

class SubClass(BaseClass):                  # 子类定义
    block_class
```

【示例 1-40】子类除了具备自己 block_class 中定义的特性，还从父类中继承了父类的非私有特性，举例如下：

```python
class Base(object):
    def __init__(self):
        print("Constructor of Base is called !")

    def __del__(self):
        print("Destructor of Base is called !")

    def move(self):
        print("move called in Base!")

class SubA(Base):
    def __init__(self):
        print("Constructor of SubA is called !")

    def move(self):
        print("move called in SubA!")

class SubB(Base):
    def __del__(self):
        print("Destructor of SubB is called !")
        super(SubB, self).__del__()

instA = SubA()
instA.move()
del instA

print("--------------------------")

instB = SubB()
instB.move()
del instB
```

解析如下。

- 定义了一个基类 Base，基类继承自 object，并且定义了构造函数、析构函数、成员函数 move()。
- 定义了子类 SubA，继承自 Base 类，定义、重载了自己的构造函数、成员函数 move()。
- 定义了子类 SubB，继承自 Base 类，定义、重载了自己的析构函数。析构函数中用 super 关键字调用基类的析构函数__del__()。

- 完成类的定义后，分别实例化了两个子类的对象，并调用了它们的 move() 方法和析构函数。

技巧：在子类成员函数中，用 super 关键字可以访问父类成员，其引用方法为 super (SubClassName, self)。

代码的执行结果如下：

```
C:\> python inherit.py
Constructor of SubA is called !
move called in SubA!
Destructor of Base is called !
----------------
Constructor of Base is called !
move called in Base!
Destructor of SubB is called !
Destructor of Base is called !
```

对结果的解析如下。

- instA 调用了子类 SubA 自己的构造函数和 move() 方法，但因为 SubA 没有重载析构函数，所以对象销毁时系统调用了基类 Base 的析构函数。
- 子类 SubB 只重载了析构函数，所以 instB 调用了基类的构造函数和 move() 方法，在对象销毁时调用了 SubB 自己的析构函数。
- move() 方法在被 instA 和 instB 调用时分别展现了不同的行为，这种现象是多态。

技巧：在子类的析构函数中调用基类的析构函数是一种最佳实践，不这样做可能导致父类资源不能如期被释放。

【示例 1-41】Python 中允许类的多继承，也就是一个子类可以有多个基类，举例如下：

```python
class BaseA(object):
    def move(self):
        print("move called in BaseA!")

class BaseB(object):
    def move(self):
        print("move called in BaseB!")

class BaseC(BaseA):
    def move(self):
        print("move called in BaseC!")
```

```
class Sub(BaseC, BaseB):
    pass

inst = Sub()
inst.move()
```

该段代码中定义了两个基类，两个基类中都定义了 move() 方法。BaseC 继承自 BaseA 并且重载了 move() 函数。Sub 继承自 BaseC 和 BaseB，并且没有定义自己的成员。调用子类对象的 move() 方法的结果如下：

```
C:\> python inherit2.py
move called in BaseC!
```

此处读者需要体会的是：当子类继承了多个父类，并且调用一个在几个父类中共有的成员函数时，Python 解释器会选择距离子类最近的一个基类的成员方法。本例中 Sub 继承自 BaseC 和 BaseB，所以 move() 方法的搜索顺序是 Sub→BaseC→BaseA→BaseB。

注意：设计多父类的继承关系时，要尽量避免多个父类中出现同名成员。如果不可避免，则应当留意子类定义中引用父类的顺序。

1.7 本章总结

对本章内容总结如下。

- 讲解 Python 的历史与现状，了解 Python 流行的原因。
- 从零开始搭建 Python 开发及运行环境，包括原生 IDEL 编辑器和强大的 Eclipse 编辑环境。
- 掌握 Python 程序的组成，以及如何编写 Python 的 main() 函数。
- 掌握 Python 内置数据类型：Number、Sequence、string、tuple、list、set、dict。
- 掌握流程控制语句：if、else、elif、while、for、break、continue 等。
- 掌握基于函数的编程：函数的定义与使用、带变长参数的函数、匿名函数。
- 掌握 Python 异常处理逻辑，并且有能力设计自己的基于异常的错误处理机制。
- 掌握 Python 中面向对象编程技术。

通过对本章的学习，读者已经具备了进行 Python Web 编程所必需的语言基础。

第 2 章
Web 编程之网络基础

网络上的应用越来越多，从最初的电子邮件、静态网页，发展到如今的动态网站以及电子商务、虚拟社区、云计算等平台，都是以 Internet（国际互联网）为依托的。使用 Python 可以开发以上提到的所有应用。在用 Python 编写网络程序之前，需要学习基本的网络概念，以便更好地理解 Python 主流网络框架的原理。本章的主要内容如下。

- TCP/IP 网络：通过 Internet 事实上的标准 TCP/IP 理解计算机网络的通用概念和技术，掌握互联网的两种主要传输层协议 TCP 和 UDP、C/S 和 B/S 模型及常用的网络标准协议。
- HTTP：Internet 上最主要的协议，学习 HTTP 的概念及消息结构。
- Socket 编程：基于 Socket 的编程主要应用于互联网中的非标准协议，学习 Socket 的基本概念，并实践 Python 的 Socket 编程。

注意：本书的内容为使用 Python 进行 HTTP Web 和 Socket 协议开发，因此，除了基础的 TCP/IP 知识，本章只对 HTTP 和 Socket 两方面的网络知识做详细解析。

2.1 TCP/IP 网络

TCP/IP 是 Transmission Control Protocol/Internet Protocol 的简写，翻译成中文为传输控制协议/互联网络协议。TCP/IP 是一种网络通信协议，它规范了网络上的所有通信设备，尤其是一个主机与另一个主机之间的数据往来格式及传送方式。TCP/IP 是 Internet 的基础协议，也是一种计算机数据打包和寻址的标准方法。

2.1.1 计算机网络综述

计算机网络是指将地理位置不同的、具有独立功能的多台计算机及其外部设备，通过通信线路连接起来，在网络操作系统、网络管理软件及网络通信协议的管理和协调下，实现资源共享和信息传递。

20 世纪 90 年代后，以 Internet 为代表的计算机网络得到了迅猛发展，Internet 成为世界上最大的计算机网络。Internet 主要由主机、线路、交换、路由、调制解调器等设备组成。网络应用开发者无须具体了解 Internet 的架构及物理细节，把 Internet 看作由主机和传输设备两部分组成即可，如图 2.1 所示。

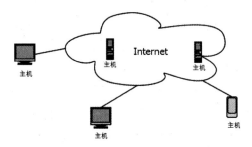

图 2.1 Internet 抽象图

主机有不同的形式，主要分为两种：服务器和客户端。在 Internet 中提供服务的主机叫作服务器，如各大门户网站、社交平台等；通过访问服务器从而获得有用信息的主机叫作客户端，如各种家庭计算机和智能手机。

注意：本书所讲的 Web 编程是指基于 Internet 网络的应用编程。

1. 网络分层

将数据从一台主机传输到另一台主机是一个复杂的过程,包括信息格式转换、分发、寻址、物理传输等,在这个过程中还要加入多种校验措施以保证传输的正确性。为了使这个过程利于设计并且向开发者隐匿网络细节,计算机网络被分割为不同的层,每一层表示不同的抽象程度和设计目的。每一层的功能相互独立,这使得它们可以仅完成自己的任务,如传输、编码等。Internet 是基于 TCP/IP 网络而搭建的,TCP/IP 将网络分为 4 层结构,分别是应用层、传输层、网络层、接口层,如图 2.2 所示。

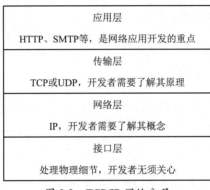

图 2.2　TCP/IP 网络分层

对 TCP/IP 网络分层从上到下解释如下。

- 应用层:Application Layer,为用户的进程直接提供服务,应用层负责发送及接收什么数据、如何解释数据、如何呈现数据、如何加密数据等问题,是网络应用程序开发者重点打交道的对象。例如,HTTPS 定义了网络间数据加密及认证的标准方法,HTML 定义了网页的解析方式等。
- 传输层:Transport Layer,为两个主机的不同端口(Port)之间的通信提供服务。端口是一种在同一主机内的不同通道之间进行寻址的方式。传输层的发送方与接收方在物理上无须相邻。TCP/IP 的传输层包括两种协议:TCP 和 UDP。TCP 提供可靠的有序传输,UDP 提供非可靠的传输。
- 网络层:Network Layer,为两个主机之间提供通信服务。网络层定义了数据如何被封装为传送包,并且定义了不同主机之间的寻址方式。主要由 IP 组成,辅以 ICMP、IGMP 等路由协议。本书的 Internet 开发者只需了解 IP 即可。
- 接口层:Link Layer,负责相邻物理设备之间的信息传输。接口层的工作非常多且复杂,它需要完成接口层的数据组装(形成 Frame),加入必要的控制和校验数据,并且将二进制数据流（0/1）转换为物理链路上的标准电平（高电平、低电平）。针对不同的物理传输介质，接口层定义了多套标准，并且这些标准随着电子技术的进步而不断发展，如 802.3、802.11 等。

2. 网络设备

网络设备及部件是连接到网络的物理实体。网络设备的种类繁多且与日俱增。本节的网络设备特指 Internet 除主机外，仅起网络传输及数据交换作用的设备，具体包括集线器、交换机、网桥、路由器、网关、网络接口卡（NIC）、无线接入点（WAP）、调制解调器、光缆等。开发者无须精通网络设备的原理及配置技术，但需要了解各种设备的作用及其所在 TCP/IP 的层次。

- 集线器：简称 HUB，是接口层设备。集线器是网络互联的最简单设备，它接收并识别网络信号，然后再生信号并将其发送到网络的其他分支上。
- 交换机：即 Switcher，是接口层设备，也是网络互联中最常用的设备。它与集线器的差别是，集线器本身不能识别目的地址，而交换机可以。当同一局域网内的 A 主机向 B 主机传输数据时，数据包在经过集线器时在网络上是以广播方式传输的，由每一台终端通过地址信息来确定数据包是否属于自己；数据包经过交换机时，交换机会根据 Frame 目的地址直接发送给 B 主机所在的链路。因此，在网络中用交换机替换集线器通常能提高网络的整体性能。
- 网桥：Bridge，是接口层设备。网桥通常用于物理异构的网络之间相互连接，如以太网和令牌网之间。
- 路由器：即 Router，是网络层设备。路由器是互联网的主要节点设备，通过发送者、接收者的 IP 地址和路由算法决定数据的收发路径，这一过程叫作"Routing"。
- 网关：Gateway，是一个通用概念，主要指不同网络环境之间的协议转换，一般为应用层设备，如一个专用于数据存储转发的服务器。
- 调制解调器：即 Modem，俗称"猫"，是接口层设备，用于连接计算机网络与传统通信网。调制解调器将计算机的数字信号转译成能够在常规电话线中传输的模拟信号。因为模拟信道的传输距离更长，所以长距离的网络传输一般都需要经过调制解调器转接。常见的家用调制解调器包括 56k 猫、ADSL 猫、光纤猫等。
- 无线接入点：即 Wireless Access Point，是接口层设备。将有线网络转为无线网络，最常用的无线接入点即 WiFi。
- 防火墙：即 Firewall，是传输层及应用层的设备。防火墙通常位于不同网络的边界处，主要用于防止恶意程序及数据进入内部网络，或者防止机密信息泄露到广域网中。企业级网络通常用防火墙抵御非法入侵。

3. IP 地址

网络地址（Network Address）是一个网络层概念，是互联网上的主机在网络中具有的逻辑地址。Internet 上采用 IP 地址表示网络地址。当前有两种形式的 IP 地址，即 IPv4 和 IPv6。

IPv4 诞生于 1982 年，随着 TCP/IP 的发展壮大，缔造了当今的计算机网络通信模式。IP 地址是一个 32 位二进制数的地址，在表达方式上以 4 个十进制数字表示，如 172.16.32.3、10.38.96.243 等。从理论上讲，有大约 60 亿（2^{32}）种可能的地址组合，这似乎是一个很大的地址空间。实际上，一个 IPv4 地址被划分为两部分：网络地址和主机地址。根据网络地址和主机地址的不同位数规则，可以将 IP 地址分为 A（8 位网络 ID 和 24 位主机 ID）、B（16 位网络 ID 和 16 位主机 ID）、C（24 位网络 ID 和 8 位主机 ID）3 类，由于历史原因和技术发展的差异，A 类地址和 B 类地址几乎分配殆尽。

由于 IPv4 的数量限制，IPv6 应运而生。IPv6 由 128 位二进制数组成，在表达方式上用 8 个 16 进制数字表示，如 d23:4334:0:0:23:ade:9853:23。单从数量级上来说，IPv6 所拥有的地址容量约是 IPv4 的 8×10^{28} 倍，达到 2^{128} 个。这不但解决了网络地址资源数量的问题，也为除计算机外的设备连入互联网在数量限制上扫清了障碍。然而让人遗憾的是，IPv6 自 1999 年开始分配以来，并没有在互联网上得到广泛应用。目前互联网的主要地址表达方式及其调制仍主要以 IPv4 为主，但 IPv6 必将会替代 IPv4。

4. 域名

由于 IP 地址由纯数字组成，很难让人记忆，且不能表达功能、地理位置等附加含义，所以在 TCP/IP 网络形成不久，标准化组织就定义了域名这种主机地址表达方式。

域名（Domain Name）是一个应用层概念，是由一串用点分隔的名字组成的 Internet 上某台计算机或计算机组的名称，用于在数据传输时标识计算机的电子方位（有时也指地理位置、地理上的域名或有行政自主权的一个地方区域）。域名是一个 IP 地址的"面具"。一个域名是便于人们记忆和沟通的一组服务器的地址（网站、电子邮件、FTP 等）。使用域名作为标记互联网计算机的名称已有 30 多年的历史，世界上第 1 个域名是在 1985 年 1 月被注册的。

域名中的标号都由英文字母和数字组成，每个标号不超过 63 个字符，字母也不区分大小写。标号中除连字符（-）外不能使用其他标点符号。级别最低的域名写在最左边，而级别最高的域名写在最右边。由多个标号组成的完整域名总共不超过 255 个字符。读者所熟知的域名如 www.baidu.com、www.sina.com.cn 等。

5. URL

URL 即统一资源定位符，是用来表示 Internet 上资源位置的标准。资源位置包括资源所在的主机及其在主机内的访问路径。这里所说的资源是指 Internet 上任何可访问的对象，包括文本、图像、视频流等。URL 的标准形式如下：

```
[协议]://[主机]:[端口]/[路径]?[参数]
```

其中，协议可以是 HTTP、FTP 等应用层协议；主机是域名或 IP 地址；端口是传输层端口号；路径是以"/"分割的主机内的路径；参数是以"&"分割的若干键值对。典型的 URL 包括 http://www.mysite.edu:80/app/search.html?page=1&name=david、ftp://10.45.213.20:21/myfile 等。

2.1.2　TCP 和 UDP

TCP/IP 传输层是网络中承上启下的关键一层，向上对应用层提供通信服务，向下将应用信息封装为网络信息。传输层连接主机之间的进程，同一主机中不同进程的网络通信通过端口进行区分，所以传输层为主机提供的是端口到端口的服务。

TCP 和 UDP 是 Internet 中传输层最重要的两种协议，由于开发者不可避免地要与传输层打交道，因此本节将介绍网络开发所必需的 TCP 和 UDP 知识。

1. 端口

这里所说的端口，不是计算机硬件的 I/O 端口，而是软件级的概念。就像 IP 地址是网络层的寻址方式一样，端口是传输层的寻址方式。端口是一个 16 位二进制数表达的正整数，数字范围为 0～65535，即一个在网络上通信的主机理论上最多有 65535 个传输层信道。但由于在操作系统和一些应用中端口也被用作同一主机上不同进程之间的通信，因此通常可用的网络端口数量少于 65535 个。

应用程序（调入内存运行后一般被称为进程）通过系统调用与某端口建立连接（Binding，绑定）后，传输层传给该端口的数据都被相应的进程所接收，相应的进程发给传输层的数据都从该端口输出。由于 TCP/IP 传输层的 TCP 和 UDP 是两个完全独立的软件模块，因此各自的端口号也相互独立。

注意：TCP 和 UDP 可以在同一主机上使用相同的端口而互不干扰。例如，TCP 有一个 53 号端口，UDP 也可以有一个 53 号端口，两者并不冲突。

每种网络的服务功能都不相同,因此有必要将不同的封包发送给不同的服务来处理,当主机同时开启了 FTP 与 WWW 服务时,网络上发来的数据包就会按照端口号来给予 FTP 服务或者 WWW 服务。Internet 上的很多标准应用层协议有默认的使用端口号,如表 2.1 所示。

表 2.1 常用默认端口号

端口号	传输层协议	应用层协议	解 释
0			Reserved,一般保留,但不用
80	TCP	HTTP	是互联网上应用最为广泛的一种网络协议,也是网络编程的核心协议之一
21	TCP	FTP	FTP包括两个组成部分:其一为FTP服务器,其二为FTP客户端。其中FTP服务器用来存储文件,用户可以使用FTP客户端通过FTP访问位于FTP服务器上的资源。在开发网站时,通常利用FTP把网页或程序传到Web服务器上。此外,由于FTP的传输效率非常高,因此在网络上传输大的文件时,一般也采用该协议
23	TCP	TELNET	是Internet远程登录服务的标准协议和主要方式。它为用户提供了在本地计算机上完成远程主机工作的能力。在终端使用者的计算机上使用Telnet程序来连接到服务器
443	TCP	HTTPS	是提供加密和通过安全端口传输的另一种HTTP。一些对安全性要求较高的网站如银行、证券、购物等都采用HTTPS服务
69	UDP	TFTP	Trivial File Transfer Protocol,简单文件传输协议,在Internet中应用较少,主要用于轻量级设备启动时从网络下载启动代码
22	TCP	SSH	SSH是目前较可靠、专为远程登录会话和其他网络服务提供安全性的协议。利用SSH协议可以有效防止远程管理过程中的信息泄露问题
25	TCP	SMTP	简单邮件传输协议,它是一组用于从源地址到目的地址传送邮件的规则,由它来控制信件的中转方式
7001	TCP	HTTP	网络服务器WebLogic的默认端口
9080	TCP	HTTP	网络服务器WebSphere的默认端口
8080	TCP	HTTP	很多开源网络服务器的默认端口,如JBoss、Tomcat等
3389	TCP	Windows Remote Desktop	可以通过这个端口,用"远程桌面"等连接工具来连接到远程的服务器,如果连接上了,则输入系统管理员的用户名和密码后,将可以像操作本机一样操作远程计算机
5432	TCP	Postgres	PostgreSQL数据库的默认连接端口
1521	TCP	Oracle	Oracle数据库的默认连接端口
1433	TCP	Microsoft SQLServer	MS SQLServer数据库的默认连接端口
1080	UDP	QQ	腾讯QQ软件的默认通信端口

2. TCP

TCP（传输控制协议）是一种面向连接的、可靠的、基于字节流的传输层通信协议，由 IETF 的 RFC793 定义。当应用层向 TCP 层发送用于网间传输的用 8 位字节表示的数据流时，TCP 则把数据流分割成适当长度的报文段，最大传输段大小（MSS）通常受该计算机连接的网络的数据链路层最大传送单元（MTU）限制。之后 TCP 把数据包传给 IP 层，由它通过网络将包传送给接收端实体的 TCP 层。TCP 的特性总结如下。

- 有序性：为每个数据包编排序号，使接收端能够判断先后到达的次序混乱的数据包的原本顺序。
- 正确性：TCP 用一个 checksum 函数来检验数据是否有错误，在发送和接收时都要计算校验和，这使得接收端能够判断数据是否在传输过程中被破坏。
- 可靠性：发送端采用超时重传及确认机制识别错误或丢失数据，进行重发。
- 可控性：接收端和发送端的网络质量通常不同，TCP 采用滑动窗口协议和拥塞控制算法使数据的发送速度达到合理值。

TCP 采用面向连接的方式收发数据，在收发数据之前需要先建立连接，在数据传输之后释放连接，如图 2.3 所示。

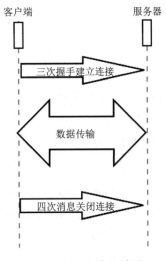

图 2.3　TCP 传输模型

建立连接的三次握手过程如下。

- 建立连接时,客户端发送 SYN 包到服务器,并进入 SYN_SENT 状态,等待服务器确认。

- 服务器收到 SYN 包，反馈给客户端一个 SYN+ACK 包，此时服务器进入 SYN_RECV 状态。
- 客户端收到服务器的 SYN+ACK 包，向服务器发送确认包 ACK，客户端和服务器同时进入 ESTABLISHED（TCP 连接成功）状态，完成三次握手。

建立连接后双方可互相发送消息，完成后可由任意一方发起关闭连接请求。关闭连接的过程如下。

- 关闭请求方（如客户端）向另一方发送（如服务器）一个带有 FIN 附加标记的报文段。
- 服务器收到这个 FIN 报文段之后，并不立即用 FIN 报文段回复客户端，而是先向客户端发送一个确认序号 ACK，同时通知相应的应用程序：对方要求关闭连接，使应用程序做相应的清理工作。
- 服务器的应用程序清理工作完成后，向客户端发送一个 FIN 报文段。
- 客户端收到这个 FIN 报文段后，向服务器发送一个 ACK，表示连接彻底释放。

3. UDP

UDP（User Datagram Protocol）是一种无连接的传输层协议，提供面向事务的、简单的、不可靠信息传送服务，IETF RFC 768 是 UDP 的正式规范。UDP 信息包的标题很短，只有 8 个字节，相对于 TCP 的 20 个字节信息包的额外开销很小，因此 UDP 能提供更快速、轻量级的传输层控制。UDP 的特性总结如下。

- 数据可以随时发送、接收，没有建立、断开连接的过程，因此主机不需要维护复杂的连接状态。
- UDP 不保证数据的可靠传输，仅尽最大可能进行发送。
- 没有拥塞控制算法控制收发速度，程序需在应用层自行控制。
- 发送方的 UDP 对应用程序交付的报文，在添加首部后就向下交付给 IP 层，既不拆分，也不合并。因此，应用程序需要选择合适的报文大小。

由此不难总结出 UDP 协议适用的应用场景：吞吐量大（因为只做轻量级控制）、可以承受信息丢失（因为传输不可靠）。在网络状况良好的情况下，UDP 的丢包率在实际情况下也非常低，所以仍有很多经典协议采用 UDP 进行传输，如 SNMP、NFS、DNS、BOOTP 等。

2.1.3 C/S 及 B/S 架构

C/S，即 Client/Server，是当前大多数网络编程所使用的架构模型。通过它可以充分利用两端硬件环境的优势，将任务合理分配到 Client 端和 Server 端，降低系统的通信开销。Client 和 Server 常常分别处在相距很远的两台计算机上，Client 程序的任务是将用户的要求提交给 Server 程序，再将 Server 程序返回的结果以特定的形式显示给用户；Server 程序的任务是接收客户程序提出的服务请求，进行相应的处理，再将结果返回给客户程序。

B/S，即 Browser/Server，是 Web 兴起后的一种架构模式。B/S 使用 Web 浏览器作为客户端的应用软件，所以 B/S 可以看作 C/S 的一种特殊情况。B/S 架构是伴随着 Internet 的兴起而兴起的，是对 C/S 结构的一种改进，它的主要特点如下。

- 便于部署、维护与升级：主流企业的软件开发流程与方法也从传统瀑布模型转为迭代式敏捷开发。软件系统的改进与升级节奏的加快对系统的快速部署、升级提出了很高的要求。B/S 架构的产品明显体现着更为方便的特性，因为 B/S 系统的所有应用程序都部署在服务器上，一般无须更新客户端软件（即浏览器）。
- 跨平台、开放、对客户端要求低：客户端计算机的软硬件环境千差万别，虽然大多数使用 Windows 系统，但近年来 macOS 操作系统也越来越普及，另外也有少数钟情于 Linux 系统的用户。传统 C/S 架构需要针对每种操作系统开发相应的客户端程序；而因为每种操作系统都支持 Web 浏览器，所以基于 B/S 架构的系统只需开发一套客户端程序。B/S 架构的客户端程序部署在服务器端，由浏览器在访问时下载到客户端运行。
- 对安全性的要求较高：由开放性而延伸的一个负面作用就是 B/S 架构对系统安全性的要求比 C/S 架构高。B/S 架构的系统一般建立在广域网上，面向未知用户，所以开发 B/S 系统时应该更加关注系统的防攻击、数据加密、备份、防伪造等能力。

在本书要讲解的 Python 网络框架中，Django、Tornado 和 Flask 均是以 B/S 架构为主的框架，Twisted 主要面向 C/S 架构系统。

2.2 HTTP

HTTP，即超文本传输协议，是 Internet 上最主要的 Web 应用层标准。B/S 架构的应用系统用 HTTP 在客户端与服务器之间传送数据。HTTP 可以传送任何格式的数据，从文本到图像甚至视频流都可以通过 HTTP 进行传输。本节讲解进行网络开发所必需的 HTTP 知识。

2.2.1　HTTP 流程

HTTP 是 Web 浏览器与 Web 服务器之间通信的标准协议，是 Internet 上能够可靠地交换文件的重要基础。HTTP 的基本交互流程如图 2.4 所示。

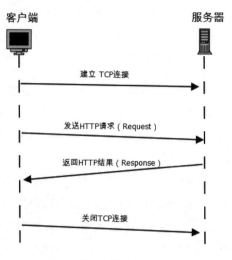

图 2.4　HTTP 的基本交互流程

每个 HTTP 站点都有一个服务器进程监听着 TCP 的 HTTP 端口，HTTP 端口默认为 80，也可由服务器进程设置为其他端口。当服务器发现有客户端建立连接并提交了一个 HTTP 请求（Request）后，就根据请求的内容执行相应的操作，并将结果返回给客户端（Response）。通常客户在浏览器中发起一次网络访问的步骤如下。

（1）输入网址并按 Enter 键，如访问 http://mysite:8080/app/index.html。

（2）浏览器通过域名系统查询 mysite 的真实 IP，如 212.34.98.20。

（3）向服务器 212.34.98.20 的 8080 端口发起 TCP 连接请求并建立连接。

（4）发送 HTTP 请求的内容，包括访问的地址/app/index.html、访问方式 GET、浏览器本身的产品名等。

（5）服务器返回/app/index.html 中的数据作为 Response 发送给客户端。如果请求的不是一个文件，则服务器需要执行相应的代码，动态生成且返回客户端。

（6）浏览器接收到结果后关闭与服务器的 TCP 连接。

（7）浏览器将接收到的结果呈现在显示器上。

注意：域名解析本身不是 HTTP 的一部分，客户端应在向服务器建立 TCP 连接之前就通过 DNS 服务器完成域名解析工作。

以上是最典型的 HTTP 流程，当今的 HTTP 版本还允许客户端在一次 HTTP 请求完成后不关闭 TCP 连接，以便第 2 次发送 HTTP 请求时复用该连接，从而达到减少系统整体开销的目的，此技术在 HTTP 中叫作 keep-alive。

2.2.2　HTTP 消息结构

Python 网络开发者必须通过直接或间接的方式与 HTTP 打交道。通过学习 HTTP 消息结构，让开发人员可以更好地理解 Python Web 框架中的各种配置及开发选项。

1．Request 消息结构

HTTP 的两种消息（Request 和 Response）采用不同的消息结构，Request 消息结构的格式如下：

```
【请求方法】【URL】【协议版本】
【头字段1】：值1
…
【头字段N】：值N

【消息体】
```

它由两部分组成：消息头（HTTP HEAD）和消息体（HTTP BODY）。消息头必须遵循上述格式，头字段可以有若干个；消息体则没有固定格式；消息头与消息体之间以一个空行分隔。上述格式中的请求方法、URL、协议版本、头字段等都属于消息头。常用的消息体格式包括 HTML、XML、JSON 等。典型的 Request 消息如下：

```
GET /hello.txt HTTP/1.1
Host: www.mysite.com
Accept-Language: en
```

本例中包括一个用 GET 方法访问 URL http://www.mysite.com/hello.txt 页面的请求头，向服务器声明使用 HTTP 1.1，并通过 Accept-Language 标识了客户端接收的消息语言。本例的 Request 中没有消息体。

2. Response 消息结构

Response 是服务器根据客户端的请求包做相应处理后向客户端返回的结果，Response 消息结构的格式如下：

```
【协议版本】 【错误码】【错误字符串】
【头字段1】:值1
...
【头字段N】:值N

【消息体】
```

它仍然由两部分组成，与 Request 的不同点是第 1 行由协议版本和错误码组成。典型的 Response 消息如下：

```
HTTP/1.1 200 OK
Date: Mon, 20 Jul 2020 11:45:34 GMT
Server: Apache
Accept-Ranges: bytes
Content-Length: 31
Content-Type: text/plain

<html>
Hello World.
</html>
```

本例中返回了一个 HTTP 1.1 的消息，错误代码为 200，错误字符串为 OK。之后的一系列头字段标识了当前的时间、服务器的应用程序名、消息类型、消息体的长度等。消息体是一个 HTML 包。

3. 常用头字段

HTTP 头字段以键值对的方式为服务器或客户端提供对方的信息，如之前用到的 Accept-Language、Server 等。HTTP 中有一些预定义的头字段经常被用到，开发者需要熟记这些，如表 2.2 所示。表中的"方向"，如果是 Response 则指从服务器发送给客户端，如果是 Request 则指从客户端发送给服务器，Both 表示两个方向皆可。

表 2.2 常用的 HTTP 头字段

字 段 名	方 向	解 释	可能的值
Accept	Request	接收什么介质类型	type/sub-type */* 表示任何类型，type/* 表示该类型下的所有子类型

续表

字 段 名	方 向	解 释	可能的值
Accept-Charset	Request	接收的字符集	ISO-8859-1
Accept-Encoding	Request	接收的编码方法，通常指定压缩方法、是否支持压缩、支持什么压缩方法	Gzip、deflate、UTF8
Accept-Language	Request	接收的语言	En、cn
Accept-Ranges	Request	服务器表明自己是否接收获取其某个实体的一部分（比如文件的一部分）的请求	bytes：表示接收；none：表示不接收
Age	Response	表明实体从产生到现在经过多长时间	
Authorization	Response	当客户端接收到来自Web服务器的WWW-Authenticate响应时，该头字段返回自己的身份验证信息给Web服务器	Username:password
Cache-Control	Request	对服务器的缓存控制	no-cache：不要从缓存中取，要求现在从Web服务器中取
Cache-Control	Response	对客户端的缓存控制	Public：可以用缓存内容回应任何用户。Private：只能用缓存内容回应先前请求该内容的那个用户
Connection	Request	对服务器的连接控制	Close：告诉Web服务器在完成本次请求的响应后，断开连接，不要等待本次连接的后续请求了。Keepalive：告诉Web服务器在完成本次请求的响应后，保持连接，等待本次连接的后续请求
Connection	Response	连接状态通知	Close：连接已经关闭。Keepalive：连接保持，等待本次连接的后续请求
Etag	Both	内容唯一标识。客户端需要把服务器传来的Etag保留，在下次请求相同的URL时提交给服务器。服务器用Etag值判断同一个URL的内容是否有变化，如有变化则发送更新的内容给客户端	任何值
Expired	Response	Web服务器表明该实体将在什么时候过期	YYYY-MM-DD HH:MM:SS
Host	Request	客户端指定自己想访问的Web服务器的域名、IP地址和端口号	IP:port

续表

字段名	方向	解释	可能的值
Location	Response	访问的对象已经被移到别的位置了,应该到头字段指向的地址获取	http://mysite.com/another_url
Proxy-Authenticate	Response	代理服务器响应浏览器,要求其提供代理身份验证信息	
Proxy-Authenticate	Request	提供自己在代理服务器中的身份信息	Username:password
range	Request	需要获取对象的哪一部分内容	bytes=1024-:获取从第1024个字节到最后的内容
Referer	Request	浏览器向Web服务器表明自己是从哪个URL获得当前请求中的URL的	http://www.baidu.com
Server	Response	指明服务器的软件类型及版本	Nginx/1.14
User-Agent	Request	指明浏览器的软件类型及版本	Mozilla/x.x:Windows浏览器 Firefox/xx.x.x:Firefox浏览器
Via	Both	列出从客户端到服务器或者相反方向的响应经过了哪些代理服务器,它们用什么协议(和版本)发送的请求	

4. 常用错误代码

前面已经学习了 HTTP,每个 Response 的第 1 行中有一个整数状态码用于表达其对应 Request 的结果。HTTP 除了约定了该状态的表达方式,还约定了该状态的取值范围,约定的 5 类状态码如下。

- 1xx:信息,表明服务器已经收到 Request,但需要进一步处理,请客户端等待。
- 2xx:成功,处理成功。
- 3xx:重定向,请求的地址已被重定向,需要客户端重新发起请求。
- 4xx:客户端错误,请求中提交的参数或内容有错误。
- 5xx:服务器错误,服务器处理请求时出错,一般本类错误需要联系服务器管理员处理。

注意:1xx~5xx 的错误为 HTTP 标准错误,在网站开发中如需定义自己的错误代码,则需要避开该范围。

在上述 5 类错误中,常见的 HTTP 错误代码如表 2.3 所示。

表 2.3　常见的 HTTP 错误代码

代码	解释	代码	解释	代码	解释
100	继续等待	200	正常完成并返回	204	无内容
206	部分内容被返回	301	已移动	304	未修改
305	必须使用代理	400	语法错误	401	未授权
402	需要付费访问	403	禁止访问	500	服务器异常错误
501	未执行	502	上游的其他来源错误	503	临时过载或维护中

2.2.3　HTTP 请求方法

通过上面的学习，读者一定想知道 HTTP Request 包的第 1 个参数"请求方法"到底有哪些取值，以及为什么要区分它们。HTTP 访问方式的意义在于它能够告诉服务器客户端访问 URL 的目的是什么，是获取信息、上传数据，还是删除信息等。表 2.4 总结了 HTTP 1.1 中常用的访问方式及其意义。

表 2.4　HTTP 1.1 中常用的访问方式及其意义

访问方式的名称	意　义
DELETE	从给定的地址中删除信息
GET	从访问的地址中获取信息，既获取信息头，也获取信息体。这是 Internet 上最主要的一种 HTTP 访问方式
HEAD	从访问的地址中获取信息，它与 GET 的区别是：HEAD 只获取信息头，不获取信息体。在 Flask 路由中如果声明了 GET 访问方式，则无须显式地声明 HEAD 访问方式
OPTIONS	为客户端提供一种查询"本 URL 地址中有哪些可用的访问方式"的方法
POST	客户端通过 POST 方法向服务器提交新数据，服务器必须保证数据被完整地保存，并且服务器不允许出现重复的 POST 数据提交。这是 HTML 中通过表单（Form）提交数据所使用的 URL 访问方式
PUT	与 POST 访问方法类似，PUT 也是一种客户端向服务器提交数据的方式。但是 PUT 允许客户端提交重复主键的数据，当通过 PUT 访问方式在服务器中发现重复主键的数据时，它会用新提交的数据覆盖服务器中已有的数据

2.2.4　基于 HTTP 的网站开发

经过几十年的发展，已经出现几个成熟的处理 HTTP 的知名 Web 服务器。这些 Web 服务器可以解析（handle）HTTP，当 Web 服务器接收到一个 HTTP 请求时，会根据配置的内容返回一个静态 HTML 页面或者调用某些代码动态生成返回结果。Web 服务器把动态响应（dynamic response）产生的委托（delegate）给其他一些程序，如 Python 代码、JSP（Java Server Pages）脚本、Servlets、ASP（Active Server Pages）脚本等。无论它们的目的如何，这些服务器端（server-side）的程序通常会产生一个 HTTP 响应让浏览器浏览。

由于目标操作系统、应用场景及商业目的不同，当今主流的 Web 服务器各有特色，这里将它们的特性简单地概括如下。

- Apache：是世界上用得最多的 Web 服务器，市场占有率在 60%左右。由于其卓越的性能，Tomcat 或 JBoss 等很多其他 Web 服务器使用 Apache 为自己提供 HTTP 接口服务。
- Nginx：是一款轻量级、高性能的 HTTP 和反向代理服务器。因它的稳定性、丰富的功能集、示例配置文件和低系统资源的消耗而闻名。
- IIS：微软的 Web 服务器产品。由于 Windows 的影响，IIS 是目前最流行的 Web 服务器产品之一，它的最大优势当然是对微软 ASP.NET 及其周围产品的支持。
- Tomcat：是一个开源服务器，是 Java Servlet 2.2 和 Java Server Pages 1.1 技术的标准实现。
- JBoss：是一个管理 EJB 的容器和服务器，支持 EJB 1.1、EJB 2.0 和 EJB 3 的规范。但 JBoss 的核心服务不包括支持 Servlet、JSP 的 Web 容器，一般与 Tomcat 或 Jetty 绑定使用。

当前的主流 Web 服务器都实现了主流语言的可调用接口标准，这些标准如下。

- CGI：Common Gateway Interface，CGI 规范允许 Web 服务器执行外部程序，并将它们的输出发送给 Web 浏览器，CGI 将 Web 的一组简单的静态超媒体文档变成一个完整的新的交互式媒体。
- ISAPI：Internet Server Application Program Interface，是微软提供的一套面向 Web 服务的 API 接口，它能实现 CGI 提供的全部功能，并在此基础上进行了扩展，例如，提供了过滤器应用程序的接口。
- WSGI：Web Server Gateway Interface，是一套专为 Python 语言制定的网络服务器标准接口。本书将要学习的 Python Web 框架均以 WSGI 为基础标准。

从客户端浏览器的角度来看，它的每次访问是通过 HTTP 访问 Web 服务器从而获得某种服务（下载文件、查看页面、订购商品等）的，但实际上 Web 服务器仅起到桥梁的作用，即将浏览器的 HTTP 请求解码，转换成服务器端程序能够识别的接口调用方式，然后将服务器端程序生成的返回结果封装成 HTTP Response，并返回给浏览器。服务器端程序、Web 服务器、客户端之间的关系如图 2.5 所示。

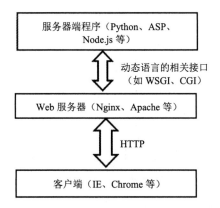

图 2.5 服务器端程序、Web 服务器、客户端之间的关系

最简单的服务器端程序可以直接读取某文件或返回固定的网页内容；稍复杂一些的服务器端程序需要处理客户端通过 HTTP、URL、HTML 中传入的参数、动态执行逻辑代码、在数据库或缓存中读写数据等一系列操作，才能最终生成调用结果。

2.3 Socket 编程

除了基于 HTTP 等标准协议的 Web 应用，Internet 上还有很大一部分应用是基于非公有协议的。无论使用哪种语言进行非标准协议的开发，都需要了解 Socket 编程的基本知识。本节学习 Socket 的概念及用 Socket 进行 TCP、UDP 开发的方法。

注意：本节介绍的 Socket 知识不仅可用于 Python 网络编程，同样适用于其他所有编程语言。

2.3.1 Socket 基础

Socket 原指"孔"或"插座"，它最初作为 BSD UNIX 的进程通信机制，通常被称作"套接字"。当然，Socket 是一个通信链的句柄，如今已经是 Windows 和 macOS 等其他操作系统所共同遵守的网络编程标准，用于描述 IP 地址和端口，可以用来实现不同虚拟机或不同计算机之间的通信，当然也可以实现相同主机内的不同进程间的通信。Internet 上的主机一般运行了多个服务软件，同时提供几种服务，每种服务都打开一个 Socket，并绑定到一个端口上，不同的端口对应不同的服务。

在操作系统结构上，Socket 为应用程序屏蔽了 TCP/IP 网络传输层及以下的网络细节，如图 2.6 所示。Socket 为操作系统的用户空间提供网络抽象，开发者编写的网络程序都会直接或间接地用到 Socket 抽象。通过 Socket 抽象可以控制传输层协议 TCP 和 UDP，甚至包括部分网络层协议，如 IP 和 ICMP。

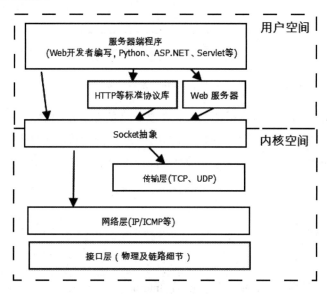

图 2.6　Socket 抽象

注意：本书只涉及 Socket 的 TCP 和 UDP 编程。

Socket 使用"IP 地址+端口+协议"的三元组唯一标识一个通信链路。服务器端的一个通信链路可以对应于多个客户端，例如，一个 Web 服务器的 80 端口可以同时服务大量的客户端。

2.3.2　实战演练 1：Socket TCP 原语

用 Socket 进行网络开发需了解服务器和客户端的 Socket 原语，每个原语在不同的高级语言中都有相应的实现方式。TCP 的 Socket 原语如图 2.7 所示。所有基于 TCP 的 Socket 通信都遵循如图 2.7 所示的流程。下面解释每个原语的含义。

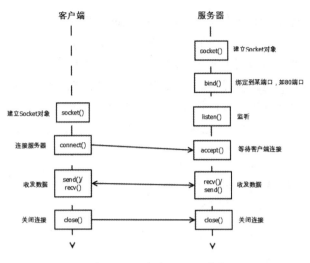

图 2.7　TCP 的 Socket 原语

- socket()：建立 Socket 对象。Socket 是以类似文件系统的"打开、读写、关闭"的模式设计的，socket()原语相当于"打开"。socket()原语的参数通常包括使用的传输层协议类型、网络层地址类型等。
- bind()：绑定。在参数中需要传入要绑定的 IP 地址和端口。IP 地址必须是主机上的一个可用的地址（除用 0.0.0.0 指定绑定所有的本机 IP 外）。端口必须是一个该 Socket 协议未被占用的端口，例如，当一个主机上的两个程序试图同时绑定到 80 端口时，只有一个程序能够成功。服务器端程序在 listen()之前必须进行 bind()操作，而客户端程序如果在 connect()原语之前没有调用 bind()，则系统会自动为该 Socket 分配一个未被占用的地址和端口。

技巧：当主机上存在多个 IP 地址时，绑定地址 0.0.0.0 可以监听所有这些可用的 IP 地址。

- listen()：监听。只在服务器端有用，告诉操作系统开始监听之前绑定的 IP 地址和端口，可以在参数中指定允许排队的最大连接数量。
- connect()：在客户端连接服务器。参数中需要指定服务器的地址和端口。调用 connect()可能有两种结果，即与服务器端完成 TCP 3 次握手并建立连接或者连接服务器失败。
- accept()：接收连接。只在服务器端有用，从监听到的连接中取出一个，并将其包装成一个新的 Socket 对象。这个新的 Socket 对象可被用于和相应的客户端进行通信。完成 accept()标志着 Socket 已经完成了 TCP 链路建立阶段的 3 次握手。如果当前没有客户端连接请求，则 accept()调用会进入阻塞等待状态。

- send()：发送数据。服务器和客户端均可调用 send()向对方发送数据，在 send()的参数中传入要发送的数据，通过 send()的返回值判断数据是否发送成功。
- recv()：接收数据。服务器和客户端均可调用 recv()从对方接收数据。如果 Socket 中没有消息可以读取，则在默认情况下 recv()调用会被阻塞直到有消息到达；开发者也可以将 Socket 设置为非阻塞模式，使 recv()以失败形式返回。
- close()：关闭连接。通信中的任何一方都可以调用 close()发起关闭连接请求，另一方收到后也调用 close()关闭连接。

【示例 2-1】下面通过 Python 代码演示 Socket 编程方法，TCP 服务器端的代码如下：

```python
import socket                                          # Socket 模块
import datetime

HOST='0.0.0.0'
PORT=3434

#AF_INET 说明使用 IPv4 地址，SOCK_STREAM 指明 TCP
s = socket.socket(socket.AF_INET,socket.SOCK_STREAM)
s.bind((HOST,PORT))                                    # 绑定 IP 与端口
s.listen(1)                                            # 监听

while True:
    conn,addr=s.accept()                               # 接收 TCP 连接，并返回新的 Socket 对象
    print('Client %s connected!' % str(addr))          # 输出客户端的 IP 地址
    dt = datetime.datetime.now()
    message = "Current time is " + str(dt)
    conn.send(message.encode('utf8'))                  # 向客户端发送当前时间
    print("Sent: ", message)
    conn.close()                                       # 关闭连接
```

包 socket 封装了所有 Python 的原生 Socket 操作，代码中通过 socket()、bind()、listen()的一系列调用实现了对指定端口的监听，通过 accept()接收客户端的连接，当有客户端连接成功后将当前系统时间发送给客户端，并马上关闭连接。因为代码主体处于 while 循环中，所以程序将不断监听并一直运行。

注意：send()函数接收的参数为 bytes 类型，因此在调用该函数时需要将字符串参数通过.encode('utf-8')方法转换为 bytes 类型。

与该服务器端的代码相对应的客户端的代码如下：

```python
import socket                                          # Socket 模块

HOST='127.0.0.1'
PORT=3434

#AF_INET 说明使用 IPv4 地址，SOCK_STREAM 指明 TCP 协议
s = socket.socket(socket.AF_INET,socket.SOCK_STREAM)

s.connect((HOST, PORT))
print("Connect %s:%d OK" % (HOST, PORT))
data = s.recv(1024)                                    # 接收数据，本次接收数据的最大长度为 1024
print("Received: ", data)
s.close()                                              # 关闭连接
```

客户端通过 connect()调用连接服务器，连接成功后接收从服务器发来的数据，然后关闭连接、退出程序。

现在尝试查看服务器端与客户端通信的执行效果，首先启动服务器端程序：

```
c:\> python tcp_server.py
```

服务器端程序将进入等待连接状态。然后打开另外一个控制台，执行客户端程序：

```
c:\> python tcp_client.py
Connect 127.0.0.1:3434 OK
Received:  b'Current time is 2021-01-29 16:26:26.896860'

c:\> python tcp_client.py
Connect 127.0.0.1:3434 OK
Received:  b'Current time is 2021-01-29 16:26:48.774834'
```

从以上输出中已经可以看到服务器端发送过来的当前时间,说明已经成功进行通信。同时，在服务器窗口中可以看到如下输出结果：

```
C:\> python tcp_server.py
Client ('127.0.0.1', 64163) connected!
Sent: Current time is 2021-01-29 16:26:26.896860
Client ('127.0.0.1', 64164) connected!
Sent: Current time is 2021-01-29 16:26:48.774834
```

注意：客户端的 Socket 端口号由系统自动分配。

2.3.3 实战演练 2：Socket UDP 原语

UDP 相对于 TCP 在传输层提供更少的控制，没有建立连接、断开连接等概念，所以基于 UDP 的 Socket 通信过程也比 TCP 稍微简单一些。在 UDP 中可以直接通过指定 IP:Port 进行数据收发。UDP Socket 可以复用 TCP 中的 socket() 和 bind() 原语，除此之外，UDP 有如下两个属于自己的 Socket 原语。

- recvfrom ()：从绑定的地址接收数据。
- sendto ()：向指定的地址发送数据，在调用的参数中应该传入通信对端的地址和端口。

【示例 2-2】UDP 的 Python 服务器端的代码示例如下：

```
import socket                                      # Socket 模块

HOST='0.0.0.0'
PORT=3434

#AF_INET 说明使用 IPv4 地址，SOCK_DGRAM 指明 UDP
s = socket.socket(socket.AF_INET,socket.SOCK_DGRAM)
s.bind((HOST,PORT))                                # 绑定 IP 与端口

while True:
    data, addr = s.recvfrom(1024)                  # 本次接收的最大数据长度为 1024
    print("Received: %s from %s" % (data, str(addr)))

s.close()
```

代码通过 socket() 和 bind() 调用绑定了本地所有地址的 3434 端口，通过 socket() 中的 SOCK_DGRAM 指定 Socket 使用 UDP，在一个循环中不断地接收数据并打印。相应的 UDP 客户端的 Python 代码如下：

```
import socket                                      # Socket 模块

HOST='127.0.0.1'
PORT=3434

#AF_INET 说明使用 IPv4 地址，SOCK_DGRAM 指明 UDP
s= socket.socket(socket.AF_INET,socket.SOCK_DGRAM)
```

```
data = "Hello UDP!"
s.sendto(data.encode('utf-8'), (HOST, PORT))
print("Sent: %s to %s:%d" %(data, HOST, PORT))

s.close()                                              # 关闭连接
```

客户端直接调用 sendto()向指定的地址发送数据。

与 TCP 类似，在启动客户端之前同样需要先运行服务器端程序：

```
C:\> python udp_server.py
```

现在执行客户端程序，执行结果如下：

```
c:\> python udp_client.py
Sent: Hello UDP! to 127.0.0.1:3434
```

相应的服务器端执行结果如下，其中的客户端端口 54525 由客户端程序在调用 sendto()时自动生成：

```
C:\> python udp_server.py
Received: b'Hello UDP!' from ('127.0.0.1', 54525)
```

2.4 本章总结

对本章内容总结如下。

- 讲解了计算机网络的基本概念：IP 地址、域名、URL 及常用网络设备。
- 两大传输层协议 TCP 和 UDP 的特点与比较。
- TCP 协议的 3 次握手建立连接，TCP 协议的 4 次消息关闭连接。
- C/S 及 B/S 应用架构、HTTP 架构及消息流程。
- HTTP 消息结构、常用头字段、常用错误代码等。
- HTTP 的常用请求方式（POST、GET、HEAD 等）及其区别。
- 基于 HTTP 的网站开发方法，以及 Web 服务器、服务器端程序的概念。
- Socket 的概念及其作用、TCP 的 Socket 原语及其 Python 编程、UDP 的 Socket 原语及其 Python 编程。

第 3 章

客户端的编程技术

  B/S 架构的应用系统在本质上是将客户端和服务器端的代码都部署在服务器的网站上。服务器一般为客户端的浏览器产生静态网页和脚本，由后者解释、显示出来并执行动态脚本，所以全栈 Web 开发者既要精通服务器端编程，又要掌握基于浏览器的客户端开发技术。本章将带领读者学习用 Python 进行网站开发时涉及的最主要的客户端技术。本章的主要内容如下。

- HTML 语言：讲解 HTML 的作用及基本语法，包括常用标签、基于 DIV 的网页布局、HTML 表单等。
- CSS 样式表：讲解层叠样式表 CSS 表达 HTML 的语法和规则，通过 CSS 集中化并更好地控制 HTML 元素的属性和方法。
- JavaScript：讲解脚本语言的作用及 JavaScript 的基本语法，使用文件对象模型 DOM 生成动态网页效果并响应 HTML 事件。
- jQuery：是对 JavaScript 的有效封装，本章讲解了 jQuery 的作用、语法和最常用的动态效果。

3.1 HTML

HTML（HyperText Markup Language，超文本标记语言）是 Internet 上网页最主要的表现技术。超文本标记语言的文档制作并不复杂，但功能强大，在本身提供经典的 UI 标签呈现网页内容的同时，还支持不同数据格式的文件嵌入，这使得 HTML 在 Internet 上盛行。最新的 HTML 5 标准增加了更多的强大呈现功能。

3.1.1 HTML 介绍

因为 HTML 是文本语言，所以可以用任何编辑器对其进行编辑，只需将文件以*.html 或*.htm 命名即可。HTML 的第 1 个版本由 Internet 工程工作小组（Internet Engineering Task Force，IETF）发布于 1993 年 6 月，当前最常见的 4.01 版本由 W3C（World Wide Web Consortium，万维网联盟）发布于 1999 年 12 月，目前不同的操作系统和浏览器都对 4.01 版本完全支持。最新的 HTML 5 于 2008 年 1 月形成第 1 份正式草案，该版本对 4.01 版本有较大改进。目前 HTML 5 已获得大多数浏览器的支持，但不同的浏览器对一些特性的支持程度并不一致。

HTML 的框架格式如下：

HTML 语言的特点如下。

- HTML 本身由尖括号表达的标签组成，如<html>、
等。
- 一般标签成对出现，如<html></html>、<body> </body>，在成对标签之间放入标签内容。
- 个别标签没有内容时，则可以用单个标签组成，如
。注意尖括号等特殊标签一定要写成半角形式，不能是中文全角形式。

- 标签对<!-- -->用于表达注释，注释只在查看 HTML 代码时出现，在浏览器解析时将不显示其中的内容。
- 标签之间可以嵌套，但不可以交错，例如，下面的代码不正确：

```
<html>                               <!--顶层标签-->
<head>                               <!--头标签-->
  <p> hello </p>                     <!--段落标签-->
</html>
</head>                              <!--头标签结尾位置错误！-->
```

注意：虽然一般标签可以嵌套使用，但不可以在注释标签<!-- -->中嵌套另外一个注释标签。

- 有些标签有属性字段，在尖括号中通过键值对的方式设置，例如，超链接标签的 href 属性的设置方法如下：

```
<a href="http://www.baidu.com"> 单击进入百度 </a>
```

- 标签本身不区分大小写，例如，可以这样写：

```
<HTML>                               <!--顶层标签-->
<head>                               <!--头标签-->
  <P> hello </p>                     <!--段落标签-->
</hEAD>
</html>
```

注意：虽然本例语法正确，但建议开发者遵循所有标签都小写的惯用做法。

- 超文本标记语言的文件有一个基本的整体结构：<html>是整个文件的顶层标签，包含文件中的所有内容；<html>的内容由头和实体两部分组成，即<head></head>和<body></body>。头和实体的内容则由网页设计者通过其他 HTML 标签进行开发。

注意：HTML 头与 HTTP 头是两个完全不同的概念，读者应该注意区分。

- 浏览器一般忽略文件中的回车符，对文件中的空格通常也不按源程序中的效果显示。对于确实需要显示空格和回车符的地方，HTML 通过特殊的符号来表达。例如，HTML 源文件如下：

```
<html>                               <!-顶层标签-->
Hello                      World     <!-两个单词之间有很多空格-->
</html>
```

在浏览器解析后，很多空格将被忽略，只显示一个空格，如图 3.1 所示。

图 3.1　浏览器解析后会忽略多余的空格

【示例 3-1】如果开发者确实希望在浏览器中显示空格，则需用特殊字符" "进行表示。例如，把源文件改为：

```
<html>                                              <!--顶层标签-->
Hello               World   <!--6 个空格字符-->
</html>
```

浏览器的显示效果如图 3.2 所示。

图 3.2　浏览器对特殊字符的显示效果

除" "外，HTML 还有很多其他特殊字符，常用的如表 3.1 所示。

表 3.1　常用的 HTML 特殊字符

特 殊 字 符	含　　义	显 示 结 果
	空格	
&lt;	小于号	<
&gt;	大于号	>
&amp;	和号	&
&quot;	引号	"
&pound;	英镑	£
&yen;	日元	¥
&Lambda;	与号	^
&copy;	版权	©
&reg;	注册商标	®
&trade;	商标	™

续表

特 殊 字 符	含 义	显 示 结 果
&times;	乘号	×
&divide;	除号	÷
&sim;	波浪号	~
&infin;	无限符号	∞
&ne;	不等于号	≠

3.1.2 HTML 基本标签

我们已经掌握了 HTML 的基本语法，本节开始讲解 HTML 的常用标签，建议读者通过边看书、边实践的方式学习，这样能够快速掌握 HTML 的基本技巧。

注意：本节只列出了常用标签的普通使用方法，能够帮助读者迅速上手 HTML 语言。
但本书不是HTML的参考手册，关于HTML的全面知识还需读者查阅其他文献。

1. 段落

HTML 会忽略源文件中的回车符和换行符，所以需要用特别的标签来表示段落。段落的标签是<p>，比如：

```
<p> 第一段 世界大势，合久必分，分久必合 </p>
```

【示例 3-2】<hr/>标签表示单行横线显示，
标签表示换行，比如：

```
<head>
  <meta charset="utf-8"/>
</head>

<p> 第一段 世界大势，合久必分，分久必合 </p>
<hr/>
<p> 第二段 滚滚长江东逝水，浪花淘尽英雄。 是非成败转头空。  青山依旧在，几度夕阳红。   白发渔樵江渚上，惯 看秋月春风。 一壶浊酒喜相逢。 古今多少事
</p>
<p> 第三段 斩黄巾英雄首立功 </p>
```

上述 HTML 代码的显示效果如图 3.3 所示。

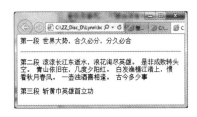

图 3.3 显示效果

注意：嵌在<head>中的<meta charset="utf-8"/>标签是为了让浏览器以 UTF-8 方式解析文件内容，以便在不同的操作系统和语言环境中能正常显示汉字。本章的所有带汉字页面中都加入该标签，后续不再重复说明。

2. 标题

HTML 有特殊的标签用于显示标题，浏览器会根据显示器的分辨率自动设置标题的字号。标题由大到小分别有 6 个标签：从<h1>到<h6>。

【示例 3-3】如下示例用于比较标题字体和普通字体：

```
<h1>Hello world, HTML 非常简单</h1>
<h2>Hello world, HTML 非常简单</h2>
<h3>Hello world, HTML 非常简单</h3>
<h4>Hello world, HTML 非常简单</h4>
<h5>Hello world, HTML 非常简单</h5>
<h6>Hello world, HTML 非常简单</h6>
<p>普通字体</p>
```

显示效果如图 3.4 所示。

图 3.4 HTML 标题字体的显示效果

3. 字体格式

除了标题字体，HTML 还允许对显示格式进行更多风格的控制。例如，<b>定义粗体字、<i>定义斜体字、<del>定义删除字等：

```
<b>粗体</b> <i>斜体</i> <del>本文字已被删除，请忽略</del>
```

显示效果如图 3.5 所示。

图 3.5　HTML 字体风格控制的显示效果

HTML 还有很多控制显示字体格式的标签，常用的如表 3.2 所示。

表 3.2　常用的字体格式的标签

标　　签	描　　述	标　　签	描　　述
<b>	粗体文本	<abbr>	缩写
<big>	大号字	<acronym>	首字母缩写
<em>	重点文字	<address>	地址
<i>	斜体字	<bdo>	可定义方向的文字
<small>	小号字	<blockquote>	长的引用
<strong>	加重语气	<q>	短的引用语
<sub>	下标字	<cite>	引用、引证
<sup>	上标字	<dfn>	一个定义项目
<ins>	插入字	<tt>	打字机代码
<del>	删除字	<var>	变量

4. 链接和图像

网页之间的链接是 HTML 的重要功能，链接功能用<a>标签实现，比如：

```
<a href="http://www.baidu.com" target = "_self"> 单击进入百度 </a>
```

上述代码中的<a>标签定义了两个属性，href 设置被跳转的 URL，target 设置在什么窗口中打开链接。

链接除了可以是上述文字（"单击进入百度"），还可以是图片。图片用标签<img>表达，比如：

```
<img src="http://mysite.com/mypic.png" alt="网站作者的照片"/>
```

标签<img>有两个常用的属性：src 设置图片文件名，可以是绝对路径或相对路径；alt 设置图片显示失败时替换的显示文字。用图片实现超链接的示例代码如下：

```
<a href="http://mysite.com/readme.html" target = "_self">
  <img src="http://mysite.com/mypic.png" alt="网站作者的照片"/>
</a>
```

5. 表格

HTML 中的表格有两种作用：一种是显示真实的表结构及数据，另一种是控制网页布局。两种方式都通过<table>、<tr>、<td>、<th> 4 个标签分别声明表格、表行、表单元、表头。显示表结构及数据时通常需要为表格设置边框；而控制网页布局时通常需要用到表格嵌套，即在一个表格的标签<td>中设置另外一个表格。

【示例 3-4】表格的示例如下：

```
<h3>普通无边框表格：</h3>
<table>
<tr>
  <td>row 1 cell 1</td>  <td>row 1 cell 2</td>  <td>row 1 cell 3</td>
</tr>
<tr>
  <td>row 2 cell 1</td>  <td>row 2 cell 2</td>  <td>row 2 cell 3</td>
</tr>
</table>

<h3>带表头、有边框、有跨列单元：</h3>
<table border="1">
<tr>
  <th> head 1 </th>  <th> head 2 </th>  <th> head 3 </th>
</tr>
<tr>
  <td>row 1 cell 1</td>  <td>row 1 cell 2</td>  <td>row 1 cell 3</td>
</tr>
<tr>
  <td>row 2 cell 1</td>  <td colspan="2">row 2 cell 2</td>
</tr>
</table>
```

表格常用的属性有 border、colspan、rowspan 等，分别设置边框宽度、跨列单元、跨行单元等。上述示例的显示效果如图 3.6 所示。

图 3.6　HTML 表格的显示效果

6. 列表

列表是常用的显示方式，HTML 中的列表有以下 3 种。

- 无序列表：用标签<ul>表示列表，用<li>表示表项。
- 有序列表：用标签<ol>表示列表，用<li>表示表项。
- 定义列表：用标签<dl>表示列表，用<dt>表示被定义词，用<dd>表示定义描述。

【示例 3-5】列表的示例如下：

```
<h3>三种列表的表达方式：</h3>
<table cellpadding="2" cellspacing="2" >
<tr>
  <td>
    <ul> <li>Python</li> <li>C++</li> <li>Java</li> <li>Golang</li> </ul>
  </td>
  <td>
    <ol> <li>大象</li> <li>狮子</li> <li>花豹</li> <li>狐狸</li> </ol>
  </td>
  <td>
  </td>
</tr>
</table>
<dl>
  <dt>CPU</dt> <dd>中央处理器，是一块超大规模的集成电路，是一台计算机的运算核心和控制核心。</dd>
  <dt>内存</dt> <dd>中央处理器处理数据时的转接空间，越大越好。</dd>
  <dt>硬盘</dt> <dd>储存数据的地方，转速要快。</dd>
```

```
<dt>显卡</dt> <dd>全称显示接口卡,又称显示适配器,是计算机最基本配置、最重要的配件之一。</dd>
</dl>
```

HTML 列表的显示效果如图 3.7 所示。

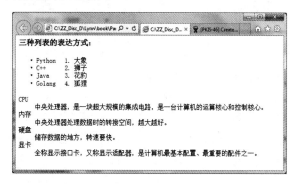

图 3.7　HTML 列表的显示效果

7．颜色及背景

HTML 的颜色有 3 种表达方式：十六进制数字、RGB 值或者颜色名称。颜色可以用于设置字体、网页背景等。例如，通过如下 3 种方式都可以设置页面背景为红色：

```
<body bgcolor="#FF0000">
<body bgcolor="rgb(255,0,0)">
<body bgcolor="red">
```

8．Flash 及音视频播放

除了上述基本页面呈现方式，HTML 还支持声音、视频、Flash 集成，这才使得当今的网页丰富多彩。可以用<object>标签播放嵌入式 Flash，举例如下：

```
<object
 classid="clsid:d27cdb6e-ae6d-11cf-96b8-444553540000"
 codebase="http://fpdownload.macromedia.com/pub/shockwave/cabs/flash/swflash.cab">
 <embed src="flashfile.swf" width="300" height="200"></embed>
</object>
```

<object>标签中的 classid、codebase 等属性用于指明客户端播放插件，开发者在使用中无须修改这部分内容，只需修改<embed>标签的相关属性就可以设置不同的 Flash 文件、播放窗口的大小等。

音频及视频可以通过<audio>及<video>标签嵌入 HTML 中，浏览器遇到它们时会将本地可用的音频及视频播放器嵌入页面中，比如：

```
<audio controls="controls">
 <source src="sample_song.mp3" type="audio/mp3" />
</audio>

<video controls="controls">
 <source src="sample_video.mp4" type="video/mp4" />
</video>
```

HTML 可以识别的音频格式包括*.mid、*.midi、*.rm、*.wav、*.wma、*.mp3 等，视频格式包括*.avi、*.wmv、*.mpg、*.mpeg、*.mov、*.rm、*.ram、*.swf、*.flv、*.mp4 等。

3.1.3　HTML 表单

HTML 表单用于从客户端收集用户在浏览器中的输入，是 HTML 实现客户端与服务器交互的核心方法。作为连接客户端与服务器的纽带，HTML 表单也是 Python 中各 Web 框架编程都要用到的技术。HTML 表单用<form>标签表达，其内容由输入控件和提交控件组成，表单的基本工作方式如下。

- 用户在浏览器中输入数据并提交，输入数据的方式可以是文本、单选、多选等。
- 浏览器将输入的数据封装到 HTTP Body 中并以 POST 方式提交给服务器。
- 服务器收到请求后将结果 Response 给浏览器。

1. 文本输入

HTML 表单中的文本输入有单行文本、多行文本、密码框等，分别用标签<input type="text">、<textarea>、<input type="password">表示，示例如下：

```
<table>
 <tr>
  <td>用户名：</td>
  <td> <input type="text" name="name"> </td>
  <td>密码：</td>
  <td> <input type="password" name="pass"> </td>
 </tr>
 <tr>
  <td colspan = "2">备注：</td>
 </tr>
 <tr>
  <td colspan = "4"> <textarea name = "comment" rows="5" cols="60"> </textarea> </td>
```

```
    </tr>
</table>
```

需要给每个输入控件设置一个不同的"name"属性，该属性用于在表单被提交到服务器后，使服务器识别各个输入控件。还可以通过设置 rows 和 cols 属性控制输入框的大小。

2. 单项选择

单项选择有两种表达方式：单选按钮或者下拉列表，它们分别用标签<input type="radio">、<select>/<option>表达，示例如下：

```
<table>
  <!------------------------------------单选按钮------------------------------------>
  <tr>
    <td> 性别: </td>
    <td> 用户名: </td>
    <td> 男性<input type="radio" checked="checked" name="Sex" value="male" /> </td>
    <td> 女性<input type="radio" name="Sex" value="female" /></td>
  </tr>

  <!------------------------------------下拉列表------------------------------------>
  <tr>
    <td> 学历: </td>
    <td colspan = "2">
      <select name="grade">
        <option value="middle_school">高中及以下</option>
        <option value="high_school">专科</option>
        <option value="bachlor" selected="selected">本科</option>
        <option value="master">研究生及以上</option>
      </select>
    </td>
  </tr>
</table>
```

通过在<input type="radio">中设置 check 属性可以标识哪一项默认被选择，<option>标签的 selected 属性有同样的作用。此外，需要给每一个选项设置 value 属性，该属性用于在服务器端检查哪一个选项被选择，例如，当本例中的"学历"下拉列表被选为"研究生及以上"时，服务器端在检查 Post 消息体时将可以收到"grade: master"的输入。

3. 多项选择

多项选择用复选框表达，相应的 HTML 标签是<input type="checkbox">，示例如下：

```
<table>
 <tr>
  <td rowspan="2"> 兴趣爱好：</td>
  <td> 运动：<input type="checkbox" name="sport"/></td>
  <td> 电影：<input type="checkbox" name="movie"/></td>
  <td> 音乐：<input type="checkbox" name="music"/></td>
 </tr>
 <tr>
  <td> 编程：<input type="checkbox" name="programming"/></td>
  <td> 下厨：<input type="checkbox" name="cooking"/></td>
  <td> 旅游：<input type="checkbox" name="tour"/></td>
 </tr>
</table>
```

4. 文件上传

HTML 定义了标准的文件上传控件，相应的 HTML 标签是<input type="file">，示例如下：

```
<input type="file" name="pic" accept=".png, .jpg, .gif ">
```

标签虽然简单，但在浏览器中的功能十分强大。如图 3.8 所示，标签提供了一个文件名输入框，并且有一个浏览按钮通过操作系统的文件选择框进行文件选择，通过 accept 属性可以设置文件选择框中的文件筛选器。

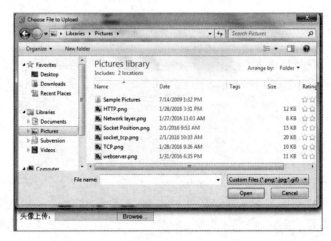

图 3.8 HTML 文件选择

5. 边框及提交

HTML 提供了边框控件，可以将所有其他控件包含在一起，以形成较好的视觉效果，边框控件的标签为<fieldset>。完成前面的所有操作后，只需添加提交按钮控件即可，标签为<submit>。表单的整体结构示例如下：

```
<form name="input" action="url_form_action">
<fieldset>
   <legend>用户注册</legend>
   <!-- 此处放置所有的输入控件 -->
   <input type="submit" value="注册" />
 </fieldset>
</form>
```

集成本节学习的所有控件，显示效果如图 3.9 所示。

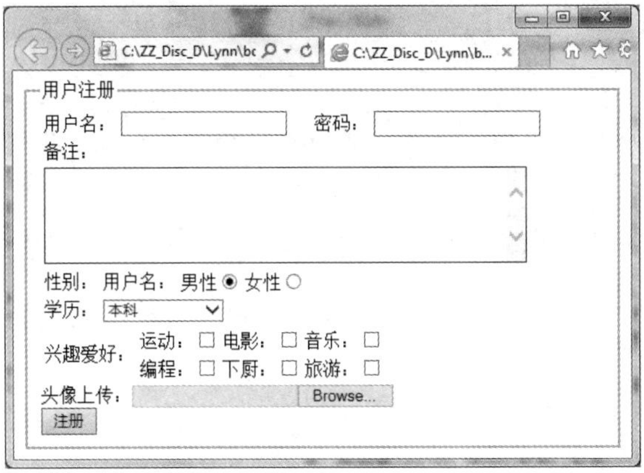

图 3.9　集成 HTML 表单控件的显示效果

3.2　CSS

CSS（Cascading Style Sheet，层叠样式表）是一种用来表现 HTML 等文件的显示样式的语言。通过 CSS 可以将页面子元素与显示效果分离，提高页面的可复用性和可维护性。样式使用属性键值对的方式工作。CSS 预定义了一系列的属性键，开发者可以设置这些属性的值以实现对页面显示的控制。

本书不提供 CSS 的完整参考，仅带领读者学习 CSS 的核心语法和作用，使读者能够读懂 CSS 代码，并具备掌握本书实战部分内容的能力。

3.2.1 样式声明方式

当浏览器解析显示 HTML 页面时,将使用 4 种样式渲染页面元素,按照优先级由高到低分别为:元素内联样式、页面<head>中的内联样式、外联样式、浏览器默认样式。每个浏览器的默认样式都不相同,且开发者无须关心,所以下面只讲解前 3 种样式的设置方法。

1. 元素内联样式

通过向 HTML 元素提供 style 属性的值,可以直接设置元素的内联样式,比如:

```
<p style="color: green; margin-left: 30px">
这是一段绿色的文字,左侧有 30 像素的留白。
</p>
```

本例中设置了样式颜色(color)和左边距(margin-left)。在一个 style 中可以设置多个样式属性,多个样式之间以分号分隔,每个样式通过冒号分隔键和值。

2. 页面<head>中的内联样式

【示例 3-6】<head>中的样式通过<style type="text/css">标签实现,其中的样式将在整个页面中有效,比如:

```
<html>
<head>
 <style type="text/css">
  p { color: green ;margin-left: 30px}
 </style>
</head>
<body>
 <p>这是一段绿色的文字,左侧有 30 像素的留白。</p>
</body>
</html>
```

<style>标签中的内容由选择器及其样式组成,选择器 p 代表其后的样式对所有<p>标签中的内容有效。选择器的概念稍后解释。

3. 外联样式

外联样式是指把 CSS 数据放入一个单独的文件中,在 HTML 中通过<link rel="stylesheet" type="text/css" >标签引用该文件,比如:

```
<head>
 <link rel="stylesheet" type="text/css" href="outstyle.css">
</head>
```

外部样式文件一般以*.css 命名,其内容与<head>中的内联样式一样,由选择器和样式组成。

不同样式的表达方式之间的优先级不同,当不同的样式之间的设置发生冲突时(比如都设置了字体颜色,但是外联样式设置为红色,内联样式设置为绿色),首先以元素内联样式为准,其次为页面<head>中的内联样式,再次为外联样式,最后为浏览器默认样式。

3.2.2 CSS 语法

样式文件的语法规则很简单,由选择器和样式属性组成,即:

```
selector {key1:value; key2:value ….}
```

每个文件可以有若干条这样的配置。选择器用于指定要设置的 HTML 元素,CSS 中基本的选择器有 4 种,如表 3.3 所示。

表 3.3 CSS 中基本的选择器

名称	选择器	例子	例子含义
通配选择器	*	* {color:green; font-size:2em}	页面中的所有元素都被设置为绿色、2em字号
标签选择器	S	p { font-size:3em; }	所有<p>标签中的元素都被设置为3em字号
class选择器	.value或者 S.value	.qd { color:red}	所有class属性值为qd的标签元素的颜色被设置为红色
		h3.old { color:yellow}	所有class属性值为old的<h3>标签的元素的颜色被设置为黄色
id选择器	#value或者 S#value	#nw {font-style:italic;}	所有id属性值为nw的标签被设置为斜体
		a#hi {font-style:italic;}	所有id属性值为hi的<a>标签的元素被设置为斜体

除了基本的选择器,CSS 还允许设置选择器的组合,如表 3.4 所示。

表 3.4 选择器的组合

组合名称	选择器	例子	例子含义
多选择器	S1, S2	p, #hi{color:green; font-size:2em}	所有<p>标签和id为hi的标签均被设置为绿色、2em字号

续表

组合名称	选择器	例子	例子含义
子元素选择器	S1 > S2	body > p{ font-size:3em; }	所有\<body>标签的直接子标签\<p>的字号都被设置为3em
后代选择器	S1 S2	p p{ color:red}	所有\<p>标签内的\<p>标签都被设置为红色。注意：两个选择器用空格分隔
相邻选择器	S1 + S2	#start + #end {color:yellow}	如果出现id为start的标签后面紧随一个id为end的标签，则被设置为黄色

除了上述两个表中的选择器，CSS 2 和 CSS 3 还规范了更丰富的选择器，如属性选择器、链接已点击选择器等，开发者可以查阅相关资料。

【示例3-7】综合运用两个表中的选择器的 CSS 示例如下：

```
h1 { color: green;}                                    /* 标签选择器 */

p { font-style:italic; }                               /* 标签选择器 */

div>#iter { font-weight: bold;}                        /* 子元素选择器 */

span+h3 {background-color:#000000; color:yellow}       /* 相邻选择器 */
```

将该 CSS 代码保存为 mysheet.css 文件，编写如下 HTML 代码来应用该外联样式：

```
<html>
<head>
    <link rel="stylesheet" type="text/css" href="mysheet.css">
    <h1> CSS 样式演示 </h1>
</head>

<body>
   <p> 斜体字演示 </p>
   <div>
       <span id="iter"> 本元素是div的id=iter的子元素，粗体生效 </span>
   </div>
   <span id="iter"> 本元素不是div的id=iter的子元素，粗体未生效 </span>
   <h3> span+h3 相邻选择器此处生效 </h3>
</body>
</html>
```

打开该 HTML 文件，浏览器的渲染效果如图 3.10 所示。

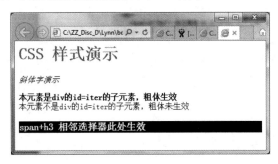

图 3.10　浏览器的渲染效果

3.2.3　基于 CSS+DIV 的页面布局

标签<div>是 HTML 用于页面分组的块元素，是专门用来实现元素布局的标签。通过用 CSS 设置<div>的一系列显示属性，可以很好地设计网页的整体效果。CSS 中与布局有关的常用属性如表 3.5 所示。

表 3.5　CSS 中与布局有关的常用属性

CSS属性	属性含义	可用值	可用值含义
position	元素位置类型	absolute	屏幕绝对位置
		relative	相对父元素的位置
		static	固有位置
direction	元素内容靠哪侧显示	ltr	靠左
		rtl	靠右
float	元素本身靠屏幕的哪侧显示	left	靠左
		right	靠右
height	高度	pt | px | % | em	像素、百分比等
width	宽度	pt | px | % | em	像素、百分比等
margin	边框外部的留白	pt | px | % | em	像素、百分比等
border	边框	pt | px | % | em	像素、百分比等
padding	边框内部的填充	pt | px | % | em	像素、百分比等

【示例 3-8】应用表 3.5 中的属性用 CSS+DIV 的布局示例如下：

```
<html>
```

```
<head>
 <style type="text/css">
   div.container{width:90%;height: 80%; background-color:gray}
   div.leftframe {background-color:#00ff99; height:200px; width:20%; float:left;}
   div.rightframe {background-color:#88BB99; height:200px;
   width:50%;float:left;padding:50px;margin:10px}
 </style>
</head>

<body>
 <div class="container">

 <div class="leftframe">
   <ul>
     <li>班级列表</li>
     <li>学生查询</li>
     <li>成绩统计</li>
     <li>学校信息</li>
   </ul>
 </div>

 <div class="rightframe"> 页面主体内容 </div>

 </div>
</body>
</html>
```

为了能够看清 HTML 块划分的结构，代码中用 background-color 设置了 3 个块的背景颜色，浏览器的显示效果如图 3.11 所示。对本例代码的解析如下。

- 用标签的 class 属性连接 HTML 标签和 CSS 设置。页面的 body 部分由 3 个块组成：container、leftframe、rightframe，其中 container 是另外两个块的父块。
- 类 container 的 CSS 中用百分比的方法设置了块的宽和高，百分比是相对于浏览器的可显示区域而言的。
- 类 leftframe 用像素值的方法设置了高度，用百分比的方法设置了宽度。注意，这里的百分比是相对于其父块的大小而言的。
- rightframe 中除了设置了长和宽，还设置了块的 margin 和 padding。10 像素的 margin 使得 rightframe 没有紧挨着 leftframe，并且在 rightframe 的上下左右都出现了相应的留白。
- 虽然 leftframe 和 rightframe 的高度都是 200px，但 rightframe 中的 50 像素 padding 使得

块的高度明显高于 leftframe。虽然此时块的实际高度是 50px（上边 padding）+ 200px（块高度）+ 50px（下边 padding）= 300px，但其内容只显示在中间的区域。

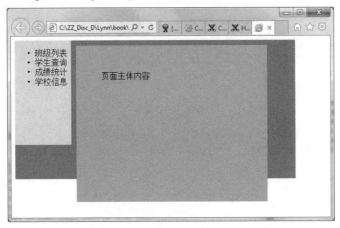

图 3.11　CSS+DIV 布局显示效果

3.3　JavaScript

JavaScript 是一种直译式脚本语言，是一种动态类型语言，内置支持类型。它的解释器被称为 JavaScript 引擎，该引擎内置于现代的所有浏览器中。在 HTML 网页上使用 JavaScript 可以为 HTML 网页增加动态功能。

3.3.1　在 HTML 中嵌入 JavaScript

作为一种所有浏览器都支持的解释性脚本语言，在 HTML 中应用 JavaScript 一般有如下目的。

- 在客户端读写 HTML 元素，实现切换文字、滚动条等动态效果。
- 响应浏览器事件，如窗口变大、变小等。
- 验证表单输入，常见于密码的两次输入是否相同、出生年月是否小于当前时间等。

在 HTML 中嵌入 JavaScript 有两种方式：内部嵌入和外部链接。内部嵌入是指直接在 HTML 中用<script>标签写入脚本；外部链接是指在 HTML 中通过文件名引用独立的脚本文件。

【示例 3-9】在 HTML 中嵌入 JavaScript 的示例如下：

```html
<html>
<head>
 <!--内部嵌入方式 -->
 <script>
function hello()
{
document.getElementById("message").innerHTML="Hello world of JavaScript";
}
 </script>

 <!--外部链接方式 -->
 <script src="myScript.js"></script>
</head>

<body>
 <div id="message"> </div>
 <!-- button 是一个按钮控件，其 onclick 属性定义当用户单击按钮时执行的 JavaScript 脚本 -->
 <button type="button" onclick="hello();">Try it</button>
</body>
</html>
```

技巧：外部 JavaScript 文件通常以*.js 命名，这样有利于各种编辑器进行智能解析。

本例中在页面上定义了一个按钮，当用户单击它时界面显示"Hello world of JavaScript"。内部脚本可以写在 HTML 文件中的任何地方，可以写在<head>标签中，也可以写在<body>标签中。

3.3.2　JavaScript 的基本语法

我们在 3.3.1 节中已经完成了 JavaScript 的"Hello World"的学习，可以体会到 JavaScript 的语法与 Java 很像，但其动态类型的特点与 Python 也有类似之处。本节对 JavaScript 的基本语法进行讲解。

1. 语句

JavaScript 区分大小写，每条语句以分号";"结尾，用大括号"{ }"表示作用域（而不是

Python 中的缩进），所以每条语句和变量之间可以有任意空格、Tab 符或回车符。JavaScript 用 C、C++风格的"/* ... */"表示注释。比如：

```
<script>
/*下面3条语句均正确，意义相同：*/
document.getElementById("message").innerHTML="Hello world of Javascript";

    document.getElementById("message").innerHTML="Hello world of Javascript";

{
 document.getElementById("message").innerHTML=
     "Hello world of Javascript";
}
</script>
```

2. 变量及数据类型

JavaScript 是动态数据类型，即一个变量的类型随着其值的变化而变化。变量用"var"关键字声明，变量名可以由字母、数字、下画线等组成。常用的数据类型有字符串、数字、布尔、数组、对象等，字符串用双引号表示。变量及数据类型的举例如下：

```
var x, y, z, xx, y_y                        // 声明变量时无须指明类型

x = 45                                      // 整型
y = 3.1415926                               // 浮点数
z = true                                    // 布尔型
xx = new Array( x, "hello", 12, true)       // 数组类型
y_y = {language: "English",                 // 对象类型
   title = "python programming"}

var zz3 = false                             // 在定义变量时直接赋值

var arr = new Array()
arr[0] = "hello world"                      // 给数组元素赋值
arr[1] = "I'm python programmer"
```

关键字 new 是 JavaScript 中用于新建组件实例的关键字，定义数组时需用 new 建立一个 Array 对象，并在其参数中给出数组元素（如本例中的变量 xx）；也可以在定义数组时不给初始值，而在之后通过下标赋值（如本例中的变量 arr）。JavaScript 中的数组下标从 0 开始。

JavaScript 中的对象类型与 Python 中的 Dictionary 类型相似，都是用大括号以键值对的方式

表示，但其语法略有不同。在 Python 中 Dictionary 的"键"是任意数据类型，示例如下：

```
# 这里是Python 代码中Dictionary 的使用方法
>>> dict = { "language": "English", "title": "python programming"}

>>> dict["language"] = "France"              # 通过下标存取元素
>>> dict[4]= "new element"                   # 键也可以是数字
>>> dict.language= "new element"             # 错误！！
```

在 JavaScript 的对象中，"键"只能以成员变量的方式出现，定义时键上不加双引号，示例如下：

```
// 这里是Javascript 中对象的使用方法
var obj = {language="English", title = "python programming"}       // 定义，键不能是数字

// 既可以使用下标访问，也可以使用成员变量访问
obj["language"] = "France"                                         // 正确
obj.language = "Japanese"                                          // 正确
```

3. 操作符

常用操作符与 Python 类似，有+、-、*、/、%、==、>=、<=等。此外，JavaScript 还允许自增操作（++）、自减操作（--）。操作符的示例如下：

```
txt1="Python";
txt2="非常好的编程语言";
txt3=txt1 + "是" + txt2                   // txt3 == "Python是非常好的编程语言"

number = 5 + 4;                           // number == 9
number-- ;                                // 自减操作符，number == 8

// 字符串与数字相加，结果为字符串
txt4 = txt3 + number                      // txt4 == "Python是非常好的编程语言8"

number +=3                                // 相当于number = number + 3

ret = number > 10                         // ret == true
ret2 = number == 11                       // ret2 = true
```

4. 函数

JavaScript 中用关键字 function 定义函数，语法如下：

```
// 函数定义
function functionname(param1, param2…)
{
    Block_of_function
}

// 函数调用
functionname(param1, param2);
```

和 Python 一样，JavaScript 函数中的返回值是可选的，如果函数有返回值，则可以在 block_of_function 中用 return 语句返回，示例如下：

```
function sum(a,b,c)
{
 return  a+b+c ;
}

result = sum( 5, 6, 10 );                              // result == 21
```

5. 判断语句

JavaScript 中有两种判断语句：if 和 switch。if 语句用于对不同的条件执行不同的代码块；switch 语句用于对一个表达式的不同结果执行不同的代码块。判断语句的语法如下：

```
// if 语句语法，其中 if、else if、else 是关键字
if ( condition1 )
{
 block_of_condition1
}
else if (condition2)
{
 block_of_condition2
}
else
{
 block_of_others
}

// switch 语句语法，其中 switch、case、default、break 是关键字
switch(expression)
{
case value1:
 block_for_value1
```

```
  break;
case value2:
  block_for_value2
  break;
default:
  block_for_others
}
```

if 语句的语义与 Python 中相似，此处不再举例。switch 语句举例如下：

```
var day=new Date().getDay();
switch (day)
{
case 1:
{
  today ="今天是星期一";
  tomorrow = "明天是星期二";
  break;
}
case 2:
  today ="今天是星期二";
  break;
case 3:
  today ="今天是星期三";
  break;
case 4:
  today ="今天是星期四";
  break;
case 5:
 today ="今天是星期五";
  break;
default:
  today = "今天是周末";
  break;
}
```

每个条件的 block 中可以放多条语句，但是每个块中都应该以 break 语句结尾。

注意：switch 语句的每个块中都应该以 break 作为最后一条语句。

6. 循环语句

JavaScript 的循环语句有 for 和 while 两种，各有两种用法。for 的第 1 种语法如下：

```
// for 形式一，与 Java、C、C++中的 for 语句类似：
for (sentence1; sentence2; sentence3)
{
  Block_of_loop
}
```

其中 sentence1 在 for 语句开始时执行且只执行一次；sentence2 在每个 loop 开始时执行，sentence2 应该返回一个布尔值，如果 sentence2 的结果为 true，则执行该 loop，否则立即结束 for 循环；sentence3 在每次循环结束时执行。for 语句的典型用法如下：

```
for (var i=0;i<10;i++)
{
document.write( "<br>");
}
```

本例中的循环体将执行 10 次，即在 document 中写入 10 个
标签。

for 的第 2 种用法和 while 语句及 Python 中的 for 语句用法相似，此处只列出其语法规则，读者可以自行编写代码练习。

```
// for 形式二，与 Python 中的 for 语句类似：
for (x in array)
{
 block_of_loop
}

// while 形式一，先判断布尔表达式再执行循环体，如果布尔表达式为假则终止循环
while (expression)
{
 block_of_loop
}

// while 形式二，先执行循环体再判断布尔表达式，如果布尔表达式为假则终止循环
do
{
 block_of_loop
}while(expression)
```

3.3.3　DOM 及其读写

DOM（Document Object Model）是当网页被加载时浏览器创建的页面文档对象模型。DOM

用结构化的方式描述了标记语言的文件内容。JavaScript 中几乎所有有意义的行为都是围绕 DOM 展开的,如读写页面元素、响应页面事件、进行表单验证等。本节介绍 DOM 的基本语义及使用 DOM 实现 HTML 页面元素的读写。

HTML DOM 被构建为树结构,在 DOM 内部每个 HTML 页面被描述为一个以 document 为根节点的树,HTML 中的每一个标签<..>都被表示为该树中的一个节点,例如下面的 HTML 文件:

```
<html>                                              <!--顶层标签-->
    <head>                                          <!--头标签-->
        <h1> Title of this page。</h1>
</head>
    <body>                                          <!--体标签-->
        <div id="container">
            <p class="emph" id="p1"> 第一段</p>
            <p class="normal"> 第二段</p>
</div>
    </body>
</html>
```

浏览器加载时生成的 DOM 树如图 3.12 所示。

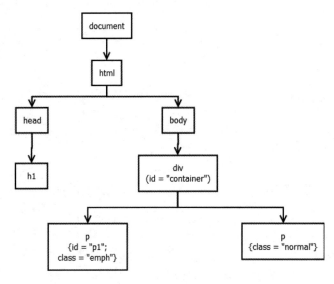

图 3.12　DOM 树示例

通过操作 DOM 树,JavaScript 可以读、增、删、改 HTML 标签的元素、内容、属性、样式等。DOM 提供了一系列支持 JavaScript 遍历和修改 DOM 的方法,下面逐个举例。

1. 查找节点

一般情况下在 DOM 中查找节点时无须遍历树结构，而通过 document 对象的如下 3 个函数直接实现。

- getElementById(id)：返回对拥有指定 id 的第 1 个对象的引用。
- getElementsByName(name)：返回带有指定名称的对象集合。
- getElementsByTagName(tagName)：返回带有指定标签名的对象集合。

例如，对于图 3.12 中的 DOM 树可以编写如下脚本：

```
<script>
var x = document.getElementById("container") ;        // 标签<div id="container">的节点
var y = document.getElementByTagName("p")    ;        // 两个<p>节点的集合
</script>
```

找到一个节点后，可以根据其相对位置的属性查找其周围的节点，这些相对位置查找的常用属性如表 3.6 所示。

表 3.6 DOM 相对位置查找的常用属性

属　　性	描　　述
obj.childNodes	获得子节点的节点列表
obj.firstChild	获得节点的第1个子节点
obj.lastChild	获得节点的最后一个子节点
obj.nextSibling	获得节点之后的第1个兄弟节点
obj.parentNode	获得节点的父节点
obj.previousSibling	获得节点之前的第1个兄弟节点

注意：本节中的 obj.xxxx 表示该函数或属性是通过节点进行调用或访问的。

节点的相对位置属性举例如下：

```
<script>
var x = document.getElementById("p1");        // 第1个<p>标签节点
var y = x.nextSibling;                        // 第2个<p>标签节点
var divNode = x.parentNode;                   // <div>标签节点
var listNodes = divNode.childNodes;           // 一个包含两个<p>标签的列表
var f = listNodes[0];                         // 第1个<p>标签节点，即变量x与f指向同一节点
</script>
```

2. 增加节点

查找到一个节点后可以在其中插入子节点，新增节点通过 document.createElement()和 obj.appendChild()/obj.insertBefore()/obj.replaceChild()等实现，仍然以图 3.12 为例：

```
<script>
var newObj = document.createElement("hr");           // 新建一个<hr>节点

var node = document.getElementById("container");

// 将newObj 添加到<div>节点列表的末尾，即<p class = "normal">标签的后面
node.appendChild(newObj);

// 或者将newObj 添加到<div>节点的前面
node.insertBefore(newObj);
</script>
```

3. 删除节点

删除节点通过 obj.removeChild()方法实现，针对图 3.12 中的 DOM 举例如下：

```
<script>
var parent= document.getElementById("container")  ;
var child= document.getElementById("p1");

parent.removeChild(child);                           // 删除<div>的子节点<p id="p1">
</script>
```

4. 访问及修改属性节点

属性节点是指 HTML 标签中的属性，以键和值的方式呈现，例如，<div id="container">中的 id = "container"就是<div>标签节点的一个属性节点。通过设置属性节点，可以控制一个 HTML 标签的 id、name、CSS 等。属性节点的读取与设置通过 obj.getAttribute()和 obj.setAttribute()函数完成。同时，JavaScript 允许以成员变量的方式访问属性节点，举例如下：

```
<script>
var parent= document.getElementById("container")  ;
var paragraph1 = parent.childNodes[0];               // 第1个<p>节点

var x = paragraph1.getAttribute("class");            // x== "emph"
var y = paragraph1.class;                            // 以成员变量的方式访问属性节点

// 将第一个<p>节点的class 属性设置为"normal"
```

```
paragraph1.setAttribute("class", "normal");

// 以成员变量方式设置属性节点
paragraph1.class = "normal";
</script>
```

5. 访问及修改节点的内容

大多数节点都有内容，例如，本例中的两个<p>节点都有文本内容，而两个<p>节点本身又是<div>的内容。DOM 中通过 obj.innerHTML 访问和修改节点内容，示例如下：

```
<script>
var paragraph = document.getElementById("p1");
var oldContent = paragraph.innerHTML;                    // 获得内容"第1段"

paragraph.innerHTML = "新的内容";                         // 修改内容
</script>
```

3.3.4 window 对象

在 JavaScript 编程中，除了用 DOM 模型访问 HTML 页面中的内容，有时还需要访问和操作除 HTML 本身外的一些信息，如浏览器的窗口大小、网址等，这些信息通过 window 对象和其子对象 document（文档）、history（浏览历史）、location（URL 相关）、navigator（浏览器）的一些固有属性和方法进行访问。常用的 window 对象的属性或方法如表 3.7 所示。

表 3.7 常用的 window 对象的属性或方法

属性或方法	描　　述
closed	窗口是否已关闭
document	只读，指向document对象，参考表3.8
history	只读，指向history对象，参考表3.9
innerheight	只读，窗口的文档显示区高度
innerwidth	只读，窗口的文档显示区宽度
location	只读，指向location对象，参考表3.10
name	设置或返回窗口的名称
navigator	只读，指向navigator对象，参考表3.11
opener	只读，对创建此窗口的窗口的引用
outerheight	只读，窗口的外部高度

续表

属性或方法	描述
outerwidth	只读,窗口的外部宽度
pageXOffset	设置或返回当前视图相对于页面横向的X位置
pageYOffset	设置或返回当前视图相对于页面纵向的Y位置
parent	只读,返回父窗口
screen	对screen对象的只读引用,参考表3.12
status	设置或返回窗口状态栏的文本
top	只读,返回最顶层的祖先窗口
alert()	显示带有一段消息和一个确认按钮的警告框
close()	关闭浏览器窗口
confirm()	显示带有一段消息及确认按钮和取消按钮的对话框
focus()	把键盘焦点给予一个窗口
moveBy()	可相对于窗口的当前坐标把它移动指定的像素
moveTo()	把窗口的左上角移动到一个指定的坐标
open()	打开一个新的浏览器窗口或查找一个已命名的窗口
print()	打印当前窗口的内容
prompt()	显示可提示用户输入的对话框
resizeTo()	把窗口的大小调整到指定的宽度和高度
scrollBy()	按照指定的像素值来滚动内容
scrollTo()	把内容滚动到指定的坐标
setInterval()	按照指定的周期(以毫秒计)来调用函数或计算表达式
setTimeout()	在指定的毫秒数后调用函数或计算表达式

表3.8、表3.9、表3.10、表3.11、表3.12分别列出了浏览器window子对象document、history、location、navigator、screen(显示屏)的常用属性或方法。

表3.8 document的常用属性

属性	描述
cookie	设置或返回与当前文档有关的所有cookie
domain	只读,当前文档的域名
lastModified	只读,文档被最后修改的日期和时间
referrer	只读,载入当前文档的URL
title	只读,当前文档的标题

表 3.9　history 的常用属性或方法

属性或方法	描述
length	只读，浏览器历史列表中的URL数量
back()	加载history列表中的前一个URL
forward()	加载history列表中的下一个URL

表 3.10　location 对象的常用属性或方法

属性或方法	描述
host	设置或返回主机名和当前URL的端口号
hostname	设置或返回当前URL的主机名
href	设置或返回完整的URL
pathname	设置或返回当前URL的路径部分
port	设置或返回当前URL的端口号
protocol	设置或返回当前URL的协议
search	设置或返回从问号开始的URL后面的部分
reload()	重新加载当前文档
replace()	用新的文档替换当前文档

表 3.11　navigator 对象常用属性或方法

属性或方法	描述
appCodeName	只读，浏览器的代码名
appMinorVersion	只读，浏览器的次级版本
appName	只读，浏览器的名称
appVersion	只读，浏览器的平台和版本信息
browserLanguage	只读，当前浏览器的语言
cookieEnabled	只读，指明浏览器中是否启用Cookie的布尔值
cpuClass	只读，浏览器系统的CPU等级
onLine	只读，指明系统是否处于脱机模式的布尔值
platform	只读，运行浏览器的操作系统平台
systemLanguage	只读，操作系统使用的默认语言
userAgent	只读，由客户机发送给服务器的user-agent头部的值
userLanguage	只读，操作系统的自然语言
javaEnabled()	读取浏览器是否启用Java

表 3.12　screen 对象的常用属性

属　　性	描　　述
availHeight	只读，显示屏幕的高度
availWidth	只读，显示屏幕的宽度
bufferDepth	设置或返回调色板的比特深度
colorDepth	只读，目标设备或缓冲器上的调色板的比特深度
deviceXDPI	只读，显示屏幕每英寸的水平点数
deviceYDPI	只读，显示屏幕每英寸的垂直点数
fontSmoothingEnabled	只读，用户是否在显示控制面板中启用了字体平滑
height	只读，显示屏幕的高度
logicalXDPI	只读，显示屏幕每英寸的水平方向的常规点数
logicalYDPI	只读，显示屏幕每英寸的垂直方向的常规点数
pixelDepth	只读，显示屏幕的颜色分辨率
updateInterval	设置或返回屏幕的刷新率
width	只读，显示器屏幕的宽度

【示例 3-10】对以上属性或方法都可以直接通过 window 对象调用，举例如下：

```
<script>
var title = window.document.title ;            // 获得文档的 title

window.location.reload();                      // 重新刷新页面
</script>
```

3.3.5　HTML 事件处理

用户在使用浏览器的过程中通常会产生一些事件，如移动鼠标、窗口大小发生变化、播放音频结束等。JavaScript 可以响应这些事件所执行的代码，这称为 HTML 事件处理。事件响应是通过给 HTML 标签设置事件属性来完成的，语法如下：

```
<tag onevent="javascript;" \>
```

比如，如下代码在页面完全加载（onload 事件）后显示一个提示框：

```
<body onload = " window.alert("加载完成! ");">      <!-事件定义代码 -->
    <!-- 其他页面内容 -->
</body>
```

【示例3-11】如果需要运行的代码比较多,则可以将这些代码封装到一个函数中,示例如下:

```html
<html>
<head>
 <script>
  function showFinish()
  {
    window.alert("The load is OK! ");
     var x = document.getElementById("container");
     x.innerHTML= "Hello! You are great!";
  }
 </script>
</head>

<body onload = "showFinish();">                    <!--事件定义代码 -->
<!-- 其他页面内容 -->
<div id='container'> </div>
</body>
</html>
```

HTML 中有很多这样的事件可以定义,每个事件可以应用的标签不尽相同,常用的事件总结如表 3.13 所示。

表 3.13 常用的 HTML 事件总结

事件类型	应用的标签	事　　件	何 时 触 发
鼠标事件	所有可见的元素,如\<a\>、\<input\>、\<button\>等	onclick	对象被单击
		oncontextmenu	单击鼠标右键打开上下文菜单
		ondblclick	双击某个对象时
		onmousedown	鼠标按钮被按下
		onmouseenter	鼠标指针被移动到元素上
		onmouseleave	鼠标指针被移出元素
		onmousemove	鼠标被移动
		onmouseover	鼠标指针被移动到对象上
		onmouseout	鼠标指针被从对象上移开
		onmouseup	鼠标按键被松开
		onwheel	鼠标滚轮上下滚动

续表

事件类型	应用的标签	事件	何时触发
键盘事件	所有可见元素，如<a>、<input>、<button>等	onkeydown	某个键盘按键被按下
		onkeypress	某个键盘按键被按下并松开
		onkeyup	某个键盘按键被松开
对象事件	<img>、<input type="image">、<object>、<script>、<style>	onerror	在加载文档或图像时发生错误
	<img>、<body>等	onabort	加载被中断
	<body>、<input type="image">、<link>、<script>、<style>等	onload	一个页面或一幅图像完成加载
	所有可见元素，如<a>、<input>、<button>等	onresize	窗口或框架被重新调整大小
	<body>、<frameset>	onunload	用户退出页面
表单事件	<form>	onchange	表单元素的内容改变时
		onfocus	获取焦点时触发
		oninput	元素获取用户的输入
		onreset	表单重置时
		onselect	用户选取文本时
		onsubmit	表单提交时
剪切板事件	所有 HTML 元素	oncopy	用户复制元素内容时
		oncut	用户剪切元素内容时
		onpaste	用户粘贴元素内容时
多媒体音频/视频事件	<audio>、<video>	oncanplay	可以开始播放视频、音频时
		onpause	视频、音频暂停播放时
		onplay	视频、音频开始播放时
		onprogress	浏览器下载指定的视频、音频时
		onseeked	用户重新定位视频、音频的播放位置后
		onsuspend	浏览器读取媒体数据中止时
		onvolumechange	当前的播放音量发生改变时
		onended	播放完成时

3.4 jQuery

在 HTML、CSS、JavaScript 成为实际的互联网标准时，专门对它们进行封装和开发的客户端框架库出现了，最优秀的客户端框架库之一就是 jQuery。jQuery 发布于 2006 年 1 月，使用 jQuery 能更方便地处理 HTML、响应事件、实现动画效果，并且方便地为网站提供 Ajax 交互。在世界前 10 000 个访问最多的网站中，有超过 55%的网站在使用 jQuery。用一句话总结 jQuery：可以让开发者更轻松地写 JavaScript 代码。

3.4.1 使用 jQuery

jQuery 是一个纯 JavaScript 客户端库，全部代码被封装在一个文件中。jQuery 有以下两种形式的发布版。

- 压缩发布版：compressed，用于正式发布，以*.min.js 命名，如 jquery-1.11.2.min.js。
- 正常发布版：uncompressed，用于阅读和调试，以*.js 命名，如 jquery-1.11.2.js。

每个版本的两种形式在功能上完全相同，只是压缩发布版的文件更小。开发者通常在项目开发中使用正常发布版，在项目实际运行中为了使网页更快地被加载而使用压缩发布版。

开发者可以直接在 HTML 源文件中引用 Internet 上的 jQuery 库链接，比如：

```
<script src=" http://apps.bdimg.com/libs/jquery/1.6.4/jquery.min.js"></script>
```

> **技巧**：使用 Internet 上的 jQuery 库，而不是将其下载到本地再引用有好处，即 Internet 上的这些 jQuery 库都做了 CDN 加速，通常在客户端下载这些文件的速度比下载开发者站点的速度要快。

在 JavaScript 中调用 jQuery 的基础语法如下：

```
$(selector).action()
```

其中$指明引用 jQuery 库；selector 即选择器，用来筛选页面标签元素；action 即行为，是对筛选出的元素进行的操作。

【示例3-12】下面是一段用jQuery实现段落隐藏、显示功能的示例代码：

```html
<html>
<head>
 <!-- jQuery 引用 -->
 <script type="text/javascript"
   src="http://apps.bdimg.com/libs/jquery/1.6.4/jquery.min.js">
 </script>
</head>

<body>
 <p id="message"> Click the button to hide me. </p>

 <!-- jQuery 应用 -->
 <button type="button" onclick=" $('p').toggle();">Toggle the message</button>

</body>
</html>
```

本例中<button>标签的事件处理属性onclick用到了jQuery，该语句的意思是：选择所有<p>标签，并对其进行toggle()操作。toggle()是一个对元素进行隐藏、显示转换的行为。本章的剩余部分将详述jQuery的选择器和行为。

3.4.2 选择器

jQuery中的选择器的概念与CSS中的选择器类似，但是除了按标签名、id等进行选择，jQuery的选择器的功能更丰富。例如，根据标签的特定属性进行选择、根据标签相对于父标签的位置进行选择、根据元素内容进行选择等。表3.14列出了常用的jQuery选择器。

表3.14 常用的jQuery选择器

例 子	描 述
$("*")	选取所有元素
$(this)	选取触发事件的当前HTML元素
$("div.container")	选取所有class为container的<div>元素
$("div#one")	选取所有id为one的<div>元素
$("div:last")	选取最后一个<div>元素
$("table tr:first")	选取第1个<table>元素的第1个<tr>元素

续表

例　子	描　述
$("ul li:first-child")	选取每个<ul>元素的第1个<li>元素
$("[src]")	选取带有src属性的元素
$("div[title='mainFrame']")	选取所有title属性值等于mainFrame的<div>元素
$(":text")	选取所有的单行文本框
$("p:visible")	选取所有可见的<p>元素
$("td:odd")	选取奇数位置的<td>元素
$(":enabled")	选取所有可用元素
$(document)	文档对象
$("p:contains('星期一')")	选取所有内容中包含"星期一"字样的<p>标签
$(":empty")	选取所有内容为空的标签

3.4.3　行为

jQuery 基础语法中的行为（action）包含很多内容，如读取标签内容、设置 CSS 样式、绑定事件响应代码、jQuery 动画等。本节对这些行为进行举例和分析。

1. 标签内容操作

脚本编程中最常用的操作就是读取、修改某元素的内容和属性，在 jQuery 中标签内容通过以下几种方式实现。

- .text()：设置或返回标签中的文本内容。
- .html()：设置或返回标签中的 HTML 内容。
- .val()：设置或返回表单控件的用户输入数据。
- .attr("attr_name")：设置或返回标签的某属性。
- .css("property_name")：设置或返回标签的某 CSS 属性。

【示例 3-13】标签内容操作的代码示例如下：

```
<script>
var x = $("p:last").text();            /*读取最后一个<p>标签的文本内容*/

$("input#username").val("your name here");   /*设置id为"username"控件的value*/

var z = $("#container").attr("width");  /*读取id为"container"的标签的"width"属性*/
```

```
/*将 id 为"mainpage"的标签的"href"属性设置为//index.html*/
$("#mainpage").attr("href", "//index.html")

$("p").css("background-color", "red");    /*将所有<p>标签的 background-color 设置为 red*/
</script>
```

jQuery 的每个行为一般有两种使用方式：读取和设置。所以行为普遍具有如下特点：用作读取时，开发者可以从行为的返回值获得读到的数据；用作设置时，开发者应该把设置的值作为最后一个参数传递给行为。

2. 标签的新增与删除

对标签进行新增与删除的相关行为如下。

- .append()：在父标签的最后部分插入标签。
- .prepend()：在父元素的最前面部分插入标签。
- .after()：紧随某元素的后面插入标签。
- .before()：在某元素之前插入标签。
- .remove()：删除标签，同时删除它的所有子标签。
- .empty()：清空标签内容，但不删除标签本身。

对于新增标签，仍然需要通过 JavaScript 的 document.createElement()函数建立，然后通过上述函数之一插入现有标签中。比如：

```
<script>
var newObject = document.createElement("p");
newObject.innerHTML = "这是一个新增的段落!";

$("div").prepend(newObject);                /*插入标签*/

$("#submit").remove();                       /*删除 id 为 submit 的标签*/
</script>
```

3. 事件响应

jQuery 还封装了对 HTML 事件的响应处理，每个事件都被定义成一个 jQuery 行为。用 jQuery 响应 HTML 事件的基本语法如下：

```
$(selector).EVENT(function(){
  // 事件处理代码!!
});
```

其中 EVENT 是 HTML 事件除去开头"on"字样的名字，例如，对于 HTML 的"onclick"事件，jQuery 对应的事件行为是"click"。另外，jQuery 中有一个特殊的事件$(document).ready()，用于响应文档已全部加载的事件。示例如下：

```
<script>
$(document).readyfunction(){                    // 处理"文档完成加载"的事件
  alert("文档已全部加载!");
});

$("a").mouseleave(function(){                   // 处理<a>标签添加 onmouseleave 的事件
  alert("鼠标已经离开<a>标签!");
});
</script>
```

常用的 HTML 事件都有相应的 jQuery 行为，名称可以参考表 3.13，此处不再列出。

4. 标签遍历

与用 JavaScript 遍历 DOM 树的一系列相对位置的函数（nextSibling、parentNode 等，参考表 3.6）类似，jQuery 也提供了一系列对选择器所定位的元素进行前后遍历的行为，其中常用的标签遍历行为如表 3.15 所示。

表 3.15　jQuery 常用的标签遍历行为

行为	返回值	行为	返回值
parent()	父元素	siblings	兄弟集合
parents	祖先的集合	next()	紧接着的下一个兄弟
parentsUntil()	介于两个给定元素之间的所有祖先元素	nextall()	后面的兄弟集合
children()	直接子元素集合	nextUntil()	介于两个元素中间的所有兄弟元素
find()	后代集合	prev()	前面紧挨着的一个兄弟
first()	集合中的第一个元素	prevall()	前面的兄弟集合
last()	集合中的最后一个元素	prevUntil()	介于两个元素中间的所有兄弟元素

【示例 3-14】标签遍历行为的代码示例如下：

```
<script>
var top = $("#mainFrame").parent();                    /*获取父元素*/

/*获取从 id = mainFrame 的标签到<body>标签当中的所有 mainFrame 的祖先节点*/
var middle = $("#mainFrame").parentsUntil("body");
```

```
var child1 = $("#mainFrame").children().first();         /*mainFrame 的第一个子元素*/
</script>
```

5. jQuery 特效

除了对 HTML、CSS、JavaScript 相关行为的简单封装，jQuery 还提供了一些用 JavaScript 实现难度较高的动画特效行为，如下所述。

- .hide()/.show()：隐藏、显示元素。
- .toggle()：在元素的 hide()与 show()状态之间切换。
- .fadeIn()/.fadeOut()：淡入/淡出效果。
- .fadeToggle()：在 fadeIn()和 fadeOut()状态之间切换。
- .fadeTo(speed,opacity,callback)：渐变为给定的不透明度。其中，speed 可以取值为 slow、fast 或毫秒数；opacity 值介于 0 与 1 之间；callback 为动作完成后需要回调的函数。
- .slideDown()/.slideUp()：向下滑动出现、向上滑动隐藏。
- .slideToggle()：在 slideDown()和 slideUp()状态之间切换。
- .animate({params},speed,callback)：自定义动画效果。其中，params 可以是任意 CSS 属性。
- .stop()：停止动画。

【示例 3-15】jQuery 特效的示例代码如下：

```
<script>
$("button").hide();                                      /*隐藏所有<button>标签*/

/*将所有<button>标签用慢速渐变为50%透明度，并在完成渐变后弹出alert 消息框*/
$("button").fadeTo("slow", 0.5, function(){
   alert("渐变已经完成");
});

/*将所有<p>标签用快速执行动画移动到x坐标100px处、改变宽度为650px,
并在完成渐变后弹出alert 消息框*/
$("p").animate({
   left:'100px',
   width:'650px'
   },
"fast", function(){
   alert("自定义动画已经完成");
```

```
});
$("#paragraph1").stop();                    /*停止 id=paragraph1 标签的动画*/
</script>
```

通过这些方法,开发者已经能实现非常丰富的动态页面功能了。

3.5 本章总结

本章内容总结如下。

- 通过本章的学习,读者已经能够看懂绝大多数的 Web 客户端代码,并掌握了丰富的 Web 客户端编程技巧。
- HTML 常用标签及表单应用。
- 在 HTML 中嵌入 CSS、JavaScript 及 jQuery 客户端库。
- CSS 的基本语法、CSS+DIV 页面布局技巧。
- JavaScript 的基本语法。
- DOM 树的概念及其相关操作。
- JavaScript 编程中常用的对象,如 window、location、navigator、history、screen 等的应用。
- HTML 事件响应及处理。
- jQuery 的概念及基本语法。
- jQuery 丰富的选择器功能。
- 使用 jQuery 配置页面元素、响应 HTML 事件、开发丰富的页面特效。

第 4 章
数据库及 ORM

数据库（Database）是按照数据结构来组织、存储和管理数据的仓库。数据库是管理信息系统、办公自动化系统、决策支持系统等各类信息系统的核心部分，是进行科学研究和决策管理的重要技术手段。在 Web 应用中，数据库同样扮演着重要的角色，几乎所有的大型网站后端都由数据库保存业务数据。本章带领读者学习 Web 开发所必需的数据库知识，主要内容如下。

- 数据库的概念：了解数据库的常用术语和 Web 开发中数据库的角色，介绍常见的商用及开源数据库，掌握用 E-R 图进行数据库建模的方法和流程。
- 关系数据库编程：掌握常用的 SQL 语句，如 Select、Insert、Delete、Update，并使用 Python 进行关系数据库编程。
- ORM 编程：掌握 ORM 的概念及特点，了解 Python 中的 ORM 组件。

4.1 数据库的概念

尽管数据库本身可以指任何以存储数据为目的的软硬件系统，但由于关系数据库在当今

Web 开发中的重要地位,本书中的数据库只指用 E-R 图建模、使用 SQL 或 ORM 进行交互的关系数据库。

4.1.1 Web 开发中的数据库

任何应用系统都离不开对数据的增加、删除和修改,Web 系统也不例外。读者可以回忆一下自己常用的网站,除了有精美的网页、人性化的交互,所有站点的核心功能都是围绕着数据展开的。

- 购物网站上,琳琅满目的商品、价格、购物记录、支付状态都通过数据库进行保存。
- 社交网站上,博客消息、好友状态、朋友关联都由数据库提供支撑。
- 技术论坛上,话题板块分类、文章帖子、网友跟帖都要由数据库管理。
- 搜索引擎中,各种关键字、网页快照都由数据库进行索引和保存。

网站系统的设计一般遵循三层架构,即将网站系统在逻辑上分为三层:客户端层(HTML、CSS、JavaScript)、业务逻辑层(Python)、数据访问层(Python)。其中客户端层直接服务于用户,业务逻辑层为客户端层服务,数据访问层为业务逻辑层提供数据支持,数据访问层直接和数据库打交道。Web 系统的三层架构如图 4.1 所示。

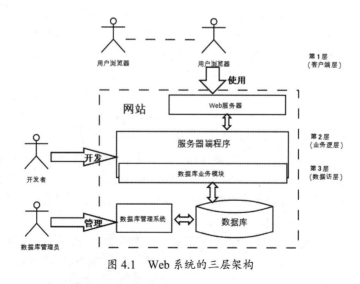

图 4.1　Web 系统的三层架构

从图 4.1 可以看出数据库为整个网站提供基础服务,图 4.1 同时给出了和数据库相关的 3

种人员的角色，对他们各自的行为总结如下。

- 用户：通过客户端软件（Web 浏览器）访问网站，通过业务逻辑层和数据访问层间接获得数据服务。
- 开发者：设计和开发三层架构中的所有程序，与数据库相关的部分包括数据库模型建立、数据访问代码开发等。
- 数据库管理员：通过数据库管理系统（DBMS）对数据库进行维护和配置，包括数据库性能分析、性能改进、数据备份、数据恢复等。

由此可见，作为网站开发者的读者，需要具备数据库建模（E-R 图）和开发数据访问代码（SQL 或 ORM）的能力。

在 Web 架构设计期，我们通常需要考虑数据库选型。数据库选型的依据一般为开发人员的熟练程度、费用、数据规模、性能要求、集群能力等，也可参考数据库管理员的建议。对当前比较常见的数据库介绍如下。

- PostgreSQL：始于 1986 年的著名开源数据库，在灵活的 BSD 风格许可证下发行。PostgreSQL 的特性覆盖了 SQL-2/SQL-92 和 SQL-3/SQL-99，几乎包括了世界上最丰富的数据类型，"IP 类型"等数据类型连商业数据库都不具备。但它在数据集群及管理工具上不如一些商业数据库。
- MySQL：瑞典 MySQL AB 公司开发的开源数据库，目前为 Oracle 旗下的公司，是一种快速、多线程、多用户的 SQL 数据库服务器，在 Web 开发领域比较常见，可以轻易地支持上千万条数据的数据量。其缺点是由于缺乏官方资料而比较难学，开发者在开发中遇到问题时需要自己钻研，对存储过程的支持也比较有限。
- Oracle：很长时间以来最著名、市场占有率最高的商业数据库。Oracle 以极强的数据一致性能力而著称，因而常见于金融、通信、政府等大型项目中。对几乎所有操作系统都有良好的支持。其缺点是价格昂贵，一般小项目较少选择 Oracle。
- MS SQL Server：微软发布的商业数据库，其图形化的用户界面使系统管理和数据库管理更加直观、简单，而且与 Windows 完全集成，可以利用 Windows 的许多功能，如管理登录安全性、Office 报表展现等。它在 Windows 平台下是极其优秀的关系数据库，缺点是尚无 Linux 平台版本。
- SQLite：一个轻量级、跨平台的关系数据库，支持 SQL 92 中的大部分功能。与以上数据库不同的是，SQLite 不是 C/S 模式的数据库，它是进程内的数据库引擎，因此不存在数据库的客户端和服务器。由于其轻量级的特点，SQLite 常用于嵌入式设备或并发可能性很低的场合。

4.1.2 关系数据库建模

数据库建模（Database Modeling）是指针对一个给定的应用环境构造数据库模式，建立数据库及其应用系统，使之能够有效地存储数据，满足用户的应用需求。在现代敏捷开发方法的指导下，明确 Web 系统的业务需求后，关系数据库建模通常由以下两步完成。

- 设计 E-R 图：构造一个反映现实世界实体之间联系的模型。
- 关系表设计：将 E-R 图转换为关系表，并定义列类型，建立主键、外键等各种约束。

1. 设计 E-R 图

E-R 图，即实体-关系（Entity-Relationship）图，是 P.P.S.Chen 于 1976 年提出的数据建模方法，由于其简单实用，得到了普遍应用，是目前描述信息结构最常用的方法。E-R 图通过以下 3 种概念描述信息结构。

- 实体：客观存在的事物、事件、角色等，比采购员、老师、课程、订单等。
- 实体属性：用于描述实体的特性，每个实体可以有多个属性，如老师的性别、名字、住址等。
- 关系：反映两个实体之间客观存在的关系。

设计 E-R 图就是围绕着识别系统中的实体和明确实体之间关系而进行的。E-R 图中两个实体（假设分别为实体 A 和实体 B）的关系被分为以下 3 类。

- 一对一关系：实体 A 的任意一个实例至多只有一个实体 B 的实例与之关联；而实体 B 的任意一个实例也至多只有一个实体 A 的实例与之关联。典型的一对一关系包括人与身份证、丈夫与妻子等。一对一关系在 E-R 图中被记为 1∶1。
- 一对多关系：实体 A 的任意实例可以有零个、一个或多个实体 B 的实例与之关联；而实体 B 的任意实例至多只与一个实体 A 的实例关联。典型的一对多关系包括班级与学生、人与银行卡等。一对多关系在 E-R 图中被记为 $1:N$。
- 多对多关系：实体 A 的任意一个实例可以与实体 B 中的任意多个实例关联；而实体 B 中的任意一个实例也可以与实体 A 中的任意多个实例关联。典型的多对多关系包括老师和班级、学生与课程等。多对多关系在 E-R 图中被记为 $M:N$。

在 E-R 图的绘制中，通常用方块表示实体，用实体周围的圆圈表示属性，用实体之间的菱形表示关系。图 4.2 是一个学校系统的 E-R 图示例。

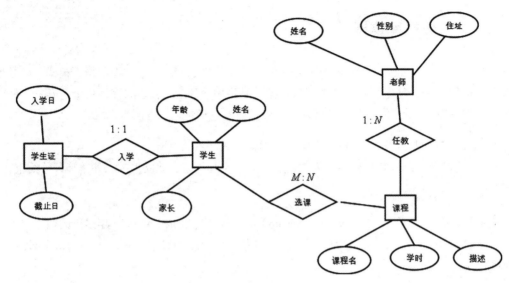

图 4.2 学校系统的 E-R 图示例

图 4.2 中定义了 4 个实体和 3 个关系,实体分别是"老师""课程""学生""学生证"。实体的各个属性如图 4.2 中的圆圈部分所示。3 个关系分别是:课程与老师之间的一对多任教关系(假设学校只允许一个老师教一门课程,但一门课程可以有多个老师任教);课程与学生之间的多对多选课关系(每门课程可以有多个学生学习,每个学生可以选择多门课程);学生与学生证的一对一入学关系(每个学生在入学时办理唯一的学生证)。

2. 关系表设计

在完成了数据需求分析和 E-R 图设计后,就可以进行关系表的具体设计了。将 E-R 图设计转变为关系表设计可按照如下步骤进行。

- 数据库选型,如 MySQL、SQL Server、Oracle、PostgreSQL 等。因为各种数据库支持的列类型略有不同,所以需要在物理表设计之前完成选型。
- 将每个实体转换为一个数据表,将实体的属性转换为该表中的列,为每个列定义相应的数据类型。
- 对于 1∶1 关系的两个表,为两个表设置相同的主键列。
- 对于 1∶N 关系的两个表,在 N 表中添加一个外键列,该列与 1 表的主键相关联。
- 对于 M∶N 关系,生成一个单独的表表示该关系,该关系的列由两个表的主键组成。
- 重新审核所有的表,在需要的地方添加约束,对常用的条件字段设置索引。

通过上述步骤,可以将图 4.2 中的实体关系模型转换为具体的关系表。该图一共生成了 5

个表：4 个实体表和 1 个关系表。假设数据库采用 PostgreSQL，则转换后的表定义如表 4.1、表 4.2、表 4.3、表 4.4 和表 4.5 所示。

表 4.1 表定义——课程

表名：course			表的作用：定义实体"课程"
列 名	类 型	索引、约束	作用及备注
id	INT	PK	唯一标识
title	TEXT	NOT NULL	课程名
period	INT	Index	学时
description	TEXT		课程描述

表 4.2 表定义——老师

表名：teacher			表的作用：定义实体"老师"
列 名	类 型	索引、约束	作用及备注
id	INT	PK	唯一标识
name	TEXT	NOT NULL	姓名
gender	BOOL	Index	性别 True：男 False：女
address	TEXT		住址
course_id	INT	FK: course.id	由于 1:N 关系所添加的外键

表 4.3 表定义——学生

表名：student			表的作用：定义实体"学生"
列 名	类 型	索引、约束	作用及备注
student_id	INT	PK	学号，唯一标识
name	TEXT	NOT NULL	姓名
age	INT	Index	年龄
parent	TEXT		家长

表 4.4 表定义——学生证

表名：card			表的作用：定义实体"学生证"
列 名	类 型	索引、约束	作用及备注
student_id	INT	PK	学号，唯一标识
startFrom	TIMESTAMP		注册日期、入学日期
endTo	TIMESTAMP		本学生证有效期的截止日

表 4.5 表定义——选课

表名：enroll		表的作用：定义关系"学生:课程"	
列 名	类 型	索引、约束	作用及备注
student_id	INT	PK, FK：student.student_id	学生标识
course_id	INT	PK, FK：course_id	课程标识

在以上表定义中，读者尤其应该注意关系的表达方法。

- 表 student 和表 card 通过设置相同的主键（即 student_id）实现了 1：1 关系。
- 表 teacher 中通过设置外键 course_id 实现了与课程的 1：N 关系。
- 表 enroll 实现了"学生"与"课程"的 $M:N$ 关系。

考虑到可能会有不熟悉数据库理论的读者，这里将表 4.1~表 4.5 中的键型、索引、约束解释如下。

- Index：索引，是对数据库表中一列或多列的值进行排序的一种结构。对常用的查询条件字段添加索引可显著提高 SQL 语句的性能。
- Constraint：约束，是对列数据取值的某种限定。常见的约束有主键、外键、非空、唯一等。
- PK：主键（Primary Key），唯一标识一条记录，不允许为空。在大多数数据库中主键列也是一个索引列。
- FK：外键（Foreign Key），是另一个表的主键，表示关联关系，可以是空字段。
- NOT NULL：非空约束，即不允许列值为空。

4.2 关系数据库编程

Web 数据库开发的基础是熟练应用各种 SQL 语句，本节将讲解常用的 SQL 增、删、改、查语句，并演示 Python 的数据库编程方法。

4.2.1 常用的 SQL 语句

SQL 的英文全称是 Structured Query Language，即结构化查询语言，该语言于 1986 年经过美国国家标准协会（ANSI）的规范成为关系数据库的标准语言，其后 ANSI 又进行了若干次更新，但至今该查询语言的主体结构未发生变化。SQL 由以下 6 类内容组成。

- 数据定义语言（DDL）：创建、删除表结构的语言，包括 Create、Drop。
- 数据控制语言（DCL）：为定义数据访问及修改权限而实现的语句，包括 Grant、Revoke。
- 数据查询语言（DQL）：定义从数据表中查询已有数据的方法，如 Select。
- 数据操作语言（DML）：定义对数据表中的数据进行增、删、改的方法，包括 Insert、Delete、Update。
- 事务处理语言（TPL）：为保证多条 SQL 语句的数据一致性而定义的语句，如 Commit、Rollback。
- 指针控制语言（CCL）：定义对查询到的多条记录进行逐行控制的方法及与 Cursor 相关的语句。

在以上 6 类语句中，DDL 和 DCL 是数据库管理员常用的语句，CCL 是数据库存储过程中开发者需要的技能，本节不做讲解，我们重点讲解以下语句。

1. INSERT 语句

INSERT 语句用于向数据表中插入数据，其语法为：

```
INSERT INTO table_name (列名1, 列名2,...)
VALUES (值1, 值2,...)
```

如果 INSERT 语句中的列名序列与表定义中的位置相同，则可以省略不写。例如，对于表 4.1 所定义的课程表，在其中插入数据的 SQL 例子为：

```
INSERT INTO course(id, title, period, description)
VALUES(1, '经济学基础',320, '经济系学生必修课，建议一年级学习')

INSERT INTO course
VALUES(1, '经济学基础',320, '经济系学生必修课，建议一年级学习')

INSERT INTO course(period, description,id, title)
VALUES(320, '经济系学生必修课，建议一年级学习', 1, '经济学基础')
```

上述 3 条语句的效果完全相同。第 1 条语句按正规语法编写；第 2 条语句省略了列名；第 3 条语句颠倒了列名的顺序，相应值的顺序也要颠倒。如果在 INSERT 语句中不指明某列的值且在表定义时没有指定默认值，则数据库将其设置为默认值 NULL：

```
INSERT INTO course(id, title, period)
VALUES(1, '高等数学',380,)
```

上述 INSERT 语句中省略了对 description 列的赋值，在新插入的记录中该列将被置为 NULL。

注意：SQL 语句本身的关键字不区分大小写，如 INSERT INTO、DELETE 等。

2. DELETE 语句

DELETE 语句用于从数据表中删除已有的行，其语法为：

```
DELETE FROM table_name
WHERE 条件表达式
```

该语义为删除 table_name 中所有满足条件表达式（即条件表达式结果为 True）的记录。条件表达式由条件操作符和操作数组成，常用的 SQL 条件表达式如表 4.6 所示。

表 4.6 常用的 SQL 条件表达式

操作符	描述	针对表 course 的举例
=	等于	title='高等数学'
<>	不等于	period <> 320
>	大于	period > 300
<	小于	period < 400
>=	大于等于	period >= 280
<=	小于等于	period <= 380
Between	在两个数之间	period between 200 and 400
Like	模糊匹配	//匹配所有名字以"大学"为开头的课程，如"大学语文""大学英语"等 title like '大学%'
In	是否在集合中	title in ('经济学基础', '大学英语', '心理学')
IS NULL	判断是否为空	description IS NULL
AND	并，用于连接多个条件表达式	//所有课时大于300，并且描述中有"必修课"字样的记录 period >300 and description like '%必修课%'

OR	或，用于连接多个条件表达式	//title 为"心理学"或"电路基础"的课程
		title = '心理学' or title = '电路基础'

应用多条件表达式时，应注意 AND 和 OR 操作符同时出现时的优先顺序：AND 运算的优先级高于 OR，即先运算 AND 再运算 OR。如果需要指定不按照该优先级执行，则可以通过小括号表示先后顺序。DELETE 及 WHERE 条件表达式的应用举例如下：

```
// 删除 id 为 1 的课程
DELETE FROM course
```

```
WHERE id = 1

// 删除名字以"经济学"开头并且学时小于 200 的课程，同时删除学时大于 600 的课程
DELETE FROM course
WHERE title like '经济学%' AND period < 200 or period > 600

// 删除名字以"经济学"开头并且学时小于 200 或大于 600 的课程
DELETE FROM course
WHERE title like '经济学%' AND (period < 200 or period > 600)
```

3. UPDATE 语句

UPDATE 语句用于修改数据表中已有记录的列数据，其语法为：

```
UPDATE table_name
SET 列名 1 = 新值，列名 2 = 新值，列名 3 = 新值…
WHERE 条件表达式
```

该语义为将 table_name 表中所有满足条件表达式的记录的指定列设置为新值。其中的条件表达式已经在表 4.6 中总结过，对表 4.3 定义的学生表应用 UPDATE 语句的示例如下：

```
// 将所有学生的年龄设为 18
UPDATE student SET age = 18

// 将所有 parent 为 NULL 的学生年龄加一，并且 parent 设置为"未知"
UPDATE student
SET age = age + 1, parent = '未知'
WHERE parent IS NULL
```

4. SELECT 语句

SELECT 用于从数据表中选取数据，是 SQL 中最常用的语句，语法结构如下：

```
SELECT [distinct|top] 列名 1，列名 2….
FROM table_name
[WHERE 条件表达式]
[GROUP BY 分组列
[HAVING 分组筛选条件表达式]
]
[ORDER BY 列名 1 [ASC|DESC]，列名 2[ASC|DESC]…]
```

其中方括号中的内容为可选项目。语法中的第 1 行用于指定查询结果所需要返回的列：可以逐个列出所有列名，也可以用通配符星号"*"表示返回所有列。而可选项 top 用于指定返回

的最大行数;distinct 只用于在只返回一列时指明排除重复项。WHERE 条件表达式的用法同 UPDATE/DELETE 语句相同。对于表 4.1 定义的课程表举例如下:

```
// 查询表 course 中的所有记录的所有列
SELECT * FROM course

// 查询所有课时,并且排除重复的数字
SELECT distinct period FROM course

// 查询课时大于 200 的课程,最多返回 10 个课程
SELECT top 10 * FROM course
WHERE period > 200
```

GROUP BY 用于对数据进行分组以便于汇总计算;HAVING 是 GROUP BY 的可选项,用于对汇总结果进行筛选。汇总计算是指统计记录的个数、计算某列的平均值等。比如:

```
// 统计所有课程的平均课时数(即所有记录在一个分组中)
SELECT AVG(period)
FROM course

// 按课时 period 进行分组,统计每个课时的课程个数,并且只返回课程个数大于 3 的课时
SELECT period, COUNT(*)
FROM course
GROUP BY period
HAVING count(*) > 3
```

技巧:GROUP BY 语句可以同时指定多个列进行分组。

上例中的 AVG(period)、COUNT(*)是 SQL 的汇总计算聚集函数。常用的 SQL 聚集函数如表 4.7 所示。

表 4.7 常用的 SQL 聚集函数

聚 集 函 数	描 述
COUNT(*)	统计记录个数
AVG(column)	计算某列的平均值
MAX(column)	找出某列的最大值
MIN(column)	找出某列的最小值
VAR(column)	计算某列的方差
FIRST(column)	返回某列的第1个值
LAST(column)	返回某列的最后1个值

ORDER BY 用于指定返回结果的记录按某个或某几列的大小排序，ASC 用于指定从小到大排列（ASC 是默认值），DESC 用于指定从大到小排列。比如：

```
// 查询所有课程，并将结果按id倒序排列
SELECT *
FROM course
ORDER BY id desc
```

5. 多表连接的 SELECT 语句

因为整个系统的数据分布在不同的表中，所以很多时候为了得到完整的结果，开发者需要从两个或更多的表中查询数据，这时需要在 FROM 子语句中用 JOIN 关键字连接多个表。JOIN 相关的语法为：

```
SELECT 列名1, 列名2…
FROM table_name1 JOIN table_name2 ON 连接条件表达式
WHERE …
```

其语义为按照连接条件表达式连接两个表，使两个表的列都可以被用于 SELECT、WHERE、ORDER BY 等子语句。JOIN 关键字本身有多种类型，如表 4.8 所示。

表 4.8　JOIN 类型表

关　键　字	含　义
INNER JOIN	获取两个表中满足查询关键字的连接记录
LEFT JOIN	在 INNER JOIN 返回记录的基础上，返回所有左表未被连接到的记录
RIGHT JOIN	在 INNER JOIN 返回记录的基础上，返回所有右表未被连接到的记录
FULL JOIN	返回 INNER JOIN、LEFT JOIN、RIGHT JOIN 结果的合集

虽然一个 JOIN 关键字只能连接两个表，但是可以同时使用多个 JOIN 关键字以达到连接多个表的目的，对于表 4.1～表 4.5 的数据库进行连接查询，举例如下：

```
// 查询所有教大学英语的男老师
SELECT teacher.*
FROM teacher INNER JOIN course on teacher.course_id = course.id
WHERE teacher.gender = True

// 查询所有18岁学生选的课程
SELECT distinct course.title
FROM course INNER JOIN enroll ON course.id = enroll.course_id
    INNER JOIN student ON enroll.student_id = student.student_id
WHERE student.age = 18
```

上面的代码分别演示了一次连接查询和两次连接查询，其中都用了关键字 INNER JOIN。INNER JOIN 是最常用的一种 JOIN 类型，其含义为只获取两个表中满足查询关键字的连接记录。

6. 事务控制语句

SQL 中的事务控制语句能确保被 DML 语句影响的表的所有行及时得以更新，当必须以原子方式执行的多条语句中一旦有一条失败时，能够取消之前成功的语句。事务是 SQL 中将一组 DML 语句赋予原子执行方式的方法。

注意：原子方式执行是指在一组语句中，要么所有语句都执行成功，要么所有语句都不执行。

事务控制语句包含以下 3 条不可分割的语句。

- BEGIN TRANSACTION：启动一个新事务，即其后的所有语句被封装为一个原子性事务，直到有 ROLLBACK 或 COMMIT 被执行。
- ROLLBACK：回滚事务，结束当前事务，并取消（UNDO）在本次事务中已经执行成功的语句。
- COMMIT：提交事务，当前事务正式完成，其中 DML 语句对数据库做的更新正式生效。

4.2.2 实战演练：在 Python 中应用 SQL

虽然 SQL 标准统一了数据库语言，但是通过 Python、Java、C++等高级语言操作数据库时需要连接每个数据库独特的数据库引擎，之后才能用 SQL 语言对数据库进行操作。所以，在 Python 中操作不同的数据库需要引入不同的数据库包，常用数据库引擎的 Python 包如表 4.9 所示。

表 4.9 常用数据库引擎的 Python 包

数 据 库	Python包
MySQL	MySQLdb
SQLite	SQLite3
Oracle	cx_Oracle
PostgreSQL	PsyCopg2、PyPgSQL或PyGreSQL
MS SQL Server	pymssql
Excel	pyExcelerator

虽然每种数据库引擎的 Python 包不同，但是所有 Python 的数据库引擎都遵守 DB-API 规范，该规范使得引用数据库引擎后的编程方法大体相当，Python 数据库编程的步骤如下。

（1）引入 Python 引擎包：例如，import PsyCopg 语句用于为 PostgreSQL 操作做准备。

（2）连接数据库：使用引擎包的 connect 方法连接物理数据库，通常在本步骤中需要输入数据库的 IP 地址、端口、数据库名、数据库用户和密码等。对于 SQLite 和 Excel 等文件数据库，本步骤中需要给出文件名。

（3）获取游标：在 DB-API 规范中，游标（cursor）用于执行 SQL 命令并且管理查询到的数据集。

（4）执行 SQL 命令：将 SQL 命令传给游标执行，并解析返回的结果。本步骤可以多次进行。

（5）提交或回滚事务：在执行 DML 类的 SQL 语句时，数据库引擎会自动启动新事务，在一系列的操作完成之后，可以提交或回滚当前事务。

（6）关闭游标：完成 SQL 操作后关闭游标。

（7）关闭数据库连接：关闭 Python 客户端和数据库服务器的连接。

【示例 4-1】下面演示用 SQLite3 包操作 SQLite 数据库：

```
import sqlite3                                          # 引入 SQLite3 包
conn = sqlite3.connect('test.db')                       # 打开数据库文件 test.db

cur = conn.cursor()                                     # 获取游标对象

# 执行一系列 SQL 语句
# 建立一个表
cur.execute("CREATE TABLE demo(num int,str varchar(20));")
# 插入一些记录
cur.execute("INSERT INTO demo VALUES (%d, '%s')" % (1, 'aaa'))
cur.execute("INSERT INTO demo VALUES (%d, '%s')" % (2, 'bbb'))
cur.execute("INSERT INTO demo VALUES (%d, '%s')" % (3, 'ccc'))

# 更新一条记录
cur.execute("UPDATE demo SET str='%s' WHERE num = %d" % ('ddd', 3))

# 查询
cur.execute("SELECT * FROM demo;")
```

```
rows = cur.fetchall()
print("number of records: ", len(rows))
for i in rows:
    print(i)

# 提交事务
conn.commit()

# 关闭游标对象
cur.close()

# 关闭数据库连接
conn.close()
```

本例中演示了连接数据库、新增数据、修改数据、读取数据、关闭数据连接的一系列操作。将代码保存为 db.py，执行效果如下：

```
C:\> python db.py
number of records: 3
(1, 'aaa')
(2, 'bbb')
(3, 'ddd')
```

由于所有 Python 数据库引擎都遵守 DB-API 开发接口，因此这里不再演示其他数据库的编程代码，读者可以自行尝试。

4.3　ORM 编程

除了直接用 SQL 语句操作关系数据库，Python 中的另一种与关系数据库进行交互的技术是 ORM。本节介绍 ORM 的概念和 Python 中的 ORM 包。

4.3.1　ORM 理论基础

ORM（Object-Relational Mapping，对象关系映射）的作用是在关系数据库和业务实体对象之间做一个映射，这样开发者在操作数据库中的数据时，就不需要再去和复杂的 SQL 语句打交道，只需简单地操作对象的属性和方法即可。所有的 ORM 必须具备 3 方面的基本能力：映射技术、CRUD 操作和缓存优化。

1. **映射技术**

面向对象是从软件工程的基本原则（如耦合、聚合、封装）的基础上发展而来的，而关系数据库是从数学理论的基础上发展而来的，两套理论存在显著的区别，ORM 通过映射机制将两种技术联系起来。每种编程语言都有自己的 ORM 库，例如，Java 的 Hibernate、iBATIS、C#的 Grove、LINQ，Python 的 SQLAlchemy 等，所有这些 ORM 库都必须解决如下 3 个映射问题。

- 数据类型映射：将数据库的类型映射为编程语言自身的类型。数据类型映射解决了由数据表列（Column）类型向编程语言类型转换的问题。例如，SQLAlchemy 中定义了一系列的数据类型（SmallInteger、Float、Time 等）用于对应数据库中的类型。
- 类映射：将数据表定义映射为编程语言自身的类，这样数据表中的每一条记录就可以映射为一个编程语言自身的对象。因为数据表的定义本身在每个业务场景中各不一样，所以需要开发者通过配置文件或代码文件的方式明确类映射。在 SQLAlchemy 中开发者通过定义继承自 declarative_base()返回的类型来实现类映射。
- 关系映射：将数据库中基于外键的关系连接转换为编程语言中基于对象引用的关系连接。在 SQLAlchemy 中通过在数据表类中定义 relationship()字段，使开发者能够指定数据表之间的连接关系。

2. **CRUD 操作**

CRUD 是做数据库处理时的增加（Create）、读取（Retrieve，重新得到数据）、更新（Update）和删除（Delete）几个单词的首字母组合。在 SQL 中通过 INSERT、SELECT、UPDATE、DELETE 四种语句实现 CRUD。而由于 ORM 对开发者屏蔽了 SQL，因此所有的 ORM 库必须提供自己的一套 CRUD 方案。

大多数库会为数据对象提供 insert、update、delete、query 等函数实现 CRUD，并提供 beginTransaction、commit、rollback 等函数管理事务。当开发者调用这些函数时，ORM 自动执行下列操作。

- 将这些调用转换为 SQL 语句。
- 通过数据库引擎发送给数据库执行。
- 将数据库返回的结果记录用 ORM 映射技术转换为类对象。

3. **缓存优化**

由于数据库操作通常比较耗时，因此大多数 ORM 提供数据缓存优化的功能，最基本的缓存优化功能如下。

- 将从数据库中查询到的数据以类对象的形式保存在内存中，以便之后再用时随时提取。
- 在真正需要读取查询结果时才执行数据库的 SELECT 操作，而不是在 ORM 查询命令执行时查询数据库。

4. 为什么使用 ORM

在学习了 ORM 的基本原理后，我们总结 ORM 的优点如下。

- 向开发者屏蔽了数据库的细节，使开发者无须与 SQL 语句打交道，提高了开发效率。
- 便于数据库迁移。由于每种数据库的 SQL 语法有细微差别，因此基于 SQL 的数据访问层在更换数据库时通常需要花费大量的时间调试 SQL 语句。而 ORM 提供了独立于 SQL 的接口，ORM 引擎会处理不同数据库之间的差异，所以迁移数据库时无须更改代码。
- 应用缓存优化等技术有时可以提高数据库操作的效率。

4.3.2 Python ORM 库介绍

ORM 在开发者和数据库之间建立了一个中间层，把数据库中的数据转换成了 Python 中的对象实体，这样既屏蔽了不同数据库之间的差异性，又使开发者可以非常方便地操作数据库中的数据，而且可以使用面向对象的高级特性。

Python 中提供 ORM 支持的组件有很多，每个组件的应用领域稍有区别，但是数据库操作的理论原理是相同的。对比较著名的 Python 数据库的 ORM 框架介绍如下。

- SQLAlchemy：Python 中最成熟的 ORM 框架，资源和文档都很丰富。大多数 Python Web 框架对其都有很好的支持，能够胜任大多数应用场合。SQLAlchemy 被认为是 Python 事实上的 ORM 标准。
- Django ORM：Python 世界中大名鼎鼎的 Django Web 框架独用的 ORM 技术。Django 是一个大而全的框架，这使得其灵活性大大降低。其他 Python Web 框架可以随意更换 ORM，但在 Django 中不能这样做，因为 Django 内置的很多 model 是用 Django 内置 ORM 实现的。
- Peewee：小巧灵活，是一个轻量级 ORM。Peewee 是基于 SQLAlchemy 内核开发的，整个框架由一个文件构成。Peewee 提供了对多种数据库的访问方式，如 SQLite、MySQL、PostgreSQL，适用于功能简单的小型网站。

- Storm：一个中型的 ORM 库，比 SQLAlchemy 和 Django 等轻量，比 Peewee 的功能更丰富。Storm 要求开发者编写数据表的 DDL 代码，而不能直接从数据表类定义中自动生成表定义。
- SQLObject：与 SQLAlchemy 相似，也是一套大而全的 ORM。SQLObject 的特点是它的设计借鉴了 Ruby on Rails 的 ActiveRecord 模型，使得熟悉 Ruby 的开发者非常容易上手。

4.3.3 实战演练：Peewee 库编程

本书中篇的 Django 框架和 Flask 框架部分将会详细介绍 Django ORM 和 SQLAlchemy 的使用方法，此处对轻量级框架 Peewee 的使用方法进行介绍，以便读者能够迅速掌握 ORM 的编程思路。

注意：在实践 Peewee 之前需要先通过 pip install peewee 命令安装该组件。

由于在一般情况下 ORM 库自身的缓存优化机制可以满足大多数场景的需要，因此使用 ORM 的编程通常由两部分组成：定义数据表到 Python ORM 类的映射关系；连接数据库并进行 CRUD 等操作。

【示例 4-2】以表 4.1 和表 4.2 定义的 course 和 teacher 数据表为例，用 Peewee 定义 Python ORM 类的示例代码如下：

```
from peewee import *                          # 引入 Peewee 包的所有内容

# 建立一个 SQLite 数据库引擎对象，该引擎打开数据库文件 sampleDB.db
db = SqliteDatabase("sampleDB.db")

# 定义一个 ORM 的基类，在基类中指定本 ORM 所使用的数据库，
# 这样在之后所有的子类中就不用重复声明数据库了
class BaseModel(Model):
    class Meta:
        database = db

# 定义 course 表，继承自 BaseModel
class Course(BaseModel):
    id = PrimaryKeyField()
    title = CharField(null = False)
    period = IntegerField()
```

```
    description = CharField()

    class Meta:
        order_by = ('title',)
        db_table = 'course'                           # 定义数据库中的表名

# 定义 teacher 表，继承自 BaseModel
class Teacher(BaseModel):
    id = PrimaryKeyField()
    name = CharField(null = False)
    gender = BooleanField()
    address = CharField()
    course_id = ForeignKeyField(Course, to_field="id", related_name = "course")

    class Meta:
        order_by = ('name',)
        db_table = 'teacher'

# 建表，仅需创建一次
Course.create_table()
Teacher.create_table()
```

对本示例代码的解析如下。

- 首先引入了 Peewee 包。
- 用 SqliteDatabase()类定义了 SQLite 的数据库实例。对于其他数据库类型，可以使用相似的 MySQLDatabase()及 PostgresqlDatabase()等。
- 定义了 ORM 基类 BaseModel，在其中指定了公用的属性 database 值为之前建立的 SQLite 连接。
- 类型映射，Peewee 中预定义了一系列的数据类型，用于定义数据表中的列，在本例中用到了 PrimaryKeyField（主键）、CharField（字符串）、IntegerField（整型）、BooleanField（布尔型）等。
- 表映射：定义了两个对象类 Course 和 Teacher，用于映射数据表 course 和 teacher，注意在每个类的 Meta 中设置了数据库中该类对应的真实表名。
- 关系映射：在 Teacher 中通过 ForeignKeyField 设置了其与 Course 的连接关系，ForeignKeyField 的参数 to_field 用于指定被连接的字段名，related_name 参数为该关系赋予了一个名字。

- 用 CLASSNAME.create_table()自动在数据库中建立符合该类定义的数据表。

【示例 4-3】下面的代码演示了使用如上 ORM 映射对数据内容进行增、删、改、查的方法：

```
# 新增行
Course.create(id = 1, title = '经济学', period = 320, description = '文理科学生均可选修')
Course.create(id = 2, title = '大学英语', period = 300, description = '大一学生必修课')
Course.create(id = 3, title = '哲学', period = 100, description = '必修课')
Course.create(id = 104, title = '编译原理', period = 100, description = '计算机系选修')
Teacher.create(name= '白阵君', gender = True, address = '…', course_id = 1)
Teacher.create(name= '李森', gender = True, address = '..', course_id = 3)
Teacher.create(name= '张雯雯', gender = False, address = '..', course_id = 2)

# 查询一行
record = Course.get(Course.title=='大学英语')
print("课程：%s, 学时：%d" % (record.title, record.period))

# 更新
record.period = 200
record.save()

# 删除
record.delete_instance()

# 查询所有记录
courses = Course.select()

# 带条件查询，并将结果按period字段倒序排序
courses = Course.select().where(Course.id< 10).order_by(Course.period.desc())

# 统计所有课程的平均学时
total = Course.select(fn.Avg (Course.period).alias('avg_period'))

# 更新多个记录
Course.update(period = 300).where(Course.id > 100).execute()

# 多表连接操作，Peewee会自动根据ForeignKeyField的外键定义进行连接
Record = Course.select().join(Teacher).where(Teacher.gender==True)
```

在该段代码中分别演示了新建表、增加新记录、查询单行、更新单个记录对象、删除单条对象，以及一些复杂的查询、更新技巧。

现在尝试运行【示例 4-2】与【示例 4-3】，得到的结果如下：

```
C:\> python 4-2.py                                    //仅创建数据表，没有输出
C:\> python 4-3.py
课程：大学英语，学时：300
1 经济学 320 文理科学生均可选修
3 哲学 100 必修课
104 编译原理 100 计算机系选修
1 经济学 320 文理科学生均可选修
3 哲学 100 必修课
平均学时： 173
1 经济学 320 文理科学生均可选修
3 哲学 100 必修课
```

读者可逐条对比代码与上述结果。

4.4　本章总结

对本章内容总结如下。

- 讲解了数据库在 Web 开发中的作用。
- 讲解了 Web 开发三层架构的组成：客户端层、业务逻辑层、数据访问层。
- 讲解了当代 Web 开发中常用的主要开源及商业数据库及其各自的特点，包括 PostgreSQL、MySQL、SQLite、Oracle、MS SQL Server 等。
- 讲解了关系数据库建模的设计方法：E-R 图和关系表设计。
- 讲解了 SQL 的概念及常用的 SQL 语句的用法：INSERT、DELETE、UPDATE、SELECT 等。
- 讲解了 Python 中连接数据库进行 SQL 语言操作的技术。
- 讲解了 ORM 原理：映射技术、CRUD 封装及缓存优化。
- 讲解了 Python 中常用的 ORM 组件及其各自的特点：SQLAlchemy、Django ORM、Peewee、Storm、SQLObject 等。
- 讲解了用 Peewee 进行 ORM 数据库编程的技术。

中篇
Python 框架

- 第 5 章 Python 网络框架纵览
- 第 6 章 企业级开发框架——Django
- 第 7 章 高并发处理框架——Tornado
- 第 8 章 支持快速建站的框架——Flask
- 第 9 章 底层自定义协议网络框架——Twisted

第 5 章
Python 网络框架纵览

从本章开始,我们进入使用 Python 进行 Web 应用程序开发的框架学习阶段。目前 Python 的网络编程框架已经多达几十个,逐个学习它们显然不现实。但这些框架在系统架构和运行环境上有很多相通之处,本章带领读者学习所有基于 Python 网络框架开发的常用知识,了解这些内容后学习具体的框架时能够做到事半功倍。

本章主要涉及的知识点如下。

- Python 网络框架综述:了解什么是网络框架,分析 Python 最主要的网络框架的特点及适用环境,学习 Web 开发中经典的 MVC 架构。
- 组件安装准备:学习 Python 虚环境的概念和作用,以及 Python 在 Windows 和 Linux 中安装虚环境和第三方组件的通用方法。
- 网络开发通用工具:Python 网络开发标准接口 WSGI、网络客户端调试工具等。
- Web 服务器:Nginx 的安装、配置,以及安全的 HTTPS 站点的搭建方法。

5.1 网络框架综述

本节先学习 Python 网络框架的概念和开发方法,然后了解 Web 经典架构 MVC 的原理和作用。

5.1.1 网络框架及 MVC 架构

所谓网络框架是指这样的一组 Python 包,它能够使开发者专注于网站应用业务逻辑的开发,而无须处理网络应用底层的协议、线程、进程等。这样能大大提高开发者的工作效率,同时提高网络应用程序的质量。

目前在 Python 语言的几十个开发框架中,几乎所有的全栈网络框架都强制或引导开发者使用 MVC 架构开发 Web 应用。所谓全栈网络框架,是指除了封装网络和线程操作,还提供 HTTP 栈、数据库读写管理、HTML 模板引擎等一系列功能的网络框架。本书重点讲解的 Django、Tornado 和 Flask 是全栈网络框架的标杆;而 Twisted 更专注于网络底层的高性能封装,不提供 HTML 模板引擎等界面功能,因此不能称之为全栈框架。

MVC(Model View Controller)模式最早由 Trygve Reenskaug 在 1978 年提出,在 20 世纪 80 年代是程序语言 Smalltalk 的一种内部架构。后来 MVC 被其他语言所借鉴,成了软件工程中的一种软件架构模式。MVC 把 Web 应用系统分为 3 个基本部分。

- 模型(Model):用于封装与应用程序的业务逻辑相关的数据及对数据的处理方法,是 Web 应用程序中用于处理应用程序的数据逻辑的部分,Model 只提供功能性的接口,通过这些接口可以获取 Model 的所有功能。Model 不依赖于 View 和 Controller,它们可以在任何时候调用 Model 访问数据。有些 Model 还提供了事件通知机制,为在其上注册过的 View 或 Controller 提供实时的数据更新。
- 视图(View):负责数据的显示和呈现,View 是对用户的直接输出。MVC 中的一个 Model 通常为多个 View 提供服务。为了获取 Model 的实时更新数据,View 应该尽早地注册到 Model 中。
- 控制器(Controller):负责从用户端收集用户的输入,可以看成提供 View 的反向功能。当用户的输入导致 View 发生变化时,这种变化必须是通过 Model 反映给 View 的。在 MVC 架构下,Controller 一般不能与 View 直接通信,这样提高了业务数据的一致性,即以 Model 作为数据中心。

这 3 个基本部分互相分离，使得在改进和升级界面及用户交互流程时，不需要重写业务逻辑及数据访问代码。MVC 架构图如图 5.1 所示。

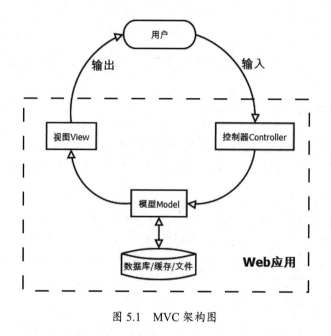

图 5.1　MVC 架构图

注意：MVC 在除 Python 外的其他语言中也有广泛应用，如 VC++的 MFC、Java 的 Structs 及 Spring、C#的.NET 开发框架。

5.1.2　4 种 Python 网络框架：Django、Tornado、Flask、Twisted

Python 作为最主要的互联网语言，在其发展的二十多年中出现了数十种网络框架，如 Django、Flask、Twisted、Bottle、Web.py 等，它们有的历史悠久，有的蓬勃发展，而有的已停止维护，如何对其进行取舍常常使初学者犹豫不决。本书带领读者学习当今主流的 4 种 Python 网络框架。

1．Django

Django 发布于 2003 年，是当前 Python 世界里最负盛名且最成熟的网络框架。最初用来制作在线新闻的 Web 站点，目前已发展为应用最广泛的 Python 网络框架。

Django 的各模块之间结合得比较紧密，它功能强大且是一个相对封闭的系统，其健全的在线文档及开发社区，使开发者在遇到问题时总能找到解决方法。

2. Tornado

Tornado 是一个强大的、支持协程、高效并发且可扩展的 Web 服务器，发布于 2009 年 9 月，应用于 FriendFeed、Facebook 等社交网站。Tornado 的强项在于可以利用它的异步协程机制开发高并发的服务器系统。

3. Flask

Flask 是 Python Web 框架族里比较年轻的一个，发布于 2010 年。Falsk 的核心功能简单，通常以扩展组件形式增加其他功能，因此也被称为"微框架"。

4. Twisted

Twisted 是一个有着近二十年历史的开源事件驱动框架。Twisted 不像前 3 种框架那样着眼于网络 HTTP 应用的开发，而是适用于从传输层到自定义应用协议的所有类型的网络程序的开发，并能在不同的操作系统上提供很高的运行效率。

5.2 开发环境准备

在 Python 中进行网络框架开发的第 1 步是安装所使用的组件。Python 有两种安装组件的方法，分别是 easy_install 安装和 pip 安装。

easy_install 出现较早，而 pip 是 easy_install 的改进版，提供了更好的提示信息。在一般情况下，比较老（2000 年之前）的 Python 库需要用 easy_install 进行安装，比较新的 Python 库适合用 pip 进行安装。在使用 Python 做大项目开发之前，开发者应该同时安装 easy_install 和 pip。

在学会使用 easy_install/pip 之后，用 virtualenv 分别管理不同项目的 Python 环境也是一种最佳实践。

5.2.1 easy_install 与 pip 的使用

easy_install 和 pip 的使用具有跨平台性，本节以 Linux 为例讲解 easy_install 和 pip 的使用方法。

1. 用 easy_install 管理其他组件

可以直接通过 easy_install 安装所需要的 Python 组件。本书涉及的 Django、Flask、Twisted、SQLAlchemy 等需要通过 easy_install 进行安装和管理。下面以 Flask 组件的安装和管理为例演示 easy_install 的使用方法。

从 PyPI 网站自动下载并安装组件：

```
# easy_install flask
```

自动升级组件：

```
# easy_install upgrade flask
```

用本地已有的 egg 文件安装组件：

```
# easy_install /my_downloads/flask-0.9.1-py2.7.egg
```

通过 -m 参数卸载组件：

```
# easy_install -m flask
```

注意：安装时需用系统管理员的权限运行。

2. 用 pip 管理其他组件

需要使用 pip 时，可以直接运行 pip 命令进行软件的安装和卸载。pip 比 easy_install 的命令更丰富。下面以 Tornado 框架组件的安装和管理为例演示 pip 的使用方法。

从 PyPI 网站自动下载并安装组件：

```
# pip install tornado
# pip install tornado= 6.0.8                    // 可以在安装时指定版本
```

自动升级组件：

```
# pip install -U tornado
```

升级组件到指定的版本：

```
# pip install -U tornado=6.1.0
```

找到 PyPI 网站中所有与某关键字相关的组件：

```
# pip search framework                    // 查看所有与"framework"关键字相关的组件
```

卸载组件：

```
# pip uninstall tornado
```

查看所有选项：

```
# pip help
```

5.2.2 使用 Python 虚环境 virtualenv

使用 Python 进行多个项目的开发时，每个项目可能需要安装不同的组件。把这些组件安装在同一台计算机下可能会导致相互之间有冲突。例如，项目 A 使用 SQLAlchemy 1.3，而项目 B 使用 SQLAlchemy 1.1，那么同时安装这两个版本会在使用时产生冲突。使用 Python 虚环境则可以避免这类问题。

Python 虚环境是一套由 Ian Bicking 编写的管理独立 Python 运行环境的系统。开发者或系统管理者使用它可以让每个项目运行在独立的虚环境中，从而避免了不同项目之间组件配置的冲突。

在使用 Python 虚环境之前，需要先用 pip 安装虚环境工具包，然后就可以通过一系列虚环境命令部署和管理 Python 项目。

1. 虚环境的安装

因为 pip 命令在不同的操作系统中的使用方式一样，所以下面以 Linux 为例演示虚环境的安装及使用。可以通过如下命令完成虚环境的安装：

```
# pip install virtualenv
```

2. 虚环境的使用

通过如下命令为一个已有的项目建立虚环境：

```
# cd [项目所在目录]
# virtualenv venv
```

执行该命令后，将在当前目录中建立一个 venv 目录，该目录复制了一份完整的当前系统的 Python 环境。如果系统中安装了多个 Python 2/Python 3 环境，可以在该命令中用 -p 参数定义从哪个版本的 Python 复制虚环境，比如：

```
# virtualenv venv -p /Library/Frameworks/Python.framework/Versions/3.7/bin/python3
```

之后运行 Python 时可以直接运行该目录下的 bin 目录下的命令。bin 目录下的内容如图 5.2 所示。

```
changlol@CHANGLOL-M-40YR: ls venv/bin/
activate            activate_this.py       python@        python3.7@
activate.csh        easy_install*     pip3*     python-config*     wheel*
activate.fish       easy_install-3.7* pip3.7*            python3
```

图 5.2　bin 目录下的内容

注意：与 Linux/macOS 虚环境中可执行命令保存在 bin 子目录中不同，在 Windows 虚环境中可执行命令保存在 Scripts 子目录中。

在虚环境中为具体版本的可执行程序制作了链接文件（可以想象成 Windows 中的快捷方式）。例如，虚环境中的 python、python 3 实际都是 python 3.7 的链接文件；pip、pip3 都是 pip 3.7 的链接文件。因此，在 python 3 的虚环境中可直接使用 python、pip 命令。

虚环境的使用非常简单，例如，在当前虚环境下安装 Tornado 组件：

```
# ./venv/bin/pip install tornado
```

则该组件将被安装在 venv/lib 目录中，而不会影响系统的 Python 环境。

注意：在 Windows 环境中目录是 venv\scripts\pip，读者要注意斜杠和反斜杠的区别，还要注意 bin 和 scripts 的区别。

再比如，用该虚环境运行 Python 程序：

```
# ./venv/bin/python xxxx.py
```

也可以用 activate 命令启动虚环境，之后不必再显式地调用虚环境 bin 目录下的命令，如下命令与之前的/venv/bin/python 命令的效果相同：

```
# source ./venv/bin/activate
(venv)#python xxxx.py
```

用 deactivate 命令可以退出用 activate 命令进入的虚环境，比如：

```
# source ./venv/bin/activate
(venv)#     /*此处执行的命令在虚环境中运行*/
# deactivate
#     /*此处已退出虚环境*/
```

注意：为保证项目之间的独立性，笔者建议所有使用 easy_install 和 pip 的组件安装都在项目虚环境中进行。本书后面不再说明。

5.3 Web 服务器

Web 服务器是连接用户浏览器与 Python 服务器端程序的中间节点，在网站建立的过程中起着重要的作用。目前最主流的 Web 服务器包括 Nginx、Apache、lighthttpd、IIS 等。Python 服务器端程序在 Linux 平台下使用最广泛的是 Nginx。本节学习 Python 程序与 Web 服务器连接的 WSGI、Nginx 的安装和配置方法，以及搭建 SSL 网站的技术。

5.3.1 实战演练 1：WSGI

WSGI 是将 Python 服务器端程序连接到 Web 服务器的通用协议。由于 WSGI 的通用性，出现了独立的 WSGI 程序，如 uWSGI 和 Apache 的 mod_wsgi。

WSGI 的全称为 Web Server Gateway Interface，也可称作 Python Web Server Gateway Interface，为 Python 语言定义 Web 服务器和服务器端程序的通用接口规范。因为 WSGI 在 Python 中的成功，所以其他语言诸如 Perl 和 Ruby 也定义了类似 WSGI 作用的接口规范。WSGI 的作用如图 5.3 所示。

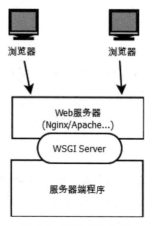

图 5.3　WSGI 的作用

从图 5.3 中可以看出,WSGI 分为两个接口:一个是与 Web 服务器的接口,另一个是与服务器端程序的接口。WSGI Server 与 Web 服务器的接口包括 uWSGI、FastCGI 等,服务器端的开发者无须学习这部分的详细内容。服务器端的开发者需要关注的是 WSGI 与服务器程序的接口。

WSGI 的服务器端程序的接口非常简单,以下是一个服务器端程序的例子,将该文件保存为 webapp.py:

```
def application(environ, start_response):
    start_response('200 OK', [('Content-Type', 'text/html')])
    return (b'<b>Hello, world!</b>', )
```

该代码只定义了一个函数 application,所有来自 Web 服务器的 HTTP 请求都会由 WSGI 服务转换为对该函数的调用。该示例的 application 函数中没有复杂的处理,只是通过 start_response 返回了状态码,并通过 return 返回了固定的 HTTP 消息体。与该服务器端程序相对应的是下面的 WSGI Server 程序:

```
# 引入 Python 的 WSGI 包
from wsgiref.simple_server import make_server
# 引入服务器端程序的代码
from webapp import application

# 实例化一个监听 8080 端口的服务器
server = make_server('', 8080, application)
# 开始监听 HTTP 请求
server.serve_forever()
```

将该 WSGI Server 的程序保存为 wsgi_server.py,通过下面的命令即可启动一个 Web 服务器,该服务器对所有的请求都返回 Hello World 页面(可在浏览器中输入 http://localhost:8080/ 测试):

```
# python wsgi_server.py
```

注意:虽然 WSGI 的设计目标是连接标准的 Web 服务器(Nginx、Apache 等)与服务器端程序,但 WSGI Server 本身也可以作为 Web 服务器运行。由于性能方面的原因,该服务器一般只做测试使用,不能用于正式运行。

5.3.2 实战演练 2：Linux+Nginx+uWSGI 配置

Nginx 是由俄罗斯工程师开发的一个高性能 HTTP 和反向代理服务器，其第 1 个公开版本 0.1.0 于 2004 年以开源形式发布。自发布后，它以运行稳定、配置简单、资源消耗低而闻名。许多知名网站（百度、新浪、腾讯等）均采用 Nginx 作为 Web 服务器。

因为 Nginx 是 Python 在 Linux 环境下的首选 Web 服务器之一，所以本节以 Ubuntu Linux 为例演示 Nginx 的安装及配置方法。

1. 安装 Nginx

在 Ubuntu Linux 中可以通过如下命令安装 Nginx：

```
# sudo apt-get install nginx
```

安装结果如图 5.4 所示。

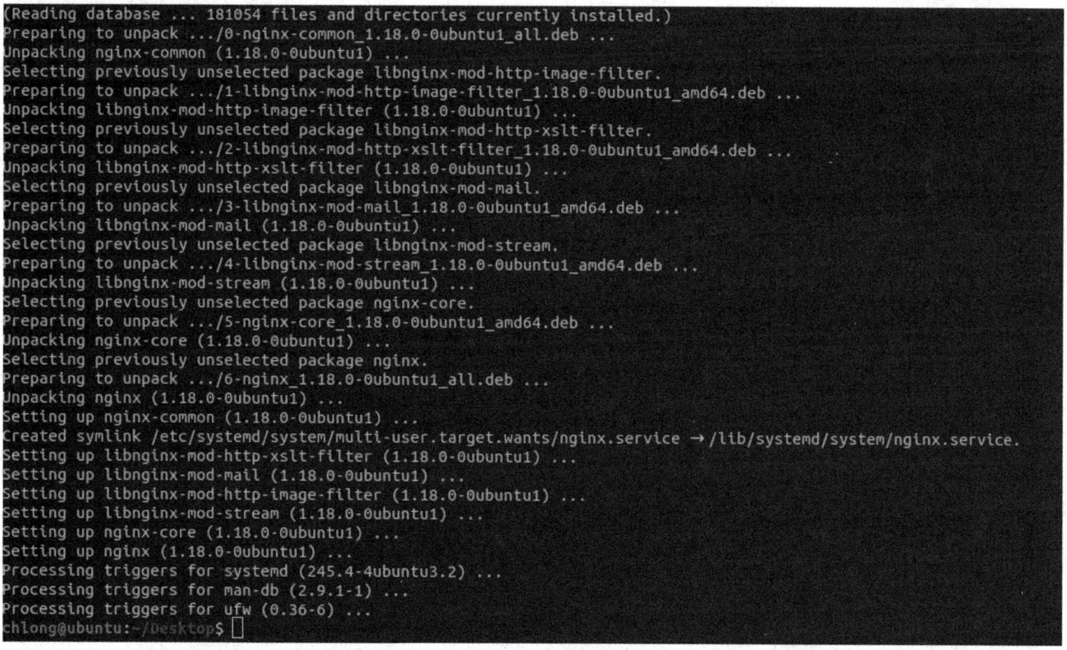

图 5.4 安装结果

安装程序把 Nginx 以服务的形式安装在系统中，相关的程序及文件路径如下。

- 程序文件:放在/usr/sbin/nginx 目录中。
- 全局配置文件:/etc/nginx/nginx.conf。
- 访问日志文件:/var/log/nginx/access.log。
- 错误日志文件:/var/log/nginx/error.log。
- 站点配置文件:/etc/nginx/sites-enabled/default。

安装好后,可以通过如下命令启动 Nginx 服务器:

```
# sudo service nginx start
```

停止 Nginx 服务器:

```
# sudo service nginx stop
```

查看 Nginx 服务的状态:

```
# sudo service nginx status
```

重启 Nginx 服务器:

```
# sudo service nginx restart
```

2. Nginx 配置文件

Nginx 安装后以默认方式启动,在开发调试的过程中可能需要调整 Nginx 的运行参数,这些运行参数通过全局配置文件(nginx.conf)和站点配置文件(sites-enabled/*)进行设置。对全局配置文件(/etc/nginx/nginx.conf)中的关键内容可设置参数解析如下:

```
user www-data;                          # 定义运行 Nginx 的用户

worker_processes 4;                     # Nginx 进程数应设置与系统 CPU 数量相等的数值

worker_rlimit_nofile 65535;             # 每个 Nginx 进程可以打开的最大文件数

events {
    worker_connections 768;             # 每个 Nginx 进程允许的最大客户端连接数

    # 在 Nginx 收到一个新连接通知后,调用 accept()来接收尽量多的连接
    multi_accept off;
}

http {
```

```
##
# Basic Settings
##

sendfile on;                                    # 是否允许文件上传
client_header_buffer_size 32k;                  # 上传文件大小限制
tcp_nopush on;                                  # 防止网络阻塞
tcp_nodelay on;                                 # 防止网络阻塞
keepalive_timeout 65;                           # 允许的客户端长连接最大秒数

# Nginx 散列表大小。本值越大，占用的内存空间越大，但路由速度越快
types_hash_max_size 2048;

access_log /var/log/nginx/access.log;           # 访问日志文件路径名
error_log /var/log/nginx/error.log;             # 错误日志文件路径名

# 如下两句用 include 命令加载站点配置文件
include /etc/nginx/conf.d/*.conf;
include /etc/nginx/sites-enabled/*;
}
```

在每个 Nginx 服务器中可以运行多个 Web 站点，每个站点的配置通过站点配置文件设置。每个站点应该以一个单独的配置文件存放在/etc/nginx/sites-enabled 目录中，默认站点的配置文件名为/etc/nginx/sites-enabled/default，对其中关键内容的解析如下：

```
server {

    # 配置站点监听的端口
    listen 80;

    root /usr/share/nginx/html;                 # 配置 HTTP 根页面目录
    index index.html index.htm;                 # 配置 HTTP 根目录中的默认页面

    # 站点监听的 IP 地址，默认的 localhost 只可用于本机访问，一般需要将其更改为真实 IP 地址
    server_name localhost;

    # location 用于配置 URL 的转发接口
    location /user/ {
        # 此处配置 http://server_name/user/的转发地址
        proxy_pass http://127.0.0.1:8080;
```

```
    }

    # 错误页面配置,如下配置定义 HTTP 404 错误的显示页面为/404.html
    error_page 404 /404.html;
}
```

3. 安装 uWSGI 及配置

uWSGI 是 WSGI 在 Linux 中的一种实现,这样开发者就无须自己编写 WSGI Server 了。

使用 pip 命令可以直接安装 uWSGI:

```
# pip3 install uwsgi
```

安装完成后即可运行 uwsgi 命令来启动 WSGI 服务器,uwsgi 命令通过启动参数的方式配置可选的运行方式。例如,如下命令可以运行 uWSGI,用于加载之前编写的服务器端程序 webapp.py:

```
# uwsgi --http :9090 --wsgi-file webapp.py

** Starting uWSGI 2.0.17.1 (64bit) on [Thu Jul 26 10:02:15 2021] ***
compiled with version: 4.2.1 Compatible Apple LLVM 9.0.0 (clang-900.0.39.2) on 26 July 2021 02:01:00
os: Linux-5.8.0-41-generic #46~20.04.1-Ubuntu SMP Mon Jan 18 17:52:23 UTC 2021
nodename: CHANGLOL-M-40YR
machine: x86_64
clock source: unix
pcre jit disabled
detected number of CPU cores: 8
current working directory: /Users/code/chapter05/practice 2
detected binary path: /Users/code/chapter05/venv/bin/uwsgi
*** WARNING: you are running uWSGI without its master process manager ***
your processes number limit is 1418
your memory page size is 4096 bytes
detected max file descriptor number: 256
lock engine: OSX spinlocks
thunder lock: disabled (you can enable it with --thunder-lock)
uWSGI http bound on 9090 fd 4
spawned uWSGI http 1 (pid: 70441)
uwsgi socket 0 bound to TCP address 127.0.0.1:61076 (port auto-assigned) fd 3
Python version: 3.8.5 (default, Jul 28 2020, 12:59:40)  [GCC 9.3.0]
*** Python threads support is disabled. You can enable it with --enable-threads ***
```

```
Python main interpreter initialized at 0x7f87bea03310
your server socket listen backlog is limited to 100 connections
your mercy for graceful operations on workers is 60 seconds
mapped 72888 bytes (71 KB) for 1 cores
*** Operational MODE: single process ***
WSGI app 0 (mountpoint='') ready in 0 seconds on interpreter 0x7f87bea03310 pid: 70440 (default app)
*** uWSGI is running in multiple interpreter mode ***
spawned uWSGI worker 1 (and the only) (pid: 70440, cores: 1)
```

启动时用--http 指定了监听端口，用--wsgi-file 指定了服务器端的程序名。如上所示，uWSGI 在启动的过程中会输出系统的一些环境信息：服务器名、进程数限制、服务器硬件配置、最大文件句柄数等。

除了在 uWSGI 启动命令行中提供配置参数，uWSGI 还允许通过一个配置文件设置这些配置参数。例如，可以编写如下配置文件，保存在文件名 uwsgi.ini 中：

```
[uwsgi]
http = :9090
wsgi-file = webapp.py
```

启动 uWSGI 时直接指定配置文件即可：

```
# uwsgi uwsgi.ini
```

此时用浏览器访问服务器的 9090 端口，效果如图 5.5 所示。

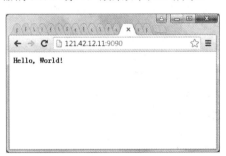

图 5.5　uWSGI 服务运行的效果

除了 http 和 wsgi-file 参数，uWSGI 还有很多其他参数，常用的如下。

- socket：以 WSGI 的 Socket 方式运行，并指定连接地址和端口。该 Socket 接口是 uWSGI 与其他 Web 服务器（Nginx、Apache 等）进行对接的方式。

- chdir：指定 uWSGI 启动后的当前目录。
- processes：指定启动服务器端程序的进程数。
- threads：指定每个服务器端程序的线程数，即服务器端的总线程数为 precesses×threads。
- uid：指定运行 uWSGI 的 Linux 用户 id。

例如，如下配置文件用于用 Socket 方式启动一个 uWSGI 服务器，并配置了进程和线程数：

```
[uwsgi]
socket = 127.0.0.1: 3011
wsgi-file = webapp.py
processes = 4
threads = 3
```

4. 集成 Nginx 与 uWSGI

直接通过在站点配置文件中为 location 配置 uwsgi_pass，即可将 Nginx 与 uWSGI 集成，建立一个基于 Nginx+Python 的正式站点。针对如下 uWSGI 接口有：

```
[uwsgi]
socket = 127.0.0.1: 3011
wsgi-file = webapp.py
```

Nginx 的站点配置文件为：

```
server {
    listen 80;

    # 此处改为服务器的真实 IP 地址
    server_name 121.12.134.11;

    location /{
        # 此处 IP 地址与 Port 配置必须与 uWSGI 接口中的参数相同
        uwsgi_pass 127.0.0.1:3011;
    }
}
```

技巧：可以为一个 uWSGI 配置多个 Nginx Server 和 location，这样就轻松实现了以多域名访问同一个 Python 程序。

5.3.3 实战演练 3：建立安全的 HTTPS 网站

普通 HTTP 站点的协议与数据以明文方式在网络上传输，而 HTTPS（Hyper Text Transfer Protocol over Secure Socket Layer）是以安全为目标的 HTTP 通道，即在 HTTP 下加入 SSL 层，通过 SSL 达到数据加密及身份认证的目的。目前几乎所有的银行、证券、公共交通的网站均以 HTTPS 方式搭建。

OpenSSL 是一个强大的免费 Socket 层密码库，蕴含了主要的密码算法、常用的密钥和证书封装管理功能及 SSL 协议。目前大多数网站通过 OpenSSL 工具包搭建 HTTPS 站点，其步骤如下。

（1）在服务器中安装 OpenSSL 工具包。

（2）生成 SSL 密钥和证书。

（3）将证书配置到 Web 服务器。

（4）在客户端安装 CA 证书。

本节演示在 Linux Ubuntu 下 OpenSSL 的使用方法，以及 Nginx 在 Linux 下的证书配置方式。Windows 中 OpenSSL 的使用方式与 Linux 中的完全一致，读者可以自行尝试。

1. 在服务器中安装 OpenSSL 工具包

通过如下两条命令安装 OpenSSL：

```
# sudo apt-get install openssl
# sudo apt-get install libssl-dev
```

运行成功后，OpenSSL 命令和配置文件将被安装到 Linux 系统目录中。

- OpenSSL 命令：/usr/bin/openssl。
- 配置文件：/usr/lib/ssl/*。

2. 生成 SSL 密钥和证书

通过如下步骤生成 CA 证书 ca.crt、服务器密钥文件 server.key 和服务器证书 server.crt：

```
// 生成CA 密钥
# openssl genrsa -out ca.key 2048
```

```
// 生成 CA 证书，days 参数以天为单位设置证书的有效期。在本过程中会要求输入证书的所在地、公司名、站点名等
# openssl req -x509 -new -nodes -key ca.key -days 365 -out ca.crt

// 生成服务器证书 RSA 的密钥对
# openssl genrsa -out server.key 2048

// 生成服务器端证书 CSR，在本过程中会要求输入证书所在地、公司名、站点名等
# openssl req -new -key server.key -out server.csr

// 生成服务器端证书 ca.crt
# openssl x509 -req -in server.csr -CA ca.crt -CAkey ca.key -CAcreateserial -out server.crt
-days 365
```

上述命令生成服务器端证书时，必须在 Common Name（CN）字段中如实输入站点的访问地址。即如果站点通过 www.mysite.com 访问，则必须定义 CN=www.mysite.com；如果通过 IP 地址访问，则需设置 CN 为具体的 IP 地址。

3. 配置 Nginx HTTPS 服务器

在站点配置文件 /etc/nginx/sites-enabled/default 中添加如下 server 段，可以定义一个基于 HTTPS 的接口，该接口的服务器端程序仍旧为 uWSGI 接口 127.0.0.1:3011。

```
server {
listen      443;                          # HTTPS 服务端口
server_name 0.0.0.0;                      # 本机上的所有 IP 地址
ssl              on;
ssl_certificate     /etc/nginx/ssl/server.crt;
ssl_certificate_key /etc/nginx/ssl/server.key;

location \ {
    uwsgi_pass http://127.0.0.1:3011;
    }
}
```

其中需要注意的是参数 ssl_certificate 和 ssl_certificate_key 需要分别指定生成的服务器证书和服务器密钥的全路径文件名。

至此，我们已经可以使用浏览器访问服务器的 443 端口进行 HTTPS 加密通信了。

5.4 本章总结

对本章内容总结如下。

- 讲解什么是网络框架，以及网络框架常用的 MVC 架构。
- 讲解 4 种 Python 网络开发框架：Django、Tornado、Flask、Twisted。
- 讲解 Python 虚环境概念，使用 Python 虚环境隔离不同的开发环境。
- 讲解 easy_install 和 pip 技术，使用它们快速安装和管理 Python 组件。
- 讲解 WSGI 与 Python 网络程序的关系，以及 Nginx+uWSGI 的站点配置方法。
- 使用 OpenSSL 命令管理服务器证书，并使用 Nginx 配置安全的 HTTPS 站点。

第 6 章
企业级开发框架——Django

本章学习 Python 世界中应用最广泛、发展最成熟的 Django Web 框架。因为 Django 足够完整，所以使用 Django 自身就可以开发出非常完整的 Web 应用，而无须借助诸如 SQLAlchemy 等其他数据访问组件。本章的主要内容如下。

- Django 综述：了解 Django 的历史、特点、总体结构，并实践在主机中安装 Django 框架。
- 开发 Django 站点：通过实际的例子了解 Django 站点的开发流程。
- Django 模型层：系统学习 Model 层组件及开发技巧。
- Django 视图层：详细介绍 URL 定制方法、装饰器的开发及使用。
- Django 表单：系统学习 Django 表单的开发方法、常用字段类型等。
- 管理员站点：学习配置和开发 Django 自带的管理员站点组件，快速建立管理界面。

6.1 Django 综述

本节介绍 Django 的历史、特点及总体结构,并实践在主机中安装 Django 框架。

6.1.1 Django 的特点及结构

Django 于 2003 年诞生于美国堪萨斯州(Kansas),最初用来制作在线新闻 Web 站点,于 2005 年加入了 BSD 许可证家族,成为开源网络框架。Django 根据比利时的爵士音乐家 Django Reinhardt 命名,作者这样命名 Django 意味着 Django 能优雅地演奏(开发)功能丰富的乐曲(Web 应用)。

1. Django 框架的特点

相对于 Python 的其他 Web 框架,Django 的功能是最完整的,Django 定义了服务发布、路由映射、模板编程、数据处理的一整套功能。这也意味着 Django 模块之间紧密耦合,开发者需要学习 Django 自己定义的这一整套技术。Django 的主要特点如下。

- 完善的文档:经过 10 多年的发展和完善,Django 有广泛的应用和完善的在线文档,开发者遇到问题时可以搜索在线文档寻求解决方案。
- 集成数据访问组件:Django 的 Model 层自带数据库 ORM 组件,使开发者无须学习其他数据库访问技术(DBI、SQLAlchemy 等)。
- 强大的 URL 映射技术:Django 使用正则表达式管理 URL 映射,因此给开发者带来了极高的灵活性。
- 后台管理系统自动生成:开发者只需通过简单的几行配置和代码就可以实现完整的后台数据管理 Web 控制台。
- 错误信息非常完整:在开发调试过程中如果出现运行异常,则 Django 可以提供非常完整的错误信息帮助开发者定位问题,如缺少×××组件的配置引用等,这样可以使开发者马上改正错误。

2. Django 的组成结构

Django 是遵循 MVC 架构的 Web 开发框架,主要由以下几部分组成。

- 管理工具(Management):一套内置的创建站点、迁移数据、维护静态文件的命令工具。

- 模型：提供数据访问接口和模块，包括数据字段、元数据、数据关系等的定义及操作。
- 视图：Django 的视图层封装了 HTTP Request 和 Response 的一系列操作和数据流，其主要功能包括 URL 映射机制、绑定模板等。
- 模板（Template）：是一套 Django 自己的页面渲染模板语言，用若干内置的 tags 和 filters 定义页面的生成方式。
- 表单（Form）：通过内置的数据类型和控件生成 HTML 表单。
- 管理站（Admin）：通过声明需要管理的 Model，快速生成后台数据管理网站。

下面我们将逐个学习 Django 的这些模块。

6.1.2 安装 Django 3

在安装 pip 工具的 Python 环境后，可以直接通过 pip install 命令安装 Django：

```
# pip install django
```

该命令将自动下载 Django 安装包并安装。安装完成后可以进入 Python，通过如下命令验证是否安装成功：

```
#python
>>> import django
>>> django.VERSION
(3, 1, 5, 'final', 0)
```

注意：本章内容基于 Python 3 的 Django 3.1.5。

6.2 实战演练：开发 Django 站点

用 Django 开发网站需要遵循 Django 的一套开发流程。本节通过建立一个消息录入页面演示 Django 的开发流程及相关技术。

6.2.1 建立项目

在进行 Django 开发之前需要先用 django-admin 建立 Django 项目，语法如下：

```
django-admin startproject 站点名称
```

其中 django-admin 是安装好 Django 组件后在 Python 目录中生成的 Django 项目管理工具。例如，建立一个叫作 djangosite 的开发项目，命令如下：

```
django-admin startproject djangosite
```

该命令在当前目录中建立了一个子目录 djangosite，并在其中生成了 Django 开发的默认文件，djangosite 目录的内容如下：

```
djangosite/
    manage.py
    djangosite/
        __init__.py
        settings.py
        urls.py
        wsgi.py
        asgi.py
```

默认生成的几个文件都非常重要，在今后的开发中要一直使用或者维护它们，对它们的意义解释如下。

- manage.py：是 Django 用于管理本项目的命令行工具，之后进行站点运行、数据库自动生成、静态文件收集等都要通过该文件完成。
- 内层 djangosite/目录中包含了本项目的实际文件，同时因为其中包含 __init__.py 文件，所以该目录也是一个 Python 包。
- djangosite/__init__.py：告诉 Python 该目录是一个 Python 包，其中暂无内容。
- djangosite/settings.py：Django 的项目配置文件。默认在其中定义了本项目引用的 Django 组件、Django 项目名等。在之后的开发中，还需在其中配置数据库参数、导入的其他 Python 包等信息。
- djangosite/urls.py：维护项目的 URL 路由映射，即定义客户端访问的 URL 由哪一个 Python 模块解释并提供反馈。在默认情况下，其中只定义了"/admin"即管理员站点的解释器。
- djangosite/wsgi.py：定义 WSGI 的接口信息，用于与其他 Web 服务器集成，一般本文件在生成后无须改动。
- djangosite/asgi.py：定义 ASGI 的接口信息，ASGI 是异步 Web 服务器和应用程序的新兴 Python 标准。

6.2.2 建立应用

为了在项目中开发符合 MVC 架构的实际应用程序,我们需要在项目中建立 Django 应用。每个 Django 项目可以包含多个 Django 应用。建立应用的语法如下:

```
# python manage.py startapp 应用名称
```

其中的 manage.py 是建立项目时在项目目录中产生的命令行工具,startapp 是命令的关键字,举例如下:

```
# cd djangosite
# python manage.py startapp app
```

命令完成后会在项目目录中建立如下目录及文件结构:

```
app/
    __init__.py
    admin.py
    apps.py
    migrations/
        __init__.py
    models.py
    tests.py
    views.py
```

对上述文件的功能解析如下。

- __init__.py:其中暂无内容,该文件的存在使得 app 成为一个 Python 包。
- admin.py:管理站点模型的声明文件,默认为空。
- apps.py:应用信息定义文件。在其中生成了类 AppConfig,该类用于定义应用名等 Meta 数据。
- migrations 包:用于在之后定义引用迁移功能。
- models.py:添加模型层数据类的文件。
- tests.py:测试代码文件。
- views.py:定义 URL 响应函数。

以上所有文件在应用刚建立时没有实际内容,需要开发者进一步编写代码完成其功能。

6.2.3 基本视图

在完成 Django 项目和应用的建立后，即可开始编写网站的应用代码，这里通过为注册页面显示一个欢迎标题，来演示 Django 的路由映射功能。

（1）在 djangosite/app/views.py 中建立一个路由响应函数：

```
from django.http import HttpResponse
def welcome(request):
    return HttpResponse("<h1>Welcome to my tiny twitter!</h1>")
```

该代码定义了一个函数 welcome()，简单地返回一条被 HttpResponse()函数封装的 Welcome 信息。

（2）通过 URL 映射将用户的 HTTP 访问与该函数绑定起来。

在 djangosite/app/目录中新建一个 urls.py 文件，管理应用 app 中的所有 URL 映射，其文件内容为：

```
from django.conf.urls import re_path
from . import views

urlpatterns = [
    re_path(r'', views.welcome, name='first-url'),
]
```

上述第 1 行代码引入了 django.conf.urls 中的 re_path()函数，Django 中的所有路由映射由该函数生成。第 2 行代码引入了 djangosite/app/views.py 模块。之后定义了关键变量 urlpatterns，该变量是一个列表，保存所有由 re_path()函数生成的路由映射。本代码中只设置了一个映射，即把所有路由映射到 view.py 的 welcome 函数中，并把该映射命名为 first-url。

可能读者也会看到一些代码用到的是 url()函数，这是为了兼容 Django 旧版本的代码，实际上 Django 3.0 已经使用 re_path()替代 url()，但还是支持 url()的，如下所示：

```
from django.conf.urls import url
from . import views

urlpatterns = [
    url(r'', views.welcome, name='first-url'),
]
```

（3）在项目 URL 文件 djangosite/urls.py 的 urlpatterns 中增加一项，声明对应用 app 中 urls.py 文件的引用，代码如下：

```
from django.contrib import admin
from django.urls import path
from django.conf.urls import re_path                    # 本行新增
from django.conf.urls import include                    # 本行新增

urlpatterns = [
    re_path(r'^app/', include('app.urls')),             # 本行新增
    path('admin/', admin.site.urls),
]
```

首先通过 import 语句引入 django.conf.urls.include() 函数，之后在 urlpatterns 列表中增加一个路径 app/，将其转接到 app.urls 包，即 djangosite/app/urls.py 文件。这样，通过 include() 函数就将两个 urlpatterns 连接了起来。

> **注意**：re_path() 与 path() 都可以用来在 urlpatterns 中定义路由映射；它们的区别在于 re_path() 的第 1 个参数用正则表达式表达 URL 路由，而 path() 的第 1 个参数是普通字符串。

6.2.4　内置 Web 服务器

通过以上配置和编码过程，读者应该已经迫不及待地想检验一下网站效果了。想要查看网站效果首先需要通过 manage.py 启动 Web 服务器，代码如下：

```
# cd djangosite
# python manage.py runserver 0.0.0.0:8001

Performing system checks...
System check identified no issues (0 silenced).
February 01, 2021 - 09:07:57
Django version 3.1.5, using settings 'djangosite.settings'
Starting development server at http://0.0.0.0:8001/
Quit the server with CONTROL-C.
```

上述代码中，runserver 是启动网站的关键字，后面的参数指定网站绑定的 IP 地址与端口号。用 0.0.0.0 表示绑定本机的所有 IP 地址。在命令运行的过程中将一直占用控制台，可以按 Ctrl+C 组合键退出运行。

注意：用这种方式启动的 Web 服务器是 Django 内置的 Web 服务器，由于性能原因，一般只可用于开发人员测试。正式运行的网站应该使用本书后面介绍的 WSGI 方式启动。

启动 Web 服务器后即可通过浏览器访问网站，如图 6.1 所示。

图 6.1　第 1 个 Django 视图

6.2.5　模型类

现在开始模型层的处理，即设计和开发信息发布的数据访问层。本节只设计一个简单的模型，以带领读者掌握设计模型的 4 个步骤。

1. 配置项目 INSTALLED_APPS

要在 djangosite 项目的 settings.py 中告诉 Django 需要安装应用 app 中的模型，方法是打开 djangosite/settings.py 文件，找到其中的 INSTALLED_APPS 数组，在其中添加应用 app 的 Config 类，代码如下：

```
INSTALLED_APPS = [
    'app.apps.AppConfig',                       # 此行新增
    'django.contrib.admin',
    'django.contrib.auth',
    'django.contrib.contenttypes',
    'django.contrib.sessions',
    'django.contrib.messages',
    'django.contrib.staticfiles',
]
```

上述代码中的 app.apps.AppConfig 声明的是 djangosite/app/apps.py 中自动生成的 AppConfig 类。

2. 模型定义

打开 djangosite/app/models.py，在其中新建一个模型类 Moment 用来定义信息发布表，代码如下：

```
from django.db import models

class Moment(models.Model):
    content = models.CharField(max_length=200)
    user_name = models.CharField(max_length = 20)
    kind = models.CharField(max_length = 20)
```

在第 1 行中引入了 django.db.models 类，所有 Django 模型类必须继承自它。之后定义了该类的子类 Moment，在其中定义了 3 个字符串类型的字段：content 保存消息的内容、user_name 保存发布人的名字、kind 保存消息的类型。

3. 生成数据移植文件

Django 的术语"生成数据移植文件"（makemigrations）是指将 models.py 中定义的数据表转换成数据库生成脚本的过程。该过程通过命令行工具 manage.py 完成，具体的命令及输出如下：

```
# cd djangosite
# python manage.py makemigrations app
Migrations for 'app':
  app/migrations/0001_initial.py
    - Create model Moment
```

通过输出可以看到完成了模型 Moment 的建立。输出中的 0001_initial.py 是数据库生成的中间文件，通过它也可以知道当前的数据库版本；该文件及以后的所有 migration 文件都存在于目录 djangosite/app/migrations/中。

在 makemigrations 的过程中，Django 会对比 models.py 中的模型与已有数据库之间的差异，如果没有差异则不会做任何工作，例如，再次执行 makemigrations 操作时将产生如下输出：

```
# python manage.py makemigrations app
No changes detected in app 'app'
```

如果对 models.py 做了任何修改，则在下一次 makemigrations 的时候会将修改的内容同步到数据库中。例如，将 Moment 类的 content 字段长度从 200 修改为 300 后，再次执行 makemigrations 的结果如下：

```
# python manage.py makemigrations app
Migrations for 'app':
  app/migrations/0002_auto_20210201_0917.py
    - Alter field content on moment
```

在其过程中产生了新的中间文件 0002_auto_20210201_0917.py,读者如果对其感兴趣,则可以打开该文件查看其内容,代码如下:

```
# Generated by Django 3.1.5 on 2021-02-01 09:17

from django.db import migrations, models


class Migration(migrations.Migration):

    dependencies = [
        ('app', '0001_initial'),
    ]

    operations = [
        migrations.AlterField(
            model_name='moment',
            name='content',
            field=models.CharField(max_length=300),
        ),
    ]
```

上述代码定义了 Migration 类,通过其中的 dependencies 指定前置版本,通过 operations 声明对数据库的修改。

注意:djangosite/app/migrations 目录中的全部文件都由 manage.py 维护,开发者不要手动修改其中文件的内容。

4. 移植到数据库

在模型的修改过程中可以随时调用 makemigrations 生成中间移植文件。而当需要使移植文件生效、修改真实的数据库 schema 时,则需要通过 manage.py 的 migrate 命令使修改同步到数据库中,比如:

```
# cd djangosite
# python manage.py migrate
Operations to perform:
```

```
 Apply all migrations: admin, app, auth, contenttypes, sessions
Running migrations:
 Applying contenttypes.0001_initial... OK
 Applying auth.0001_initial... OK
 Applying admin.0001_initial... OK
 Applying admin.0002_logentry_remove_auto_add... OK
 Applying admin.0003_logentry_add_action_flag_choices... OK
 Applying app.0001_initial... OK
 Applying app.0002_auto_20210201_0917... OK
 Applying contenttypes.0002_remove_content_type_name... OK
 Applying auth.0002_alter_permission_name_max_length... OK
 Applying auth.0003_alter_user_email_max_length... OK
 Applying auth.0004_alter_user_username_opts... OK
 Applying auth.0005_alter_user_last_login_null... OK
 Applying auth.0006_require_contenttypes_0002... OK
 Applying auth.0007_alter_validators_add_error_messages... OK
 Applying auth.0008_alter_user_username_max_length... OK
 Applying auth.0009_alter_user_last_name_max_length... OK
 Applying auth.0010_alter_group_name_max_length... OK
 Applying auth.0011_update_proxy_permissions... OK
 Applying auth.0012_alter_user_first_name_max_length... OK
 Applying sessions.0001_initial... OK
```

在命令执行的过程中将检查 djangosite/app/migrations 目录中的所有文件，逐步使历次生成的移植文件生效。

技巧：可以在每次修改 models.py 文件内容后运行 makemigrations 命令，检查改动是否符合数据库的语法规则；在调试运行之前，运行一次 migrate 命令使改动生效。

6.2.6 表单视图

本节的任务是设计和开发信息录入页面。该页面的基本功能为：提供输入界面，让用户输入名字、文本消息内容、选择消息类型，用户提交后网页自动设置该信息的时间并保存到数据库中。下面逐步进行开发。

1. 定义表单类

建立表单类文件 djangosite/app/forms.py，在其中定义表单类 MomentForm，代码如下：

```python
from django.forms import ModelForm
from app.models import Moment
```

```python
class MomentForm(ModelForm):
    class Meta:
        model = Moment
        fields = '__all__'                              # 引入所有字段
```

解析如下。

- 引入 django.forms.ModelForm 类，该类是所用 Django 表单类的基类。
- 引入在本应用 models.py 中定义的 Moment 类，以便在后面的表单类中关联 Moment 类。
- 定义表单类 MomentForm，在其中定义子类 Meta。在 Meta 类中声明与本表单关联的模型类及其字段。
- fields 字段可以设为 __all__，也可以用列表形式声明所要导入的属性，比如 fields=('content', 'user_name', 'kind')。

技巧：Meta 中的 fields = '__all__' 将所有模型类中的字段引入表单类中。

2. 修改模型类

如果要使用户能够以单选的方式设置消息类型，则需要在 models.py 文件中定义单选枚举值，并与模型类 Moment 相关联。把 djangosite/app/models.py 修改如下：

```python
from __future__ import unicode_literals  # 新增
from django.db import models

# 新增元组用于设置消息类型枚举项
KIND_CHOICES = (
    ('Python 技术', 'Python 技术'),
    ('数据库技术', '数据库技术'),
    ('经济学', '经济学'),
    ('文体资讯', '文体资讯'),
    ('个人心情', '个人心情'),
    ('其他', '其他'),
)

class Moment(models.Model):
    content = models.CharField(max_length=300)
    user_name = models.CharField(max_length = 20, default = '匿名')
    # 修改 kind 定义，加入 choices 参数
    kind = models.CharField(max_length = 20, choices = KIND_CHOICES,
                    default = KIND_CHOICES[0])
```

主要修改内容是：

- 为 kind 字段增加了消息类型枚举项。
- 为 user_name 和 kind 字段用 default 属性配置了默认值。

注意：因为本次编辑导致模型层发生变化，所以需要用 manage.py 命令行工具运行 makemigrations 和 migrate 命令来更新数据库的定义。

3. 开发模板文件

模板是 Python Web 框架中用于产生 HTML、XML 等文本格式文档的术语。模板文件本身也是一种文本文件，开发者需要手工对其编辑和开发。建立目录 djangosite/app/templates，在其中新建模板文件 moments_input.html，文件的内容如下：

```html
<!DOCTYPE html>
<html>
  <head>
    <title>消息录入页面</title>
  </head>
  <body>
    <form action="?" method="post">
      <fieldset>
        <legend>请输入并提交</legend>
        {{ form.as_p }}
        <input type="submit" value="submit" />
      </fieldset>
    </form>
  </body>
</html>
```

模板文件以 HTML 格式为基本结构，其中的模板内容用大括号标识。本例用 {{ form.as_p }} 定义表单类 MomentForm 的输入字段。模板文件的详细语法将在后续章节中介绍。

4. 开发视图

开发视图函数使得表单类和页面模板衔接起来。打开 djangosite/app/views.py 文件，在其中加入如下函数：

```python
import os                                          # 新增
from app.forms import MomentForm                   # 新增
from django.http import HttpResponseRedirect       # 新增
```

```
from django.urls import reverse                              # 新增
from django.shortcuts import render
# 新增
def moments_input(request):
   if request.method == 'POST':
      form = MomentForm(request.POST)
      if form.is_valid():
         moment = form.save()
         moment.save()
         return HttpResponseRedirect(reverse('first-url'))
   else:
      form = MomentForm()
   PROJECT_ROOT = os.path.dirname(os.path.dirname(os.path.abspath(__file__)))
   return render(request, os.path.join(PROJECT_ROOT, 'app/templates',
'moments_input.html'), {'form': form})
```

在代码中新增了视图函数 moments_input()，该函数定义了两种访问方式的不同处理方法。

- 如果是用户的 Post 表单提交，则保存 moment 对象，并重定向到欢迎页面。其中 reverse() 函数根据映射名称找到正确的 URL 地址，本例中使用的是在 djangosite/app/urls.py 中配置过的名称'first-url'。
- 如果是普通的访问，则返回 moments_input.html 模板的渲染结果作为 HTTP Response。注意，render()的第 3 个参数将 form 作为参数传给了模板，这样在模板文件中才能访问该 MomentForm 的实例。

在 djangosite/app/urls.py 文件中增加该视图函数的路由映射，内容如下：

```
urlpatterns = [
   re_path(r'moments_input', views.moments_input),        # 本行新增
   re_path(r'', views.welcome, name='first-url'),
]
```

在代码中定义了该视图的调用函数地址是 moments_input，算上 Django 应用本身的路径，则该视图的全路径为 http://xx.xx.xx.xx/app/moments_input。Django 表单视图示例如图 6.2 所示。

注意：为 re_path()传递的第 2 个参数是被调用函数的名称，不能在其后加小括号"()"。

图 6.2 Django 表单视图示例

6.2.7 使用管理界面

Django 管理界面是一个通过简单的配置就可以实现的数据模型后台的 Web 控制台。管理界面通常是给系统管理员使用的，以完成元数据的输入、删除、查询等工作。

首先将管理界面需要管理的模型类添加到 djangosite/app/admin.py 文件中，具体如下：

```
from django.contrib import admin

from .models import Moment
admin.site.register(Moment)
```

本文件中只要通过 admin.site.register() 函数逐个声明要管理的模型类即可。

在第 1 次访问管理界面之前，需要通过 manage.py 工具的 createsuperuser 命令建立管理员用户。在命令运行的过程中按照提示输入管理员的用户名、邮箱地址、密码：

```
# cd djangosite
# python manage.py createsuperuser
Username: admin
Email address: admin@mysite.com
Password: **********
Password (again): *********
Superuser created successfully.
```

之后即可访问管理员页面 http://xx.xx.xx.xx/admin。输入用户名及密码后，Django 管理界面如图 6.3 所示。在管理员界面提供新增 Moment 模型类的 Add 链接，单击 Moments 链接后，还可以看到修改和删除选项。界面中的 Groups 和 Users 涉及 Django 的用户管理系统，将在讲解管理界面时详述。

图 6.3　Django 管理界面

注意：管理界面中的模型类都以英文复数形式呈现，例如，Moment 模型被表达为 Moments。

6.3　Django 模型层

Django 模型层是 Django 框架自定义的一套独特的 ORM 技术。通过 6.2 节的实践，读者已经掌握了 Django 模型层的基本概念和开发流程。本节讲解模型层的技术细节和高级话题。

6.3.1　基本操作

使用 Django 模型开发的首要任务就是定义模型类及其属性。每个模型类都可以被映射为数据库中的一个数据表，而类属性被映射为数据字段，除此之外，数据库表的主键、外键、约束等也通过类属性完成定义。

1. 模型类定义

模型定义的基本结构如下：

```
from django.db import models

class ModelName(models.Model):
    field1 = models.XXField(…)
    field2 = models.XXField(…)
    …
    class Meta:
        db_table = …
        other_metas = …
```

解析如下。

- 所有 Django 模型继承自 django.db.models.Model 类。
- 通过其中的类属性定义模型字段，模型字段必须是某种 models.XXField 类型。
- 通过模型类中的 Meta 子类定义模型元数据，如数据库表名、数据默认排序方式等。

Meta 类的属性名由 Django 预定义，常用的 Meta 类属性汇总如下。

- abstract：True or False，标识本类是否为抽象基类。
- app_label：定义本类所属的应用，例如，app_label = 'myapp'。
- db_table：映射的数据表名，例如，db_table = 'moments'。

技巧：如果 Meta 中不提供 db_table 字段，则 Django 会为模型自动生成数据表名，生成的格式为"应用名_模型名"。例如，应用 app 的模型 Comment 的默认数据表名为 app_comment。

- db_tablespace：映射的表空间名称。表空间的概念只在某些数据库如 Oracle 中存在，不存在表空间概念的数据库将忽略本字段。
- default_related_name：定义本模型的反向关系引用名称，默认与模型名一致。本名称的含义将在后续的内容中说明。
- get_latest_by：定义按哪个字段值排列以获得模型的开始或结束记录，本属性值通常指向一个日期或整型的模型字段。
- managed：True 或 False，定义 Django 的 manage.py 命令行工具是否管理本模型。本属性默认为 True，如果将其设为 False，则运行 python manage.py migrate 时将不会在数据库中生成本模型的数据表，所以需要手工维护数据库的定义。
- order_with_respect_to：定义本模型可以按照某外键引用的关系排序。
- ordering：本模型记录的默认排序字段，可以设置多个字段，默认以升序排列，如果以降序排列，则需要在字段名前加"负号"。例如，如下定义按 user_name 升序和 pub_date 降序排列。

```
class Meta:
    ordering = ['user_name','-pub_date']
```

- default_permissions：模型操作权限，默认为 default_permisstions= ('add', 'change', 'delete')。
- proxy：True 或 False，本模型及所有继承自本模型的子模型是否为代理模型。
- required_db_features：定义底层数据库所必需的特性。例如，required_db_features=['gis_enabled']只将本数据模型生成在满足 gis_enabled 特性的数据库中。
- required_db_vendor：定义底层数据库的类型，如 SQLite、PostgreSQL、MySQL、Oracle。如果定义了本属性，则模型只能在其声明的数据库中被维护。
- unique_together：用来设置的不重复的字段组合，必须唯一（可以将多个字段联合成为唯一）。

```
class Meta:
    unique_together =[ ["user_name", "pub_date"] ]
```

上述代码定义每个 user_name 在同一个 pub_date 中只能有一条数据表记录。在 Django 3.0 后，该功能会逐渐被 UniqueConstraint 取代。

- index_together：定义联合索引的字段，可以设置多个。在 Django 3.0 后，该功能会逐渐被 indexes 取代。

```
class Meta:
    index_together = [["pub_date", "deadline"],]
```

- verbose_name：指明一个易于理解和表述的单数形式的对象名称。如果这个值没有被设置，则 Django 将使用该 model 类名的分词形式作为它的对象表述名，即 CamelCase 将会被转换为 camel case。
- verbose_name_plural：指明一个易于理解和表述的复数形式的对象名称。

2. 普通字段类型

普通字段是指模型类中除外键关系外的数据字段属性。数据字段为 Django 使用模型时提供如下信息。

- 在数据库中用什么类型定义模型字段，如 INTEGER、VARCHAR 等。
- 用什么样的 HTML 标签显示模型字段，如<input type="radio">等。
- 需要什么样的 HTML 表单数据验证。

所有数据字段的属性必须继承自抽象类 django.db.models.Field，开发者可以定义自己继承自该类的字段类型，也可以使用 Django 预定义的一系列 Field 子类。常用的 Django 预定义字段类型描述如下。

- AutoField：一个自动递增的整型字段，添加记录时它会自动增长。AutoField 字段通常只用于充当数据表的主键；如果在模型中没有指定主键字段，则 Django 会自动添加一个 AutoField 字段。
- BigIntegerField：64 位整型字段。
- BinaryField：二进制数据字段，只能通过 bytes 对其进行赋值。
- BooleanField：布尔字段，相对应的 HTML 标签是<input type="checkbox">。
- CharField：字符串字段，用于较短的字符串，相对应的 HTML 标签是单行输入框<input type="text">。
- TextField：大容量文本字段，相对应的 HTML 标签是多行编辑框<textarea>。
- CommaSeparatedIntegerField：用于存放逗号分隔的整数值，相对于普通的 CharField，它有特殊的表单数据验证要求。
- DateField：日期字段，相对应的 HTML 标签是<input type="text">、一个 JavaScript 日历和一个"Today"快捷按键。有下列额外的可选参数：auto_now，当对象被保存时，将该字段的值设置为当前时间；auto_now_add，当对象首次被创建时，将该字段的值设置为当前时间。
- DateTimeField：类似于 DateField，但同时支持时间输入。
- DurationField：存储时间周期，用 Python 的 timedelta 类型构建。
- EmailField：一个带有检查 Email 合法性的 CharField。
- FileField：一个文件上传字段。在定义本字段时必须传入参数 upload_to，用于保存上传文件的服务器文件系统的路径。这个路径必须包含 strftime formatting，该格式将被上传文件的 date/time 替换。
- FilePathField：按目录限制规则选择文件，定义本字段时必须传入参数 path，用于限定目录。
- FloatField：浮点型字段。定义本字段时必须传入参数 max_digits 和 decimal_places，用于定义总位数（不包括小数点和符号）和小数位数。
- ImageField：类似于 FileField，同时验证上传对象是否是一个合法图片。它有两个可选参数，即 height_field 和 width_field。如果提供这两个参数，则图片将按提供的高度和宽度规格保存。该字段要求安装 Python Imaging 库。
- IntegerField：用于保存一个整数。

- IPAddressField：一个字符串形式的 IP 地址，如"129.23.250.2"。
- NullBooleanField：类似于 BooleanField，但比其多一个 None 选项，Django 3.0 后不推荐使用。
- PhoneNumberField：带有美国风格的电话号码校验的 CharField（格式为×××-×××-××××）。
- PositiveIntegerField：只能输入非负数的 IntegerField。
- SlugField：只包含字母、数字、下画线和连字符的输入字段，它通常用于 URL。
- SmallIntegerField：类似于 IntegerField，但只具有较小的输入范围，具体范围依赖于所使用的数据库。
- TimeField：时间字段，类似于 DateTimeField，但只能表达和输入时间。
- URLField：用于保存 URL。
- USStateField：美国州名的缩写字段，由两个字母组成。
- XMLField：XML 字符字段，是具有 XML 合法性验证的 TextField。
- JSON Field：用于存储 JSON 编码数据的字段，Django 3.0 后增加的字段类型。

3. 常用字段参数

每个字段类型都有一些特定的 HTML 标签和表单验证参数，如 height_field、path 等。但同时有一些每个字段都可以设置的公共参数，例如，通过 primary_key 参数可以设置一个模型的主键字段：

```
from django.db import models

class Comment(models.Model):
    id = models.AutoField(primary_key=True)
```

其他这样的参数如下。

- null：定义是否允许相对应的数据库字段为 Null，默认设置为 False。
- blank：定义字段是否可以为空。读者需要区分 blank 与 null 的区别。null 是一个数据库中的非空约束；而 blank 用于字段的 HTML 表单验证，即判断用户是否可以不输入数据。
- choices：定义字段的可选值。本字段的值应该是一个包含二维元素的元组。元组的每个元素中的第 1 个值是实际存储的值，第 2 个值是 HTML 页面中进行选择时显示的值。

```
from django.db import models

LEVELS = [
    ('1', 'Very good'),
```

```
    ('2', 'Good'),
    ('3', 'Normal'),
    ('4', 'Bad'),
]
class Comment(models.Model):
    id = models.AutoField(primary_key=True)
    level = models.CharField(max_length=1, choices=LEVELS)
```

上述代码中定义了字段用于让用户选择满意度，其中 1、2、3、4 是在数据库中实际存储的数据，而 Very good、Good、Normal、Bad 等是在 HTML 的列表控件中提供给用户的选项。

- default：设定默认值，例如，default="please input here"。
- help_text：HTML 页面中输入控件的帮助字符串。
- primary_key：定义字段是否为主键，为 True 或 False。
- unique：是否为字段定义数据库的唯一约束。

除了这些有名称的字段参数，Django 中的所有 Field 数据类型还有一个无名参数，可以设置该字段在 HTML 页面中的人性化名称，比如：

```
class Comment(models.Model):
    id = models.AutoField(primary_key=True)
    level = models.CharField("请为本条信息评级", max_length=1, choices=LEVELS)
```

本例中开发者为 level 字段定义了人性化名称"请为本条信息评级"，如果不设置本参数，则字段的名称本身将被显示在 HTML 页面中作为输入提示。

4. 基本查询

定义如下 Django model，用于演示 Django 的模型基本查询技术：

```
from django.db import models

class Comment(models.Model):
    id = models.AutoField(primary_key=True)
    headline = models.CharField(max_length=255)
    body_text = models.TextField()
    pub_date = models.DateField()
    n_visits = models.IntegerField()

    def __str__(self):
```

```
return self.headline
```

Django 通过模型的 objects 对象实现模型数据查询，例如，查询 Comment 模型的所有数据：

```
>>> Comment.objects.all()
```

Django 有两种过滤器用于筛选记录。

- filter(**kwargs)：返回符合筛选条件的数据集。
- exclude(**kwargs)：返回不符合筛选条件的数据集。

比如，如下语句用于查询所有 pub_date 的年字段是 2021 的 Comment：

```
>>> Comment.objects.filter(pub_date__year = 2021)
```

技巧：多个 filter 和 exclude 可以连接在一起查询，例如，Comment.objects.filter(pub_date__year ==2021).exclude(pub_date__month=1).exclude(n_visits_exact=0)查询所有 2021 年非 1 月的 n_visits 不为 0 的记录。

读者需要注意代码中的 pub_date__year，它不是模型中定义的一个字段，而是 Django 定义的一种独特的字段查询（field lookup）表达方式，本例中该查询的含义是"pub_date 字段的 year 属性为 2021"。field lookup 的基本表现形式是：

字段名称__谓词

即由"字段名称__谓词"来表达查询条件。还有很多其他 field lookup 方式，比如：

```
>>> Comment.objects.filter(id__in = [1, 5, 9] ) # 查询所有 id 为 1,5,9 的 Comment 数据集
```

完整的 Django 谓词表如表 6.1 所示。

表 6.1　完整的 Django 谓词表

谓词	含义	示例	等价的 SQL 语句
exact	精确等于	Comment.objects.filter(id__exact=14)	Select * from Comment Where id = 14
iexact	大小写不敏感的等于	Comment.objects.filter(headline__iexact='I like this')	Select * from Comment Where upper(headline)='I LIKE THIS'
contains	模糊匹配	Comment.objects.filter(headline__contains = "good")	Select * from Comment Where headline like '%good%'

续表

谓词	含义	示例	等价的SQL语句
in	包含	Comment.objects.filter(id__in=[1, 5, 9])	Select * from Comment Where id in (1, 5, 9)
gt	大于	Comment.objects.filter(n_visits__gt =30)	Select * from Comment Where n_visits > 30
gte	大于等于		
lt	小于		
lte	小于等于		
startswith	以……开头	Comment.objects.filter(body_text__startswith ="Hello")	Select * from Comment Where body_text like 'Hello%'
endswith	以……结尾		
range	在……范围内	start_date = datetime.date(2021, 1, 1) end_date = datetime.date(2021, 2, 1) Comment.objects.filter(pub_date__range=(start_date, end_date))	Select * from Comment Where pub_date between '2021-1-1' and '2021-2-1'
year	年	Comment.objects.filter(pub_date__year= 2021)	Select * from Comment Where pub_date between '2021-1-1 0:0:0' and '2021-12-31 23:59:59'
month	月		
day	日		
week_day	星期几		
isnull	是否为空	Comment.objects.filter(pub_date__isnull=True)	Select * from Comment Where pub_date is NULL

除了 all()、filter()、exclude() 等返回数据集的函数，Django 还提供了 get() 函数用于查询单条记录，例如，获取 id 为 3 的记录：

```
>>> Comment.objects.get(id = 3)
```

Django 还提供了用于查询指定条数的数据集的下标操作，该特性使得 Django 模型能够支持标准 SQL 中的 LIMIT 和 OFFSET 谓词。比如：

```
>>> Comment.objects.all()[:10]        # 返回数据集,查询前 10 条记录

>>> Comment.objects.all()[10: 20]     # 返回数据集,查询从第 11～20 条记录

>>> Comment.objects.all()[1]          # 返回单条记录,查询第 2 条记录(index 从 0 开始)
```

Django 还提供了 order_by 操作，比如：

```
>>>Comment.objects.order_by('headline')    #返回数据集,并按照 headline 字段排序
```

5. 数据保存与删除

与传统 SQL 相比，Django 的一个较大优势是定义了一个统一的函数 save()，用于完成模型的 Insert 和 Update 操作。在执行模型实例的 save()函数时，Django 会根据模型的主键判断记录是否存在，如果存在则执行 Update 操作，否则执行 Insert 操作。比如：

```
# 新增记录
>>> newObj = Comment(headline = "I like this", body_text = "..",
            pub_date = datetime.datetime.now(), n_visits = 0)
>>> newObj.save()

# 打印新增对象的主键
>>> print(newObj.id)
13

# 修改记录数据
>>> newObj.body_text = "This comment is just what I want"
>>> newObj.save()

# 打印主键，与新增后的 id 相同
>>> print(newObj.id)
13
```

Django 模型提供了 delete()函数用于删除记录，该函数既可用于数据集，也可用于单条记录，比如：

```
# 删除所有 2021 年的记录
>>> Comment.objects.filter(pub_date__year=2021).delete()

# 删除 id=3 的单条记录
>>> Comment.objects.get(id=3).delete()
```

6.3.2 关系操作

利用数据表之间的关系进行数据建模和业务开发是关系数据库最主要的功能。Django 模型层对 3 种关系模型（$1:1$、$1:N$、$M:N$）都有强大的支持。

1. 一对一关系

在 SQL 语言中，一对一关系通过在两个表之间定义相同的主键来完成。在 Django 模型层，可以在任意一个模型中定义 OneToOneField 字段,并定义相互之间的一对一关系。如下代码在模型 Account 和 Contact 之间定义了一对一关系:

```
from django.db import models

class Account(models.Model):
    user_name = models.CharField(max_length = 80)
    password = models.CharField(max_length = 255)
    reg_date = models.DateField(null = True)

    def __unicode__(self):
        return "Account: %s" % self.user_name

class Contact(models.Model):
    account = models.OneToOneField(
        Account,
        on_delete=models.CASCADE,
        primary_key=True,
    )
    zip_code = models.CharField(max_length=10)
    address = models.CharField(max_length=80)
    mobile = models.CharField(max_length=20)

    def __unicode__(self):
        return "%s, %s" % (self.account.user_name, mobile)
```

对上述代码中的关系的相关定义解析如下。

- 两个模型的关系通过 Contact 模型中的 account 字段进行定义。
- OneToOneField()的第 1 个参数定义被关联的模型名。
- on_delete 参数定义当被关联模型(Account)的记录被删除时本模型的记录如何处理,models.CASCADE 用于定义此时本记录(Contact)也被删除。
- 每个模型的__unicode__()函数用于定义模型的显示字符串。

对上述一对一关系的模型开发代码演示如下:

```
>>> a1 = Account(user_name = "david")
>>> a1.save()                                    # 保存一个Account 记录
>>> a2 =Account(user_name = "Rose")
>>> a2.save()
```

```
#用 a1 初始化 Contact 的 account 字段，并保存
>>> c1 = Contact(account = a1, mobile = "13912345000")
>>> c1.save()                                    # 保存 Contact 记录

>>> print(a1)                                    # 打印 a1
<Account: david>

>>> print(c1)                                    # 打印 c1
<Contact: david, 13912345000>

>>> print(a1.contact)                            # 通过关系打印，与打印 c1 的结果相同
<Contact: david, 13912345000>

>>> print(c1.account)                            # 通过关系打印，与打印 a1 的结果相同
<Account: david>


# 因为 a2 没有与任何 Contact 建立过关系，所以它没有 contact 属性/字段
>>> print(hasattr(a2, 'contact'))
False

# 由于定义了 on_delete=models.CASCADE，因此如下语句在从数据库中删除 a1 对象的同时，也将 c1 对象从数据库
中删除
>>> a1.delete()
```

2. 一对多关系

在 SQL 语言中，1：*N* 关系通过在"附表"中设置到"主表"的外键引用来完成。在 Django 模型层，可以用 models.ForeignKey 类型的字段定义外键。如下代码在模型 Account 和 Contact 之间定义了一对多关系：

```
from django.db import models

class Account(models.Model):
    user_name = models.CharField(max_length = 80)
    password = models.CharField(max_length = 255)
    reg_date = models.DateField(null = True)

    def __unicode__(self):
        return "Account: %s" % self.user_name

class Contact(models.Model):
```

```
account = models.ForeignKey(Account, on_delete=models.CASCADE)
zip_code = models.CharField(max_length=10)
address = models.CharField(max_length=80)
mobile = models.CharField(max_length=20)

def __unicode__(self):
    return "%s, %s" % (self.account.user_name, mobile)
```

上述代码与一对一关系的唯一不同是用 models.ForeignKey 定义了 Contact 模型中的 account 字段。这样，每个 Account 对象就可以与多个 Contact 对象相关联了。对模型应用代码的演示如下：

```
>>> a1 = Account(user_name = "Rose")
>>> a1.save()                                          # 保存一个 Account 记录

# 为 a1 建立两个 Contact 关联对象
>>> c1 = Contact(account = a1, mobile = "13912345001")
>>> c1.save()                                          # 保存 Contact 记录
>>> c2 = Contact(account = a1, mobile = "13912345002")
>>> c2.save()                                          # 保存 Contact 记录

>>> print(c1.account)                                  # 从附模型对象中找到主模型对象
<Account: Rose>
>>> print(c2.account)                                  # 从附模型对象中找到主模型对象
<Account: Rose>

>>> print(a1.contact_set)                              # 从主模型对象中找到附模型对象
[<Contact: Rose, 13912345001>, <Contact: Rose, 13912345002>]

>>> print(a1.contact_set.count())                      # 从主模型对象中找到所关联附模型对象的数量
2

# 由于定义了 on_delete=models.CASCADE，因此如下语句在从数据库中删除 a1 对象的同时，也将 c1 和 c2 对象从
数据库中删除
>>> a1.delete()
```

在一对多关系中，每个主模型对象可以关联多个子对象，所以本例中从主模型 Account 对象中寻找附模型 Contact 的属性是 contact_set，即通过一个集合返回关联结果。

技巧：xxxx_set 是 Django 设定的通过主模型对象访问附模型对象集合的属性名。

3. 多对多关系

在 SQL 语言中，$M:N$ 关系通过建立一个中间关系表来完成，该中间表中定义了到两个主

表的外键。所以在 Django 模型层中，开发者也可以选择用两个 1：N 关系来定义 M：N 关系。这种方式同样可以通过 models.ForeignKey 来实现，此处不再赘述。

同时，Django 模型层定义了一种更直接的 M：N 关系建模方式，即在两个模型中的任意一个中定义 models.ManyToManyField 类型的字段，多对多关系的 Account 与 Contact 模型定义的如下：

```python
from django.db import models

class Account(models.Model):
    user_name = models.CharField(max_length = 80)
    password = models.CharField(max_length = 255)
    reg_date = models.DateField(null = True)

    def __unicode__(self):
        return "Account: %s" % self.user_name

class Contact(models.Model):
    account = models.ManyToManyField(Account)
    zip_code = models.CharField(max_length=10)
    address = models.CharField(max_length=80)
    mobile = models.CharField(max_length=20)

    def __unicode__(self):
        return "%s, %s" % (self.account.user_name, mobile)
```

上述代码通过在 Contact 中定义引用 Acccount 的 ManyToManyField，实现了两个模型的多对多关联，对此模型定义的操作演示如下：

```
# 分别建立并保存 Account 和 Contact 对象
>>> a1 = Account(user_name = "Leon")
>>> a1.save()
>>> c1 = Contact(mobile = "13912345003")
>>> c1.save()

>>> c1.account.add(a1)                    # 通过 Contact 对象建立关系


>>> a2 = Account(user_name = "Terry")
>>> a2.save()
>>> a2.contact_set.add(c1)                # 通过 Account 对象建立关系
```

```
>>> a3 = Account(user_name = "Terry")
>>> a3.contact_set.add(c1)                      # 未保存过的对象不能与其他对象建立关系
Traceback (most recent call last):
...
ValueError: 'Account' instance needs to have a primary key value before a many-to-many
relationship can be used.

>>> a1.contact_set.remove(c1)                   # 取消单个对象关联

>>> a1.contact_set.clear()                      # 取消 a1 与所有其他 Contact 对象的关联
```

6.3.3 面向对象 ORM

Django 模型层 ORM 的一个强大之处是对模型继承的支持,该技术将 Python 面向对象的编程方法与数据库面向关系表的数据结构有机地结合。Django 支持三种风格的模型继承。

- 抽象类继承:父类继承自 models.Model,但不会在底层数据库中生成相应的数据表。父类的属性列存储在其子类的数据表中。
- 多表继承:多表继承的每个模型类都在底层数据库中生成相应的数据表管理数据。
- 代理模型继承:父类用于在底层数据库中管理数据表;而子类不定义数据列,只定义查询数据集的排序方式等元数据。

1. 抽象类继承

抽象类继承的作用是在多个表有若干相同的字段时,可以使开发者将这些字段统一定义在抽象基类中,免得重复定义这些字段。抽象基类的定义通过在模型的 Meta 中定义属性 abstract = True 来实现。抽象基类的举例如下:

```
from django.db import models

class MessageBase(models.Model):
    id = models.AutoField(primary_key=True)
    content = models.CharField(max_length=100)
    user_name = models.CharField(max_length=80)
    pub_date = models.DateField(null = True)

    class Meta:
        abstract = True                         # 定义本类为抽象基类

class Moment(MessageBase):
    headline = models.CharField(max_length=50)
```

```
LEVELS = (
    ('1', 'Very good'),
    ('2', 'Good'),
    ('3', 'Normal'),
    ('4', 'Bad'),
)
class Comment(MessageBase):
    level = models.CharField(max_length=1, choices=LEVELS)
```

本例中定义了一个抽象基类 MessageBase，用于保存消息的 4 个公用字段：id、content、user_name、pub_date。子类 Moment 和 Comment 继承自 MessageBase，并分别定义了自己的一个字段。本例中的 3 个类映射到数据库后会被定义为两个数据表。

- 数据表 moment：有 id、content、user_name、pub_date、headline 5 个字段。
- 数据表 comment：有 id、content、user_name、pub_date、level 5 个字段。

在子类模型的编程中，可以直接引用父类定义的字段，比如：

```
>>> m1 = Moment(user_name = "Terry", headline = "hello world")  # 新建 Moment 对象
>>> m1.content = "reference parent field in subclass"
>>> m1.save()
```

2. 多表继承

在多表继承技术中，无论是父表还是子表都会用数据库中相对应的数据表维护模型数据，父类中的字段不会重复地在多个子类的相关数据表中进行定义。从这种意义上讲，多表继承才是真正面向对象的 ORM 技术。

多表继承的定义不需要特殊的关键字。在 Django 内部通过在父模型和子模型之间建立一对一关系来实现多表继承技术。如下代码定义了 MessageBase 及其子类的多表继承版本：

```
from django.db import models

class MessageBase(models.Model):
    id = models.AutoField(primary_key=True)
    content = models.CharField(max_length=100)
    user_name = models.CharField(max_length=80)
    pub_date = models.DateField(null = True)

class Moment(MessageBase):
    headline = models.CharField(max_length=50)
```

```
class Comment(MessageBase):
    level = models.CharField(max_length=1, choices=LEVELS)
```

本例在数据库中会实际生成 3 个数据表。

- 数据表 messagebase：有 id、content、user_name、pub_date 4 个字段。
- 数据表 moment：有 id、headline 两个字段。
- 数据表 comment：有 id、level 两个字段。

在对模型的编程过程中，子类仍然可以直接引用父类定义的字段，比如：

```
# 新建 Moment 对象，直接在子类中引用父类字段
>>> m1 = Moment(user_name = "Terry", headline = "hello world")
>>> m1.content = "reference parent field in subclass"
>>> m1.save()

>>> print(m1.content)
reference parent field in subclass
```

3. 代理模型继承

在前两种继承模型中子类模型都有实际存储数据的作用；而在代理模型继承中子类只用于管理父类的数据，而不实际存储数据。代理模型继承通过在子类的 Meta 中定义 proxy=True 属性来实现，举例如下：

```
from django.db import models

class Moment(models.Model):
    id = models.AutoField(primary_key=True)
    headline = models.CharField(max_length=50)
    content = models.CharField(max_length=100)
    user_name = models.CharField(max_length=80)
    pub_date = models.DateField(null = True)

class OrderedMoment(Moment):
    class Meta:
        proxy = True
        ordering = ["-pub_date"]
```

在本例中定义了父类模型 Moment 用于存储数据，而后定义了子类模型 OrderedMoment 用于管理根据 pub_date 倒序排列的 Moment。使用代理模型继承的原因是子类中新的特性不会影

响父类模型及其已有代码的行为。

6.4 Django 视图层

Django 视图层的主要工作是衔接 HTTP 请求、Python 程序、HTML 模板等。通过 6.2 节的实践，读者已经掌握了 Django 视图层的基本概念和开发流程。本节学习视图层的技术细节。

6.4.1 URL 映射

URL 分发（URL dispatcher）映射配置可以被看作 Django 项目的入口配置，通过 URL dispatcher 可以指定用户每一次访问的后台 Python 处理函数是什么。

1. 普通 URL 映射

每个 Django 项目都有一个 urls.py 文件用于维护 URL dispatcher，对该文件的内容举例如下：

```
from django.urls import path
from django.conf.urls import re_path

from . import views

urlpatterns = [
    path(r'year/2021', views.moments_2021),
    re_path(r'^year/([0-9]{4})/$', views.year_moments),
    re_path(r'^month/([0-9]{4})/([0-9]{2})/$', views.month_moments),
    re_path(r'^single/([0-9]{4})/([0-9]{2})/([0-9]+)/$', views.single),
]
```

该文件通过维护 urlpatterns 列表的元素完成 URL 映射，每个元素可以是一个 django.conf.urls.re_path() 函数执行结果，也可以是 django.urls.path() 函数执行结果。两个函数的第 1 个参数是 HTTP 路径，第 2 个参数是该路径被映射到的 Python 函数名；它们的区别在于 re_path() 函数的 HTTP 路径名是正则表达式，而 path() 函数的 HTTP 路径是普通字符串。

注意：从 Django 2.0 开始，django.conf.urls.url() 是对 django.urls.re_path() 函数的简单封装，但在 Django 3.0 中，已不再推荐使用 django.conf.urls.url()。

本例中维护了 4 个 URL 映射，解析如下。

- 第 1 个路径是一个严格路径，即只匹配 "year/2021"。该路径调用的是 views.py 文件中的 moments_2021() 函数，调用的形式是：

```
moments_2021(request)
```

其中的 request 是用户请求对象。

- re_path() 函数的路径用正则表达式定义，其中的 "^" 意为 "以……开始"，"$" 意为 "以……结束"。第 2 个 re_path() 函数匹配的路径是任何 "year/××××" 路径，其中要求 ×××× 是四位数字。其调用函数是 views.py 中的 year_moments，并且会把四位数字作为变量传给该函数，调用参数的形式是 year_moments(request, ××××)。
- 第 3 个和第 4 个 re_path() 函数的解析方式与第 2 个 re_path() 函数类似，只是有更多的路径变量，调用方式分别是 month_moments(request, ××××, yy) 和 single(request, ××××, yy, zz)。

注意：re_path() 函数中的路径名不包含网站的主机名，例如，用户访问的 URL 形式可能是 http://××.××.××.××/year/2021/02，该地址将直接匹配本例的第 3 个映射。

2. 正则表达式

也许现在读者对 URL 的正则表达式的定义方式尚不理解，其中存在若干特殊符号，如^、[]、+、()等，表 6.2 总结了常用的正则表达式的语法规则，表 6.3 总结了快捷正则表达式的符号。

表 6.2 常用的正则表达式的语法规则

符 号	描 述	举 例
\	将下一个字符标记为一个特殊字符	"\n" 匹配一个换行符； "\\" 匹配 "\"； "\(" 则匹配 "("
^	输入字符串的开始位置	"^abc"：以abc开头
$	输入字符串的结束位置	"abc$"：以abc结尾
*	前面的子表达式零次或多次	"2*" 匹配 ""、"2"、"222" 等
+	前面的子表达式一次或多次	"2+" 匹配 "2"、"222" 等
?	前面的子表达式零次或一次	"3?" 匹配 "" 或 "3"
{n}	n是一个非负整数，只匹配确定的n次	"o{2}"：匹配 "food" 中的两个o
{n,}	n是一个非负整数，至少匹配n次	"r{2,}"：匹配 "drr"、"errrt" 等
{n,m}	m和n均为非负整数，其中n<=m	"r{2,4}"：匹配2~4个r

续表

符号	描述	举例
.	匹配除"\n"外的任意单个字符	"P.P"：匹配PAP、PHP等，但不允许P和P之间换行
x|y	匹配x或y	"water|food"：匹配"water"或"food"
[xyz]	字符集合。匹配所包含的任意一个字符	"[123]"：匹配"1"、"2"或"3"
[^xyz]	负值字符集合。匹配未包含的任意字符	和上面的例子相反
[-]	字符范围	"[e-h]"：匹配"e"到"h"范围内的任意小写字母字符
[^ -]	负值字符范围。匹配不在指定范围内的任意字符	和上面的例子相反

表6.3 快捷正则表达式的符号

符号	描述	等价表达
\b	一个单词边界	空格、TAB、换行等
\d	一个数字字符	等价于[0-9]
\D	一个非数字字符	等价于[^0-9]
\f	一个换页符	等价于\x0c和\cL
\n	一个换行符	等价于\x0a和\cJ
\r	一个回车符	等价于\x0d和\cM
\s	任意空白字符	等价于[\f\n\r\t\v]
\S	任意非空白字符	等价于[^ \f\n\r\t\v]
\t	一个制表符	等价于\x09和\cI
\v	一个垂直制表符	等价于\x0b和\cK
\w	包括下画线的任意单词字符	等价于[A-Za-z0-9_]
\W	任意非单词字符	等价于[^A-Za-z0-9_]

3. 命名URL参数映射

在普通URL映射中，Django将URL中的变量参数按照路径中的出现顺序传递给被调用函数。而命名URL参数映射使得开发者可以定义这些被传递参数的参数名称，命名URL参数的定义方式是"?P<param_name>pattern"，举例如下：

```
from django.conf.urls import re_path

from . import views

urlpatterns = [
```

```
    re_path(r'^year/2021/$', views.moments_2021),
    re_path(r'^year/?P<year>([0-9]{4})/$', views.year_moments),
    re_path(r'^month/?P<year>([0-9]{4})/?P<month>([0-9]{2})/$', views.month_moments),
]
```

本例中的后两个 re_path()使用命名参数进行定义,它们调用 views.py 中的 Python 函数,调用方式分别为 year_moments(request, year = xxxx) 和 month_moments(request, year = xxxx, month =xx)。

> **注意**:当多个 URL 映射定义可以匹配同一个 URL 地址时,Django 会选取在 urlpatterns 列表中的第 1 个匹配的元素。例如,URL "year/2021" 可以同时匹配第 1 个和第 2 个映射,但 Django 会对针对该地址的访问调用函数 moments_2021()。

4. 分布式 URL 映射

在大型 Django 项目中,一个项目可能包含多个 Django 应用,而每个应用都有自己的 URL 映射规则。这时将所有的 URL 映射都保存在一个 urls.py 文件中就不利于对网站的维护,所以 Django 用 include()函数提供了分布式 URL 映射的功能,使得 URL 映射可以被编写在多个 urls.py 文件中。

在项目根映射文件 djangosite/djangosite/urls.py 中引用其他 URL 映射文件的示例代码如下:

```
from django.conf.urls import include,re_path

urlpatterns = [
    re_path(r'^moments/', include('djangosite.app.urls')),
    re_path(r'^admin/', include('djangosite.admin.urls')),
]
```

本例中用两组 re_path()函数进行了映射定义。

- 以 moments/开头的 URL 被转接到 djangosite.app.urls 包中,即 djangosite/app/urls.py 文件。
- 以 admins/开头的 URL 被转接到 djangosite.admin.urls 包中,即 djangosite/admin/urls.py 文件。

被包含的子映射文件 djangosite/app/urls.py 的示例如下:

```
from django.conf.urls import include,re_path

urlpatterns = [
    re_path(r'^year/?P<year>([0-9]{4})/$', views.year_moments),
```

```
    re_path(r'^admin/', include('djangosite.admin.urls')),
]
```

子映射文件的 urlpatterns 中可以包含普通的 URL 映射元素，也可以用 include()引用其他 urls.py 文件。对这两个文件的映射结果说明如下。

- 由于子文件中的第 1 行 re_path()配置，对 http://xx.xx.xx.xx/moments/year/2021 的访问会定位到 djangosite/app/views.py 中的 year_moments()函数。
- 由于子文件中的第 2 行 re_path()配置，对 http://xx.xx.xx.xx/moments/admin 的访问会转到 djangosite/admin/urls.py 文件进行解析。
- 由于父文件中的第 2 行 re_path()配置，对 http://xx.xx.xx.xx/admin 的访问会转到 djangosite/admin/urls.py 文件进行解析。
- 因为在父 urls.py 中没有配置过，所以对 http://xx.xx.xx.xx/year/2021 的访问将找不到任何映射。

5. 反向解析

除了上述从 HTTP URL 映射到 Python 视图函数的丰富的映射功能，Django 还提供了反向的从映射名到 URL 地址的解析功能。URL 反向解析使得开发者可以用映射名代替很多需要写绝对 URL 路径的地方，提高了代码的可维护性。

Django 的 URL 反向解析功能在模板文件和 Python 程序中有不同的调用方法：在模板文件中用{%url %}标签调用反向解析；在 Python 程序中用 django.urls.reverse()函数调用反向解析。下面举例说明，首先定义 URL 映射规则如下：

```
from django.conf.urls import include,re_path

urlpatterns = [
    re_path(r'^year/2021/$', views.year_moments, name = "moments_2021"),
]
```

其中定义了一个 URL 映射，并通过 name 参数将该映射命名为 moments_2021。在需要获得该 URL 的模板文件中可以通过{%url %}标签进行声明，比如：

```
<a href="{% url 'moments_2021' %}">
 查看2021年消息
</a>
```

其中用映射名"moments_2021"作为反向解析的参数，该模板解析后的结果为：

```
<a href="/year/2021/">
```

```html
    查看 2021 年消息
</a>
```

而在 Python 代码与模板文件中的反向解析调用方式是使用 reverse()函数，比如：

```python
from django.urls import reverse
from django.http import HttpResponseRedirect

def redirect_to_year_2021(request):
    return HttpResponseRedirect(reverse('moments_2021'))
```

6. 带参数的反向解析

反向解析还可以支持在 URL 路径和被调用函数中有参数的情况，例如，对于带参数的映射：

```python
from django.conf.urls import include,re_path

urlpatterns = [
    re_path(r'^year/?P<year>([0-9]{4})/$', views.year_moments, name = "moments"),
]
```

在模板文件的反向解析中，可以直接在{%url %}标签中添加参数，比如：

```html
<a href="{% url 'moments', 2020 %}">
    查看 2020 年消息
</a>
```

其中用映射名"moments"和 URL 参数 2020 作为反向解析的参数，该模板解析后的结果如下：

```html
<a href="/year/2020/">
    查看 2020 年消息
</a>
```

Python 代码中带参数的 URL 反向解析的调用方式举例如下：

```python
from django.urls import reverse
from django.http import HttpResponseRedirect

def redirect_to_year_2020(request):
    return HttpResponseRedirect(reverse('moments', args=(2020,)))
```

其中 reverse()函数的 args 参数用于设置反向映射的 URL 参数。

6.4.2 视图函数

视图函数是 Django 开发者处理 HTTP 请求的 Python 函数。在通常情况下，视图函数的功能是通过模型层对象处理数据，然后用如下方式中的一种返回 HTTP Response。

- 直接构造 HTTP Body。
- 用数据渲染 HTML 模板文件。
- 如果有逻辑错误，则返回 HTTP 错误或其他状态。

1. 直接构造 HTML 页面

对于一些简单的页面，可以直接在视图函数中构造返回给客户端的字符串，通过 HttpResponse()函数封装后返回。如下例子会返回当前服务器的时间给客户端：

```
from django.http import HttpResponse
import datetime

def current_datetime(request):
    now = datetime.datetime.now().strftime("%Y-%m-%d %H:%M:%S")
    return HttpResponse(now)
```

2. 用数据渲染 HTML 模板文件

由于模板文件可以包含丰富的 HTML 内容，因此使用渲染模板文件的方法返回页面是最常用的一种 Django 视图函数技术。模板渲染通过 render()函数实现，举例如下：

```
from django.shortcuts import render
from app.models import Moment

def detail(request, moment_id):
    m = Moment.objects.get(id=moment_id)
    return render(request, 'templates/moments_input.html',
                  {'headline': m.headline, 'user': m.user_name})
```

函数 render()的第 1 个参数是 HTTP request，第 2 个参数是模板文件名，第 3 个参数是以字典形式表达的模板参数。

3. 返回 HTTP 错误

HTTP 错误通过 HTTP 头中的 Status 表达，通过给 HttpResponse 构造函数传递 status 参数，可以返回 HTTP 错误或状态。比如：

```
from django.http import HttpResponse

def my_view(request):
    return HttpResponse(status=404)
```

通过上述代码可返回 HTTP 404 错误，即"Page Not Found"。为了方便开发者，Django 对于常用的 Status 状态定义了若干 HttpResponse 的子类，开发者需要返回非 200 OK 状态时，也可直接通过这些子类定义 Response。例如，下面用 HttpResponseNotFound 子类的实例返回 404 错误：

```
from django.http import HttpResponseNotFound

def my_view(request):
    return HttpResponseNotFound()
```

其他一些常用的特定状态 HttpResponse 子类如下。

- HttpResponseRedirect：返回 Status 302，用于 URL 重定向，需要将重定向的目标地址作为参数传给该类。

  技巧：HttpResponseRedirect 的参数经常使用 URL 反向映射函数 reverse()获得，这样可以避免在更改网站 urls.py 内容的时候维护视图函数中的代码。

- HttpResponseNotModified：返回 Status 304，用于指示浏览器用其上次请求时的缓存结果作为页面内容显示。
- HttpResponsePermanentRedirect：返回 Status 301，与 HttpResponseRedirect 类似，但是告诉浏览器这是一个永久重定向。
- HttpResponseBadRequest：返回 Status 400，请求内容错误。
- HttpResponseForbidden：返回 Status 403，禁止访问错误。
- HttpResponseNotAllowed：返回 Status 405，用不允许的方法（Get、Post、Head 等）访问本页面。
- HttpResponseServerError：返回 Status 500，服务器内部错误，如无法处理的异常等。

6.4.3 模板语法

模板文件是一种文本文件，模板文件主要由目标文件的内容组成（如 HTML、CSS 等），辅以模板的特殊语法用于替换动态内容。下面是一个功能较全的典型模板文件：

```
{% extends "base.html" %}

{% block title %}{{ section.title }}{% endblock %}    {# 块内容，用于模板继承 #}

{% block content %}                                    {# 块内容，用于模板继承 #}
<h1>{{ section.title }}</h1>                           {# 变量替换 #}

{% for moment in moment_list %}                        {# 流程控制——for循环 #}
<h2>
    {{ moment.headline|upper }}                        {# 带过滤器的变量替换 #}
</h2>
{% endfor %}
{% endblock %}
```

其中大括号{}包含的内容均为模板文件的特殊语法，其中{# #}之间的内容为模板的注释内容。

1. 变量替换

用双大括号标记{{ variable }} 指示进行变量内容替换，只需在其中写入变量名即可，比如：

```
{{ moment.headline }}
```

其中的 moment 是在视图函数渲染模板时传递给 render()函数的参数之一。

2. 过滤器

过滤器（filter）在模板中是放在变量后并用于控制变量显示格式的技术。变量与过滤器之间通过管道符号"|"连接，如下代码将 upper 过滤器应用在 moment.headline 变量中：

```
{{ moment.headline | upper}}
```

其作用是指定以大写方式输出 moment.headline。Django 中常用的其他过滤器如下。

- add：给 value 加上一个数值，例如，{{ 123|add:"5" }}返回 128。
- addslashes：单引号加上转义号。
- capfirst：第 1 个字母大写，例如，{{ "good"|capfirst }}返回 Good。
- center：输出指定长度的字符串，把变量居中，比如{{ "abcd"|center:"50" }}。
- cut：删除指定字符串，例如，{{ "You are not a Englishman"|cut:"not" }}。
- date：格式化日期。
- default：如果值不存在，则使用默认值代替，例如，{{ value|default:"(N/A)" }}。
- default_if_none：如果值为 None，则使用默认值代替，使用方式与 default 类似。

- dictsort:按某字段排序,变量必须是一个 dictionary。

```
{% for moment in moments|dictsort:"id" %}
  * {{ moment.headline }}
{% endfor %}
```

如上代码指定 moments 用 id 字段排序后逐一进行 headline 输出。

- dictsortreversed:按某字段倒序排序,变量必须是一个 dictionary。
- divisibleby:判断是否可以被某数字整除。
- escape:按 HTML 转意,例如,将 "<" 转换为 "&lt",将 ">" 转换为 "&gt"。
- filesizeformat:增加数字的可读性,转换结果为 13KB、89MB、3 Bytes 等。
- first:返回列表的第 1 个元素,变量必须是一个列表。
- floatformat:转换为指定精度的小数,默认保留 1 位小数。

```
{{ 34.23234|floatformat }}            {# 返回 34.2 #}
{{ 34.23234|floatformat:3 }}          {# 返回 34.232 #}
{{ 34.23234|floatformat:4 }}          {{# 返回 34.2323 #}
```

- get_digit:从个位数开始截取指定位置的数字,例如,{{ 23456 |get_digit:"1" }} 返回 6。
- join:用指定分隔符连接列表。
- length:返回列表中元素的个数或字符串的长度。
- length_is:检查列表、字符串的长度是否符合指定的值,例如,{{ "hello"|length_is:"3" }} 返回 False。
- linebreaks:用<p>或
标记包裹变量,其中单独的换行被替换为
,空行前后被分割为<p>。

```
{{"Hi\n\nDavid"|linebreaks }}          {# 返回 "<p>Hi</p> <p>David</p>" #}
```

- linebreaksbr:用
标记代替换行符。
- linenumbers:为变量中的每一行加上行号。
- ljust:输出指定长度的字符串,变量左对齐,例如,{{"ab"|ljust:5}}返回"ab   "。
- lower:字符串变换为小写,如{{ "ABCD"|lower }}。
- make_list:将字符串转换为列表,例如, {{"abc" | make_list }}返回['a', 'b', 'c']。
- pluralize:根据数字确定是否输出英文复数符号。

```
You have {{ num_messages }} message{{ num_messages|pluralize }}.
```

该过滤器将在 num_messages 大于 1 的时候输出英文复数符号 s。

- random：返回列表的随机一项。
- removetags：删除字符串中指定的 HTML 标记。

```
{{ value|removetags:"h1 h2" }}
当 value 是"<h1>Good morning</h1> <h3>David</h3>"时,该过滤器的输出为"Good morning
<h3>David</h3>"。
```

- rjust：输出指定长度的字符串，变量右对齐。
- slice：切片操作，即返回列表、字符串的一部分。
- slugify：在字符串中留下减号和下画线，其他符号删除，空格用减号替换。
- stringformat：字符串格式化，使用 Python 的字符串格式的语法。
- time：返回日期的时间部分。
- timesince：以"到现在为止过了多长时间"的形式显示时间变量，可能的结果格式如 45 days、3 hours 等。
- timeuntil：与 timesince 类似，但是比较的是当前时间与之后的某个时间。
- title：每个单词的首字母大写。
- truncatewords：将字符串转换为省略表达方式，传入参数表达保留的单词个数，例如，{{ "This is a lovely cat"|truncatewords:"3" }}返回"This is a …"。
- truncatewords_html：与 trancatewords 类似，但保留其中的 HTML 标签，例如，{{ "<p>This is a lovely cat</p>"|truncatewords:"3" }}返回"<p>This is a …</p>"。
- upper：转换为全部大写形式。
- urlencode：将字符串中的特殊字符转换为 URL 兼容表达方式。

```
{{"https://www.example.org/foo?a=b&c=d" | urlencode}}
```

返回"https%3A//www.example.org/foo%3Fa%3Db%26c%3Dd"。

- urlize：将变量字符串中的 URL 由纯文本变为可单击的链接。

```
{{"点击 www.django.com" | urlize}}
```

返回"点击<a href="http://www.django.com" rel="nofollow">www.django.com</a>"。

- wordcount：返回变量字符串中的单词数。
- yesno：将布尔变量变换为字符串 yes、no 或 maybe，也可以在参数中指定变换的结果。

```
{{ True|yesno:"Yes,No,Maybe" }}                    {#返回 Yes #}
```

```
{{ False|yesno }}                            {# 返回no #}
{{ None|yesno:"Yes,No,Maybe " }}             {# 返回Maybe #}
```

3. 流程控制

Django 模板提供基本的流程控制功能，包括用{% for %}语句实现的循环逻辑和用{% if %}语句实现的判断逻辑。for 语句的示例代码为：

```
{% for moment in moment_list %}              {# 流程控制——for 循环 #}
<h2>
    {{ moment.headline|upper }}              {# 带过滤器的变量替换 #}
</h2>
{% endfor %}
```

上述代码中 moment_list 是视图文件传给模板渲染函数 render()的列表参数，for 语句针对 moment_list 中的每个元素生成一个<h2></h2>标签，用于显示 moment 的 headline 成员。

与其他高级语言中的 if 语句类似，Django 模板也提供了 if 语句的 elif、else 等子语句，一个 if 及其子语句的完整演示代码如下：

```
{% if moment.id < 10 %}
    <h1>  {{ moment.headline }} </h1>
{% elif moment.id < 20 %}
    <h2>  {{ moment.headline }} </h2>
{% else %}
    <p>  {{ moment.headline }} </p>
{% endif %}
```

该语句根据 moment.id 的大小用不同的格式输出 moment.headline。

4. 模板继承

模板继承功能使得页面设计者可以将多个页面的公用部分编写在一个模板文件中，然后在其他模板文件中共享该公用部分的内容。根据共享文件之间的关系，可以将模板文件分为两种类型。

- 父模板文件：保存公用部分的内容，同时指定页面的整体框架，父模板文件一般包括页面头、导航栏、页脚、ICP 声明等。
- 子模板文件：用于扩展父模板文件，在其中编写每个页面自身的特有内容。

父模板文件的内容示例如下：

```html
<!DOCTYPE html>
<html lang="en">
<head>
    <link rel="stylesheet" href="style.css" />
    <title>{% block title %}My django site{% endblock %}</title>
</head>

<body>
    <div id="sidebar">
       {% block sidebar %}
          Need to add Navigator here
       {% endblock %}
    </div>

    <div id="content">
       {% block content %}
       {% endblock %}
    </div>
</body>
</html>
```

父模板文件定义了页面的框架，同时用{%block   block_name%}…{% endblock %}块定义可以被子文件覆盖、重写的内容。将该父模板文件命名为base.html，扩展该父模板文件的子模板文件如下：

```
{% extends "base.html" %}

{% block title %}My moment site{% endblock %}

{% block content %}
Here is child file content that will show in result.
{% endblock %}

{% block new_block %}
Here is child file content that will not show in result.
{% endblock %}
```

子文件中通过{%extends %}标签指定父模板文件，然后通过{%block %}块重写需要覆盖的父模板文件中的内容。视图函数渲染子模板文件的结果如下：

```
<!DOCTYPE html>
<html lang="en">
```

```
<head>
    <link rel="stylesheet" href="style.css" />
    <title>My moment site</title>
</head>

<body>
    <div id="sidebar">
        Need to add Navigator here
    </div>

    <div id="content">
Here is child file content that will show in result.
    </div>
</body>
</html>
```

对渲染结果的解析如下。

- 用子模板文件中的块 title、content 的内容替换了父模板文件中相应的块内容。
- 由于父模板文件中存在块 sidebar，但是子模板文件中不存在块 sidebar，因此用父模板文件中 sidebar 的内容作为渲染结果。
- 在子模板文件中定义了块 new_block，但在父模板文件中没有定义该块，所以该块无法显示在最终的渲染结果中。

6.5 使用 Django 表单

在 6.2 节中读者已经学习了 Django 表单的概念和使用方法，本节对 Django 表单的特性进行详细讲解。

6.5.1 表单绑定状态

Django 为继承自 Form 类的表单维护了一个绑定（bound）状态。

- 如果一个表单对象在实例化后被赋予过数据内容，则称该表单处于 bound 状态。只有处于 bound 状态的表单才具有表单数据验证（validate data）的功能。

- 如果未被赋予过数据内容，则表单处于 unbound 状态。只有处于 unbound 状态的表单才能被赋予数据，使该表单变为 bound 状态。

注意：对于已经处于 bound 状态的表单，我们不能在 Python 代码中修改其数据，而只能由网页用户在页面中输入数据进行修改。

可以通过 Form 的 is_bound 属性检查表单状态：

```
>>> f = MomentForm()
>>> print(f.is_bound)
False
>>> f = MomentForm({'headline': 'hello'})
>>> print(f.is_bound)
True
```

6.5.2 表单数据验证

Django 表单数据验证是指在服务器端用 Python 代码验证表单中数据的合法性。表单验证分为如下两类。

- 字段属性验证：验证表单中的字段是否符合特定的格式要求，例如，CharField 字段是否满足了 max_length 要求、非空字段是否已经赋值等。
- 自定义逻辑验证：验证开发者自定义的一些逻辑要求，例如，moment 的 content 长度必须比 headline 长、不能包含某些关键字等。

1. 字段属性验证

字段属性验证要求通过 model 中字段的约束完成，在 Form 渲染的过程中 Django 会自动根据验证约束要求验证字段内容，如果字段不符合要求，则会自动显示错误信息并提示用户。例如，对于图 6.2 中的页面，如果设置表单对应 model 的 content 字段不能为空，则在用户不输入 Content 内容并提交表单后，该页面的渲染结果如图 6.4 所示。

除此之外，开发者还可以用 is_valid()函数在代码中获得表单验证是否通过的信息，用 errors 属性获得错误提示信息，比如：

```
>>> f = MomentForm({'user_name':'David'})
>>> print(f.is_valid())
False
```

```
>>> print(f.error)
{'content': ['This field is required.']}
```

图 6.4 渲染结果

由于在 MomentForm 的初始化中只设置了 user_name 的值,而没有设置不能为空的 content 的值,因此此时调用表单的 is_valid()结果为 False。表单 is_valid()函数通常在视图函数的开发中起重要的作用。下面是典型的表单视图函数的设计结构:

```
def viewer(request):
    if request.method == 'POST':
        form = XXXForm(request.POST)
        if form.is_valid():
            # 此处编写正常的表单提交的业务逻辑
            # 处理完成后用 redirect 重定向页面
        else:
            # 此处编写提交数据不完全的业务逻辑,如显示特定的错误信息等
```

2. 自定义逻辑验证

如果开发者需要在 Django 进行表数据验证时判断自定义的复杂逻辑,则可以通过重载 Form 子类的 clean()函数进行定义。修改 MomentForm 的定义如下:

```
from django.forms import ModelForm, ValidationError
from app.models import Moment

class MomentForm(ModelForm):
    class Meta:
        model = Moment
        fields = '__all__'
```

```
def clean(self):
    cleaned_data = super(MomentForm, self).clean()
    content = cleaned_data.get("content")
    if content is None:
        raise ValidationError( "请输入 Content 内容!")
    elif content.find("ABCD")>=0:
        raise ValidationError( "不能输入敏感字 ABCD !" )
    return cleaned_data
```

在 MomentForm 中增加了对 clean()函数的定义,该函数在开发者调用 Form.is_valid()函数时自动被 Django 调用,开发者应该将针对表单的自定义验证逻辑写在 clean()函数中。如果验证检测到逻辑错误,则通过抛出 ValidationError()异常结束本次验证;如果验证数据正确,则返回从基类中得到的 cleaned_data。自定义表单数据验证结果,如图 6.5 所示。

图 6.5　自定义表单数据验证结果

6.5.3　检查变更字段

当视图函数收到表单的 Post 提交时,经常需要先验证用户是否修改了表单数据,然后进行相应的处理。Django 提供了表单函数 has_changed()来判断用户是否修改过表单数据,使用方法如下:

```
def view_moment(request):
    data = {'content': 'Please input the content',
         'user_name': '匿名',
         'kind':'Python 技术'}
    f = MomentForm(request.POST, initial=data)
    if f.has_changed():
        # 在此处编写保存 f 的代码
```

读者需注意在初始化 Form 实例时要传入如下两个参数。

- reqeust.POST：Django 从其中解析出用户的输入数据。
- initial：Form 的初始值，在调用 has_changed 时，Django 用 initial 中的字段值与初始值相比较，如果有变化则返回 True。

Django 不仅能够判断是否有字段修改过，还能用 changed_data 属性精确定位用户对哪些字段进行了修改。changed_data 是包含字段名的列表，比如：

```
if f.has_changed():
    print("如下字段进行了修改：%s" % "")
    for field in f.changed_data:
        print(field)
```

6.6 个性化管理员站点

如果 Django 默认的管理员站点不能满足应用的需求，那么开发者可以通过继承 Django 定义的管理员数据模型、模板、站点类来开发出个性化的管理员站点。

6.6.1 模型

通过定义继承自 django.contrib.admin.ModelAdmin 的子类，可以定制个性化的数据模型管理功能，并且需要在应用的 admin.py 文件中注册模型类时指定该子类，示例如下：

```
from django.contrib import admin
from myproject.myapp.models import Author

class MomentAdmin(admin.ModelAdmin):
    empty_value_display = "空值"

admin.site.register(Moment,MomentAdmin)
```

本例中定义了一个数据模型管理类 MomentAdmin，并用 admin.site.register() 函数指定其作为模型 Moment 的管理类。MomentAdmin 中用属性 empty_value_display 定义了模型管理界面中对空值的显示方式，这些个性化的管理功能还包括指定模型中的哪些字段可以被管理及每页显示的模型实例数量等。对常用的管理类属性描述如下。

（1）date_hierarchy：设置一个日期类型字段，使其出现在按日期导航找模型实例的界面中。

（2）empty_value_display：设置一个字符串，定义空值的显示方式。除了在表级别指定空值显示的方式，还可以按字段配置，比如：

```
class MomentAdmin(admin.ModelAdmin):
    empty_value_display = "空值"
    headline.empty_value_display = "未设标题"
```

本例中将表中默认的空值显示方式设置为"空值"，同时设置 headline 字段的空值显示为"未设标题"。

（3）fields 和 exclude：分别用于设置需要管理的字段和排除管理的字段。对如下模型 Moment 来说：

```
class Moment(models.Model):
    content = models.CharField(max_length=300, null=False)
    user_name = models.CharField(max_length = 20, default = '匿名')
    kind = models.CharField(max_length = 20, choices = KIND_CHOICES,
                 default= KIND_CHOICES[0])
```

下面的两个管理类（MomentAdmin1 和 MomentAdmin2）有相同的作用，都是设定管理界面只管理 content 和 kind 字段：

```
from django.contrib import admin

class MomentAdmin1(admin.ModelAdmin):
    fields = ('content', 'kind')

class MomentAdmin2(admin.ModelAdmin):
    exclude = ('user_name',)
```

（4）fieldsets：配置字段分组，可以美化管理界面的模型配置界面。如下代码将 Moment 的字段分为两个组：

```
from django.contrib import admin

# Register your models here.
from .models import Moment
```

```python
class MomentAdmin(admin.ModelAdmin):
    fieldsets = (
        ("消息内容", {
            'fields': ('content', 'kind')
        }),
        ('用户信息', {
            'fields': ('user_name',),
        }),
    )
admin.site.register(Moment, MomentAdmin)
```

这样，在编辑 Moment 对象时，管理界面会把字段分为两组显示，字段分组如图 6.6 所示。

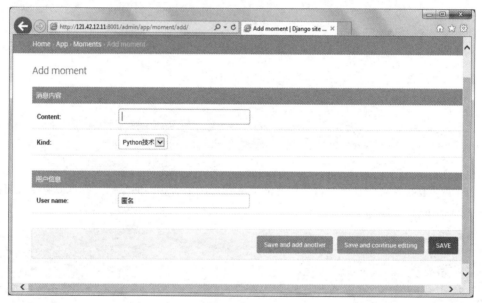

图 6.6　字段分组

（5）list_editable：设置字段列表，指定模型中的哪些字段可以编辑。如果设置了本属性，则没有在本属性中定义的字段将不能在管理界面中编辑。

（6）list_per_page：设置一个整数，指定每页显示的实例数量，默认为 100。

（7）search_fields：设置字段列表，出现一个搜索页面使管理员能够按照这些字段进行实例搜索。

（8）ordering：设置字段列表，定义管理页面中模型实例的排序方式。

6.6.2 模板

如果读者需要在管理站点页面中增加独特的显示内容，则可以通过继承管理站点的默认模板文件进行开发。

假设 Django 被安装在虚环境 venv 中，则 Django 的默认管理站点的模板文件都被保存在如下路径中：

```
# cd venv/lib/python3.8/site-packages/django/contrib/admin/templates/admin
```

其中包含了所有默认管理站点所使用的模板文件，它们是：

```
# ls venv/lib/python3.8/site-packages/django/contrib/admin/templates/admin
404.html                              edit_inline
500.html                              filter.html
actions.html                          includes
app_index.html                        index.html
auth                                  invalid_setup.html
base.html                             login.html
base_site.html                        object_history.html
change_form.html                      pagination.html
change_list.html                      popup_response.html
change_list_results.html              prepopulated_fields_js.html
date_hierarchy.html                   related_widget_wrapper.html
delete_confirmation.html              search_form.html
delete_selected_confirmation.html     submit_line.html
```

开发者可以继承它们中的任意文件，以定制自己的管理站点页面。本节以重载登录页面 login.html 为例演示 Django 管理模板文件的定制技术。

1. 定义子模板文件路径

在项目目录中按如下路径生成子模板文件 login.html：

```
djangosite/                     // 项目根目录
    manage.py
    djangosite/                 // 项目文件目录
    app/                        // 应用目录
    templates/                  // 新生成的模板文件目录
        admin/
            index.html
```

2. 修改项目 settings.py

打开文件 djangosite/djangosite/settings.py，配置其中的 TEMPLATES 的 DIRS 项目，将新生成的模板文件路径加入其中，比如：

```
TEMPLATES = [
    {
        'BACKEND': 'django.template.backends.django.DjangoTemplates',
        'DIRS': [os.path.join(BASE_DIR,'templates')],          # 本行中的路径为新加项
        'APP_DIRS': True,
        'OPTIONS': {
            'context_processors': [
                'django.template.context_processors.debug',
                'django.template.context_processors.request',
                'django.contrib.auth.context_processors.auth',
                'django.contrib.messages.context_processors.messages',
            ],
        },
    },
]
```

3. 开发子模板文件

打开 Django 默认的 login.html，检查其中可继承的 block，并在子模板文件中改写其内容以达到定制目的。读者打开默认的 login.html 文件后，可以发现其中有很多可改写项，如 content_title、bodyclass、nav-global 等，如下子模板文件可改写 content_tilte 块的内容：

```
{% extends "admin/login.html" %}

{% block content_title %}
欢迎登录 Djangosite 的管理网站
{% endblock %}
```

4. 测试定制效果

至此已完成管理模板的定制开发工作，此时可以打开管理网站，模板定制的效果如图 6.7 所示。此时，在登录框中多了一条新加入的欢迎语句。

图 6.7 模板定制的效果

6.6.3 站点

如果需要修改一些管理站点中的通用属性，如管理站点头、站点标题等，则可以通过定义自己的 AdminSite 类来实现。

1. 定义 AdminSite 子类

自定义的 AdminSite 需要放在应用的 admin.py 文件中，打开 djangosite/app/admin.py 文件，添加如下代码：

```
from django.contrib import admin

class MyAdminSite(admin.AdminSite):                          # 定义AdminSite子类
    site_header = '我的管理网站'                              # 配置自定义的属性

admin_site = MyAdminSite()                                   # 实例化一个子类
admin_site.register(Moment, MomentAdmin)                     # 用子类实例注册需要管理的模型类
```

2. 修改项目 urls.py

在 djangosite/djangosite/urls.py 文件的 urlpatterns 列表中配置用 admin_site 管理站点 URL 映射，比如：

```
from django.conf.urls import re_path, include
from django.contrib import admin
from app.admin import admin_site                             # 增加本行
```

```
urlpatterns = [
    re_path(r'^admin/', admin_site.urls),              # 修改本行
    re_path(r'^app/', include('app.urls')),
]
```

本例中用 admin_site.urls 替换了原来的 admin.site.urls。

3. 测试定制效果

再次打开网站的 admin 登录页面，新的 AdminSite 定制效果如图 6.8 所示，读者可以比较图 6.8 与图 6.7 中两次实验的效果。

图 6.8 新的 AdminSite 定制效果

本例中定制的 site_header 属性不仅在登录页面中被站点引用，在其他所有 Django 管理站点页面中都会被页面引用。所以相对于管理模板定制，对于此类需求使用 AdminSite 定制更有开发效率。

4. AdminSite 中常用的定制属性

前面演示中只有 site_header 属性，下面详述 AdminSite 类中的常用定制属性。

- site_header：每个管理网页的页头都会出现的标题，即在 HTML 标签<h1>中显示的内容。
- site_title：每个管理网页在浏览器窗口栏显示的页面名称，即 HTML 标签<title>中显示的内容。
- site_url：管理站中 View site 按钮的目标地址，默认是网站根目录 "\"。
- login_form：登录页面使用的 AuthenticationForm 子类名。

6.7 本章总结

对本章内容总结如下。

- 讲解 Django 的框架特点，讲解 Django 各组件与 MVC 框架的关系。
- 讲解 Django 站点开发流程：建立项目，建立应用，开发视图、模型、表单、模板，管理网站。
- 在模型层中对数据的基本增、删、改的操作方法。
- 模型层的关系操作方法：一对一关系、一对多关系、多对多关系。
- 面向对象的模型层编程：抽象类继承、多表继承、代理模型继承。
- 讲解基于正则表达式的 URL 映射设计方案。
- 讲解视图函数和模板文件的编程方法。
- 讲解如何运用 Django 表单状态、数据验证、变更字段查询等技术。
- 用模型管理类的方法个性化管理站点。
- 用管理模板定制的方法个性化管理站点。
- 用管理站点类定制的方法个性化管理站点。

第 7 章

高并发处理框架——Tornado

Tornado 是一个可扩展的非阻塞式 Web 服务器及其相关工具的开源版本。Tornado 每秒可以处理数以千计的连接,所以对于实时 Web 服务来说,Tornado 是一个理想的 Web 框架。本章的主要内容如下。

- Tornado 概述:学习 Tornado 的特点及框架组织结构,以及如何在 Windows 及 Linux 中安装 Tornado。
- 异步编程及协程:学习作为 Tornado 基础的异步编程及协程技术。
- 开发 Tornado 网站:从开发一个小型的 Tornado 站点出发,学习 Tornado 网站的代码结构、URL 映射、RequestHandler、错误处理、重定向、异步访问、处理等。
- 用户身份验证框架:学习 Tornado 基于 Cookie 的用户身份验证、会话维护、防攻击等。
- WebSocket 编程:学习 WebSocket 的概念,以及如何将其应用在基于 Tornado 框架的开发中。
- Tornado 网站部署:学习 Tornado 框架网站在调试及运营环境中的部署方式。

7.1 Tornado 概述

7.1.1 Tornado 介绍

Tornado 是使用 Python 编写的一个强大的可扩展的 Web 服务器。它在处理大网络流量时表现得足够强健，而在创建和编写时足够轻量级，并能够被用在大量的应用和工具中。Tornado 作为 FriendFeed 网站的基础框架，于 2009 年 9 月 10 日发布，目前已经获得了很多社区的支持，并在一系列不同的场合中得到了应用。除 FriendFeed 和 Facebook 外，还有很多公司在生产上转向 Tornado，包括 Quora、Turntable.fm、Bit.ly、Hipmunk 及 MyYearbook 等。

相对于其他 Python 网络框架，Tornado 有如下特点。

- 完备的 Web 框架：与 Django、Flask 等一样，Tornado 也提供了 URL 路由映射、Request 上下文、基于模板的页面渲染技术等开发 Web 应用的必备工具。
- 它是一个高效的网络库，性能与 Twisted、Gevent 等底层 Python 框架相媲美：提供了异步 I/O 支持、超时事件处理。这使得 Tornado 除了可以作为 Web 应用服务器框架，还可以用来做爬虫应用、物联网关、游戏服务器等后台应用。
- 提供高效 HTTPClient：除了服务器端框架，Tornado 还提供了基于异步框架的 HTTP 客户端。
- 提供高效的内部 HTTP 服务器：虽然其他 Python 网络框架（Django、Flask）也提供了内部 HTTP 服务器，但它们的 HTTP 服务器由于性能原因只能用于测试环境。而 Tornado 的 HTTP 服务器与 Tornado 异步调用紧密结合，可以直接用于生产环境。
- 完备的 WebSocket 支持：WebSocket 是 HTML 5 的一种新标准，实现了浏览器与服务器之间的双向实时通信。

因为 Tornado 的上述特点，Tornado 常被作为大型站点的接口服务框架，而不像 Django 那样着眼于建立完整的大型网站，所以本章着重讲解 Tornado 的异步及协程编程、身份认证框架、独特的非 WSGI 部署方式。

7.1.2 安装 Tornado

Tornado 已经被配置到 PyPI 网站中，这使得 Tornado 的安装非常简单，在 Windows 和 Linux

中都可以通过一条 pip 命令完成安装：

pip install tornado

该条命令可以运行在操作系统中或 Python 虚环境中。Tornado 安装完成，如图 7.1 所示。

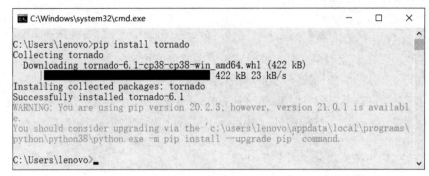

图 7.1　Tornado 安装完成

注意：本章学习基于 Python 3 的 Tornado 6.1。

7.2　异步及协程基础

协程是 Tornado 中推荐的编程方式，使用协程可以开发出简捷、高效的异步处理代码。本节从同步 I/O、异步 I/O 开始，逐步引导读者理解和掌握基于 Tornado 协程的编程技术。

7.2.1　同步与异步 I/O

从计算机硬件发展的角度来看，当今计算机系统的 CPU 和内存速度日新月异，摩尔定律效果非常明显；同时，硬盘、网络等与 I/O 相关的速度指标却进展缓慢。因此，在当今的计算机应用开发中，减少程序在 I/O 相关操作中的等待时间是减少资源消耗、提高并发程度的重要手段。

根据 *Unix Network Programing* 一书中的定义，同步 I/O 操作（synchronous I/O operation）导致请求进程阻塞，直到 I/O 操作完成；异步 I/O 操作（asynchronous I/O operation）不导致请求进程阻塞。在 Python 中，同步 I/O 可以被理解为一个被调用的 I/O 函数会阻塞调用函数的执行，而异步 I/O 则不会阻塞调用函数的执行。代码举例如下：

```python
from tornado.httpclient import HTTPClient                    # Tornado 的HTTP客户端类

def synchronous_visit():
    http_client = HTTPClient()
    response = http_client.fetch("http://www.baidu.com")     # 阻塞，直到对www.baidu.com访问完成
    print(response.body)
```

HTTPClient 是 Tornado 的同步访问 HTTP 客户端。上述代码中的 synchronous_visit() 函数使用了典型的同步 I/O 操作访问 www.baidu.com 网站，该函数的执行时间取决于网络速度、对方服务器响应速度等。只有当对 www.baidu.com 的访问完成并获取到结果后，才能完成对 synchronous_visit() 函数的执行。

而使用异步 I/O 访问 www.baidu.com 网站的函数无须等待访问完成再返回，比如：

```python
from tornado.httpclient import AsyncHTTPClient

def handle_response(response):
    print(response.body)

def asynchronous_visit():
    http_client = AsyncHTTPClient()
    http_client.fetch("http://www.baidu.com", callback=handle_response)
```

AsyncHTTPClient 是 Tornado 的异步访问 HTTP 客户端。在上述代码的 asynchronous_visit() 函数中使用 AsyncHTTPClient 对第三方网站进行异步访问，http_client.fetch() 函数会在调用后立刻返回而无须等待实际访问的完成，从而导致 asynchronous_visit() 函数也会立刻执行完成。当对 www.baidu.com 的访问实际完成后，AsyncHTTPClient 会调用 callback 参数指定的函数，开发者可以在其中写入处理访问结果的逻辑代码。

7.2.2 可迭代（Iterable）与迭代器（Iterator）

协程是 Tornado 中进行异步 I/O 代码开发的方法。协程使用了 Python 关键字 yield 将调用者挂起和恢复执行。所以在学习协程之前，读者应首先理解 Python 中 yield 关键字的概念和使用方法，而学习 yield 关键字之前需要了解迭代器的概念。

1. 基本概念

迭代器（Iterator）是访问集合内元素的一种方式。迭代器对象从集合的第 1 个元素开始访

问，直到所有元素都被访问一遍后结束。迭代器不能回退，只能往前进行迭代。

在 Python 中所有 Sequence 类型簇这样的容器对象都是可迭代的，将迭代的对象传给 Python 内建函数（Built-in Function）iter()可以获得对应的迭代器。比如，调用 iter()函数可以将列表、集合转换为迭代器：

```
>>> numbers = [1, 3, 5, 7, 8]
>>> t = iter(numbers)
>>> print(t)
<list_iterator object at 0x0012B3F0>
```

上述代码中的 t 即迭代器。

迭代器与普通 Python 对象在使用上的区别是，可以对 Iterator 调用 next()函数以获得一个元素，不断调用 next()函数就能逐个访问集合中的元素。比如：

```
>>> iter = iter(range(5))
>>> print(next(iter))
0
>>> print(next(iter))
1
>>> print(next(iter))
2
…
```

调用者可以一直这样调用 next()函数来访问迭代器，直到 next()函数返回 StopIteration 异常以表示迭代已经完成，比如：

```
>>> next(iter)
Traceback (most recent call last):
  File "<stdin>", line 1, in <module>
StopIteration
```

2. 典型应用

在本节之前，读者可能没有听说过迭代的概念，但一定已经使用过迭代器！Python 中最常使用迭代器的场景是循环语句 for，它的执行原理是：

- 在关键字 in 后面接收的是一个 Iterable 对象。
- 在执行循环前利用 iter()函数获取该 Iterable 对象的 Iterator。
- 在每个循环中调用 Iterator 的 next()函数获取一个集合元素并执行循环体。

例如：

```
for number in range(5):
    print(number)
```

其中的 range() 是一种 Iterable 对象，而 for 语句用它生成一个迭代器后执行循环体。

在 Python 3 中 range() 表达式返回一个 range 对象，它是 Iterable 的；而在 Python 2 中 range() 表达式直接返回一个 list 对象。虽然 list 也是 Iterable 的，但是它一次性返回所有元素，因此效率上不及 Python 3。

说明：Python 2 中的 xrange() 语句与 Python 3 中 range() 语句行为类似。

7.2.3 用 yield 定义生成器（Generator）

迭代器在 Python 编程中的适用范围很广，那么开发者如何定义自己的迭代器呢？一般来说有两种方法。

- 按部就班法：实现一个 Iterable，然后用 iter() 函数获取迭代器。
- 生成器法：用 yield 关键字直接将一个函数转变为一个迭代器，用这种方式定义的迭代器被称为生成器。

下面分别介绍它们的具体做法。

1. 按部就班法

任何一个 Iterable 都可以通过 iter() 函数生成一个迭代器，因此本方法的关键是如何定义一个自己的 Iterable 类。而要定义一个 Iterable 类一般可以通过为其实现 __iter__() 和 __next__() 两个成员方法来完成，比如：

```
class MyIterable():                              # 定义自己的 Iterable 类
    def __init__(self):
        self.data = [2, 4, 8]
        self.step = 0

    def __iter__(self):                          # 返回一个实现了 __next__() 的对象
        return self

    def __next__(self):                          # 返回一个元素，如已没有元素则抛出异常
        if self.step >= len(self.data):
```

```
        raise StopIteration()
    data = self.data[self.step]
    print("I'm in the idx:{0} call of next()".format(self.step))
    self.step += 1
    return data

for i in MyIterable():                                  # 使用自己的Iterable
    print(i)
```

上述代码的输出为：

```
I'm in the idx:0 call of next()
2
I'm in the idx:1 call of next()
4
I'm in the idx:2 call of next()
8
```

可见在 for 循环的每次迭代中都调用了 **MyIterable** 的__next__()方法，用来获取单个元素。

2. **生成器法**

虽然按部就班法逻辑上符合传统的编程思路，但刚刚使用该方法实现一个简单的功能却需要那么多的代码，有办法简化这个过程吗？答案是使用生成器：调用任何定义中包含 yield 关键字的函数都不会执行该函数，而会获得一个对应该函数的生成器。

【示例 7-1】代码如下：

```
def MyIterator():                                       # 定义一个迭代器函数
    for i, data in enumerate([1, 3, 9]):
        print("I'm in the idx:{0} call of next()".format(i))
        yield data                                      # 用 yield 返回一个元素

for i in MyIterator():
    print(i)
```

执行该部分代码的结果如下：

```
I'm in the idx:0 call of next()
1
I'm in the idx:1 call of next()
3
I'm in the idx:2 call of next()
9
```

每次调用 next()函数将执行生成器函数，并返回 yield 的结果作为迭代返回元素；如果是第二次或之后的 next()调用，则从上次 yield 语句之后开始执行生成器函数；当生成器函数返回（return）时，生成器会抛出 StopIteration 异常使迭代终止。

上述代码实现了与按部就班法例子相同的迭代器，但却将代码量从 15 行压缩到了 4 行，可见用生成器实现迭代器有非常大的代码简洁优势。

技巧：在 Python 中，使用 yield 关键字定义的迭代器被称为"生成器"。

7.2.4 协程

使用 Tornado 协程可以开发出类似同步代码的异步行为。同时，因为协程本身不使用线程，所以减少了线程上下文切换的开销，是一种更高效的开发模式。

1. 编写协程函数

用协程技术开发网页访问功能的代码如下：

```python
from tornado import gen                                    # 引入协程库 gen
from tornado.httpclient import AsyncHTTPClient

@gen.coroutine                                             # 使用 gen.coroutine 修饰器
def coroutine_visit():
    http_client = AsyncHTTPClient()
    response = yield http_client.fetch("http://www.baidu.com")
    print(response.body)
```

本例中仍然使用了异步客户端 AsyncHTTPClient 进行页面访问，装饰器@gen.coroutine 声明这是一个协程函数。由于 yield 关键字的使用，使得代码中不用再编写回调函数用于处理访问结果，而可以直接在 yield 语句的后面编写结果处理语句。

2. 调用协程函数

由于 Tornado 协程基于 Python 的 yield 关键字实现，因此不能像调用普通函数一样调用协程函数，比如用下面的代码不能调用之前编写的 coroutine_visit()协程函数：

```python
def bad_call():
    coroutine_visit()
```

协程函数可以通过以下三种方式进行调用。

- 在本身是协程的函数内通过 yield 关键字调用。
- 在 IOLoop 尚未启动时,通过 IOLoop 的 run_sync()函数调用。
- 在 IOLoop 已经启动时,通过 IOLoop 的 spawn_callback()函数调用。

下面是一个"通过协程函数调用协程函数"的例子:

```
from tornado import gen                          # 引入协程库 gen

@gen.coroutine
def outer_coroutine():
    print("start call another coroutine")
    yield coroutine_visit()
    print("end of outer_couroutine")
```

本例中 outer_coroutine()和 coroutine_visit()都是协程函数,所以它们之间可以通过 yield 关键字进行调用。

IOLoop 是 Tornado 的主事件循环对象,Tornado 程序通过它监听外部客户端的访问请求,并执行相应的操作。当程序尚未进入 IOLoop 的 running 状态时,可以通过 run_sync()函数调用协程函数,比如:

```
from tornado.ioloop import IOLoop                # 引入 IOLoop 对象

def func_normal():
    print("start to call a coroutine")
    IOLoop.current().run_sync(lambda: coroutine_visit())
    print("end of calling a coroutine")
```

注意:此处读者无须深入了解 IOLoop,本章后面会讲解 IOLoop 的具体概念及应用方法。

本例中引用 tornado.ioloop 包中的 IOLoop 对象,之后在普通函数中使用 run_sync()函数调用经过 lambda 封装的协程函数。run_sync()函数将阻塞当前函数的执行,直到被调用的协程执行完成。

事实上,Tornado 要求协程函数在 IOLoop 的 running 状态中才能被调用,只不过 run_sync 函数自动完成了启动、停止 IOLoop 的步骤,它的实现逻辑为:启动 IOLoop→调用被 lambda 封装的协程函数→停止 IOLoop。

Tornado 程序已经处于 running 状态的协程函数的调用示例如下:

```python
from tornado.ioloop import IOLoop                    # 引入 IOLoop 对象

def func_normal():
    print("start to call a coroutine")
    IOLoop.current().spawn_callback(coroutine_visit)
    print("end of calling a coroutine")
```

本例中 spawn_callback()函数将不会等待被调用协程执行完成，所以 spawn_callback()之前和之后的 print 语句将会被连续执行，而 coroutine_visit 本身将会由 IOLoop 在合适的时机进行调用。

IOLoop 的 spawn_callback()函数没有为开发者提供获取协程函数调用返回值的方法，所以只能用 spawn_callback()函数调用没有返回值的协程函数。

3. 在协程中调用阻塞函数

在协程中直接调用阻塞函数会影响协程本身的性能，所以 Tornado 提供了在协程中利用线程池调度阻塞函数从而不影响协程本身继续执行的方法。示例代码如下：

```python
from concurrent.futures import ThreadPoolExecutor

thread_pool = ThreadPoolExecutor(2)

def mySleep(count):
    import time
    for I in range(count):
        time.sleep(1)

@gen.coroutine
def call_blocking():
    print("start of call_blocking")
    yield thread_pool.submit(mySleep, 10)
    print("end of call_blocking")
```

代码中首先引用了 concurrent.futures 中的 ThreadPoolExecutor 类，并实例化了一个有两个线程的线程池 thread_pool。在需要调用阻塞函数的协程 call_blocking 中，使用 thread_pool.submit 调用阻塞函数，并通过 yield 关键字返回。这样便不会阻塞协程所在线程的继续执行，也保证了阻塞函数前后代码的执行顺序。

4. 在协程中等待多个异步调用

到目前为止，读者只接触了协程中一个 yield 关键字等待一个异步调用的编程方法。其实，

Tornado 允许在协程中用一个 yield 关键字等待多个异步调用,只需把这些调用用列表(list)或字典(dictionary)的方式传递给 yield 关键字即可。

使用列表方式传递多个异步调用的示例代码如下:

```
from tornado import gen                              # 引入协程库 gen
from tornado.httpclient import AsyncHTTPClient

@gen.coroutine                                       # 使用 gen.coroutine 修饰器
def coroutine_visit():
    http_client = AsyncHTTPClient()
    list_response = yield [ http_client.fetch("http://www.baidu.com"),
                http_client.fetch("http://www.sina.com"),
                http_client.fetch("http://www.163.com"),
                http_client.fetch("http://www.google.com")
                ]

    for response in list_response:
            print(response.body)
```

在代码中仍然用@gen.coroutine 装饰器定义协程,在需要 yield 关键字的地方用列表传递若干个异步调用,只有在列表中的所有调用都执行完成后,yield 关键字才会返回并继续执行。yield 关键字以列表方式返回 N 个调用的输出结果,可以通过 for 语句逐个访问。

用字典方式传递多个异步调用的示例代码如下:

```
from tornado import gen                              # 引入协程库 gen
from tornado.httpclient import AsyncHTTPClient

@gen.coroutine                                       # 使用 gen.coroutine 修饰器
def coroutine_visit():
    http_client = AsyncHTTPClient()
    dict_response = yield { "baidu": http_client.fetch("http://www.baidu.com"),
                "sina": http_client.fetch("http://www.sina.com"),
                "163": http_client.fetch("http://www.163.com"),
                "google": http_client.fetch("http://www.google.com")
                }

    print(dict_response["sina"].body)
```

本例中以字典形式给 yield 关键字传递异步调用要求,并且 Tornado 以字典形式返回异步调用结果。

7.3 实战演练：开发 Tornado 网站

本节学习使用 Tornado 建立 Web 站点的方法。通过学习本节，读者可以使用 Tornado 开发自己的网站。

7.3.1 网站结构

【示例 7-2】通过如下 Hello World 程序学习 Tornado 网站的基本结构：

```python
import tornado.ioloop
import tornado.web

class MainHandler(tornado.web.RequestHandler):
    def get(self):
        self.write("Hello world")

def make_app():
    return tornado.web.Application([
        (r"/", MainHandler),
    ])

def main():
    app = make_app()
    app.listen(8888)
    tornado.ioloop.IOLoop.current().start()

if __name__ == "__main__":
    main()
```

下面逐行解析上面的代码做了些什么。

（1）通过 import 语句引入 tornado 包中的 ioloop 和 web 类。引入这两个类是编写 Tornado 程序的基础。

（2）实现一个 web.RequestHandler 子类，重载其中的 get() 函数，该函数负责处理相应定位到该 RequestHandler 的 HTTP GET 请求。本例中简单地通过 self.write() 函数输出"Hello world"。

（3）定义了 make_app() 函数，该函数返回一个 web.Application 对象。该对象的第 1 个参数用于定义 Tornado 程序的路由映射。本例将对根 URL 的访问映射到了 RequestHandler 子类 MainHandler 中。

（4）用 web.Application.listen() 函数指定服务器监听的端口。

（5）用 tornado.ioloop.IOLoop.current().start() 函数启动 IOLoop，该函数将一直运行且不退出，用于处理完所有客户端的访问请求。

此时运行上述代码段，然后在浏览器中输入 http://localhost:8888/，会显示"Hello world"字样。

7.3.2 路由解析

向 web.Application 对象传递的第 1 个参数 URL 路由映射列表的配置方式与 Django 类似，用正则字符串进行路由匹配。Tornado 的路由字符串有两种：固定字串路径和参数字串路径。

1. 固定字串路径

固定字串即普通的字符串固定匹配，比如：

```
Handlers = [ ("/", MainHandler),                    # 只匹配根路径
         ("/entry", EntryHandler),                  # 只匹配/entry
         ("/entry/2021", Entry2021Hander),          # 只匹配/entry/2021
]
```

2. 参数字串路径

参数字串可以将具备一定模式的路径映射到同一个 RequesHandler 中处理，其中路径中的参数部分用小括号"()"标识，下面是一个参数字串路径的例子：

```
# url handler
handlers = [(r"/entry/([^/]+)", EntryHandler),]

class EntryHandler(tornado.web.RequestHandler):
    def get(self, slug):
        entry = self.db.get("SELECT * FROM entries WHERE slug = %s", slug)
        if not entry:
            raise tornado.web.HTTPError(404)
        self.render("entry.html", entry=entry)
```

本例中用"/entry/([^/]+)"定义"以/entry/开头"的 URL 模式，小括号中的内容是正则表达式，不熟练的读者可以参考第 6 章中的相应小节。URL 尾部的变量部分以参数形式传递给 RequestHandler 的 get()函数，本例中将该参数命名为 slug。

3. 带默认值的参数路径

之前例子中的 handlers = [(r"/entry/([^/]+)", EntryHandler),]模式定义了客户端必须输入路径参数。例如，其能够匹配如下路径：

```
http://xx.xx.xx.xx/entry/abc
http://xx.xx.xx.xx/entry/2021-09-10
```

但是其无法匹配：

```
http://xx.xx.xx.xx/entry
```

如果需要匹配客户端未传入的路径，则需要用如下方法改变 URL 路径和对 get()函数的定义：

```
# url handler
handlers = [(r"/entry/([^/]*)", EntryHandler),]

class EntryHandler(tornado.web.RequestHandler):
    def get(self, slug = 'default' ):
        entry = self.db.get("SELECT * FROM entries WHERE slug = %s", slug)
        if not entry:
            raise tornado.web.HTTPError(404)
        self.render("entry.html", entry=entry)
```

本例中首先用"*"取代"+"定义了 URL 模式"/entry/([^/]*)"，然后为 RequestHandler 子类的 get()函数的 slug 参数配置了默认值 default。

4. 多参数路径

参数路径还允许在一个 URL 模式中定义多个可变参数，比如：

```
handlers = [
    (r'/(\d{4})/(\d{2})/(\d{2})/([a-zA-Z\-0-9\.:,_]+)/?', DetailHandler)
]

class DetailHandler(tornado.web.RequestHandler):
    def get(self, year, month, day, slug):
        self.write("%d-%d-%d %s"%(year, month, day, slug))
```

本例中的 URL 模式定义了 year、month、day、slug 等 4 个参数。

7.3.3 RequestHandler

通过前面的学习，读者已经了解到了 RequestHandler 类在 Tornado 网站程序中的重要作用，它是配置和响应 URL 请求的核心类。本节介绍关于 RequestHandler 的更多内容。

1. 接入点函数

需要子类继承并定义具体行为的函数在 RequestHandler 中被称为接入点函数（Entry Point），本节前面常用的 get() 函数就是典型的接入点函数。其他可用的接入点函数如下所述。

（1）RequestHandler.initialize()

该函数被子类重写，实现了 RequestHandler 子类实例的初始化过程。可以为该函数传递参数，参数来源于配置 URL 映射时的定义。比如：

```python
from tornado.web import RequestHandler
from tornado.web import Application

class ProfileHandler(RequestHandler):
    def initialize(self, database):
        self.database = database

    def get(self):
        pass

    def post(self):
        pass

app = Application([
    (r'/account', ProfileHandler, dict(database="c:\\example.db")),
])
```

本例中的 initialize() 函数有参数 database，该参数由 Application 定义 URL 映射时以 dict 方式给出。

（2）RequestHandler.prepare()、RequestHandler.on_finish()

prepare() 函数用于调用请求处理（get、post 等）函数之前的初始化处理。而 on_finish() 用于请求处理结束后的一些清理工作。这两种函数一种用在处理前，一种用在处理后，可以根据实际需要进行重写。通常用 prepare()函数做资源初始化操作，而用 on_finish()函数可做清理对象占用的内存或者关闭数据库连接等工作。

（3）HTTP Action 处理函数

每个 HTTP Action 在 RequestHandler 中都以单独的函数进行处理。

- RequestHandler.get(*args, **kwargs)
- RequestHandler.head(*args, **kwargs)
- RequestHandler.post(*args, **kwargs)
- RequestHandler.delete(*args, **kwargs)
- RequestHandler.patch(*args, **kwargs)
- RequestHandler.put(*args, **kwargs)
- RequestHandler.options(*args, **kwargs)

每个处理函数都以它们对应的 HTTP Action 小写的方式命名，此处不再赘述其应用方法。

2. 输入捕获

输入捕获是指在 RequestHandler 中用于获取客户端输入的工具函数和属性，如获取 URL 查询字符串、Post 提交参数等。

（1）RequestHandler.get_argument(name)、RequestHandler.get_arguments(name)

这两个参数都返回给定参数的值。get_argument 获得单个值；而 get_arguments 是针对参数存在多个值的情况下使用的，返回多个值的列表。

用 get_argument/get_arguments()函数获取的是 URL 查询字符串参数与 Post 提交参数的参数合集。

（2）RequestHandler.get_query_argument(name)、RequestHandler.get_query_arguments(name)

它们与 get_argument、get_arguments 的功能类似，但是仅从 URL 查询参数中获取参数值。

（3）RequestHandler.get_body_argument(name)、RequestHandler.get_body_arguments(name)

与 get_argument、get_arguments 功能类似，但是仅从 Post 提交参数中获取参数值。

技巧：在一般情况下用 get_argument/get_arguments 即可。因为它们是 get_query_argument/get_query_arguments 和 get_body_argument/get_body_arguments 的合集。

(4) RequestHandler.get_cookie(name, default=None)

根据 Cookie 名称获取 Cookie 值。

(5) RequestHandler.request

返回 tornado.httputil.HTTPServerRequest 对象实例的属性，通过该对象可以获取关于 HTTP 请求的一切信息，比如：

```
import tornado.web

class DetailHandler(tornado.web.RequestHandler):
    def get(self):
        remote_ip = self.request.remote_ip          # 获取客户端 IP 地址
        host     = self.request.host                # 获取请求的主机地址
```

常用的 httputil.HTTPServerRequest 对象属性如表 7.1 所示。

表 7.1 常用的 httputil.HTTPServerRequest 对象属性

属性名	说明
method	HTTP 请求方法，如 GET、POST 等
uri	客户端请求的 URI 的完整内容
path	URI 路径名，即不包括查询字符串
query	URI 中的查询字符串
version	客户端发送请求时使用的 HTTP 版本，如 HTTP/1.1
headers	以字典方式表达的 HTTP Headers
body	以字符串方式表达的 HTTP 消息体
remote_ip	客户端的 IP 地址
protocol	请求协议，如 HTTP、HTTPS
host	请求消息中的主机名
arguments	客户端提交的所有参数
files	以字典方式表达的客户端上传的文件，每个文件名对应一个 HTTPFile
cookies	客户端提交的 Cookie 字典

3. 输出响应函数

输出响应函数是指一组为客户端生成处理结果的工具函数，开发者调用它们以控制 URL 的处理结果。常用的输出响应函数如下。

（1）RequestHandler.set_status(status_code, reason =None)

本函数用于设置 HTTP Response 中的返回码。如果有描述性的语句，则可以赋值给 reason 参数。

（2）RequestHandler.set_header(name, value)

本函数用于以键值对的方式设置 HTTP Response 中的 HTTP 头参数。使用 set_header 配置的 Header 值将覆盖之前配置的 Header，比如：

```
import tornado.web

class DetailHandler(tornado.web.RequestHandler):
    def get(self):
        self.set_header("NUMBER",9)
        self.set_header("LANGUAGE", "France")
        self.set_header("LANGUAGE", "Chinese")
```

本例中的 get() 函数调用了 3 次 set_header，但是只配置了两个 Header 参数，最后的 HTTP Header 中的参数将会是：

```
NUMBER: 9
LANGUAGE: Chinese
```

（3）RequestHandler.add_header(name, value)

本函数用于以键值对的方式设置 HTTP Response 中的 HTTP 头参数。与 set_header 不同的是，add_header 配置的 Header 值将不会覆盖之前配置的 Header，比如：

```
import tornado.web

class DetailHandler(tornado.web.RequestHandler):
    def get(self):
        self.set_header("NUMBER",8)
        self.set_header("LANGUAGE", "France")
        self.add_header("LANGUAGE", "Chinese")
```

最后 HTTP Header 中的参数将会是：

```
NUMBER: 8
LANGUAGE: France
LANGUAGE: Chinese
```

（4）RequestHandler.write(chunk)

本函数用于将给定的块作为 HTTP Body 发送给客户端。在一般情况下，用本函数输出字符串给客户端。如果给定的块是一个字典,则会将这个块以 JSON 格式发送给客户端,同时将 HTTP Header 中的 Content_Type 设置成 application/json。

(5) RequestHandler.finish(chunk=None)

本函数通知 Tornado:Response 的生成工作已完成,chunk 参数是需要传递给客户端的 HTTP body。调用 finish()函数后,Tornado 将向客户端发送 HTTP Response。本方法适用于对 RequestHandler 的异步请求处理,异步请求的具体方法详见 7.3.4 节。

注意:在同步或协程访问处理的函数中,无须调用 finish()函数。

(6) RequestHandler.render(template_name, **kwargs)

本函数用给定的参数渲染模板,可以在函数中传入模板文件名称和模板参数,比如:

```
import tornado.web

class MainHandler(tornado.web.RequestHandler):
    def get(self):
        items = ["Python", "C++", "Java"]
        self.render("template.html", title="Tornado Templates", items=items)
```

render()函数的第 1 个参数是对模板文件的命名,之后以命名参数的形式传入多个模板参数。

Tornado 的基本模板语法与 Django 相同,但是功能弱化,高级过滤器不可用。尚不了解模板的读者可以参阅第 6 章。

(7) RequestHandler.redirect(url, permanent=False, status=None)

本函数用于进行页面重定向。在 RequestHandler 处理过程中,可以随时调用 redirect()函数进行页面重定向,比如:

```
import tornado.web

class LoginHandler(tornado.web.RequestHandler):
    def get(self):
        self.render("login.html", next=self.get_argument("next","/"))

    def post(self):
        username = self.get_argument("username", "")
```

```
        password = self.get_argument("password", "")
        auth = self.db.authenticate(username, password)
        if auth:
            self.set_current_user(username)
            self.redirect(self.get_argument("next", u"/"))
        else:
            error_msg = u"?error=" + tornado.escape.url_escape("Login incorrect.")
            self.redirect(u"/login" + error_msg)
```

在本例 LoginHandler 的 post 处理函数中，根据验证是否成功将客户端重定向到不同的页面：如果成功则重定向到 next 参数所指向的 URL；如果不成功，则重定向到 "/login" 页面。

（8）RequestHandler.clear()

本函数清空所有在本次请求之前写入的 Header 和 Body 内容，比如：

```
import tornado.web

class DetailHandler(tornado.web.RequestHandler):
    def get(self):
        self.set_header("NUMBER",8)
        self.clear()
        self.set_header("LANGUAGE", "France")
```

最后的 Header 中将不包含参数 NUMBER。

（9）RequestHandler.set_cookie(name, value)

本函数按键值对设置 Response 中的 Cookie 值。

（10）RequestHandler.clear_all_cookies(path='/', domain=None)

本函数清空本次请求中的所有 Cookie。

7.3.4 异步协程化

在本节之前学习的例子都用同步的方法处理用户的请求，即在 RequestHandler 的 get()或 post()函数中完成所有处理，当退出 get()、post()等函数后马上向客户端返回 Response。但是当处理逻辑比较复杂或需要等待外部 I/O 时，这样的处理机制会阻塞服务器线程，所以并不适合大量客户端的高并发请求场景。

Tornado 提供了协程化来改变同步的处理流程。协程化就是针对 RequestHandler 的处理函数使用@tornado.gen.coroutine 修饰器，将默认的同步机制改为协程机制。

Tornado 协程能够适应海量客户端的高并发请求。

【示例 7-3】协程的编程方法举例如下：

```
import tornado.web
import tornado.httpclientclass

class MainHandler(tornado.web.RequestHandler):
    @tornado.gen.coroutine
    def get(self):
        http = tornado.httpclient.AsyncHTTPClient()
        response = yield http.fetch("http://www.baidu.com")
        self.write(response.body)
```

本例仍然是一个转发网站内容的处理器，代码量与相应的同步版本差不多。协程化的关键技术点如下。

- 用 tornado.gen.coroutine 装饰 MainHandler 的 get()、post()等处理函数。
- 使用异步对象处理耗时操作，如本例的 AsyncHTTPClient。
- 调用 yield 关键字获取异步对象的处理结果。

7.4 用户身份验证框架

用户身份认证几乎是所有网站的必备功能，对于 Tornado 的开发源头 FriendFeed 和 Facebook 这样的社交网站尤其如此，所以 Tornado 框架本身较其他 Python 框架集成了最为丰富的用户身份验证功能。使用该框架，开发者能够快速开发出既安全又强大的用户身份认证机制。

7.4.1 安全 Cookie 机制

Cookie 是很多网站为了辨别用户的身份而储存在用户本地终端（Client Side）的数据，定义于 RFC2109。在 Tornado 中使用 RequestHandler.get_cookie()、RequestHandler.set_cookie()函

数可以方便地对 Cookie 进行读写，比如：

【示例 7-4】一个访问 Cookie 的例子如下所示：

```
import tornado.web

session_id = 1
class MainHandler(tornado.web.RequestHandler):
    def get(self):
        if not self.get_cookie("session"):
            self.set_cookie("session",str( session_id))
            session_id = session_id + 1
            self.write("Your session got a new session!")
        else:
            self.write("Your session was set!")
```

本例中用 get_cookie()函数判断 Cookie 名 "session" 是否存在，如果不存在则为其赋予新的 session_id。

技巧：在实际应用中，Cookie 经常像本例这样用于保存 Session 信息。

因为 Cookie 总是被保存在客户端，所以如何保证其不被篡改是服务器端程序必须解决的问题。Tornado 提供了为 Cookie 信息加密的机制，使得客户端无法随意解析和修改 Cookie 的键值。

【示例 7-5】一个使用安全 Cookie 的网站例子如下所示：

```
import tornado.web
import tornado.ioloop

session_id = 1

class MainHandler(tornado.web.RequestHandler):
    def get(self):
        global session_id
        if not self.get_secure_cookie("session"):
            self.set_secure_cookie("session",str( session_id))
            session_id = session_id + 1
            self.write("Your session got a new session!")
        else:
            self.write("Your session was set!")

application = tornado.web.Application([
    (r"/", MainHandler),
], cookie_secret="SECRET_DONT_LEAK")
```

```
def main():
    application.listen(8888)
    tornado.ioloop.IOLoop.current().start()
if __name__ == "__main__":
    main()
```

本例网站只提供了一个根目录页面，解析其关键点如下。

- 在 tornado.web.Application 对象初始化时赋予 cookie_secret 参数，该参数值是一个字符串，用于保存本网站 Cookie 加密时的密钥。
- 在需要读取 Cookie 的地方用 RequestHandler.get_secure_cookie 替换原来的 RequestHandler.get_cookie 调用。
- 在需要写入 Cookie 的地方用 RequestHandler.set_secure_cookie 替换原来的 RequestHandler.set_cookie 调用。

这样，开发者就无须担心 Cookie 的伪造问题了。

注意：cookie_secret 参数值是 Cookie 的加密密钥，需要做好保护工作，不能泄露给外部人员。

7.4.2 用户身份认证

在 Tornado 的 RequestHandler 类中有一个 current_user 属性用于保存当前请求的用户名。RequestHandler.current_user 的默认值是 None，在 get()、post()等处理函数中可以随时读取该属性以获得当前的用户名。RequestHandler.current_user 是一个只读属性，所以开发者需要重载 RequestHandler.get_current_user()函数以设置该属性值。

【示例 7-6】下面是使用 RequestHandler.current_user 属性及 RequestHandler.get_current_user() 函数来实现用户身份控制的例子。

```
import tornado.web
import tornado.ioloop
import uuid                                          # UUID生成库

dict_sessions = {}                                   # 保存所有登录的Session

class BaseHandler(tornado.web.RequestHandler):       # 公共基类
```

```python
    def get_current_user(self):                          # 写入 current_user 的函数
        if self.get_secure_cookie("session_id") is None:
            return None
        session_id = self.get_secure_cookie("session_id").decode("utf-8")
        return dict_sessions.get(session_id)

class MainHandler(BaseHandler):
    @tornado.web.authenticated                           # 需要身份认证才能访问的处理器
    def get(self):
        name = tornado.escape.xhtml_escape(self.current_user)
        self.write("Hello, " + name)

class LoginHandler(BaseHandler):
    def get(self):                                       # 登录页面
        self.write('<html><body><form action="/login" method="post">'
                   'Name: <input type="text" name="name">'
                   '<input type="submit" value="Sign in">'
                   '</form></body></html>')

    def post(self):                                      # 验证是否允许登录
        if len(self.get_argument("name"))<3:
            self.redirect("/login")
            return
        session_id = str(uuid.uuid1())
        dict_sessions[session_id] = self.get_argument("name")
        self.set_secure_cookie("session_id", session_id)
        self.redirect("/")

application = tornado.web.Application(
    [                                                    # URL 映射定义
        (r"/", MainHandler),
        (r"/login", LoginHandler),
    ],
    cookie_secret="SECRET_DONT_LEAK",                    # Cookie 加密密钥
    login_url="/login")                                  # 定义登录页面

def main():
    application.listen(8888)
    tornado.ioloop.IOLoop.current().start()              # 挂起监听

if __name__ == "__main__":
    main()
```

本例演示了一个完整的身份认证编程框架，对其代码解析如下。

- 用全局字典 dict_sessions 保存已经登录的用户信息，为简单起见，本例只用其保存"会话 ID：用户名"的键值对。
- 定义公共基类 BaseHandler，该类继承自 tornado.web.RequestHandler，用于定义本网站所有处理器的公共属性和行为。重载它的 get_current_user()函数，其在开发者访问 RequestHandler.current_user 属性时自动被 Tornado 调用。该函数首先用 get_secure_cookie() 获得本次访问的会话 ID，然后用会话 ID 从 dict_sessions 中获得用户名并返回。
- MainHandler 类是一个要求用户经过身份认证才能访问的处理器实例。该处理器中的处理函数 get()使用了装饰器 tornado.web.authenticated，具有该装饰器的处理函数在执行之前根据 current_user 是否已经被赋值来判断用户的身份认证情况。如果已经被赋值，则可以进行正常逻辑，否则自动重定向到网站的登录页面。
- LoginHandler 类是登录页面处理器，其 get()函数用于渲染登录页面，post()函数用于验证是否允许用户登录。本例中只要用户输入的用户名大于等于 3 个字节即允许用户登录。
- 在 tornado.web.Application 的初始化函数中通过 login_url 参数给出网站的登录页面地址。该地址被用于 tornado.web.authenticated 装饰器在发现用户尚未验证时重定向到一个 URL。
- Tornado 使用 bytes 类型保存 cookie 值，因此在用 get_secure_cookie()函数读取 cookie 后需要用 decode()函数将其转换为 string 类型再使用。

注意：加入身份认证的所有页面处理器需要继承自 BaseHandler 类，而不是直接继承原来的 tornado.web.RequestHandler 类。

商用的用户身份认证还要完善更多的内容，例如加入密码验证机制、管理登录超时、将用户信息保存到数据库等，这些内容留给读者自己实践。

7.4.3 防止跨站攻击

跨站请求伪造（Cross-Site Request Forgery，CSRF）是一种对网站的恶意利用。通过 CSRF，攻击者可以冒用用户的身份，在用户不知情的情况下执行恶意操作。

1. CSRF 攻击原理

图 7.2 展示了 CSRF 的基本原理，其中 Site1 是存在 CSRF 漏洞的网站，而 Site2 是存在攻击行为的恶意网站。

第 7 章 高并发处理框架——Tornado

图 7.2 CSRF 的基本原理

对图 7.2 的内容解析如下。

- 用户首先访问了存在 CSRF 漏洞的网站 Site1，成功登录并获取到了 Cookie。此后，所有该用户对 Site1 的访问均会携带 Site1 的 Cookie，因此被 Site1 认为是有效操作。
- 此时用户又访问了带有攻击行为的站点 Site2，而 Site2 的返回页面中带有一个访问 Site1 进行恶意操作的链接，但被伪装成了合法内容。例如，如下链接看上去是一个抽奖信息，实际上却是向 Site1 站点提交提款请求的信息：

```
<a href="http://www.site1.com/get_money?amount=500&dest_card=340734569234">
三百万元大抽奖
</a>
```

- 用户一旦点击恶意链接，就在不知情的情况下向 Site1 站点发送了请求。因为之前用户在 Site1 进行过登录且尚未退出，所以 Site1 在收到用户的请求和附带的 Cookie 时将认为该请求是用户发出的正常请求。此时，恶意站点的目的已经达到。

2. 用 Tornado 防范 CSRF 攻击

为了防范 CSRF 攻击，要求每个请求包括一个参数值作为令牌来匹配存储在 Cookie 中的对应值。

Tornado 应用可以通过一个 Cookie 头和一个隐藏的 HTML 表单元素向页面提供令牌。这样，当一个合法页面的表单被提交时，它将包括表单值和已存储的 Cookie。如果两者匹配，则 Tornado 应用认定请求有效。

开启 Tornado 的 CSRF 防范功能需要两个步骤。

(1) 在实例化 tornado.web.Application 时传入 xsrf_cookies=True 参数，即

```
application = tornado.web.Application(
    [
        (r'/', MainHandler),
        (r'/purchase', PurchaseHandler),
    ],
    cookie_secret = "DONT_LEAK_SECRET",
    xsrf_cookies = True)
```

或者：

```
settings = {
    "cookie_secret": "DONT_LEAK_SECRET",
    "xsrf_cookies": True
}
application = tornado.web.Application(
    [
        (r'/', MainHandler),
        (r'/login', LoginHandler),
    ],
    **settings)
```

技巧：当 tornado.web.Application 需要初始化的参数过多时，可以像本例一样通过 setting 字典的形式传入命名参数。

(2) 在每个具有 HTML 表单的模板文件中，为所有表单添加 xsrf_form_html() 函数标签，比如：

```
<form action="/login" method="post">
 {% module xsrf_form_html() %}
 <input type="text" name="message"/>
 <input type="submit" value="Post"/>
</form>
```

这里的{% module xsrf_form_html() %}起到了为表单添加隐藏元素以防止跨站请求的作用。

Tornado 的安全 Cookie 支持和 XSRF 防范框架减轻了应用开发者的很多负担。没有它们，开发者需要思考很多防范的细节措施，因此 Tornado 内建的安全功能也非常有用。

7.5 HTML 5 WebSocket 的概念及应用

Tornado 的异步特性使得其非常适合服务器的高并发处理，客户端与服务器的持久连接应用架构就是高并发的典型应用。而 WebSocket 正是在 HTTP 客户端与服务器之间建立持久连接的 HTML 5 标准技术。本节将讲解 WebSocket 技术在 Tornado 框架中的应用。

7.5.1 WebSocket 的概念

WebSocket protocol 是 HTML 5 定义的一种新的标准协议（RFC6455），它实现了浏览器与服务器的全双工通信（full-duplex）。

1. WebSocket 的应用场景

传统的 HTTP 和 HTML 技术适用于客户端主动向服务器发送请求并获得回复的应用场景。但是随着即时通信需求的增多，这样的通信模型有时并不能满足应用的要求。

WebSocket 与普通 Socket 通信类似，它打破了原来 HTTP 的 Request 和 Response 一对一的通信模型，同时打破了服务器只能被动地接受客户端请求的应用场景。图 7.3 解释了 HTTP+HTML 方案的应用局限性。

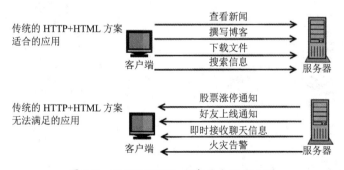

图 7.3　HTTP+HTML 方案的应用局限性

由图 7.3 可以看到，传统的 HTTP+HTML 方案只适用于客户端主动发出请求的场景，而无法满足服务器端发起的通信要求。也许读者听说过 Ajax、Long poll 等基于传统 HTTP 的动态客户端技术，但这些技术无不采用轮询技术，耗费了大量的网络带宽和计算资源。

而 WebSocket 正是为了应对这样的场景而制定的 HTML 5 标准,相对于普通的 Socket 通信,WebSocket 又在应用层定义了基本的交互流程,使得 Tornado 这样的服务器框架和 JavaScript 客户端可以构建出标准的 WebSocket 模块。

总结 WebSocket 的特点如下。

- WebSocket 适合服务器端主动推送的场景。
- 相对于 Ajax 和 Long poll 等技术,WebSocket 通信模型更高效。
- WebSocket 仍然与 HTTP 完成 Internet 通信。
- 因为它是 HTML 5 的标准协议,所以不受企业防火墙的拦截。

2. WebSocket 的通信原理

WebSocket 的通信原理是在客户端与服务器之间建立 TCP 持久连接,从而使当服务器有消息需要推送给客户端时能够进行即时通信。

虽然 WebSocket 不是 HTTP,但由于在 Internet 上 HTML 本身是由 HTTP 封装并进行传输的,因此 WebSocket 仍然需要与 HTTP 进行协作。IETF 在 RFC6455 中定义了基于 HTTP 链路建立 WebSocket 信道的标准流程。

客户端通过发送如下 HTTP Request 告诉服务器需要建立一个 WebSocket 长连接信道:

```
GET /stock_info/?encoding=text HTTP/1.1
Host: echo.websocket.org
Origin: http://websocket.org
Cookie: __token=ubcxx13
Connection: Upgrade
Sec-WebSocket-Key: uRovscZjNol/umbTt5uKmw==
Upgrade: websocket
Sec-WebSocket-Version: 13
```

读者可以发现其仍然是一个 HTTP Request 包,并对其中的内容非常熟悉。

- HTTP 请求谓词:GET。
- 请求地址:/stock_info。
- HTTP 版本号:1.1。
- 服务器主机域名:echo.websocket.org。
- Cookie 信息:__token = ubcxx13。

但是在 HTTP Header 中出现了 4 个特殊的字段，它们是：

```
Connection: Upgrade
Sec-WebSocket-Key: uRovscZjNol/umbTt5uKmw==
Upgrade: websocket
Sec-WebSocket-Version: 13
```

这就是 WebSocket 建立链路的核心，它告诉 Web 服务器：客户端希望建立一个 WebSocket 连接，客户端使用的 WebSocket 版本是 13，密钥是 uRovscZjNol/umbTt5uKmw==。

服务器在收到该 Request 后，如果同意建立 WebSocket 连接则返回类似如下的 Response：

```
HTTP/1.1 101 WebSocket Protocol Handshake
Date: Fri, 10 Feb 2012 17:38:18 GMT
Connection: Upgrade
Server: Kaazing Gateway
Upgrade: WebSocket
Access-Control-Allow-Origin: http://websocket.org
Access-Control-Allow-Credentials: true
Sec-WebSocket-Accept: rLHCkw/SKsO9GAH/ZSFhBATDKrU=
Access-Control-Allow-Headers: content-type
```

这仍旧是一个标准的 HTTP Response，其中与 WebSocket 相关的 Header 信息是：

```
Connection: Upgrade
Upgrade: WebSocket
Sec-WebSocket-Accept: rLHCkw/SKsO9GAH/ZSFhBATDKrU=
```

前面的两条数据告诉客户端：服务器已经将本连接转换为 WebSocket 连接。而 Sec-WebSocket-Accept 是将客户端发送的 Sec-WebSocket-Key 加密后产生的数据，以让客户端确认服务器能够正常工作。

至此，在客户端与服务器之间已经建立了一个 TCP 持久长连接，双方已经可以随时向对方发送消息。

7.5.2 服务端编程

Tornado 定义了 tornado.websocket.WebSocketHandler 类用于处理 WebSocket 连接的请求，应用开发者应该继承该类并实现其中的 open()、on_message()、on_close()函数。

- WebSocketHandler.open()函数：在一个新的 WebSocket 连接建立时，Tornado 框架会调用此函数。在本函数中，开发者可以和在 get()、post()等函数中一样用 get_argument()函数获取客户端提交的参数，以及用 get_secure_cookie/set_secure_cookie 操作 Cookie 等。
- WebSocketHandler.on_message(message)函数：建立 WebSocket 连接后，当收到来自客户端的消息时，Tornado 框架会调用本函数。通常，这是服务器端 WebSocket 编程的核心函数，通过解析收到的消息做出相应的处理。
- WebSocketHandler.on_close()函数：当 WebSocket 连接被关闭时，Tornado 框架会调用本函数。在本函数中，可以通过访问 self.close_code 和 self.close_reason 查询关闭的原因。

除了这 3 个 Tornado 框架自动调用的入口函数，WebSocketHandler 还提供了两个开发者主动操作 WebSocket 的函数。

- WebSocketHandler.write_message(message, binary=False)函数：用于向与本连接相对应的客户端写消息。
- WebSocketHandler.close(code=None, reason=None)函数：主动关闭 WebSocket 连接。其中的 code 和 reason 用于告诉客户端连接被关闭的原因。参数 code 必须是一个数值，而 reason 是一个字符串。

【示例 7-7】下面是持续为客户端推送时间消息的 Tornado WebSocket 程序：

```python
import tornado.ioloop
import tornado.web
import tornado.websocket

from tornado.options import define, options, parse_command_line

define("port", default=8888, help="run on the given port", type=int)

clients = dict()                                          # 客户端Session字典

class IndexHandler(tornado.web.RequestHandler):
    @tornado.gen.coroutine
    def get(self):
        self.render("index.html")

class MyWebSocketHandler(tornado.websocket.WebSocketHandler):
    def open(self, *args):                                # 有新连接时被调用
        self.id = self.get_argument("Id")
```

```python
    #       self.stream.set_nodelay(True)
        clients[self.id] = {"id": self.id, "object": self}   # 保存 Session 到 clients 字典中

    def on_message(self, message):                           # 收到消息时被调用
        print("Client %s received a message : %s" % (self.id, message))

    def on_close(self):                                       # 关闭连接时被调用
        if self.id in clients:
            del clients[self.id]
            print("Client %s is closed" % (self.id))

    def check_origin(self, origin):
        return True

app = tornado.web.Application([
    (r'/', IndexHandler),
    (r'/websocket', MyWebSocketHandler),
])

import threading
import time
import datetime
import asyncio

# 启动单独的线程运行此函数,每隔 1 秒向所有的客户端推送当前时间
def sendTime():
    asyncio.set_event_loop(asyncio.new_event_loop())          # 启动异步 event loop
    while True:
        for key in clients.keys():
            msg = str(datetime.datetime.now())
            clients[key]["object"].write_message(msg)
            print("write to client %s: %s" % (key,msg))
        time.sleep(1)


if __name__ == '__main__':
    threading.Thread(target=sendTime).start()                 # 启动推送时间线程
    parse_command_line()
    app.listen(options.port)
    tornado.ioloop.IOLoop.instance().start()                  # 挂起运行
```

解析上述代码如下。

- 定义了全局变量字典 clients，用于保存所有与服务器建立 WebSocket 连接的客户端信息。字典的键是客户端 id，值是一个由 id 与相应的 WebSocketHandler 实例构成的元组（Tuple）。
- IndexHandler 是一个普通的页面处理器，用于向客户端渲染主页 index.html。本页面中包含了 WebSocket 的客户端程序。
- MyWebSocketHandler 是本例的核心处理器，继承自 tornado.websocket.WebSocketHandler。其中的 open()函数将所有客户端连接保存到 clients 字典中；on_message()函数用于显示客户端发来的消息；on_close()函数用于将已经关闭的 WebSocket 连接从 clients 字典中移除。
- 函数 sendTime()运行在单独的线程中，每隔 1 秒轮询 clients 中的所有客户端并通过 MyWebSocketHandler.write_message()函数向客户端推送时间消息。
- 所有 Tornado 线程中必须有一个 event_loop，该项要求通过 sendTime()函数中的第一行代码被满足。
- 本例的 tornado.web.Application 实例中只配置了两个路由，分别指向 IndexHandler 和 MyWebSocketHandler，仍然由 Tornado IOLoop 启动并运行。

7.5.3 客户端编程

由于 WebSocket 是 HTML 5 的标准之一，因此主流浏览器的 Web 客户端编程语言 JavaScript 已经支持 WebSocket 的客户端编程。

客户端编程围绕着 WebSocket 对象展开，在 JavaScript 中可以通过如下代码初始化 WebSocket 对象：

```
var Socket = new WebSocket(url );
```

在代码中只需给 WebSocket 构造函数传入服务器的 URL 地址，如 http://mysite.com/point。可以为该对象的如下事件指定处理函数以响应它们。

- WebSocket.onopen：此事件发生在 WebSocket 连接建立时。
- WebSocket.onmessage：此事件发生在收到了来自服务器的消息时。
- WebSocket.onerror：此事件发生在通信过程中有任何错误时。
- WebSocket.onclose：此事件发生在与服务器的连接关闭时。

除了这些事件处理函数，还可以通过 WebSocket 对象的两个方法进行主动操作。

- WebSocket.send(data)：向服务器发送消息。
- WebSocket.close()：主动关闭现有连接。

【示例 7-8】客户端的 WebSocket 编程示例程序如下：

```html
<!DOCTYPE html>
<html>
    <head>
        <meta charset="utf-8">
    </head>
    <body>
        <a href="javascript:WebSocketTest()">Run WebSocket</a>
        <div id="messages" style="height:200px;background:black;color:white;"></div>
    </body>

    <script type="text/javascript">
        var messageContainer = document.getElementById("messages");
        function WebSocketTest() {
            if ("WebSocket" in window) {
                messageContainer.innerHTML = "WebSocket is supported by your Browser!";
                var ws = new WebSocket("ws://localhost:8888/websocket?Id=12345");
                ws.onopen = function() {
                    ws.send("Message to send");
                };
                ws.onmessage = function (evt) {
                    var received_msg = evt.data;
                    messageContainer.innerHTML =
                    messageContainer.innerHTML+
                        "<br/>Message is received:"+received_msg;
                };
                ws.onclose = function() {
                    messageContainer.innerHTML =
                        messageContainer.innerHTML+"<br/>Connection is closed...";
                };
            } else {
                messageContainer.innerHTML = "WebSocket NOT supported by your Browser!";
            }
        }
    </script>
</html>
```

对上述代码解析如下。

- 客户端页面主体由两部分构成：一个 Run WebSocket 连接用于让用户启动 WebSocket；另一个 id=messages 的<div>标签用于显示服务器端的消息。
- 使用 JavaScript 语句 if ("WebSocket" in window)可以判断当前浏览器是否支持 WebSocket 对象。
- 如果浏览器支持 WebSocket 对象，则定义实例 ws 连接到服务器的 WebSocket 地址 ws://localhost:8888/websocket，并传入标识自己的参数 Id = 12345。然后通过 JavaScript 语法定义事件 onopen、onmessage、onclose 的处理函数。除了在 onopen 事件中客户端向服务器用 WebSocket.send()函数发送了消息，其余事件均只将事件结果显示在页面<div>标签中。

结合本节中的服务器和客户端程序，WebSocket 程序运行效果如图 7.4 所示。

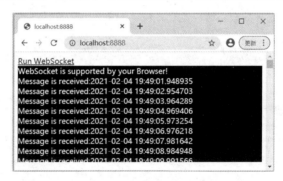

图 7.4　WebSocket 程序运行效果

7.6　Tornado 网站部署

由于着重于讲解 Tornado 的编程知识点，因此本书之前的例子都使用最简单的 IOLoop 启动方式运行。本节学习如何优化 Tornado 的运行方式，以达到快捷、易用及资源利用优化的目的。

7.6.1　调试模式

本节介绍 Tornado 启动时可以配置的一些重要参数，使用它们可以减少开发中的调试时间。

第7章 高并发处理框架——Tornado

1. 自动加载

动手实践过第 6 章内容的读者应该能够发现：当 Django 处于运行状态时，动手修改 Python 源文件会导致 Django 进程重新启动，使得最新修改的功能已经能够体现在应用程序中了，这就是所谓的自动加载特性。

在调试阶段，自动加载特性能够节约开发人员的时间；在部署阶段，自动加载能帮助站点实现在升级过程中不间断服务。

读者在本章的实验中可能没有发现自动加载特性，但实际上 Tornado 也提供了该功能，只是需要使用特殊的启动参数开启。

【示例 7-9】通过向 Application 实例传入参数 autoreload=True，可以为程序开启自动加载功能。比如：

```python
import tornado.ioloop
import tornado.web

class MainHandler(tornado.web.RequestHandler):
    def get(self):
        self.write("Hello world")

def make_app():
    return tornado.web.Application(
        [
            (r"/", MainHandler),
        ], autoreload=True)                    # 开启自动加载

def main():
    app = make_app()
    app.listen(8888)
    tornado.ioloop.IOLoop.current().start()

if __name__ == "__main__":
    main()
```

现在启动该程序，然后修改源文件中的内容，例如，将 MainHandler 中的 get() 函数修改成：

```python
class MainHandler(tornado.web.RequestHandler):
    def get(self):
        self.write("Hello, Tornado!")
```

不用重新启动应用程序，直接打开浏览器访问该页面，应该已经能发现修改后的页面内容了！

2. 其他参数

除 autoreload 外，tornado.web.Application()函数还支持另外几个布尔类型参数。它们的使用方法与 autoreload 一样，不再重复举例，下面简单介绍它们的功能。

- compiled_template_cache：是否使用缓存的模板文件，该参数默认为 True。如果将其关闭，则可以使项目中的 HTML 模板文件在每次访问时被重新加载（第 6 章已经介绍了模板文件的概念，Tornado 的模板语言与 Django 及下一章的 Jinja2 略有不同，但功能不及它们丰富，读者使用时可查阅在线手册）。
- static_hash_cache：是否缓存静态文件，与上述参数类似。
- serve_traceback：是否开启错误追溯，当 RequestHandler 处理用户访问出现异常时，系统的错误信息调用栈将被推送到浏览器中，使得调试者可以马上查找错误的根源。

这些参数都是围绕着方便调试的目的而被设计的，在调试过程中往往需要将这些参数配置成与正式运行环境不同的值。

因此 Tornado 另外设计了一个参数 debug，当 debug=True 时，实际上同时设置了如下参数组合：

- autoreload=True，开启 Python 文件的自动加载。
- compiled_template_cache=False，开启 HTML 等模板文件的自动加载。
- static_hash_cache=False，开启站点静态文件的自动加载。
- serve_traceback=True，显示调试信息。

注意：在运营环境中不要开启 debug 模式，这样会增大网站被攻击的危险。

7.6.2 静态文件

静态文件下载是大多数网站必备的功能，与静态文件相关的开发工作有两类：配置静态文件路径和优化静态文件访问。

1. 配置静态文件路径

配置静态文件路径的目的在于为客户端提供静态文件的可访问性。Tornado 提供了两种方式进行配置静态文件 URL 路径与服务器本地路径的关联关系。

（1）static 目录配置

在 tornado.web.Application 的构造函数中可以传入 static_path 参数，用于配置 URL 路径 http://mysite.com/static 文件的本地路径，比如：

```
def make_app():
    return tornado.web.Application([
        # 此处写入路由映射
        ],
        static_path = "C:\\www\\static"
    )
```

这将使诸如 http://mysite.com/static/favorite.png、http://mysite.com/static/css/main.cs 这样的文件的访问映射到 C:\www\static 目录中。

通常这些静态文件的目录与网站的代码文件有某种相对关联关系，可以通过下面这样的方法将该参数设置为相对路径：

```
import os
def make_app():
    return tornado.web.Application([
        # 此处写入路由映射
        ],
        static_path = os.path.join(os.path.dirname(__file__), "static")
    )
```

即指定静态目录为本程序文件所在目录的 static 子目录。

（2）StaticFileHandler 配置

如果除了 http://mysite.com/static 目录还有其他存放静态文件的 URL，则可以用 RequestHandler 的子类 StaticFileHandler 进行配置，比如：

```
def make_app():
    return tornado.web.Application([
        # 此处写入路由映射，这里配置了 3 个 StaticFileHandler
        (r'/css/(.*)', tornado.web.StaticFileHandler, {'path': 'assets/css'}),
        (r'/images/png/(.*)', tornado.web.StaticFileHandler, {'path': 'assets/images'}),
        (r'/js/(.*)', tornado.web.StaticFileHandler,
            {'path': 'assets/js', 'default_filename': 'templates/index.html'}),
        ],
```

```
    static_path = "C:\\www\\static"
)
```

本例中除了 static_path，还用 StaticFileHandler 配置了另外 3 个静态文件目录。

- 所有对 http://mysite.com/css/* 的访问被映射到相对路径 assets/css 中。
- 对 http://mysite.com/images/png/* 的访问被映射到 assets/images 目录中。
- 对 http://mysite.com/js/* 的访问被映射到 assets/js 目录中；该 StaticFileHandler 的参数中还被配置了 default_filename 参数，即当用户访问了 http://mysite.com/js 目录本身时，将返回 templates/index.html 文件。

2. 优化静态文件访问

优化静态文件访问的目的在于减少静态文件的重复传送，提高网络及服务器的利用率，通过在模板文件中用 static_url 方法修饰静态文件链接可以达到这个目的，比如：

```
<html>
  <head>
    <title>Static file index page</title>
  </head>
  <body>
    <div><img src="{{ static_url("images/logo.png") }}"/></div>
  </body>
</html>
```

本例中的静态图像链接将被设置为类似 /static/images/logo.png?v=5ad4e 的形式，其中的 v=5ad4e 是 logo.png 文件内容的哈希值，当 Tornado 静态文件处理器发现该参数时，将通知浏览器该文件可以无限期缓存，因此避免了之后访问该文件时的反复传输。

7.6.3 运营期配置

虽然 Tornado 的内置 IOLoop 服务器可以直接作为运营服务器运行，但部署一个应用到生产环境面临着最大化利用系统资源的新挑战。由于 Tornado 架构的异步特性，无法用大多数 Python 网络框架标准 WSGI 进行站点部署，为了强化 Tornado 应用的请求吞吐量，在运营环境中通常采用反向代理+多 Tornado 后台实例的部署策略。

反向代理是代理服务器的一种。它根据客户端的请求，从后端的服务器上获取资源，然后将这些资源返回给客户端。当前最常用的开源反向代理服务器是 Nginx，Tornado 运营部署如图 7.5 所示。

图 7.5 中网站通过 Internet DNS 服务器将用户浏览器的访问定位到多台 Nginx 服务器上，每台 Nginx 服务器又将访问重定向到多台 Tornado 服务端上。多个 Tornado 服务既可以部署在一台物理机上，也可以部署在多台物理机上。以资源最大化利用为目的，应该以每个物理机的 CPU 数量来决定分配在该台物理机上运行的 Tornado 实例数。

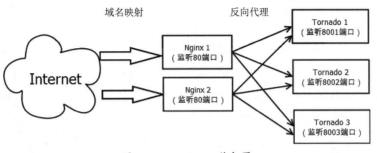

图 7.5　Tornado 运营部署

图 7.5 中的 Tornado 服务就是本章之前学习的 Tornado IOLoop，而 Nginx 配置反向代理的方法也非常简单，打开 Nginx 配置文件 nginx.conf，进行类似如下的配置，然后重启 Nginx 服务器即可。

```
user nginx;
worker_processes 5;

error_log /var/log/nginx/error.log;

pid /var/run/nginx.pid;

events {
    use epoll;
}

proxy_next_upstream error;

upstream backs {                                  // 配置3个后台Tornado服务
    server 192.168.0.1:8001;
    server 192.168.0.1:8002;
    server 192.168.0.2:8003;
}

server {
    listen 80;                                    // 监听80端口
```

```
server_name www.mysite.com;

location / {
   proxy_pass http://backs;
}
}
```

除了一些标准配置,这个配置文件最重要的部分是 upstream、listen 和 prox_pass 指令。upstream backs {}定义了 3 个后台 Tornado 服务的 IP 地址及各自的端口号;server {}中的 listen 定义了 Nginx 监听端口号 80;proxy_pass 定义了所有对根目录的访问由之前定义的 upstream backs 中的服务器组提供服务,在默认情况下 Nginx 以循环方式分配到达的访问请求。

7.7 本章总结

对本章内容总结如下。

- 讲解 Tornado 框架的特点及适用场景。
- 讲解在 Windows 及 Linux 中安装 Tornado 的方法。
- 讲解同步 I/O 编程与异步 I/O 编程的不同概念。学习使用 Python 关键字 yield 进行生成器编程。
- 讲解 Tornado 协程的概念及编程方法。
- 讲解 Tornado 网站编程的整体结构及开发方法,包括路由解析、模板文件的加载方法、错误管理等。
- 讲解 Tornado 网站核心类 RequestHandler。
- 围绕 RequestHandler.current_user 管理网站的用户身份认证。
- 讲解安全 Cookie 和反 CSRF 攻击的编程手段。
- 讲解 WebSocket 的概念及服务器、客户端的应用开发方法。
- 讲解 Tornado 站点的部署方式,包括调试模式、静态文件配置及访问优化、运营期配置等。

注意:在 Tornado 框架中需要应用数据库进行开发的读者可以参考第 4 章的 Python DB 访问部分和第 8 章的 SQLAlchemy 部分,其内容对 Tornado 框架同样适用。

第 8 章
支持快速建站的框架——Flask

Flask 是一个基于 Werkzeug 和 Jinja2 的微框架。微框架意味着 Flask 的核心非常简单，同时具有很强的扩展能力。不像 Django，它不会替开发者做太多技术决定，Flask 可以自由地选择任何模板引擎或 ORM。即使它带有默认的 Jinja2 模板引擎，开发者仍然可以选择自己喜欢的其他引擎。本章的主要知识点如下。

- 安装 Flask：实践 Windows、Linux 和 macOS 下的 Flask 安装。
- 开发 Flask 站点：从 HelloWorld 开始，学习 Flask 程序的主要知识点。
- 路由详解：学会灵活运用路由策略，以实现基于变量的站点定位。
- 使用 Context 上下文：掌握获取客户端信息和维护会话状态的核心方法。
- Jinja2 模板编程：掌握 Jinja2 的关键技术，构建自己的网页模板。
- SQLAlchemy 数据库：使用对象关系模型操作关系数据库。

注意：本章内容是第 12 章内容的基础。

8.1 Flask 综述

本节介绍 Flask 的特性及其安装方法。与 Django 不同的是，因为 Flask 的微框架特性，安装 Flask 时不会自动安装 ORM 数据库组件等其他组件，所以开发者需要自行安装需要的组件。

8.1.1 Flask 的特点

Flask 是 Python Web 框架族里比较年轻的一个，于 2010 年出现，这使得它吸收了其他框架的优点，并且把自己的主要领域定义在了微小项目上。同时，它是可扩展的，Flask 让开发者自己选择用什么数据库插件存储数据。很多功能简单但性能卓越的网站就是基于 Flask 框架而搭建的，例如，http://httpbin.org/ 就是一个功能简单但性能强大的 HTTP 测试项目。Flask 是一个面向简单需求和小型应用的微框架。

相对于其他 Python 语言的 Web 框架而言，Flask 的特点归结如下。

1. 内置开发服务器和调试器

网络程序调试是在将编制好的网站投入实际运行前，用手工或编译程序等方法进行测试，是修正语法错误和逻辑错误的过程。有经验的开发者都知道，这是保证网站系统能够正式应用的必要步骤。

Flask 自带的开发服务器使开发者在调试程序时无须再安装其他任何网络服务器，如 Tomcat、JBoss、Apache 等。Flask 默认处于调试状态，运行中的任何错误会同时向两个目标发送信息：一个是 Python Console，即启动 Python 程序的控制台；另一个是 HTTP 客户端，即 Flask 开发服务器将调试信息传递给了客户端。

2. 与 Python 单元测试功能无缝衔接

单元测试是对最小软件开发单元的测试，其重点测试程序的内部主要采用白盒测试方法，由开发人员负责。单元测试的主要目标是保证函数在给定的输入状态下，能够得到预想的输出，在不符合要求时能够提醒开发人员进行检查。

Flask 提供了一个与 Python 自带的单元测试框架 unitest 无缝衔接的测试接口，即 Flask 对象的 test_client() 函数。通过 test_client() 函数，测试程序可以模拟进行 HTTP 访问的客户端来调用

Flask 路由处理函数，并且获取函数的输出来进行自定义的验证。

3. 使用 Jinja2 模板

将 HTML 页面与后台应用程序联系起来一直是网站程序框架的一个重要目标。Flask 通过使用 Jinja2 模板技术解决了这个问题。Jinja2 是一个非常灵活的 HTML 模板技术，它是从 Django 模板发展而来的，但是比 Django 模板使用起来更自由、更高效。Jinja2 模板使用配制的语义系统，提供灵活的模板继承技术，自动抗击 XSS 跨站攻击并且易于调试。

4. 完全兼容 WSGI 1.0 标准

WSGI（Web Server Gateway Interface）具有很强的伸缩性且能运行于多线程或多进程环境下。由于 Python 线程全局锁的存在，使得 WSGI 的这个特性至关重要。WSGI 已经是 Python 界的一个主要标准，各种大型网络服务器对其都有良好的支持。WSGI 位于 Web 应用程序与 Web 服务器之间，与 WSGI 完全兼容使得 Flask 能够配置到各种大型网络服务器中。

5. 基于 Unicode 编码

Flask 是完全基于 Unicode 编码的。这对制作非纯 ASCII 字符集的网站来说非常方便。HTTP 本身是基于字节的，也就是说任何编码格式都可以在 HTTP 中传输。但是，HTTP 要求在 HTTP Head 中显式地声明在本次传输中所应用的编码格式。在默认情况下，Flask 会自动添加一个 UTF-8 编码格式的 HTTP Head，使程序员无须担心编码的问题。

8.1.2 安装 Flask、SQLAlchemy 和 WTForm

与 Python 中的其他软件包一样，Flask 可以用 pip 工具完成安装。比如：

```
# pip install flask
```

用 pip 安装 Flask 如图 8.1 所示。在安装过程中程序会自动下载并安装 Flask 及其依赖性的其他组件，全程无须人工干预。

如图 8.1 所示，本书的 Flask 代码基于使用 Python 3 的 Flask 1.1.2。

由于 Flask 本身是一个微框架，要开发一个完整的 Web 应用通常还需要安装其他组件。SQLAlchemy 和 WTForm 分别可以为 Flask 应用提供数据库访问及表单封装功能。安装命令为：

```
# pip install sqlalchemy flask-wtf
```

其中 flask-wtf 是对 WTForm 实现的一个简单封装包，在它的安装过程中会自动安装

WTForm。上述命令在安装完成后会出现如下版本提示：

`WTForms-2.3.3 flask-wtf-0.14.3 sqlalchemy-1.3.23`

它们是基于 Python 3 的这些组件的最新版本，也是本书代码使用的软件版本。

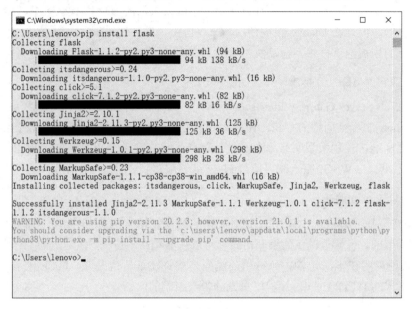

图 8.1　用 pip 安装 Flask

8.2　实战演练：开发 Flask 站点

通过前面的安装过程，读者也许迫不及待地想编写第 1 个 Flask 网站程序了。学习 Hello World 程序是掌握一种框架的最佳入门方法，本节从 Hello World 程序开始打开 Flask 世界的大门，之后帮助读者掌握 Flask 系统的路由概念、模板渲染概念、日志方法。

8.2.1　Hello World 程序

【示例 8-1】现在可以开始写第 1 个 Flask 程序了，一个最简单的 Flask 程序应该包括如下内容：

```python
from flask import Flask
app = Flask(__name__)

@app.route('/')
def hello_flask():
    return 'Hello, World!'

if __name__ == '__main__':
    app.run()
```

下面逐行解析上面的代码。

（1）通过 import 语句引入 flask 包中的 Flask 类。引入这个类是 Flask 程序的基础。

（2）建立一个 Flask 类的实例 app。应该把应用模块或包的名字传给 Flask 构造函数的第 1 个参数，Flask 在运行过程中将使用这个参数作为定位模板和其他静态文件的基础。__name__ 是 Python 语言的一个内置属性，它包含的内容指明了 .py 文件的调用方式。本例中将 __name__ 传给 Flask，这样可以在用两种方式调用本模块时都能使代码工作：直接运行本模块时，__name__ 的值为 __main__；通过其他模块调用本模块时，__name__ 的值为本模块的名称。

（3）使用 route() 装饰器告诉 Flask 紧跟着函数装载在哪个 URL 地址中。本例中，HTTP 的根地址被装载为 hello_flask() 函数。如果需要把函数装载在其他 URL 地址中，则只需要修改 route() 参数（如 app.route('/say/hello')）即可达到目标。

（4）可以在装载函数中直接返回要作为内容传给 HTTP 客户端的数据，可以是字符串或者 HTML、XML、JSON 消息体。本例中直接返回 'Hello, World!' 给客户端。

（5）if __name__=='__main__' 语句用于指示当本模块被直接启动时才运行其作用域中的代码。在其作用域中执行 app.run() 进入 Flask 消息循环。

注意：app.run() 将一直运行，不要在它后面写任何代码。

将代码文件保存为 helloworld.py，通过 Python 解释器运行，效果如下：

```
# python helloworld.py
* Serving Flask app " helloworld " (lazy loading)
 * Environment: production
   WARNING: This is a development server. Do not use it in a production deployment.
   Use a production WSGI server instead.
 * Debug mode: off
```

```
* Running on http://127.0.0.1:5000/ (Press CTRL+C to quit)
```

现在已经完成并启动了一个 Flask 程序，该程序挂载在 127.0.0.1 的 5000 端口上。它的功能是当访问 http://127.0.0.1:5000/时，程序会返回"Hello, World!"。

也许读者会对程序只运行在本地地址 127.0.0.1 上感觉有些奇怪，其实这是 Flask 出于安全考虑而执行的默认行为。因为 Flask 启动时默认是处于调试模式的，所以在运行中如果发生错误会直接返回给客户端（包括调用栈等详细信息），让陌生人知道这样的信息会威胁到网站的安全性。因此，Flask 以默认的启动方式监听本地的 127.0.0.1 地址，不允许外部客户端访问。

当确定系统可以接收来自外部的访问时，可以通过给 run()方法设置参数的方式来实现。同时，在参数中可以传入要监听的端口，并且设置是否处于调试模式运行。如果将 helloworld.py 文件中的 app.run()改为如下命令，则系统将会监听所有地址的 80 端口，并关闭调试模式。

```
app.run(host='0.0.0.0', port=80, debug=False)
```

现在，站点更像是一个真实的网站了。

> **注意**：千万不要让处于真实运行环境中的程序处于调试开启状态，这样会泄露站点的代码，并影响系统的安全性。

8.2.2 模板渲染

Hello World 程序示例中的网站实现了向客户端返回字符串这样的简单工作。在现实网站建设中，网站服务器需要使用 HTML 与浏览器进行交互。用 Python 生成 HTML 代码不是一件轻松的事，因为如果那样做，则需要程序员浪费大量的时间在进行字符串拼接及 HTML 特殊字符转换等工作上。针对这些，Flask 使用 Jinja 模板引擎实现了自动模板渲染功能。Flask 的 Jinja2 模板特性通过加载 HTML 模板文件，并在其中嵌入必要的参数和逻辑来达到简化 HTML 输出的目的。

1. 用 render_template 实现模板渲染

模板渲染通过 Flask 包的 render_template 实现。通过把要加载的模板文件和参数传给它，即可实现 HTML 的自动渲染。

【示例 8-2】使用模板渲染的代码如下：

```
from flask import render_template
```

```
@app.route('/hello')
@app.route('/hello/<name>')
def hello(name=None):
    return render_template('hello.html', name=name)
```

技巧：一个函数可以通过多个 route()装饰器绑定到多个 URL 上。

在本例中，render_template 加载 hello.html 模板文件，并把 name 参数传给该模板。读者可能已经注意到了，本例中只把模板文件的文件名传给了 render_template，并没有指定该文件的路径，那么 Flask 到哪里去加载该文件呢？答案是网站的 templates 目录。假设本例的 Python 代码被保存在 application.py 中，则本例的网站目录结构如下：

```
/application.py
/templates
    /hello.html
```

说明：模板文件必须被保存在网站的 templates 目录中。

模板文件中包含静态 HTML 内容、变量、控制逻辑。下面是 hello.html 文件的内容：

```
<!doctype html>
<title>Hello from Flask</title>
{% if name %}                              <!--判断 name 参数是否为空 -->
  <h1>Hello {{ name }}!</h1>               <!--当 name 参数不为空时，本行生效 -->
{% else %}
  <h1>Hello World!</h1>                    <!--当 name 参数为空时，本行生效 -->
{% endif %}
```

结合 application.py 和 hello.html 的内容，当客户端访问 http://127.0.0.1:5000/hello 时，服务器将返回 HTML 块：

```
<!doctype html>
<title>Hello from Flask</title>
<h1>Hello World!</h1>
```

当客户端访问 http://127.0.0.1:5000/hello/David 时，服务器会返回 HTML 块：

```
<!doctype html>
<title>Hello from Flask</title>
<h1>Hello David!</h1>
```

2. 用 Markup 转换变量中的特殊字符

向 render_template 传入的参数，不仅可以是单纯的字符串，还可以包含 HTML 特殊字符（如 <、>、空格、/等），这给模板参数提供了更好的灵活性。同时，由于这些特殊字符会被 HTML 客户端解释成特殊含义，因此会给网站程序带来一定程度的安全隐患。Flask 允许程序员自己控制 Jinja2 是否需要解释这些特殊字符。如果这些字符应该被解释成特殊含义，则将这些参数直接传给 render_template 即可；如果这些字符仅应该被解释成字符串，则应该通过 Markup()函数将这些字符串做转义处理，然后传给 render_template。

```
from flask import Markup

print(Markup('<strong>Hi %s!</strong>') % '<blink>David</blink>')
```

以上代码将输出：

```
<strong>Hi &lt;blink&gt;David&lt;/blink&gt;!</strong>
```

这段代码显示在浏览器中将会是一段粗体的"Hi <blink>David</blink>!"。如果不进行 Markup 转义，则会在浏览器上显示成闪烁着的粗体字"Hi David!"。

8.2.3 重定向和错误处理

重定向（Redirect）是指将一个网络请求重新指定 URL 并转到其他地址的技术。Flask 的 redirect()函数提供了这个功能。此外，如果仅仅想中止一个请求并返回错误，而不是重定向到其他地址，则可以使用 abort()函数。

【示例 8-3】例如：

```
from flask import abort, redirect

@app.route('/')
def index():
    return redirect('/check')                # 重定向到/check 页面

@app.route('/check')
def f_check():
    abort(400)                               # 立即向客户端返回 400 错误
    #dont_coding_here()                      # 这里的代码不会被执行
```

本例中，当客户端访问根页面时，处理函数 index() 通过 redirect()函数将请求重定向到了 /check 页面。而/check 页面中目前没有实现其他逻辑，仅仅向客户端返回了 400 错误。

说明：400 是一个 HTTP 的标准错误定义，其含义为请求无效。

HTTP 定义了标准的返回码错误代码表，其中大于等于 400 的代码被认为错误。客户端的浏览器遇到错误返回时会显示默认的错误页面。如果网站程序需要定义自己的错误页面，则可以通过添加错误处理器来实现。

【示例 8-4】例如，可以在程序中添加如下代码段：

```
from flask import render_template
@app.errorhandler(400)
def bad_request(error):
    return render_template('bad_request.html'), 400
```

本例中用 Flask 的 errorhandler 装饰器添加了自定义的错误处理器。当程序中返回 400 错误时，系统会执行 bad_request()函数。在该函数中向客户端返回 400 错误的同时，还传送了自定义的错误页面 bad_request.html。

8.3 路由详解

现在，互联网上的 URL 样式多种多样。对网站解析程序来说，可以在 URL 地址中直接包含参数，也可以以传统方式在 URL 地址的后面跟随 request 参数。在 8.2 节的 Hello World 实战中读者已经了解了路由的概念，在那里将根 URL 路由绑定在一个输出 Hello World 字符串的函数中。在本节中我们一起来学习如何配置更复杂的带参数的路由。

8.3.1 带变量的路由

现在来学习如何绑定更复杂的路由。如果要使 URL 中包含可变的部分，则可以通过在需要的 URL 部分添加变量来实现，这个变量会作为参数传递给路由所关联的 Python 函数。

1. 在路径中添加变量

【示例 8-5】可以直接在路径中通过<variable_name>的方式添加变量，并应用在被映射的函

数中,比如:

```
@app.route('/login/<username>')
def show_welcome(username):
    return 'Hi %s' % username                      # show welcome
```

被添加的参数需要两次被声明:第1次是在route()装饰器的参数中,在需要使用变量的URL部分用<variable_name>方式声明变量;第2次是在所映射的函数(本例中为show_welcome)的参数中声明变量名,这样被声明的变量就可以在映射函数内使用了。本例中username变量被作为欢迎语句的一部分回传给客户端。

注意:两次变量声明的变量名一定要一致。

上述代码执行后,在浏览器中输入"http://127.0.0.1:5000/login/aaa",返回结果如下:

```
Hi aaa
```

2. 为变量指定类型

【示例8-6】可以在声明变量时指定变量被映射的类型,比如:

```
@app.route('/add/<int:number>')
def add_one(number):
    return '%d' % (number+1)                       # 返回变量+1
```

本例中的变量number在第1次被声明时被映射为int类型。如果不指定,则变量会被映射为默认的path类型。

Flask中允许有3种类型的变量映射,如表8.1所示。

表8.1 路由变量映射类型表

映射类型	说明
int	接收整型数值变量
float	接收浮点型数值变量
path	默认方式,接收路径字符串

3. 路径最后的分隔符的作用

在URL路径中,"/"被用作路径分隔符。当它被写在URL路径的开头时,则表明本路径是一个绝对路径;当它被写在路径中间时,它被用作隔离路径的层级。那么,当它被写在最后时,它的作用是什么呢?

【示例 8-7】 通过下面的例子可以理解 "/" 分隔符被写在路径最后时的作用。

```
@app.route('/school/')
def schools():
    return 'The school page'

@app.route('/student')
def students():
    return 'The student page'
```

本例中声明并挂载了两个路径。它们非常相似，只是第 1 个路径的最后有 "/" 分隔符，它看上去像一个文件系统的目录；第 2 个路径的最后没有 "/" 分隔符，它看上去像一个类 UNIX 文件系统的文件名。因此，两种方式对它们的访问效果有所不同：有 "/" 作为结尾的路径样式除了可以接收对其本身的访问，还可以接收相同路径前缀但不带 "/" 结尾的路径访问；而不带 "/" 结尾的路径样式则没有此效果。表 8.2 详细介绍了两种方式的区别。

表 8.2 是否带 "/" 结尾的路径声明的区别

声明方式举例	访问方式举例	能否访问到
@app.route('/school/')	http://localhost/school/	可以
	http://localhost/school	可以
@app.route('/student')	http://localhost/student/	不可以
	http://localhost/student	可以

8.3.2 HTTP 方法绑定

网站通过 HTTP 与浏览器或其他客户端进行交互，而 HTTP 访问一个 URL 时可以使用几种不同的访问方式，包括 GET、POST、HEAD、DELETE 等。在 Flask 中，路由默认设置使用 GET 方式进行路径访问。

1. 指定 HTTP 访问方式的方法

通过修改 route() 装饰器中的参数，可以配置其他访问方式。举例说明：

```
@app.route('/SendMessage', methods=['GET', 'POST'])
def Messaging():
    if request.method == 'POST':
        do_send()
```

```
else:
    show_the_send_form()
```

本例中,在 route()装饰器中显式地声明了两种 HTTP 访问方式:GET 和 POST。无论客户端使用哪种方式访问地址/SendMessage,Flask 都会定位到 Messaging()函数并执行。可以在函数中通过 request.method 属性获得本次 HTTP 请求的访问方式。

注意:request 是 Flask 框架的一个全局对象,可以获得很多和 HTTP 请求的客户端相关的信息。

2. 将同一个 URL 根据访问方式映射到不同的函数

可以灵活地运用 URL、访问方法、被映射函数的绑定关系。通过把不同的访问方式赋予相同的 URL,可以对其绑定不同的映射函数。

【示例 8-8】比如:

```
@app.route('/Message', methods=[ 'POST'])
def do_send():
    return "This is for POST methods"

@app.route('/Message', methods=['GET'])
def show_the_send_form():
    return "This is for GET methods"
```

在这个例子中,把 URL 的 Message 根据不同的访问方式分别绑定到了不同的映射函数中。

因为 HTTP 的不同访问方式(POST、GET、HEAD 等)之间存在相互关联方式,所以 Flask 定义了两组隐式的访问方式的设置规则。

- 当在 route()装饰器中 GET 方式被指定时,HEAD 访问方式也会被自动加入该装饰器中。
- 在 Flask 0.6 之后的版本中,当在 route()装饰器中任意访问方式被指定时,OPTIONS 访问方式也会被自动加入该装饰器中。

8.3.3 路由地址反向生成

通过前面的学习,读者已经掌握了将 URL 绑定到映射函数的方法。但有时,程序中需要通过函数名称获得与其绑定的 URL 地址。Flask 通过 url_for()函数实现了这个功能。在使用前需要先从 Flask 包中导入对 url_for()函数的引用。函数的第 1 个参数需要获取 URL 的函数名，URL 中如果有变量，则可以在 url_for()函数中添加参数来实现对变量的赋值。

【示例 8-9】下面通过以下例子完整地学习 url_for()函数的使用方法：

```
from flask import Flask, url_for
app = Flask(__name__)
@app.route('/')
def f_root():
    pass

@app.route('/industry')
def f_industry():
    pass
@app.route('/book/<book_name>')
def f_book(book_name):
    pass

with app.test_request_context():
    print(url_for('f_root'))                              # 例1, 输出: /
    print(url_for('f_industry'))                          # 例2, 输出: /industry
    print(url_for('f_industry', name='web'))              # 例3, 输出: /industry?name=web
    print(url_for('f_book', book_name='Python Book'))     # 例4, 输出: /book/Python%20Book
```

以上包含了简单路由（例 1 和例 2）、未在路由中预定义参数（例 3）、已在路由中定义参数（例 4）的例子。

技巧：Flask 中 test_request_context()函数用于告诉解释器在其作用域中的代码模拟一个 HTTP 请求上下文，使其好像被一个 HTTP 请求所调用。HTTP 请求上下文是调用 url_for()函数所必需的环境。

在程序中需要使用 url_for()函数的原因如下。

- 反向解析比硬编码有更好的可读性和可维护性。例如，当需要更换路由函数中 URL 的地址时，无须再更改和调用 url_for()函数的代码。
- url_for()函数会自动处理必需的特殊字符转换和 Unicode 编码转换。本节代码段中例 4 的空格就被自动解析为%20。

8.4 使用上下文

上下文（Context）是 Web 编程中的一个相当重要的概念，它是在服务器端获得应用及请求相关信息的对象。会话上下文（Session Context）是 Web 服务器上基于 Cookie 的对象，它提供了为同一个客户端在多次请求之间共享信息的方式。应用全局对象（Application Global）提供了在一次请求的多个处理函数中共享信息的方式。请求上下文（Request Context）是 Web 服务器管理单次用户请求的环境对象，用于处理客户端向 Web 服务器发送的数据。

8.4.1 会话上下文

在 Web 环境中，会话（Session）是一种客户端与服务器端保持状态的解决方案。在服务器的程序端，会话上下文是用来实现这种解决方案的存储结构。每个不同的用户连接将得到不同的会话，也就是说会话与用户之间是一对一的关系。会话在用户进入网站时由服务器自动产生，并在用户正常离开站点时释放。同一用户的多个请求共享同一个会话。

会话通常通过 Cookie 实现，其基本原理如下。

（1）在服务器收到客户端的请求时，检查该客户端是否设置了标识 SessionID 的 Cookie。如果不存在 SessionID 或者 SessionID 无效，则认为该请求是一个新的会话。

（2）当服务器端识别到新的会话时，生成一个新的 SessionID 并通过 Cookie 传送给客户端。

（3）客户端在下一次请求时提交在此之前获得的 SessionID，此时服务器认为该请求与之前生成 SessionID 的请求属于同一个会话。

在 Flask 框架中，开发者无须针对上述原理进行编程，因为 Flask 会自动对这些细节进行处理，开发者只需在需要时向会话保存或读取信息即可。开发者可以通过 flask.session 对象操作会话。

【示例 8-10】代码如下：

```
from flask import Flask, session
from datetime import datetime
app = Flask(__name__)
```

```python
app.secret_key = 'SET_ME_BEFORE_USE_SESSION'

@app.route('/write_session')
def writeSession():
    session['key_time']=datetime.now().strftime('%Y-%m-%d %H:%M:%S')    # 保存当前时间
    return session['key_time']                                          # 返回当前时间

@app.route('/read_session')
def readSession():
    return session.get('key_time') or "None"    # 获得上次调用 writeSession 时写入的时间，并返回
```

本例中的 writeSession()函数将当前时间写入会话的键值 key_time 中，在 readSession()函数中将其读出。分别访问这两个函数的映射地址，其结果为同一个时间值。

技巧：flask.session 对象只有在请求的处理环境中才能被调用。

除了进行正常的数据保存与读取，flask.session 对象还维护自身的状态，这通过如下两个属性来实现。

- new：判断本次请求的 Session 是否是新建的。
- modified：判断本次请求中是否修改过 session 键值。

如下代码用于说明状态属性 modified 的使用方法：

```python
from flask import Flask, session
import time
app = Flask(__name__)

@app.route('/write_session')
def writeSession():
    session['key_time']=time.time()         # 将当前时间保存在 Session 中
    return session.modified                 # 因为之前进行了 Session 设置，所以此处返回 True
```

8.4.2 应用全局对象

在 Flask 中每个请求可能会触发多个响应函数，而如果想要在多个响应函数之间共享数据，则需要用到应用全局（Application Global）对象。应用全局对象是 Flask 为每个请求自动建立的一个对象。相对于简单的全局对象，应用全局对象可以保证线程安全，通过 flask.g 来实现，可

以在其中保存开发者需要的任何数据,数据库连接是一个典型的应用。在一般的网站中,通常需要实现下面的逻辑。

- 在请求中第1次需要使用数据库时,用数据库的字符串建立数据库对象并且连接。
- 在同一个请求后的任何需要用到数据库的操作中,使用前面已经建立的数据库连接进行数据库操作。
- 当请求完成时,框架自动关闭数据库连接,有效地使用系统资源。

通过 flask.g 对象可以实现上述逻辑,管理应用全局对象的代码如下:

```python
from flask import g

class MyDB():                                         # 模拟一个数据库类
    def __init__(self):                               # 初始化函数
        print("A db connection is created")

    def close(self):                                  # 关闭函数
        print("A db connection is closed")

def connect_to_database():
    return MyDB()

def get_db():
    db = getattr(g, '_database', None)
    if db is None:
        db=connect_to_database()
        g._database = db                              # 存入flask.g对象中
    return db

@app.teardown_request
def teardown_db(response):
    db = getattr(g, '_database', None)                # 从flask.g中获取对象
    if db is not None:
        db.close()
```

在本例中,get_db()函数用于从 flask.g 中获得数据库连接对象。如果在 flask.g 中找不到数据库对象,则建立一个新的数据库连接,并且保存在 flask.g 中以便下次使用。由于应用了装饰器 teardown_request(),因此 teardown_db()函数在请求结束时自动被 Flask 框架调用。代码在 teardown_db()函数中检查本次请求是否连接过数据库,如果有则将其关闭以释放资源。

【示例 8-11】可以在请求处理函数的任何地方调用 get_db()函数，代码如下：

```
from flask import Flask
app = Flask(__name__)

def login():
    db=get_db()                                         # 第1次调用get_db()函数
    session["has_login"] = True

@app.route('/view_list')
def view_list():
    if "has_login" not in session:
        login()
    db=get_db()                                         # 第2次调用get_db()函数
    return "teardown_db() will be called automatically"
```

上述代码分别在验证登录信息和查询数据处调用了 get_db()函数。第 1 次调用 get_db()函数时，get_db()函数会创建数据库连接；第 2 次调用 get_db()函数时，则直接复用之前建立的连接。在代码中无须显式地调用 teardown_db()函数以释放资源，因为 Flask 框架会自动调用它。

8.4.3 请求上下文

请求上下文主要是在服务器端获得从客户端提交的数据。这些数据包括 URL 参数、Form 表单数据、Cookie、HTML 头信息、URL 等。本节通过 URL 的相关参数进行演示，进而列出其他类型参数的访问方法。

1. 访问 URL 参数和路径

与 URL 相关的数据包括 URL 参数和 URL 路径。例如，在"http://localhost/testurl?next=http://example.com/&testdata=abc"中，URL 参数包括"next=http://example.com/"和"testdata=abc"，URL 的根路径是"http://localhost/testurl"。

【示例 8-12】通过如下例子说明在请求中如何获取它们：

```
from flask import request, url_for, redirect

@app.route('/redirect_url')
def redirect_url():
```

```
    next = request.args.get('next') or url_for('index')
    return redirect(next)

@app.route('/echo_url')
def echo_url():
    return request.base_url
```

访问"http://localhost/redirect_url?next=http://localhost/echo_url"时，redirect_url()函数被调用，它通过request.args属性获取URL参数next，然后通过redirect重定向到next中的地址。在echo_url()函数中，通过 request.base_url 属性获得本次访问的路径并返回"http://localhost/echo_url"。

与request.base_url 作用类似的 URL 获取属性还包括 path、url_root 等，请求上下文中URL类型信息的含义如表8.3所示。

表8.3　请求上下文中URL类型信息的含义

属 性 名 称	访问URL" http://localhost/app/page.html?x=y"时的返回结果
base_url	http://localhost/app/page.html
path	/page.html
script_root	/app
url	http://localhost/app/page.html?x=y
url_root	http://localhost/app/page.html

2. 其他客户端数据的访问方法

请求上下文还有很多其他属性可用于获得客户端的信息，其访问方式与URL类型的属性类似，本书不再一一演示，此处只说明它们的含义。

- form：获取HTML表单提交的数据，HTML表单通过POST或PUT请求从客户端向服务器端发送。但此属性中不包括上传文件时的文件数据。
- args：访问URL中的查询参数。
- values：是form和args的结合，既包括表单数据，也包括URL查询参数。
- cookies：访问从客户端传送的Cookie，以键值对方式读写。
- headers：访问、获取从客户端传送的HTML HEAD数据，以键值对方式读写。
- data：当以Flask未知的MIMETYPE类型提交数据时，data属性用于以字符串形式保存所提交的数据。
- files：访问通过HTTP POST或PUT请求向服务器上传的文件信息。由于一次提交可以上传多个文件,因此本属性是 FileStorage 类型对象的集合。可以直接调用 FileStorage 的 save() 函数将上传的文件数据保存在文件系统中。
- method:获取本次访问的 HTTP 请求方式(POST、GET 等),本属性为字符串类型。
- URL 族属性,包括 base_url、path、script_root、url、url_root。
- is_xhr:True 或 False,用于判断客户端是否通过 JavaScript 的 XMLHttpRequest 方法提交本次请求,jQuery 和 Mochikit 等客户端插件也支持这样的提交。
- json:如果客户端提交的是 JSON 数据,则可以通过本方法进行解析。可以通过 HTTP 头 mimetype 来判断所提交的数据是否为 JSON 格式。当 mimetype="application/json"时,数据为 JSON 类型。
- on_json_loading_failed(e):可以对本属性赋予一个回调函数,当解析 JSON 数据失败时调用该函数。如果不对其赋值,则其默认的处理方式是触发一个 BadRequest 异常。

8.4.4 回调接入点

在 Web 编程中,有些处理逻辑需要对所有请求都进行相同的处理。将这些代码分别写入每个 URL 映射处理函数中显然会使程序非常臃肿,Flask 提供了几个回调接入点,使得开发者可以把这些代码写入公共逻辑。这些回调接入点如下。

- before_request():每个请求都会在被处理之前先执行本接入点。一个 Flask 应用可以定义多个 before_request() 接入点,每个接入点在请求处理之前会依次被调用。通常该接入点不需要返回 Response。一旦在一个 before_request() 中返回 Response,则 Flask 会停止该次请求的调用链(即不会再调用该请求的 URL 处理函数),直接将该 Response 返回给客户端。
- after_request():在每个请求的 URL 处理函数被调用之后调用本接入点。在 after_request() 中,可以检查之前的处理函数中生成的 Response,甚至还可以对其进行修改。
- teardown_request():在每个请求的 URL 处理函数被调用之后调用本接入点。与 after_request() 不同的是,after_request() 在其之前的处理函数发生未捕获异常时就不会被调用;而 teardown_request() 即使在之前的处理函数中发生异常时也会被 Flask 框架调用。因此,teardown_request() 也可以被用来做异常处理。

【示例 8-13】下面的例子演示了回调接入点的编程方法:

```
from cachelib import SimpleCache
from flask import request, render_template
```

```
CACHE_TIMEOUT = 300

cache = SimpleCache()
cache.timeout = CACHE_TIMEOUT

@app.before_request
def return_cached():
    if not request.values:
        response = cache.get(request.path)
        if response:
            print("Got the page from cache。")
            return response
    print("Will load the page. ")

@app.after_request
def cache_response(response):
    if not request.values:
        cache.set(request.path, response, CACHE_TIMEOUT)
    return response

@app.route("/get_index")
def index():
    return render_template("index.html")
```

本例实现了静态页面缓存的常用逻辑，解释代码如下。

- 第 1 行代码引入了 cachelib（低版本中该包的名字是 werkzeug.contrib.cache）中的缓存类 SimpleCache，之后实例化了一个 SimpleCache 对象 cache，并将它的 timeout 属性设置为 300 秒（注意，cachelib 包需要单独安装。Flask 0.X 旧版本中关于缓存的包 werkzeug.contrib.cache 不需要单独安装）。
- 通过为函数 return_cached() 设置装饰器 app.before_request，将其指定为在每个请求被处理之前调用的函数。
- return_cached() 函数的内部逻辑为如果客户端未提交任何参数，则在缓存中检查该页面是否已经存在，如果存在则中断该次请求的调用链，直接将缓存结果返回给客户端。
- 通过为函数 cache_response() 设置装饰器 after_request，将其指定为在每个请求被处理之后调用的函数。
- cache_response() 函数的内部逻辑为如果客户端未提交任何参数，则认为该次返回结果具有典型性，将其存到缓存对象中以备后续访问。

- 用 app.route()装饰器定义 URL 的具体处理函数,如 index()函数。

在本例中,客户端第 1 次访问页面"/get_index"时,页面内容被缓存在 cache 对象中;之后客户端访问该页面时,Flask 直接从 cache 对象中获取页面内容并直接返回,显示如下:

```
Will load the page.
127.0.0.1 - - [05/Feb/2021 14:01:42] "[37mGET /get_index HTTP/1.1[0m" 200 -
Got the page from cache。(从缓存读取页面)
127.0.0.1 - - [05/Feb/2021 14:01:47] "[37mGET /get_index HTTP/1.1[0m" 200 -
```

8.5　Jinja2 模板编程

Jinja2 是 Python Web 编程中主流的模板语言,从 Django 模板发展而来,比 Django 模板的性能更好。由于 Flask 是基于 Werkzeug 和 Jinja2 发展而来的,因此在安装 Flask 时会自动安装 Jinja2,开发者无须再单独安装。在 8.2 节中已经学习了在 Flask 中如何通过 render_template()函数调用 Jinja2 模板,并向其传送参数。本节将学习 Jinja2 模板编程中的丰富功能。

8.5.1　Jinja2 语法

Jinja2 模板可以保存在任何基于文本的文件中,如 XML、HTML、CSV 等,所以模板文件本身可以接收任何文件后缀,如.html、.xml 等。

Jinja2 模板由普通内容、变量、表达式、标签和注释组成。

- 普通内容:为没有特殊含义的内容,渲染模板时不对其进行解释。
- 变量:在 Jinja2 中可以定义变量,在渲染模板时变量会被替换为其包含的值。
- 表达式:可以针对变量进行算术或逻辑操作。
- 标签:用于在渲染模板时进行逻辑控制。
- 注释:渲染模板时会将注释内容从生成的文件中删除。

【示例 8-14】下面是一个 Jinja2 的 Hello World 模板例子:

```
<!DOCTYPE html>
<html lang="en">
```

```
<head>
    <title>First Jinja2 webpage</title>
</head>
<body>
    <ul id="navigation">
    {% for item in navigation %}
        <li><a href="{{ item}}">{{ item }}</a></li>
    {% endfor %}
    </ul>

    <h1>Hello world</h1>
    {{ a_variable }}

    {# a comment #}
</body>
</html>
```

这是一个 HTML 文件的模板示例。其中大多数 HTML 标签（如<head>、<body>、<li>）为普通内容，另外包括通过特殊格式定义的内容，如下所述。

- {{...}}：用于输出变量或表达式，本例中为变量 item、a_variable 等。
- {%...%}：用于进行逻辑控制，本例中声明了一个根据 navigation 变量元素进行迭代的循环体。
- {#...#}：用于注释，本例中为"a comment"。

如果通过如下语句渲染该模板：

```
render_template("template.html",                          # 模板文件名
            a_variable="Developer!",
            navigation=[" http://www.163.com", "http://www.baidu.com"])
```

则模板的输出如下：

```
<!DOCTYPE html>
<html lang="en">
<head>
    <title>First Jinja2 webpage</title>
</head>
<body>
    <ul id="navigation">
        <li><a href="http://www.163.com"> http://www.163.com </a></li>
```

```
    <li><a href="http://www.baidu.com"> http://www.baidu.com </a></li>
  </ul>

  <h1>Hello world</h1>
  Developer!

</body>
</html>
```

8.5.2 使用过滤器

在Jinja2中过滤器是一种转换变量输出内容的技术，例如，将字符串变量转换为大写形式、在其中去除特别字符等。多个过滤器可以链式调用，前一个过滤器的输出会被作为后一个过滤器的输入。灵活运用过滤器能极大地丰富模板的转换功能。

过滤器通过管道符号"|"与变量连接，并且可以通过圆括号传递参数。举例说明：

```
{{ my_variable|default('my_variable is not defined') }}
```

在上述语句中，my_variable是待转换的变量，default是过滤器，my_variable is not defined是过滤器的参数。default过滤器的含义是：判断被转换的变量是否被定义过，如果没有被定义，则用字符串参数替换被转换的变量。

下面列出常用的过滤器。在使用过程中，下面过滤器中的第1个参数是被转换的变量，其后的参数需要以圆括号的形式传递给过滤器。

- abs(number)：将被转换的变量转换为绝对值形式。
- attr(object,name)：获得被转换的变量的指定属性。例如，account|attr("name")与account["name"]的效果相同。
- capitalize(s)：将字符串的第1个字符转换为大写形式，将之后的字符转换为小写形式。
- center(value, width=80)：接收一个字符串，将其置于80的长度中并居中，不足的字符使用空格填充。
- default(value, default_value = u'', boolean = False)：返回value指定的变量的值，如果value是未定义的，则返回default_value指定的值。如果在value被指定为False时也想用default_value替换变量的值，则需要将boolean参数设置为True。
- dictsort(value, case_sensitive = False, by ='key')：value为要遍历的字典；case_sensitive指

示是否立即加载，设置为 False 表示延时加载；by 表示以什么方式排序，默认以 key 键排序，也可以设置 by = 'value'来以值排序。
- escape(string)：把字符串中的 HTML 特殊字符&、<、>等转换为 HTML 表达方式。
- filesizeformat(value, binary=False)：接收一个数值，返回让人容易阅读的形式，如 10KB、1.3MB、305B 等。如果 binary 被设置为 True，则以 Mebi、Gibi 等形式显示。
- first(sequence)：返回序列的第 1 个元素。
- float(value, default = 0.0)：将接收的 value 转换成 float 类型，如果转换失败则返回指定的 default 值。
- forceescape(value)：强制进行 HTML 转码，也就是说，不检查要转码的字符串是否被标记为安全，这样可能会发生二次转码。
- format(value, *attribute)：字符串格式化功能，value 是格式定义，attribute 是可变长参数接收占位符代表的值。举例如下：

```
{{ "%s - %s"|format("Hello ", "Jack") }}
  -> Hello - Jack
```

- groupby(value, attribute)：按照指定的共有属性将集合进行分组，返回元组组成的列表。元组中的第 1 个元素是用来分组的属性的值，第 2 个元素是分组得到的所有原集合元素的列表。举例如下：

```
<ul>
{% for group in persons|groupby('gender') %}
  <li>{{ group.grouper }}<ul>
  {% for person in group.list %}
    <li>{{ person.first_name }} {{ person.last_name }}</li>
  {% endfor %}</ul></li>
{% endfor %}
</ul>
```

- indent(string, width = 4, indentfirst = False)：将接收的 string 每行缩进 width 指定的字符数，indentfirst 用来指定首行是否缩进。下面的例子对每一行加入两格缩进：

```
{{ mytext|indent(2, true) }}
```

- int(value, default = 0)：将接收的 value 转换成 int 型，如果转换失败，则返回 default 指定的值。
- join(value, d = u")：接收一个序列类型的对象，返回用 d 指定的字符将所有序列元素连接在一起的字符串结果。举例如下：

```
{{ [1, 2, 3]|join('|') }}
    -> 1|2|3

{{ [1, 2, 3]|join }}
    -> 123
```

- last(seq)：返回指定序列的最后一个元素。
- length(obj)：返回序列或者字典的项数。
- list(value)：将接收的 value 转换成一个 list。
- lower(string)：将接收的字符串转换成小写形式。
- pprint(value, verbose = False)：格式化地打印一个变量的值，多用于调试，verbose 表示是否显示冗长的信息。
- random(seq)：接收一个序列对象，随机返回其中的一个元素。
- replace(string, old, new, count = None)：接收一个字符串，将其中 old 表示的子串替换成 new 指定的子串，从左到右替换 count 次，如果不指定 count，则替换一次。举例如下：

```
{{ "Hello World"|replace("Hello", "Goodbye") }}
    -> Goodbye World

{{ "aaaaargh"|replace("a", "d'oh, ", 2) }}
    -> d'oh, d'oh, aaargh
```

- reverse(value)：接收一个可迭代的对象，返回逆序的迭代器。
- round(value, precision = 0, method = 'common')：舍去运算，接收一个值。precision 表示精度（小数点后保留几位）；method 可以取值为 common、ceil 或 floor，分别表示四舍五入、进位、舍去。
- safe(value)：标记传入的 value 值是安全的，使用 escape 转码时不会发生二次转码。
- slice(value, slices, fill_width = None)：切片，接收一个可迭代对象，返回 slices 指定的前几个元素，不足 slices 个则使用 fill_width 指定的对象进行填充。
- sort(value,reverse=False,case_sensitive=False,attribute=None)：对可迭代变量进行排序。默认情况下以升序、大小写不敏感的方式进行。如果变量本身包含属性，则通过设置 attribute 参数也可以按变量中的属性排序。例如，如下代码将按照 item["date"] 对内容进行排序。

```
{% for item in iterable|sort(attribute='date') %}
    ...
{% endfor %}
```

- string(object)：变换成字符串类型。
- striptags(value)：去除 SGML、XML 标签。
- sum(iterable,attribute=None,start=0)：对可迭代变量进行求和。如果需要对可迭代变量的某个属性求和，则可以设置 attribute 参数。
- title(s)：将字符串转换为以标题形式显示。
- trim(value)：去除字符串的前导和续尾空格。
- truncate(s,length=255,killwords=False,end='...')：将字符串转换为简略形式。可以通过 length 参数设置截取的长度；通过 killwords 设置是否需要保持单词的完整性；通过 end 简略写法的后缀。下面是使用 truncate 的例子：

```
{{ "foo bar"|truncate(5) }}
    -> "foo ..."
{{ "foo bar"|truncate(5, True) }}
    -> "foo b..."
```

- upper(s)：将字符串转换为大写形式。
- wordcount(s)：计算字符串中单词的个数。
- wordwrap(s,width=79, break_long_words=True,wrapstring=None)：将字符串按参数中的值进行分行处理。

8.5.3 流程控制

流程控制用来控制程序流程的选择、循环、转向和返回等。本节对如何在 Jinja2 模板中使用这些控制逻辑进行详细解读。

1. 测试

在 Jinja2 术语中，测试（Test）是根据变量或表达式的值生成布尔结果的一种函数工具。要测试一个变量或表达式，则需要在变量后加上一个 is 及测试的名称。例如，要得出一个值是否被定义过，则可以用：

```
{{ name is defined }}
```

这会根据 name 是否被定义来返回 True 或 False。对于需要参数的测试，可以以括号方式传入。例如，下面这个测试判断变量是否可以被 3 整除：

```
{% if loop.index is divisibleby(3) %}
```

测试在判断和循环流程控制语句中起关键作用，所以我们应该对其熟练掌握。下面列出常用的测试函数。

- allable(object)：测试一个对象是否是可调用对象。
- defined(value)：测试传入的对象是否已经被定义了。
- divisibleby(value, num)：测试传入的数值是否可以被 num 整除。
- escaped(value)：检查传入的对象是否被转码了。
- even(value)：如果传入的数值是偶数，则返回 True，否则返回 False。
- iterable(value)：检查对象是否可迭代。
- lower(value)：检查传入的字符串是否都是小写。
- none(value)：检查对象是否是空对象 None。
- number(value)：检查对象是否是一个数字。
- odd(value)：检查传入的数字是否是奇数。
- sameas(value, other)：检查传入的对象和 other 指定的对象是否在内存的同一块地址（同一个对象）中。
- sequence(value)：检查对象是否是序列，序列同样是可迭代对象。
- string(value)：检查对象是否是 string。
- undefined(value)：检查一个对象是否未定义。
- upper(value)：检查一个字符串是否全部大写。

2. 判断语句

判断语句用来判定所给定的条件是否满足，根据判定的结果（真或假）决定执行给出的两种操作之一。和所有的高级编程语言一样，Jinja2 用 if 语句来实现判断逻辑。

Jinja2 中的 if 语句与 Python 中的 if 语句类似。在最简单的形式中，可以测试一个变量是否未定义、为空或为 False：

```
{% if users %}
<ul>
{% for user in users %}
   <li>{{ user.username|e }}</li>
{% endfor %}
</ul>
{% endif %}
```

像在 Python 中一样，Jinja2 也用 elif 和 else 来构建多个分支。

```
{% if kenny.sick %}
    Kenny is sick.
{% elif kenny.dead %}
    You killed Kenny! You bastard!!!
{% else %}
    Kenny looks okay --- so far
{% endif %}
```

3. 循环语句

一组被重复执行的语句被称为循环体，能否继续重复决定了循环的终止条件。循环结构是在一定条件下反复执行某段程序的流程结构，被反复执行的程序被称为循环体。Jinja2 中使用 for 语句达到循环的目的。

遍历序列中的每一项。例如，要显示一个由 users 变量提供的用户列表，则代码如下：

```
<h1>Members</h1>
<ul>
{% for user in users %}
  <li>{{ user.username }}</li>
{% endfor %}
</ul>
```

> **注意**：字典通常是无序的，所以可能需要把它作为一个已排序的列表传入模板或使用 dictsort 过滤器。

与在 Python 中不同，模板中的循环内不能使用 break 或 continue。但是，在一个 for 循环块中可以访问表 8.4 中的一些特殊变量，以达到控制循环体的目的。

表 8.4　for 循环块特殊变量

变　　量	描　　述
loop.index	当前循环迭代的次数（从1开始）
loop.index0	当前循环迭代的次数（从0开始）
loop.revindex	到循环结束需要迭代的次数（从1开始）
loop.revindex0	到循环结束需要迭代的次数（从0开始）
loop.first	如果是第1次迭代，则为True
loop.last	如果是最后1次迭代，则为True
loop.length	序列中的项目数量
loop.cycle	在一串序列间取值的辅助函数

下面的代码利用 loop.first 达到了不显示循环中的第 1 个 user.username 的目的：

```
<h1>Members</h1>
<ul>
{% for user in users %}
 {% if not loop.first%}
 <li>{{ user.username }}</li>
 {% endif %}
{% endfor %}
</ul>
```

8.5.4 模板继承

在 Web 开发中很多页面的部分内容是一样的，如页头、导航、页尾等。通过使用 Jinja2 模板继承，可以把相同内容的一部分集中到一个"基模板"中，而在每个页面中继承"基模板"以达到导入其内容的目的。这样，可以达到使公共内容集中且易于修改的目的。

1. 基模板

基模板是存放公共内容的模板文件。下面是一个典型的基模板，把它命名为 base.html，让它定义 HTML 的框架文档：

```
<!DOCTYPE html>
<html>
 <head>
  <meta charset="UTF-8">
  <title>{{site_name}}</title>
  <meta content='width=device-width, initial-scale=1, maximum-scale=1, user-scalable=no' name='viewport'>
  <link href="/bd/web/ bootstrap/css/bootstrap.min.css" rel="stylesheet" type="text/css" />
   <script src="/bd/web/static/base.js"></script>
 </head>

 <body class="skin-blue sidebar-mini">
  <div class="wrapper">
   <!-- header -->
   <header class="main-header">
    <!-- Logo -->
    <a href="/index.html" class="logo">
```

```
        <span class="logo-mini"><b>我在基模板中</b></span>
      </a>
      </header>
    </div>

<div id="content">{% block content %}{% endblock %}</div>

  </body>
</html>
```

在以上代码中定义了基本的 HTML 主页框架，除了<html>、<head>、<body>等必需的标签，还包括如下内容。

- 用<title>…</title>标签声明的页面标题。
- 用<meta>标签标识的页面显示方式。
- 用<link>标签引入的 CSS 文件。
- 用<scrip>标签引入的脚本文件。
- 用<header>标签显示的页面头。
- 用{% block content %}{% endblock %}标签包含的 Jinja2 子模板块。

其中 Jinja2 子模板块是继承本基模板的文件必须扩展的块。本例中的 block 块是子模板关键字，content 是子模板块的名称。

2. 子模板

既然基模板是一个完整的 HTML 文件，那么子模板就无须再重复基模板中已有的内容了。只需声明自己继承自哪个基模板，并且定义基模板中尚未定义的块。下面是为前面的基模板定义的子模板 sub.html：

```
{% extends "base.html" %}
{% block content %}
   <p class="important">
     我在子模板中。
   </p>
{% endblock %}
```

{% extends %}标签是这里的关键，它告诉模板引擎这个模板"继承"另一个模板。当模板系统对这个模板求值时，首先定位父模板。extends 必须是子模板中的第 1 个标签，模板解释器遇到它时会将基模板中的内容原封不动地复制到子模板中。

注意：不能在同一个模板中定义多个同名的{% block %}标签。

本例中的子模板文件可以直接用于对 Flask 的渲染。用如下代码渲染子模板：

```
render_template("sub.html", site_name="继承测试")
```

渲染的结果如下：

```
<!DOCTYPE html>
<html>
  <head>
    <meta charset="UTF-8">
    <title>{{site_name}}</title>
    <meta content='width=device-width, initial-scale=1, maximum-scale=1, user-scalable=no' name='viewport'>
    <link href="/bd/web/ bootstrap/css/bootstrap.min.css" rel="stylesheet" type="text/css" />
    <script src="/bd/web/static/base.js"></script>
  </head>

  <body class="skin-blue sidebar-mini">
    <div class="wrapper">
      <!-- header -->
      <header class="main-header">
        <!-- Logo -->
        <a href="/index.html" class="logo">
          <span class="logo-mini"><b>我在基模板中</b></span>
        </a>
      </header>
    </div>

<div id="content">
    <p class="important">
    我在子模板中。
    </p>
</div>

  </body>
</html>
```

8.6 SQLAlchemy 数据库编程

SQLAlchemy 是 Python 编程语言下的一款开源软件,提供了 SQL 工具包及对象关系映射(ORM)工具。SQLAlchemy 使用 MIT 许可证发行。它采用简单的 Python 语言,为了高效和高性能的数据库访问而设计,实现了完整的企业级持久模型。SQLAlchemy 非常关注数据库的量级和性能。

注意:本节介绍的 SQLAlchemy 基于稳定版 1.3.23。

8.6.1 SQLAlchemy 入门

本节通过一套例子分析 SQLAlchemy 的使用方法。

使用 SQLAlchemy 至少需要 3 部分代码,它们分别是定义表、定义数据库连接,以及进行增、删、改、查等逻辑操作。下面是 SQLAlchemy 定义表的一个例子,保存在 orm.py 文件中。

```
from sqlalchemy.ext.declarative import declarative_base
from sqlalchemy import Column, Integer, String

Base = declarative_base()

class Account(Base):
    __tablename__ = u'account'

    id = Column(Integer, primary_key=True)
    user_name = Column(String(50), nullable=False)
    password = Column(String(200), nullable=False)
    title = Column(String(50))
    salary = Column(Integer)

    def is_active(self):
        # 假设所有用户都是活跃用户
        return True

    def get_id(self):
```

```
    # 返回账号 ID, 用方法返回属性值提高了表的封装性
    return self.id

def is_authenticated(self):
    # 假设已经通过验证
    return True

def is_anonymous(self):
    # 具有登录名和密码的账号不是匿名用户
    return False
```

解析定义表的代码如下。

- SQLAlchemy 表之前必须引入 sqlalchemy.ext.declarative.declarative_base，并定义一个它的实例 Base。所有表必须继承自 Base。本例中定义了一个账户表类 Account。
- 通过 __tablename__ 属性定义了表在数据库中实际的名称 account。
- 引入 sqlalchemy 包中的 Column、Integer、String 类型，因为需要用它们定义表中的列。本例在 Account 表中定义了 5 个列，分别是整型的 id 和 salary，以及字符串类型的 user_name、password 和 title。
- 在定义列时可以通过给 Column 传送参数定义约束。本例中通过 primary_key 参数将 id 定义为主键，通过 nullable 参数将 user_name 和 password 定义为非空。
- 在表中还可以自定义其他函数。本例中定义了用户验证时常用的几个函数：is_active()、get_id()、is_authenticated() 和 is_anonymous()。

定义数据库连接的示例代码如下：

```
from sqlalchemy import create_engine
from sqlalchemy.orm import scoped_session, sessionmaker

db_connect_string='mysql://v_user:v_pass@localhost:3306/test_database?charset=utf8'
ssl_args = {'ssl': {'cert':'/home//ssl/client-cert.pem',
                    'key':'/home/shouse/ssl/client-key.pem',
                    'ca':'/home/shouse/ssl/ca-cert.pem'}}
engine = create_engine(db_connect_string, connect_args=ssl_args)
#orm.Base.metadata.create_all(engine)    # 如果没有数据库，需要创建
SessionType = scoped_session(sessionmaker(bind=engine, expire_on_commit=False))
def GetSession():
    return SessionType()
```

```python
from contextlib import contextmanager
@contextmanager
def session_scope():
    session = GetSession()
    try:
        yield session
        session.commit()
    except:
        session.rollback()
        raise
    finally:
        session.close()
```

解析定义数据库连接的代码如下。

- 引入数据库和会话引擎：sqlalchemy.create_engine、sqlalchemy.orm.scoped_session 和 sqlalchemy.orm.sessionmaker。
- 定义连接数据库需要用到的数据库字符串。本例连接 MySQL 数据库，字符串格式为 [database_type]://[user_name]:[password]@[domain]:[port]/[database]?[parameters]。本例中除了必需的连接信息，还传入了 charset 参数，指定用 UTF-8 编码方式解码数据库中的字符串。
- 用 create_engine 建立数据库引擎，如果数据库开启了 SSL 链路，则在此处需要传入 SSL 客户端证书的文件路径。
- 用 scoped_session(sessionmaker(bind=engine)) 建立会话类型 SessionType，并定义函数 GetSession() 用以创建 SessionType 的实例。

至此，已经可以用函数 GetSession() 建立数据库会话并进行数据库操作了。但为了使之后的数据库操作的代码能够自动进行事务处理，本例中定义了上下文函数 session_scope()。在 Python 中定义上下文函数的方法是为其加入 contextlib 包中的 contextmanager 装饰器。在上下文函数中执行如下逻辑：在函数开始时建立数据库会话，此时会自动建立一个数据库事务；当发生异常时回滚（rollback）事务；当退出时关闭（close）连接。在关闭连接时会自动进行事务提交（commit）操作。

【示例 8-15】进行数据库操作的代码如下：

```python
import orm
from sqlalchemy import or_
```

```python
def InsertAccount( user, password, title, salary):                    # 新增操作
    with session_scope() as session:
        account=orm.Account(user_name=user, password=password , title=title, salary=salary)
        session.add(account)

def GetAccount(id=None, user_name=None):                              # 查询操作
    with session_scope() as session:
        return session.query(orm.Account).filter(
             or_(orm.Account.id == id, orm.Account.user_name == user_name)).first()

def DeleteAccount( user_name):                                        # 删除操作
    with session_scope() as session:
        account = GetAccount(user_name=user_name)
        if account:
            session.delete(account)

def UpdateAccount( id, user_name, password, title, salary):           # 更新操作
    with session_scope() as session:
        account = session.query(orm.Account).filter(orm.Account.id==id).first()
        if not account:
            return
        account.user_name=user_name
        account.password=password
        account.salary = salary
        account.title = title

InsertAccount("David Li", "123", "System Manager", 3000)              # 调用新增操作
InsertAccount("Rebeca Li", "", "Accountant", 3000)

account = GetAccount(2)                                               # 调用查询操作

DeleteAccount("Howard")
UpdateAccount(1, "admin", "none", "System Admin", 2000)
```

本例演示了数据库中最常用的 4 种基于记录的操作：新增、查询、删除、更新。对此部分代码的解析如下。

- 用 import 语句引入数据表（Account）所在的包 orm，引入多条件查询时的或连接的 or_。
- 每个函数中都通过 with 语句启用上下文函数 session_scope()，通过它获取到 session 对象，并自动开启新事务。

- 在 InsertAccount 中，通过新建一个表 Account 实例，并通过 session.add 将其添加到数据库中。由于上下文函数退出时会自动提交事务，因此无须显式地调用 session.commit() 使新增生效。
- 在 GetAccount 中通过 query 语句进行查询，查询条件由 filter 设置，多个查询条件可以用 or_ 或 and_ 连接。
- 在 DeleteAccount 中通过 GetAccount 查询该对象，如果查询到了，则直接调用 session.delete()将该对象删除。
- 在 InsertAccount 中通过 query 根据 id 查询记录，如果查询到了，则通过设置对象的属性实现对记录的修改。由于上下文函数退出时会自动提交事务，因此无须显式地调用 session.commit()使修改生效。
- 查询语句的结果是一个对象集合。查询语句后面的 first()函数用于提取该集合中的第 1 个对象。类似地，如果用 all()函数替换 first()函数，查询则会返回该集合。

8.6.2　主流数据库的连接方式

SQLAlchemy 这样的 ORM 数据库操作方式可以对业务开发者屏蔽不同数据库之间的差异，当需要进行数据库迁移时（比如，从 MySQL 迁移到 SQLite），则只需更换数据库连接字符串。表 8.5 列出了 SQLAlchemy 对主流数据库的连接字符串。

表 8.5　SQLAlchemy 对主流数据库的连接字符串

数 据 库	连接字符串
Microsoft SQLServer	'mssql+pymssql://[user]:[pass]@[domain]:[port]/[dbname]'
MySQL	'mysql:// [user]:[pass]@[domain]:[port]/[dbname]'
Oracle	'oracle:// [user]:[pass]@[domain]:[port]/[dbname]'
PostgreSQL	'postgresql:// [user]:[pass]@[domain]:[port]/[dbname]'
SQLite	'sqlite://[file_pathname]'

8.6.3　查询条件设置

在实际编程时需要根据各种不同的条件查询数据库记录，SQLAlchemy 查询条件被称为过滤器。这里列出了最常用的过滤器的使用方法。

（1）等值过滤器（==）

等值过滤器用于判断某列是否等于某值，是最常用的过滤器。

```
session.query(Account).filter(Account.user_name == "Jacky")    # 判断字符串类型
session.query(Account).filter (Account.salary == 2000)         # 判断数值类型
```

（2）不等过滤器（!=、<、>、<=、>=）

与等值过滤器相对的是不等过滤器，不等过滤器可以延伸为几种形式：不等于、小于、大于、小于等于、大于等于。

```
session.query(Account).filter (Account.user_name != "Jacky")   # 判断字符串类型
session.query(Account).filter (Account.salary != 2000)         # 判断数值类型
session.query(Account).filter (Account.salary>3000)            # 大于过滤器
session.query(Account).filter (Account.salary < 3000)          # 小于过滤器
session.query(Account).filter (Account.salary <= 3000)         # 小于等于
session.query(Account).filter (Account.salary >= 3000)         # 大于等于
```

（3）模糊查询（like）

模糊查询适用于只知道被查字符串的一部分内容时，通过设置通配符的位置可以查询出不同的结果。通配符用百分号（%）表示。

假设数据库中 Account 表的内容如表 8.6 所示，则模糊查询的方法如下：

```
# 查询所有user_name中包含字母i的用户，结果包括id为1、2、3、4的4条记录
session.query(Account).filter (Account.user_name.like('%i%'))

# 查询所有title中以Manager结尾的用户，结果包括id为1、5的两条记录
session.query(Account).filter (Account.title.like('%Manager'))

# 查询所有user_name中以Da开头的用户，结果包括id为1、3的两条记录
session.query(Account).filter (Account.user_name.like('Da%'))
```

表 8.6　查询示例表

id	user_name	title	salary
1	David Li	System Manager	3000
2	Rebeca Li	Accountant	3000
3	David Backer	Engineer	3000
4	Siemon Bond	Engineer	4000
5	Van Berg	General Manager	NULL

注意：模糊查询只适用于查询字符串类型，不适用于查询数值类型。

（4）包括过滤器（in_）

当确切地知道要查询记录的字段内容，但是一个字段有多个内容要查询时，可以用包含过滤器。以下例子演示了用包含关系查询表 8.6 的内容的结果：

```
# 查询id不为1、3、5的记录，结果包含id为2、4的两条记录
session.query(Account).filter (~Account.id.in_([1,3,5]))

# 查询salary不为2000、3000、4000的记录，结果包含id为5的1条记录
session.query(Account).filter (~Account.salary.in_([2000, 3000,4000]))

# 查询所有title不为Engineer和Accountant的记录，结果包括id为1、5的两条记录
session.query(Account).filter (~Account.title.in(['Accountant', 'Engineer']))
```

（5）判断是否为空值（is NULL、is not NULL）

NULL（空值）是数据库字段中比较特殊的值。在 SQLAlchemy 中支持对字段是否为空进行判断。判断时可以用等值、不等值过滤器筛选，也可以用 is、isnot 进行筛选。以下例子演示了对表 8.6 的内容进行基于空值查询的结果：

```
# 查询salary为空值的记录，结果包含id为5的记录
# 此下两种方式的效果相同
session.query(Account).filter (Account.salary == None)
session.query(Account).filter (Account.salary.is_( None))

# 查询salary不为空值的记录，结果包含id为1、2、3、4的记录
# 以下两种方式的效果相同
session.query(Account).filter (Account.salary != None)
session.query(Account).filter (Account.salary.isnot( None))
```

（6）非逻辑（~）

当需要查询不满足某条件的记录时可以使用非逻辑。以下例子演示了用非逻辑查询表 8.6 的内容的结果：

```
# 查询id不为1、3、5的记录，结果包含id为2、4的两条记录
session.query(Account).filter (~Account.id.in_([1,3,5]))

# 查询salary不为2000、3000、4000的记录，结果包含id为5的1条记录
```

```
session.query(Account).filter (~Account.salary.in_([2000,3000,4000]))

# 查询所有title不为Engineer和Accountant的记录，结果包括id为1、5的2条记录
session.query(Account).filter (~Account.title.in(['Accountant', 'Engineer']))
```

（7）与逻辑（and_）

当需要查询同时满足多个条件的记录时，需要用到与逻辑。在SQLAlchemy中与逻辑可以有3种表达方式。以下3条语句对表8.6的查询结果相同，都是id为3的记录：

```
# 直接在filter中添加多个条件，即表示与逻辑
session.query(Account).filter (Account.title=='Engineer', Account.salary==3000)

# 用关键字and_进行与逻辑查询
from sqlalchemy import and_
session.query(Account).filter (and_(Account.title=='Engineer', Account.salary==3000))

# 通过多个filter的链接表示与逻辑
session.query(Account).filter (Account.title=='Engineer').filter( Account.salary==3000)
```

（8）或逻辑（or_）

当需要查询多个条件但只需其中一个条件满足时，需要用到或逻辑。以下例子演示用非逻辑查询表8.6的内容的结果：

```
# 引入或逻辑关键字or_
from sqlalchemy import or_

# 查询tilte是Engineer或者salary为3000的记录，返回结果为id为1、2、3、4的记录
session.query(Account).filter (or_(Account.title=='Engineer', Account.salary==3000))

# 查询tilte是Accountant或者salary为4000的记录，返回结果为id为2、4的记录
session.query(Account).filter (or_(Account.title=='Accountant', Account.salary==4000))
```

8.6.4 关系操作

关系数据库是建立在关系模型基础上的数据库，所以表之间的关系在数据库编程中尤为重要。本节围绕在SQLAlchemy中如何定义关系及如何使用关系进行查询进行讲解，使读者能够快速掌握SQLAlchemy的关系操作。

1. E-R 图设计

通过 E-R 图可以完成数据库的逻辑和物理设计。作为演示实例,学校信息管理系统的老师、班级、学生子系统的 E-R 图,如图 8.2 所示。

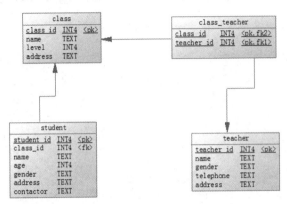

图 8.2 老师、班级、学生子系统的 E-R 图

图 8.2 中设计了 3 个实体表(班级表 class、学生表 student、老师表 teacher)和 1 个关系表(class_teacher)。图 8.2 中每个表中的第 1 列为属性名(name、class_id、address 等),第 2 列为属性类型(INT4、TEXT 等),第 3 列为约束(<pk>表示主键约束,<fk>表示外键约束)。图 8.2 中班级与学生为一对多关系,班级与老师之间为多对多关系。

2. 将 E-R 图转为 SQLAlchemy 表达方式

图 8.2 包含了表、主键、外键等关系操作定义的核心内容。

【示例 8-16】如下是将其转换为 SQLAlchemy 模型定义的代码文件:

```
from sqlalchemy import Table, Column, Integer, ForeignKey, String
from sqlalchemy.orm import relationship, backref
from sqlalchemy.ext.declarative import declarative_base

Base = declarative_base()

class Class(Base):
    __tablename__ = 'class'
    class_id = Column(Integer, primary_key=True)
    name= Column(String(50))
    level = Column(Integer)
    address = Column(String(50))
```

```
    class_teachers = relationship("ClassTeacher", backref="class")
    students = relationship("Student", backref="class")

class Student(Base):
    __tablename__ = 'student'
    student_id = Column(Integer, primary_key=True)
    name= Column(String(50))
    age = Column(Integer)
    gender= Column(String(10))
    address= Column(String(50))
    class_id = Column(Integer, ForeignKey('class.id'))

class Teacher(Base):
    __tablename__ = 'teacher'
    teacher_id = Column(Integer, primary_key=True)
    name= Column(String(50))
    gender= Column(String(10))
    telephone= Column(String(50))
    address= Column(String(50))
    class_teachers = relationship("ClassTeacher", backref="teacher")

class ClassTeacher(Base):
    __tablename__ = 'class_teacher'
    teacher_id = Column (Integer, ForeignKey('teacher.teacher_id'), primary_key=True)
    class_id = Column(Integer, ForeignKey('class.id'),primary_key=True)
```

上述代码中用4个SQLAlchemy模型对4个表进行了定义，其中与关系定义相关的部分如下。

- 外键设置：在列的定义中，为 Column 传入 ForeignKey 进行外键设置。

```
class_id = Column(Integer, ForeignKey('class.id'))
```

- 关系设置：通过 relationship 关键字在父模型中建立对子表的引用，例如，Class 模型中的关系设置如下。

```
students = relationship("Student",backref="class")
```

其中的 backref 参数为可选参数，如果设置 backref，则此条语句同时设置了从父表对子表的引用。

- 一对多关系的使用：以后可以直接通过该 students 属性获得相关班级中所有学生的信息。

如下代码可以打印班级"三年级二班"的所有学生信息。

```
class_=session.query(Class).filter(Class.name=="三年级二班").first()
for student in class_.students:
    print("姓名: %s, 年龄: %d"%(student.name, student.age))
```

- 多对多关系的使用：通过关联模型 ClassTeacher 实现，在其中分别设置模型 Class 和 Teacher 的外键，并且在父模型中设置相应的 relationship 实现。也可以将多对多关系想象成一个关联表，分别对两个父表实现了多对一的关系。班级与老师之间为多对多关系，如下代码可以打印班级"三年级二班"中所有老师的信息。

```
class_=session.query(Class).filter(Class.name=="三年级二班").first()
for class_teacher in class_.class_teachers:
    teacher = class_teacher.teacher
    print("姓名: %s, 电话: %s"%(teacher.name, teacher.telephone))
```

注意：上述代码中 class_teacher.teacher 是在模型 Teacher 中针对 ClassTeacher 定义的反向引用。

3. 连接查询

在实际开发中，有了关系就必不可少地会有多表连接查询的需求。下面通过实际例子演示如何进行多表连接查询。

【示例 8-17】在查询语句中可以使用 join 关键字进行连接查询，打印出所有三年级学生的姓名。

```
students = session.query(Student).join(Class).filter(Class.level==3).all()
for student in students:
    print(student.name)
```

上述查询会自动把外键关系作为连接条件，该查询被 SQLAlchemy 自动翻译为如下 SQL 语句并执行：

```
SELECT student.student_id AS student_student_id,
    student.name AS student_name,
    student.age AS student_age,
    student.gender AS student_gender,
    student.address AS student_address,
    student.class_id AS student_class_id
FROM student JOIN class ON student.class_id = class.class_id
```

```
WHERE class.leve= ?
(3,)
```

【示例 8-18】如果需要将被连接表的内容同样打印出来，则可以在 query 中指定多个表对象。下面的语句在打印出所有三年级学生的姓名的同时，打印出其所在班级的名字。

```
for student, class_ in session.query(Student,
Class).join(Class).filter(Class.level==3).all():
    print(student.name, class_.name)
```

上述查询函数会自动把外键关系作为连接条件，该查询被 SQLAlchemy 自动翻译为如下 SQL 语句并执行：

```
SELECT student.student_id AS student_student_id,
       student.name AS student_name,
       student.age AS student_age,
       student.gender AS student_gender,
       student.address AS student_address,
       student.class_id AS student_class_id,
       class.class_id AS class_class_id,
       class.name AS class_name,
       class.level AS class_level,
       class.address AS class_location
FROM student JOIN class ON student.class_id = class.class_id
WHERE class.leve= ?
(3,)
```

【示例 8-19】如果需要用除外键外的其他字段作为连接条件，则需要开发者在 join 中自行设置。下面打印出所有班级的 address 与学生的 address 相同的学生的姓名：

```
for student_name, in session.query(Student.name). \
join(Class, Class.address == Student.address).filter(Class.level==3).all():
    print(student_name)
```

上述查询使用开发者指定的语句作为连接条件，并且因为直接指定了被查询的字段，所以减少了实际 SQL 中的被查询字段，提高了性能。该查询被 SQLAlchemy 自动翻译为如下 SQL 语句并执行：

```
SELECT student.name AS student_name,
FROM student JOIN class ON student.address = class.address
```

8.6.5 级联

级联是在一对多关系中父表与子表进行联动操作的数据库术语。因为父表与子表通过外键关联，所以对父表或子表的增删改操作会对另一张表也产生相应的影响。适当地利用级联可以开发出更优雅、健壮的数据库程序。本节学习 SQLAlchemy 中级联的操作方法。

注意：SQLAlchemy 级联独立于 SQL 本身针对外键的级联定义。即使在数据库表定义中没有定义 ON DELETE 等属性，也不影响开发者在 SQLAlchemy 中使用级联。

1. 级联定义

SQLAlchemy 中的级联通过对父表中的 relationship 属性定义 cascade 参数来实现，代码如下：

```python
from sqlalchemy import Table, Column, Integer, ForeignKey, String
from sqlalchemy.orm import relationship, backreffrom sqlalchemy.ext.declarative import declarative_base

Base = declarative_base()

class Class(Base):
    __tablename__ = 'class'
    class_id = Column(Integer, primary_key=True)
    name= Column(String(50))
    level = Column(Integer)
    address = Column(String(50))

    students = relationship("Student", backref="class_", cascade="all")

class Student(Base):
    __tablename__ = 'student'
    student_id = Column(Integer, primary_key=True)
    name= Column(String(50))
    age = Column(Integer)
    gender= Column(String(10))
    address= Column(String(50))
    class_id = Column(Integer, ForeignKey('class.class_id'))
```

上述代码定义了班级表 Class（父表）和学生表 Student（子表）。一对多的关系由父表中的 relationship 属性 students 进行定义。relationship 中的 cascade 参数定义了要在该关系上实现的级联方法"all"。

SQLAlchemy 中另外一种设置级联的方式是在子表的 relationship 的 backref 中进行设置。例如，上述代码写为如下形式，意义保持不变。

```
from sqlalchemy import Table, Column, Integer, ForeignKey, String
from sqlalchemy.orm import relationship, backref
from sqlalchemy.ext.declarative import declarative_base

Base = declarative_base()

class Class(Base):
    __tablename__ = 'class'
    class_id = Column(Integer, primary_key=True)
    name= Column(String(50))
    level = Column(Integer)
    address = Column(String(50))

class Student(Base):
    __tablename__ = 'student'
    student_id = Column(Integer, primary_key=True)
    name= Column(String(50))
    age = Column(Integer)
    gender= Column(String(10))
    address= Column(String(50))
    class_id = Column(Integer, ForeignKey('class.class_id'))
    class_ = relationship("Class", backref=backref("students",cascade="all"))
```

上述代码没有在父表 class 中设置 relationship 和 cascade，而是在子表中设置 relationship，并在其 backref 中设置 cascade。

SQLAlchemy 中可选的 cascade 取值范围如表 8.7 所示。

表 8.7　cascade 的取值范围

可选值	意义
save-update	当一个父对象被新增到session中时，该对象当时关联的子对象也自动被新增到session中
merge	Session.merge是一个对数据库对象进行新增或更新的方法。cascade取值为merge时的意义为：当父对象进行merge操作时，该对象当时关联的子对象也会进行merge操作
expunge	Session.expunge是一种将对象从session中移除的方法。cascade取值为expunge时的意义为：当父对象进行expunge操作时，该对象当时关联的子对象也会被从session中删除
delete	当父对象被删除时，子对象也被删除
delete-orphan	当子对象不再与任何父对象关联时，会自动将该子对象删除

续表

可选值	意义
refresh-expire	Session.expire 是一种设置对象已过期、下次引用时需要从数据库即时读取的方法。cascade 取值为 refresh-expire 时的意义为：当父对象进行 expire 操作时，该对象当时关联的子对象也进行 expire 操作
all	是一个集合值，表示 save-update、merge、refresh-expire、expunge、delete 同时被设置

多个 cascade 属性可以通过逗号分隔并同时赋值给 cascade。例如，如下代码同时设置了 save-update、merge 和 expunge 的属性：

```
students = relationship("Student", backref="class_", cascade="save-update, merge, expunge")
```

在默认情况下，任何 relationship 的级联属性都被设置为 cascade="save-update, merge"。本节在后续部分将对表 8.7 中最常用的参数 save-update、delete、delete-orphan 的功能进行举例说明。

2. save–update 级联

save-update 级联是指当一个父对象被新增到 session 中时，该对象当时关联的子对象也自动被新增到 session 中。

【示例 8-20】通过如下代码建立一个父对象 class 和两个子对象 student1 与 student2：

```
class_ = Class()
student1, student2 = Student(), Student()
class_.students.append(student1)
class_.students.append(student2)
```

如果父子级联关系包含 save-update，则只需将父对象保存到 session 中，子对象会自动被保存。续写上述代码如下：

```
session.add(class_)
if student1 in session:
    print("The student1 has been added too!")
```

这段代码将打印"The student1 has been added too!"。

技巧："in" 语句可以判断某对象是否被关联到了 session 中。已被关联的对象在 session 被 commit 时会被写入数据库中。

【示例 8-21】即使父对象已经被新增到 session 中，新关联的子对象仍然可以被添加：

```
class_ = Class()
session.add(class_)
student3 = Student()
if student3 in session:
    print("The student3 is added before append to the class_!")
class_.students.append(student3)
if student1 in session:
    print("The student3 is added after append to the class_!")
```

这段代码将打印"The student3 is added after append to the class_!"。

3. delete 级联

顾名思义，delete 级联是指当父对象被从 session 中 delete 时，其关联的子对象也自动被从 session 中 delete。通过一个例子演示 delete 的作用，假设数据库中 class 表和 student 表的内容如表 8.8 和表 8.9 所示。

表 8.8 例表—class

class_id	name	level	address
1	三年级二班	3	李冰路410号1楼
2	五年级一班	5	李冰路410号3楼
3	五年级二班	5	李冰路410号3楼

表 8.9 例表—student

student_id	class_id	name	age	gender	address	contactor
1	1	李晓	10	男	虹口区……	NULL
2	1	单梦童	10	女	虹口区……	NULL
3	1	林一雷	9	女	闸北区……	林廷玉
4	2	丁辉	10	男	宝山区……	NULL
5	2	王文文	12	女	虹口区……	王飞
6	2	李超凡	11	男	闸北区……	NULL
7	1	魏伟	10	男	虹口区……	NULL
8	3	李天一	12	男	闸北区……	NULL
9	3	赵蕊	12	女	宝山区……	NULL

从表 8.9 中可知，系统中有 3 个班级，它们分别有 4、3、2 个学生。如果 SQLAlchemy 中没有把它们的 relationship 的 cascade 设置为 delete，则删除父表内容不会删除相应的子表内容，而是把子表的相应外键置为空。比如：

```
class_ = session.query(Class).filter(name="三年级二班").first()   # 三年级二班的class_id为1
session.delete(class_)                                           # 删除class_id为1的班级
```

当 cascade 不包含 delete 时，上述代码中的 delete 语句相当于执行了如下 SQL 语句：

```
UPDATE student SET class_id=None WHERE class_id=1;
DELETE FROM class WHERE class_id=1;
COMMIT;
```

执行后数据库表 class 和 student 的内容变化如表 8.10 和表 8.11 所示。

表 8.10　例表—class（没有 delete 级联时删除 class_id=1 班级后）

class_id	name	level	address
2	五年级一班	5	李冰路410号3楼
3	五年级二班	5	李冰路410号3楼

表 8.11　例表—student（没有 delete 级联时删除 class_id=1 班级后）

student_id	class_id	name	age	gender	address	contactor
1	NULL	李晓	10	男	虹口区……	NULL
2	NULL	单梦童	10	女	虹口区……	NULL
3	NULL	林一雷	9	女	闸北区……	林廷玉
4	2	丁辉	10	男	宝山区……	NULL
5	2	王文文	12	女	虹口区……	王飞
6	2	李超凡	11	男	闸北区……	NULL
7	NULL	魏伟	10	男	虹口区……	NULL
8	3	李天一	12	男	闸北区……	NULL
9	3	赵蕊	12	女	宝山区……	NULL

此时将表定义中的 relationship 的 cascade 属性设置为 delete：

```
students = relationship("Student", backref="class", cascade="delete")
```

现在通过如下语句删除"五年级一班"：

```
class_ = session.query(Class).filter(name="五年级一班").first()   # 五年级一班的class_id为2
session.delete(class_)                                           # 删除class_id为2的班级
```

当 cascade 包含 "delete" 时，上述代码中的 delete 语句相当于执行了如下 SQL 语句：

```
DELETE FROM student WHERE class=2;
DELETE FROM class WHERE class=2;
COMMIT;
```

执行后数据库表 class 和 student 的内容变化如表 8.12 和表 8.13 所示。

表 8.12　例表—class（有 delete 级联时删除 class_id=2 班级后）

class_id	name	level	address
3	五年级二班	5	李冰路410号3楼

表 8.13　例表—student（有 delete 级联时删除 class_id=2 班级后）

student_id	class_id	name	age	gender	address	contactor
1	NULL	李晓	10	男	虹口区……	NULL
2	NULL	单梦童	10	女	虹口区……	NULL
3	NULL	林一雷	9	女	闸北区……	林廷玉
7	NULL	魏伟	10	男	虹口区……	NULL
8	3	李天一	12	男	闸北区……	NULL
9	3	赵蕊	12	女	宝山区……	NULL

4. delete-orphan 级联

delete-orphan 级联是指当子对象不再与任何父对象关联时，会自动将该子对象删除。继续以表 8.12 和表 8.13 为例，设置父表与子表的 relationship 中的 cascade 包含 "delete-orphan"：

```
students = relationship("Student", backref="class", cascade="delete-orphan")
```

通过如下代码将与班级"五年级二班"关联的学生全部脱离：

```
class_ = session.query(Class).filter(name="五年级二班").first()
unattachedStudent = []
while len(class_.students)>0:
    unattachedStudent.append(class_.students.pop())        # 与父对象脱离
session.commit                                             # 显式地提交事务
```

上述代码中没有显式地删除任何学生，但由于使用了 delete-orphan 级联，因此被脱离出班级对象的学生会在 session 事务提交时被自动从数据库中删除。代码执行后数据库表中的内容变化如表 8.14 和表 8.15 所示。

表 8.14 例表——class（delete-orphan 级联）

class_id	name	level	address
3	五年级二班	5	李冰路410号3楼

表 8.15 例表——student（delete-orphan 级联）

student_id	class_id	name	age	gender	address	contactor
1	NULL	李晓	10	男	虹口区……	NULL
2	NULL	单梦童	10	女	虹口区……	NULL
3	NULL	林一雷	9	女	闸北区……	林廷玉
7	NULL	魏伟	10	男	虹口区……	NULL

8.7 WTForm 表单编程

表单（Form）是用 HTML 互动式网站进行客户端与服务器交互的核心。随着网页内容的丰富，直接通过请求上下文获取客户端数据并进行解析，会使代码变得越来越杂乱无章。通过使用 WTForm 表单库，可以大大简化表单的处理流程，并使代码的结构更合理，可读性更高。本节介绍如何在 Flask 中使用 WTForm 进行表单处理。WTForm 由如下几个概念组成。

- Form 类：所有开发者自定义的表单需要继承自 Form 类或其子类，Form 类的最主要功能是通过其所包含的 Filed 类提供对表单内数据的快捷访问方式。
- 一系列 Field：即字段。WTForm 定义了若干个 Field 类型，每个 Field 类型对应一种 HTML input 标签控件。例如，BooleanField 用于显示和获取<input type="checkbox">标签数据；SubmitField 用于显示和获取<input type="submit">标签数据。
- Validator：验证器。用于验证用户在客户端输入的数据，当不符合要求时提醒用户重新输入。例如，Length 验证器用于指定文本输入必须满足的长度要求，FileAllowed 验证器用于指定可以上传的文件类型。

8.7.1 定义表单

可以通过定义一个继承自 Form 类的 Python 类来实现对表单类的定义，并且在其中定义一系列 Field 作为表单属性。例如，下面是一个公告表单（BulletinForm）的定义：

```python
from wtforms import Form,StringField, BooleanField,HiddenField, TextAreaField,
DateTimeField ,FileField

class BulletinForm(Form):
    id = HiddenField('id')
    dt = DateTimeField('发布时间', format='%Y-%m-%d %H:%M:%S')
    title = StringField('标题')
    content = TextAreaField('详情')
    valid = BooleanField('是否有效')
    source = StringField('来源')
    author =StringField('作者')
    image = FileField()
```

在以上代码中首先通过 wtforms 包引入将要用到的一系列 Field。在公告表单中定义了时间、内容、作者、图片等内容。

如果某些字段是所有表单共有的，则可以把它们抽象成一个基类，其他实体表单继承该基类，比如：

```python
from wtforms import Form,StringField, BooleanField,HiddenField, TextAreaField,
DateTimeField ,FileField

class BaseForm(Form):
id = HiddenField('id')

class BulletinForm(BaseForm):
    dt = DateTimeField('发布时间', format='%Y-%m-%d %H:%M:%S')
    title = StringField('标题')
    content = TextAreaField('详情')
    valid = BooleanField('是否有效')
    source = StringField('来源')
    author =StringField('作者')
    image = FileField()
```

上述代码将公有属性 id 定义到基类表单 BaseForm 中，实体表单继承自 BaseForm。

8.7.2 显示表单

显示表单需要编辑如下两个文件。

- 视图响应、路由映射文件。在 Flask 路由映射函数中实例化表单类，并且将其作为参数传递给 render_template，代码如下：

```
@app.route('/bd/view_bulletins' , methods=['GET', 'POST'])
def view_bulletins():
    form = BulletinForm(request.form)
    return render_template('view_bulletin.html', form=form)
```

- 模板文件。在模板文件中将 WTForm 表单字段嵌入需显示的位置，代码如下：

```
{% extends "base.html" %}
{% block content %}

<form action="" method="post" name="view_bulletin" enctype="multipart/form-data">
    {{form.hidden_tag()}}

<div class="row">
<div class="col-lg-10 col-xs-10">
{{ render_field(form.title, size=120)}}
</div>

<div class="col-lg-4 col-xs-10">
{{ render_field(form.source, size=50)}}
</div>
<div class="col-lg-4 col-xs-10">
{{ render_field(form.author, size=50)}}
</div>
<div class="col-lg-4 col-xs-10">
{{ render_field(form.dt)}}
</div>

<div class="col-lg-10 col-xs-10">
{{ render_field(form.content, rows="4", cols="120")}}
</div>

<div class="col-lg-5 col-xs-10">
{{ render_field(form.image, accept="image/png, image/jpeg")}}
  <p><input type="submit" value="上传" name="upload">上传图片分辨率为400x500</p>
</div>

</div>

<p><input type="submit" value="新建公告" name="confirm"></p>
```

```
</form>
{% endblock %}
```

上述模板文件是一个新增公告的模板，其中通过 render_field()函数将表单属性逐个转换为可显示的 HTML 标签，调用 render_field()函数时第 1 个参数传入表单属性名，之后传入被转换 HTML 标签的属性，代码如下：

```
<div class="col-lg-10 col-xs-10">
{{ render_field(form.content, rows="4", cols="120")}}
</div>
```

上述代码用于设置 context 的输入框为 4×120 字节的 INPUT 标签。

技巧：使用 render_field 在模板文件中渲染 WTForm 字段。

8.7.3 获取表单数据

当用户在浏览器中填写表单数据并提交后，在服务器端重新实例化一个 WTForm 的对象，可以直接获取用户在客户端输入的内容。为了获取用户提交的内容，重写/bd/view_bulletin 的相应函数如下：

```
@app.route('/bd/view_bulletin' , methods=['GET', 'POST'])
def view_bulletin():

    form = BulletinForm(request.form)

    if request.method == 'POST' and form.validate():
        if form.id.data:
            bulletin = orm.Bulletin.query.get(int(form.id.data))
            bulletin.dt = form.dt.data
            bulletin.title = form.title.data
            bulletin.content = form.content.data
            bulletin.source = form.source.data
            bulletin.author = form.author.data
            orm.db.session.commit()
        else:
            bulletin = orm.Bulletin(form.dt.data, form.title.data, form.content.data,
                            form.source.data, form.author.data)
            orm.db.session.add(bulletin)
            orm.db.session.commit()
```

```
            form.id.data = bulletin.id

    if 'upload' in request.form:
        file = request.files['image']
        if file :
            file_server = str(uuid.uuid1())+Util.file_extension(file.filename)
            pathfile_server = os.path.join(UPLOAD_PATH, file_server)
            file.save(pathfile_server)
            if os.stat(pathfile_server).st_size < 1*1024*1024:
                bulletinimage = orm.Bulletinimage(bulletin.id,file_server)
                orm.db.session.merge(bulletinimage)
                orm.db.session.commit()
            else:
                os.remove(pathfile_server)
    else:
        return redirect(url_for('view_bulletin'))
else:
    form.dt.data = datetime.datetime.now()

if form.id.data:
    bulletin = orm.Bulletin.query.get(int(form.id.data))
    form.bulletin = bulletin
    if form.bulletin:
        form.bulletinimages = form.bulletin.bulletinimages

return render_template('view_bulletin.html',form = form)
```

解析 view_bulletin()函数如下。

- 实例化一个 BulletinForm 对象 form，将 request.form 传给它作为初始参数。这样，如果用户已经填写了数据，则数据会被包含在 form 中。
- 通过 request.method == 'POST' and form.validate()判断本次访问是不是由用户提交产生的。如果不是，则直接通过 render_template(…)显示页面。
- 通过判断 form.id.data 的内容是否为空，决定本次提交是新增请求还是修改请求。

技巧：通过 Field 的 data 属性获得用户的实际输入结果。

- 如果是修改请求，则从数据库中读取公告对象，并用用户的最新输入修改所有内容。
- 如果是新增请求，则直接建立一个公告对象，并添加到数据库中。
- 由于表单中有两个 submit 按钮（上传图片、新增公告），因此可通过检查 request.form 是否有 'upload' 判断这次用户的提交是否是因为按下了"上传图片"按钮。

- 如果是上传文件，则通过 file = request.files['image']获取上传的内容，并保存到服务器的固定目录中。

8.8 本章总结

对本章内容总结如下。

- 用 pip 可以较方便地安装 Flask 及其配套组件。
- 用@app.route(…)装饰器可以将 URL 与其处理函数进行绑定。
- 会话上下文可以维护一个用户提交多次请求时的公共数据。
- 应用全局对象可以在一个请求的多个处理函数之间共享数据。
- 请求上下文用于获取来自客户端的各种数据。
- Jinja2 是 Flask 的模板编程语言，它提供了丰富的页面显示方法和控制逻辑。
- SQLAlchemy 是 Python 主流的数据库 ORM 模型。通过它可以抽象 SQL 语句，并屏蔽不同物理数据库之间的差异。
- 使用 WTForm 进行表单处理可以大大简化 HTML 表单编程的流程。

第 9 章

底层自定义协议网络框架 ——Twisted

到目前为止，本书讲解的 3 个 Python Web 框架都是围绕着应用层 HTTP 展开的，而 Twisted 是一个例外。Twisted 是一个用 Python 语言编写的事件驱动网络框架，对于追求服务器程序性能的应用，Twisted 框架是一个很好的选择。与前 3 个框架不同，本章主要讲解与 Twisted 的传输层协议相关的开发技术，如下所述。

- Twisted 综述：讲解 Twisted 框架的特点及其组成部分，在 Windows、Linux 和 macOS 中安装 Twisted。
- TCP 编程：使用 Twisted 进行 TCP 服务器及客户端编程。
- UDP 编程：使用 Twisted 进行 UDP 服务器及客户端编程。
- Twisted 高级话题：使用 Defer、多线程及 SSL 通信。

9.1 Twisted 综述

相对于 Tornado 的异步编程，Twisted 提供了更多底层和细节方面的支持。本节介绍 Twisted 的框架特点，以及它在 Windows、Linux 和 macOS 中的安装方法。

9.1.1 框架概况

Twisted 是一个有着 10 多年历史的开源事件驱动框架。Twisted 支持很多种协议，包括传输层的 UDP、TCP、TLS，以及应用层的 HTTP、FTP 等。对于所有这些协议，Twisted 提供了客户端和服务器方面的开发工具。

Twisted 是一个高性能的编程框架。在不同的操作系统平台上，Twisted 利用不同的底层技术实现了高效能通信。在 Windows 中，Twisted 的实现基于 I/O 完成端口（IOCP，Input/Output Completion Port）技术，它保证了底层高效地将 I/O 事件通知给框架及应用程序。在 Linux 中，Twisted 的实现基于 epoll 技术，epoll 是 Linux 下多路复用 I/O 接口 select/poll 的增强版本，它能显著提高程序在大量并发连接中只有少量活跃的情况下系统 CPU 的利用率。

在开发方法上，Twisted 引导程序员使用异步编程模型。Twisted 提供了丰富的 Defer、Threading 等特性来支持异步编程。这也导致了很多开发者觉得 Twisted 难以学习，本章将深入浅出地引导读者掌握 Twisted 编程的基本方法。

9.1.2 安装 Twisted 及周边组件

由于 Twisted 与操作系统的底层紧密绑定，因此在 Windows 中与在 Linux 和 macOS 中的安装方式略有不同。

1. 在 Windows 中安装 Twisted

目前为止，本书介绍的所有框架都能够用 pip 命令行工具完成安装。但对于 Windows 中的 Twisted 来说，使用简单的 pip 命令可能无法完成安装，我们要先手动下载相应版本的 whl 文件然后用 pip 安装。找到 Windows 上的 Twisted 安装包下载网页如图 9.1 所示，选择合适版本下载即可。例如，对于 64 位操作系统上的 Python 3.8 来说，选择图 9.1 中的 Twisted-20.3.0-cp38-cp38-win_amd64.whl 即可。

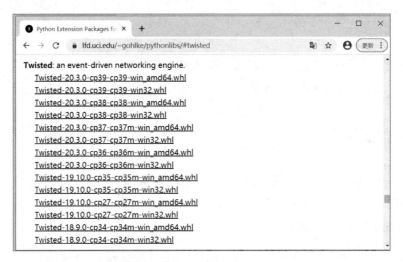

图 9.1　Windows 上的 Twisted 安装包下载网页

下载后可以通过如下命令完成安装：

```
C:\> pip install --upgrade incremental                      // 升级 incremental 组件
C:\> pip install Twisted-20.3.0-cp38-cp38-win_amd64.whl     // 通过 whl 文件安装 Twisted
```

很多系统中装有 incremental 组件，但是很可能由于无法与最新版的 Twisted 匹配导致 Twisted 安装失败，因此如上步骤中首先升级该组件。然后，用 pip 命令安装已下载的 Twisted 安装包即可完成安装（如果不在当前目录，可在命令中指定 whl 安装包路径）。

安装后可以用如下命令确认 Twisted 组件版本：

```
C:\> python
>>>import twisted
>>>print(twisted.__version__)
>>> "20.3.0"
```

结果显示与安装包名称中的版本号相吻合，本书所有 Twisted 代码基于 20.3.0 版本。

2. 在 Linux 与 macOS 中安装 Twisted

Twisted 在安装过程中需要先在被安装设备上编译，因此在安装 Twisted 之前需要确保安装了 Python 编译开发包。该步骤在不同的操作系统略有不同，以 Ubuntu Linux 举例：

```
# apt-get install python3-dev                        // 安装 Python 3 开发包
# pip install twisted                                // 安装 Twisted
```

而在 macOS 系统的 brew 安装工具中自带了 Python 开发包，因此可以直接使用上述第二条命令（pip）安装。

安装完成后可以用如下命令查看 Twisted 版本：

```
# pip freeze | grep Twisted
Twisted==20.3.0
```

即安装了本书写作时的最新 Twisted 版本 20.3.0。

9.2 实战演练：开发 TCP 广播系统

本节通过开发一个广播系统来学习用 Twisted 框架开发基于 TCP 的网络应用的方法。该广播系统接收任意客户端的连接请求，并且将任意客户端发送给服务器的消息转发给所有其他客户端。本系统是一个基本的实时通信模型。

9.2.1 广播服务器

使用 Twisted 进行基于传输层 TCP 的编程时，程序员无须操作 Socket 的 bind、send、receive 等基本原语；而是直接针对 Twisted 的 Protocol、Factory 等类进行编程，定义它们的子类并重写 connectionMade、dataReceived 进入事件化的 TCP 编程风格。

1. **开发 Protocol 子类**

针对每个客户端连接，Twisted 框架建立了一个 Protocol 子类的实例管理该连接。开发者需要编写该子类，使其能够处理 3 个基本事件响应函数。

- connectionMade()：当连接建立时由 Twisted 框架调用。在实际应用中，本函数的主要作用常常是在系统中注册该连接，方便以后使用。
- dataReceived()：当收到客户端的数据时由 Twisted 框架调用。
- connectionLost()：当连接断开时由 Twisted 框架调用。在实际应用中，本函数常常用来清理连接占用的资源。

【示例 9-1】本广播系统的 Protocol 代码为：

```python
from twisted.internet.protocol import Protocol

clients = []

class Spreader(Protocol):

    def __init__(self, factory):
        self.factory = factory
        self.connect_id = None
    def connectionMade(self):
        self.factory.numProtocols = self.factory.numProtocols + 1
        self.connect_id = self.factory.numProtocols
        self.transport.write(
            (u"欢迎来到Spread Site，您是第%d个客户端用户！\n" %
(self.connect_id, )).encode('utf8'))
        print("new connect: %d" % self.connect_id)
        clients.append(self)

    def connectionLost(self, reason):
        clients.remove(self)
        print("lost connect: %d" % self.connect_id)

    def dataReceived(self, data):
        if data == "close":
            self.transport.loseConnection()
            print("%s closed" % self.connect_id)
        else:
            print("spreading message from %s : %s" % (self.connect_id, data))
            for client in clients:
                if client != self:
                    client.transport.write(data)
```

代码解析如下。

- 用全局列表变量 clients 保存所有客户端的连接（即 Protocol 子类 Spreader 的实例）。
- 定义 Protocol 的子类 Spreader，在其中实现需要重载的方法。
- 在 connectionMade()函数中对连接的客户端进行计数，并且将 self 保存到 clients 列表中。
- 在 connectionLost()函数中执行与 connectionMade()函数相反的操作。

- 在 dataReceived()函数中轮询当前 clients 列表中的所有客户端,将收到的数据通过 Protocol.transport.write()函数分发给除自己外的所有客户端。
- 如果收到客户端发来的数据"close",则调用 Protocol.transport.loseConnection()函数主动关闭与该客户端的连接。

2. 开发 Factory 子类

Twisted 中的 Factory 子类起到对 Protocol 类的管理作用,当有新的客户端连接时,框架调用 Factory.buildProtocol()函数,使得程序员可以在这里创建 Protocol 子类的实例。Factory 子类及服务启动程序的代码如下:

```python
from twisted.internet.protocol import Factory
from twisted.internet.endpoints import TCP4ServerEndpoint
from twisted.internet import reactor

class SpreadFactory(Factory):
    def __init__(self):
        self.numProtocols = 0

    def buildProtocol(self, addr):
        return Spreader(self)

# 8007 是本服务器的监听端口,建议选择大于 1024 的端口
endpoint = TCP4ServerEndpoint(reactor, 8007)
endpoint.listen(SpreadFactory())
reactor.run()                                    # 挂起运行
```

建立 Factory 的子类 SpreadFactory,在其中只需重载两个函数:在__init__()中将客户端计数器 self.numProtocols 设置为 0;在 buildProtocol()中建立 Protocol 子类 Spreader 的实例。

通过 TCP4ServerEndpoint()函数定义服务器的监听端口,并用 listen()函数指定该端口所绑定的 Factory 子类实例,运行 twisted.internet.reactor.run()函数可启动服务器。

9.2.2 广播客户端

Twisted 同样提供了基于 Protocol 类的 TCP 客户端的编程方法。这里实现一个与 9.2.1 节的服务器程序相匹配的 TCP 客户端程序,让读者快速掌握客户端的编程方法。

【示例 9-2】代码如下：

```python
from twisted.internet.protocol import Protocol, ClientFactory
from twisted.internet import reactor
import sys
import datetime


class Echo(Protocol):
    def connectionMade(self):
        print("Connected to the server!")

    def dataReceived(self, data):
        print("got message: ", data.decode('utf8'))
        reactor.callLater(5, self.say_hello)

    def connectionLost(self, reason):
        print("Disconnected from the server!")

    def say_hello(self):
        if self.transport.connected:
            self.transport.write(
                (u"hello, I'm %s %s" %
                 (sys.argv[1], datetime.datetime.now())).encode('utf-8'))


class EchoClientFactory(ClientFactory):
    def __init__(self):
        self.protocol = None

    def startedConnecting(self, connector):
        print('Started to connect.')

    def buildProtocol(self, addr):
        self.protocol = Echo()
        return self.protocol

    def clientConnectionLost(self, connector, reason):
        print('Lost connection.  Reason:', reason)

    def clientConnectionFailed(self, connector, reason):
```

```
        print('Connection failed. Reason:', reason)


host = "127.0.0.1"
port = 8007
factory = EchoClientFactory()
reactor.connectTCP(host, port, factory)
reactor.run()
```

对上述代码解析如下。

- 与服务器端类似，使用 Protocol 管理连接，其中可重载的函数 connectionMade()、dataReceived()、connectionLost()等含义与服务器中含义相同。
- 定义 ClientFactory 的子类 EchoClientFactory，用于构造 Protocol 子类 Echo。ClientFactory 继承自 Factory 类，这里重写了它的 3 个事件响应函数，即 startedConnecting()函数在连接建立时被调用；clientConnectionLost()函数在连接断开时被调用；clientConnectionFailed()函数在连接建立失败时被调用。
- 在 Echo.dataReceived()函数中，每次收到消息后用 reactor.callLater()函数延时调用 say_hello()函数。有关 reactor.callLater()函数更多内容见本章 9.4.1 节。
- 在 say_hello()函数中使用 self.transport.connected 属性判断当前是否仍处于连接状态，如果是则用 self.transport.write()函数向服务器发送消息。
- twisted.internet.reactor.connectTCP()函数用于指定要连接的服务器地址和端口，然后仍然要调用 twisted.internet.reactor.run()函数启动事件循环。

通过本例可以看到，除了使用 ClientFactory 管理连接及使用 reactor.connectTCP()函数指定服务器端的地址，客户端与服务器的编程模式一致。

技巧：TCP 客户端在逻辑需要的时候同样可以调用 Protocol.transport.loseConnection()函数主动关闭连接。

为了更好地观察本例中 Echo（Protocol 的子类）与 EchoClientFactory（ClientFactory 的子类）两个类之间回调事件函数的执行顺序，现在打开三个命令行控制台，分别执行一个服务器程序和两个客户端程序，比如：

```
# python 9-1.py                        // 服务器程序

# python 9-2.py Rose                   // 以 Rose 身份运行的客户端程序

# python 9-2.py David                  // 以 David 身份运行的客户端程序
```

运行若干秒后可以使用 Ctrl+C 组合键中断服务器程序的执行。观察 Rose 客户端，可得到类似图 9.2 所示结果。

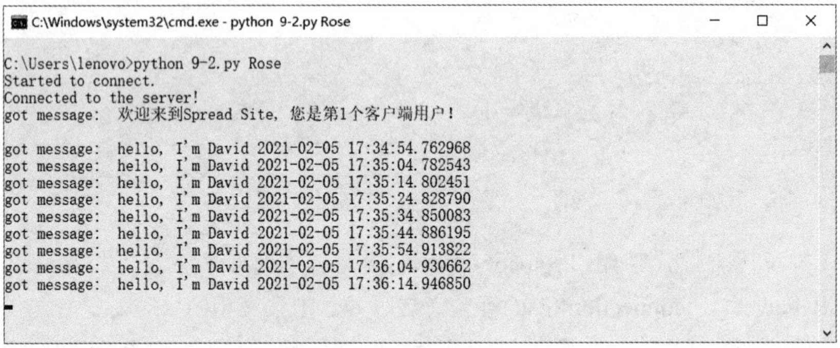

图 9.2　Rose 客户端输出结果

结合客户端程序中的代码，在连接建立与关闭时相关回调事件函数的执行顺序如下。

- 建立连接：
  - ClientFactory.startedConnecting()
  - Protocol.connectionMade()
- 已连接：
  - 用 Protocol.dataReceived()接收消息；
  - 用 Protocol.transport.write()发送消息。
- 连接断开：
  - Protocol. connectionLost()
  - ClientFactory. clientConnectionLost()

建立连接时先执行 ClientFactory 中回调，然后执行 Protocol 中回调，而连接断开时则正好相反。

9.3　UDP 编程技术

UDP 是 TCP 之外 Internet 上另一种最主要的传输层协议。本节学习使用 Twisted 进行 UDP 协议编程的方法。

9.3.1 实战演练 1：普通 UDP

UDP 是一种无连接对等通信协议，也就是说在 UDP 层面没有服务器与客户端的概念，通信的任何一方均可通过通信原语直接和其他方通信。

1. 完全基于 Twisted 的 UDP 编程

相对于 TCP，Twisted 中的 UDP 编程只需定义 DatagramProtocol 子类，而无须定义 Factory 子类。

【示例 9-3】这里给出一段将数据发送与接收结为一体的代码：

```python
from twisted.internet.protocol import DatagramProtocol
from twisted.internet import reactor
import threading
import time
import datetime

host = "127.0.0.1"
port = 8007

class Echo(DatagramProtocol):                         # 定义 DatagramProtocol 子类
    def datagramReceived(self, data, address):
        print("Got data from: %s: %s" % (address, data.decode('utf8')))

protocol = Echo()                                     # 实例化 Protocol 子类

def routine():
    time.sleep(1)                                     # 确保 protocol 已经启动
    while True:
        protocol.transport.write(("%s: say hello to myself." %
                        (datetime.datetime.now(), )).encode('utf-8'),
                        (host, port))
        time.sleep(5)                                 # 每隔 5 秒向服务器发送消息

threading.Thread(target=routine).start()
reactor.listenUDP(port, protocol)
reactor.run()  # 挂起运行
```

对上述代码解析如下。

- 从 DatagramProtocol 继承子类 Echo，重载其中的 datagramReceived()函数，定义收到 UDP 报文后如何处理，本例中仅仅以 UTF-8 格式打印收到的数据。Twisted 调用 datagramReceived()函数时除了会传入收到的数据，还会传入数据发送方的地址（IP 地址与端口号）。

注意：TCP 程序的自定义 Protocol 继承自 twisted.internet.protocol.Protocol，而 UDP 程序的自定义 Protocol 继承自 twisted.internet.protocol.DatagramProtocol。

- 实例化 Echo 类变量 protocol。
- 在单独的线程中运行 routine()函数，每隔 5 秒向指定的地址发送数据。发送数据的函数是 DatagramProtocol.transport.write()，它的第 1 个参数是要发送的数据内容，第 2 个参数是发送目的地的 IP 地址和端口。
- 通过 twisted.internet.reactor.listenUDP()函数指定本程序要监听的本地端口，以便接收其他终端发送的数据。调用 listenUDP()函数时需传入端口的地址和处理该端口数据的 DatagramProtocol 子类实例。
- 调用 twisted.internet.reactor.run()函数启动事件循环。
- 由于本段代码的 listenUDP()和 write()函数使用了相同的端口号，因此是一个数据自发自收的程序。

打开一个控制台，执行上述代码，可以看到如图 9.3 所示结果。

```
(venv) changlol@CHANGLOL-M-40YR: python 9-3.py
Got data from: ('127.0.0.1', 8007): 2018-08-03 17:50:32.247027: say hello to myself.
Got data from: ('127.0.0.1', 8007): 2018-08-03 17:50:37.251375: say hello to myself.
Got data from: ('127.0.0.1', 8007): 2018-08-03 17:50:42.255869: say hello to myself.
Got data from: ('127.0.0.1', 8007): 2018-08-03 17:50:47.259063: say hello to myself.
Got data from: ('127.0.0.1', 8007): 2018-08-03 17:50:52.260704: say hello to myself.
```

图 9.3　UDP 实战结果举例

2. 适配普通 Socket 对象的 UDP 编程

有时程序员需要利用在其他模块中已经建立好的 Socket 对象进行 UDP 编程，而无法使用完全基于 Twisted 的方案。

【示例 9-4】Twisted 支持适配普通 Socket 对象的编程场景，其处理方法如下：

```python
from twisted.internet.protocol import DatagramProtocol
import socket
from twisted.internet import reactor
```

```python
class Echo(DatagramProtocol):                               # 定义 DatagramProtocol 子类
    def datagramReceived(self, data, address):
        print(data.decode('utf8'))

address = ("127.0.0.1", 8008)

recvSocket = socket.socket(socket.AF_INET, socket.SOCK_DGRAM)
recvSocket.setblocking(False)                               # 设为阻塞模式
recvSocket.bind(address)                                    # 为普通 socket 绑定地址
port = reactor.adoptDatagramPort(recvSocket.fileno(), socket.AF_INET, Echo())   # 适配
recvSocket.close()                                          # 关闭普通 socket

# 新建一个 socket 作为发送端
sendSocket = socket.socket(socket.AF_INET, socket.SOCK_DGRAM)
sendSocket.sendto("Hello my friend!".encode('utf-8'), address)
reactor.run()
```

对上述代码解析如下。

- 与完全基于 Twisted 框架的 UDP 编程一样,首先要定义 DatagramProtocol 的子类来处理接收的数据,并且实例化一个该类的变量 protocol。
- 用普通 UDP Socket 的编程方法初始化 Socket 对象,并设置为非阻塞模式,绑定到指定的端口。
- 用 reactor.adoptDatagramPort()函数将 protocol 对象与 Socket 对象绑定在一起。
- 关闭普通 Socket 对象。
- 调用 twisted.internet.reactor.run()函数启动事件循环。

注意:adoptDatagramPort()函数返回的是一个已经处于监听状态的 IListeningPort 类型接口,后续如需停止监听该地址,可以调用接口中的 stopListening()函数。

此外,为了测试 adoptDatagramPort()函数的有效性,代码中另外建立了一个普通 socket 对象 sendSocket,用它的 sendto()函数向 Echo()对象所监听的地址发送了一条消息。运行该段程序可得到如下输出:

```
# python 9-4.py
Hello my friend!
```

该条输出来自 datagramReceived()函数,说明适配后的 Echo()对象已经能捕获到 UDP 数据。

9.3.2　实战演练 2：Connected UDP

虽然 UDP 本身是无连接协议，但是在编程接口上仍然可以调用 connect() 函数，用来限制程序只与某地址、端口通信。在调用了 connect() 函数后，当需要向该地址发送 UDP 数据时就不再需要指定目的地址和端口了。这样的技术在 Twisted 中被称作 Connected UDP。

虽然 Connected UDP 在一定程度上实现了点对点连接，但其本质上仍是数据报协议，其与 TCP 有着明显的区分。UDP、Connected UDP 与 TCP 的比较如表 9.1 所示。

表 9.1　UDP、Connected UDP 与 TCP 的比较

	UDP	Connected UDP	TCP
是否是点对点通信	否	是	是
数据报之间是否有序	否	否	是
发送是否可靠（发送方能否知晓数据已到达）	否	是	是
是否支持广播、组播	是	否	否

在实际项目开发中，开发者应根据具体应用场景结合 3 种模型的特点选择传输层通信模型。

【示例 9-5】用 Connected UDP 技术改造后的 UDP 通信代码如下：

```python
from twisted.internet.protocol import DatagramProtocol
from twisted.internet import reactor
import threading
import time
import datetime

host = "127.0.0.1"
port = 8007

class Echo(DatagramProtocol):                          # 定义 DatagramProtocol 子类
    def startProtocol(self):                           # 连接成功后被调用
        self.transport.connect(host, port)             # 指定对方地址和端口
        self.transport.write(b"Here is the first connected message")  # 发送数据
        print("Connection created!")

    def datagramReceived(self, data, address):         # 收到数据时被调用
        print(data.decode('utf8'))
```

```
    def connectionRefused(self):                    # 每次通信失败后被调用
        print("sent failed!")

    def stopProtocol(self):                         # Protocol 被关闭时被调用
        print("Connection closed!")

protocol = Echo()                                   # 实例化 Protocol 子类

def routine():                                      # 每隔 5 秒向服务器发送消息
    time.sleep(1)
    while True:
        protocol.transport.write(("%s: say hello to myself." %
                          (datetime.datetime.now(), )).encode('utf-8'))
        time.sleep(5)

threading.Thread(target=routine).start()
reactor.listenUDP(port, protocol)                   # 消息接收者
reactor.run()                                       # 挂起运行
```

由以上代码可以看出，在 Connected UDP 模式中同样需要定义继承自 DatagramProtocol 的协议类，用于处理接收到的数据。

与示例 9-3 相比，本例中的 DatagramProtocol 中多了 3 个事件处理函数。

- startProtocol()：当 Protocol 实例被第 1 次作为参数传递给 listenUDP() 函数时被调用。
- stopProtocol()：当所有连接都关闭后被调用。
- connectionRefused()：当数据发送失败时被调用。

其中 connectionRefused() 函数是 Connected UDP 模式所独有的，用于实现可靠的数据传输。

为了启用 Connected UDP 模式，在 startProtocol() 函数被调用时用 Protocol.transport.connect() 函数定义了对端的地址和端口，所以本例中使用 Protocol.transport.write() 函数发送数据时就不再需要给出目的地址和端口。

除了以上提到的地方，Connected UDP 的其他编程技术与普通 UDP 通信编程方式相同。

9.3.3 实战演练 3：组播技术

传统的网络通信是基于单播（Single Cast）点对点模式的，即每个终端一次只能与另外一个

终端进行通信。而 UDP 组播（Multi Cast）提供了这样一种通信方式：当一个终端发送一条消息时，可以有多个终端接收到并进行处理。在局域网设备状态监测、视频通信等应用中经常需要用到 UDP 组播技术。

在 IPv4 中有一个专有的地址范围被用于组播管理，即 224.0.0.0～239.255.255.255。组播参与者（包括发送者和接收者）在实际收发数据之前需要加入该地址范围中的一个 IP 地址，之后组中的所有终端都可以用 UDP 方式向组中的其他终端发送消息。

【示例 9-6】Twisted 中的组播编程代码如下：

```
from twisted.internet.protocol import DatagramProtocol
from twisted.internet import reactor

multicast_ip = "224.0.0.1"                                  # 组播地址
port =8001                                                  # 端口

class Multicast(DatagramProtocol):                          # 继承自 DatagramProtocol
    def startProtocol(self):
        self.transport.joinGroup(multicast_ip)              # 加入组播组
        self.transport.write(b'Notify', (multicast_ip, port))  # 组播数据

    def datagramReceived(self, datagram, address):
        print("Datagram %s received from %s" % (repr(datagram), repr(address)))
        if datagram == b"Notify":
            self.transport.write(b"Acknowlege", (multicast_ip, port))  # 单播回应

reactor.listenMulticast(port, Multicast(), listenMultiple=True)  # 组播监听
reactor.run()                                                     # 挂起运行
```

代码解析如下。

- 组播编程同样围绕着 DatagramProtocol 子类展开，其可重载的事件与普通 UDP 相同。
- 在 startProtocol 事件发生时将协议本身通过 Protocol.transport.joinGroup()函数加入组播地址中，使得自己可以接收到同组中其他终端发来的消息。
- 可以用 UDP 数据发送函数 Protocol.transport.write()向组内成员发送组播数据，要将组播地址及端口传递给该函数。
- 在组播场景中，需要使用 twisted.internet.reactor.listenMulticast()函数监听组播端口，并需要传递参数 listenMultiple = True。

技巧：与 joinGroup()函数相对应，Twisted 还提供了 Protocol.transport.leaveGroup()函数用于退出组播。

本例的执行结果类似如下：

```
# python3 9-6.py
Datagram b'Notify' received from ('10.24.16.194', 8001)
Datagram b'Acknowlege' received from ('10.24.16.194', 8001)
```

值得注意的是，在组播场景中接收数据事件回调函数 datagramReceived()中给出的发送端地址仍然是真实的 IP 地址，而不是某个组播 IP 地址（224.0.0.0～239.255.255.255）。

9.4 Twisted 高级话题

Twisted 框架之所以高效、强大，是因为其除了提供基本的通信编程封装，还在设计方法和协议支持上提供了更多的灵活性。本节学习其中最重要的部分，使得读者能够真正掌握 Twisted 设计的精髓并将其应用到自己的系统中。

9.4.1 延迟调用

延迟（Defer）机制是 Twisted 框架中用于实现异步编程的体系，使得程序设计可以采用事件驱动的机制。其作用与 Tornado 的协程类似。

1. 基本使用

可以将 Twisted 中的 Defer 看作一个管理回调函数的对象，开发者可以向该对象添加需要回调的函数，同时可以指定该组回调函数何时被调用。

【示例 9-7】下面的代码演示了 Defer 的基本使用方法：

```
from twisted.internet import defer
from twisted.python import failure
import sys

d = defer.Deferred()                                    # 定义 Defer 实例
```

```python
# #############以下是Defer回调函数添加阶段############################
def printSquare(d):                                      # 正常处理函数
    print("Square of %d is %d" % (d, d * d))

def processError(f):                                     # 错误处理函数
    print("error when process ")

d.addCallback(printSquare)                               # 添加正常处理回调函数
d.addErrback(processError)                               # 添加错误处理回调函数

# #############以下是Defer调用阶段####################################
if len(sys.argv) > 1 and sys.argv[1] == "call_error":
    f = failure.Failure(Exception("my exception"))
    d.errback(f)                                         # 调用错误处理函数processError
else:
    d.callback(4)                                        # 调用正常处理函数printSquare(4)
```

代码围绕着twisted.internet.defer.Deferred对象展开。在Defer对象中可以管理两种回调函数：正常处理函数和错误处理函数。它们分别由函数 Deferred.addCallback() 和 Deferred.addErrback 添加到 Defer 对象中。两种回调处理函数可以分别通过函数 Deferred.callback() 和 Deferred.errback() 进行调用。

> **注意**：一个Defer对象在完成添加回调函数的过程后，只能由函数callback()或errback()进行一次调用。如果试图进行第2次调用，则 Twisted 框架将抛出 AlreadyCalledError 异常。

本例的执行结果为：

```
# python3 9-7.py
Square of 4 is 16

# python3 9-7.py call_error
error when process
```

即第一次执行调用的是正常处理函数，第二次调用的是错误处理函数。

【示例9-8】一个Defer对象还可以被赋予多个正常或错误的回调函数，这样在Defer对象内部将分别形成一个正常处理函数链和错误处理函数链，比如：

```
from twisted.internet import defer
```

```
d = defer.Deferred()                                    # 定义 Defer 实例

def printSquare(d):                                     # 正常处理函数
    print("Square of %d is %d" % (d, d * d))
    return d

def processError(f):                                    # 错误处理函数
    print("error when process ")

def printTwice(d):
    print("Twice of %d is %d" % (d, 2 * d))
    return d

d.addCallback(printSquare)                              # 添加正常处理回调函数
d.addErrback(processError)                              # 添加错误处理回调函数
d.addCallback(printTwice)                               # 添加第 2 个正常处理回调函数

d.callback(5)
```

运行该程序，输出如下：

```
>>>python 9-8.py
Square of 5 is 25
Twice of 5 is 10
```

本例中的 Defer 对象在被调用时分别按顺序回调了函数 printSquare() 和 printTwice()。

2. Defer 对象详解

我们已经了解到，Defer 编程都围绕着 twisted.internet.defer.Deferred 对象展开，这里对其主要成员函数具体解析如下。

（1）addCallback(self, callback, *args, **kw)

该函数用于给 Defer 对象添加正常处理回调函数，其中的参数 callback 是回调函数名，args 和 kw 是传递给回调函数的参数。其中的回调函数至少应该具有一个输入参数，如下函数不能成为 Defer 对象的回调函数：

```
def process():                                          # 没有参数，不能成为回调函数
    pass

def callback():                                         # 没有参数，不能成为回调函数
    pass
```

如下函数形式都是合法的回调函数的声明形式：

```
def process(d):                                    # 单个参数
    pass

def callback(d = None):                            # 具有默认值的单个参数
    pass

def Add(d, num1, num2, num3):                      # 多个参数
    return num1 + num2 + num3
```

回调函数被调用时，回调函数的第 1 个参数是 Defer 函数链中前一个正常处理函数的返回结果，其后的参数是在函数调用 addCallback()函数时指定的 args 和 kw 参数。

（2）addErrback(self, errback, *args, **kw)

该函数用于给 Defer 对象添加错误处理回调函数，其中的参数 errback 是回调函数名，args 和 kw 是传递给回调函数的参数。与正常回调函数类似，传给 addErrback 的错误回调函数也至少应该具有 1 个输入参数。当函数被调用时，第 1 个参数是一个 twisted.python.failure.Failure 的对象实例，用于说明错误情况。

（3）addBoth(self, callback, *args, **kw)

该函数用于将同一个回调函数同时作为正常处理函数和错误处理函数添加到 Defer 对象中。

（4）chainDeferred(self, d)

它是 Defer 对象链接函数，用于将另一个 Defer 对象（即参数 d）的正确处理函数和错误处理函数分别添加到本 Defer 对象中。本函数具有单向性，比如：

```
D1 = defer.Deferred()
D2 = defer.Deferred()
    …
D1.chainDeferred(D2)                               # Defer 链接
```

该段代码中的 D1 在被调用时将导致 D2 对象中的函数链也被调用，而 D2 对象被调用时将不会导致 D1 中的函数链被调用。

（5）callback(self, result)

该函数调用正常处理函数链，其中的参数 result 是传递给第 1 个正常处理回调函数的参数。

（6）errback(self, fail=None)

该函数调用错误处理函数链，其中的参数 fail 是传递给第 1 个错误处理回调函数的参数。

（7）pause(self)和 unpause(self)

这两个函数用于 Defer 对象调用链的暂停与继续。pause()函数用于暂停一个 Defer 对象中对函数链的调用，直到 unpause()函数被调用后继续。

3. Defer 对象回调函数链的调用流程

学习到这里我们可能会有疑惑：Defer 对象为什么需要分别管理两条回调函数调用链？这是为了对回调过程提供更好的可控性，因为调用链的函数之间除了简单的顺序调用关系，还存在交叉调用关系。

正常处理函数调用链和错误处理函数调用链之间的正常及交叉调用关系如下。

- 当 Defer 对象的 callback()函数被调用时，正常处理函数链中的第 1 个函数被调用，其第 1 个参数由 callback()函数给出，其后的参数在之前调用 addCallback()函数时给出。
- 当 Defer 对象的 errback()函数被调用时，错误处理函数链中的第 1 个函数被调用，其第 1 个参数由 errback()函数给出，其后的参数在之前调用 addErrback()函数时给出。
- 当每个正常或错误处理函数被调用时如果发生异常，则调用错误处理函数链中的下一个函数。
- 如果正常或错误处理函数执行正常，则当本回调函数执行完成后调用正常处理函数链中的下一个函数。

正常处理函数链与错误处理函数链的调用流程如图 9.4 所示。图 9.4 中的实线为回调函数正常返回时的继续调用路径，虚线为处理函数中产生异常时的后续调用路径。

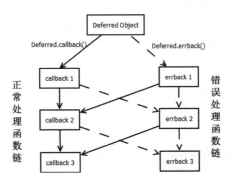

图 9.4　正常处理函数链与错误处理函数链的调用流程

4. 结合 Defer 对象与 reactor

【示例 9-9】将 Defer 对象与 reactor 的延时调用机制结合在一起，就可以开发出功能强大的异步调用函数了，比如：

```
from twisted.internet import reactor, defer

def printSquare(d):                                 # 正常处理函数
    print("Square of %d is %d" % (d, d*d))
    return d

def printTwice(d):                                  # 正常处理函数
    print("Twice of %d is %d" % (d, 2*d))
    return d

def makeDefer():
    d = defer.Deferred()                            # 定义 Defer 实例
    d.addCallback(printSquare)                      # 添加正常处理回调函数
    d.addCallback(printTwice)                       # 添加正常处理回调函数
    reactor.callLater(2, d.callback, 5)             # 配置延时调用

makeDefer()
reactor.run()                                       # 挂起运行
```

代码执行效果为：

```
# python 9-9.py
Square of 5 is 25
Twice of 5 is 10
```

本例在 makeDefer() 函数中用 Defer 对象调用链定义了需要执行的逻辑关系，同时用 reactor.callLater() 函数定义了 Defer 对象在两秒后调用。因此，在程序执行到 reactor.run() 函数之前时，printSquare() 和 printTwice() 两个函数并未被调用，而是在 reactor.run() 函数运行两秒后才被 Twisted 框架自动调用。

其中的 reactor.callLater() 函数是 Twisted 中关键的异步调用函数，其函数原型为：

```
def callLater(delay, callable, *args, **kw):
    #函数体#
    pass
```

其第 1 个参数 delay 定义延时调用的秒数，如果设为 0，则表示在本次事件处理完成后立刻

调用，之后的参数定义被调用的函数名及其参数。

利用 callLater()函数还可以实现定时退出 Twisted 消息循环，比如：

```
from twisted.internet import reactor

reactor.callLater(4, reactor.stop)                # 定义4秒后调用函数reactor.stop()
reactor.run()                                     # 挂起运行
print("Program finished!")
```

代码中的 reactor.stop()函数可以终止 reactor.run()函数的挂起运行，因此该程序将在运行 4 秒后打印"Program finished!"并退出。

9.4.2 使用多线程

Twisted 框架为开发者管理两种线程：一种是主线程，另一种是辅线程。主线程只有一个，即 reactor.run()函数运行的线程；而辅线程可以有多个，以线程池的方式呈现，可以由开发者配置线程池中辅线程的个数。

Twisted 的大多数代码运行在主线程中，dataReceived()、connectionLose()等事件处理函数由 Twisted 框架在主线程中调用。因此，如果这些函数的处理时间过长，则会影响其他事件函数的处理。

Twisted 提供了辅线程、线程池技术，使得开发者可以将耗时的同步代码移到辅线程中执行。

同时，为了提高运行效率，Twisted 框架中的大多数内置函数都不是线程安全的，如 twisted.internet.Protocol()和 transport.write()，因此需要将内置函数放入主线程中执行，否则可能导致程序逻辑错误，甚至系统崩溃。因此控制代码运行在主线程还是辅线程中是 Twisted 应用开发者需要掌握的重要技能。

1. 使代码在主线程中运行

Twisted 中的所有由框架调用的事件处理函数都运行在主线程中。除此之外，如果在其他线程中需要执行非线程安全的 Twisted 内置函数，则可以用 reactor.callFromThread()函数使代码运行在主线程中，比如：

```
from twisted.internet import reactor
import MyProtocol
```

```
protocol = MyProtocol()
def must_run_in_main_thread(message):
    protocol.send = true
    protocol.transport.write(message)

def run_in_any_thread():
    reactor.callFromThread(must_run_in_main_thread, "Good Morning")
    print("the run of must_run_in_main_thread() has been finished!")
```

本例中的 must_run_in_main_thread()函数中有非线程安全的代码，因此在调用它时使用了 reactor.callFromThread()函数，该函数的第 1 个参数是被调用的函数名，之后的参数是传递给被调用函数的参数。

reactor.callFromThread()函数将自己的线程在调用处挂起，直到被调用的函数已经在主线程中完成执行。

> **注意**：调用 reactor.callFromThread()函数的线程不仅可以是 Twisted 辅线程，还可以是 Twisted 主线程或 Python Threading 库等建立的其他线程。

2. 使代码在辅线程中运行

【示例 9-10】在主线程中遇到较耗时的处理时，可以用 reactor.callInThread()函数建立辅线程任务，比如：

```
from twisted.internet import reactor
from twisted.internet.protocol import DatagramProtocol
import datetime

def long_operation():
    import time
    time.sleep(5)
    print("%s: The protocol %s has been started for 5 seconds." %
        (datetime.datetime.now(), protocol))

class Echo(DatagramProtocol):                       # 定义 DatagramProtocol 子类
    def startProtocol(self):
        print(datetime.datetime.now(), ": started")
        # 调用 long_operation()函数，使其在辅线程中执行。本调用在主线程中立即返回
        reactor.callInThread(long_operation, self)
```

```
protocol = Echo()                                    # 实例化 Protocol 子类
reactor.listenUDP(8007, protocol)
reactor.run()                                        # 挂起运行
```

本例执行结果类似如下：

```
# python 9-10.py
2018-08-06 22:53:29.221376 : started
2018-08-06 22:53:34.246787: The protocol <__main__.Echo object at 0x10eb79a20> has been
started for 5 seconds.
```

这是一个 UDP 数据接收程序，Echo 协议在启动 5 秒后再次打印提示信息。Echo 类的 startProtocol()函数调度发生在主线程中，为了不使长时间的操作影响主线程中的其他事件，所以用 reactor.callInThread()函数指定 long_operation 运行在辅线程中。

函数 reactor.callInThread()的第 1 个参数是被调用的函数名，之后是传给被调用函数的参数。

3. 配置线程池

Twisted 使用线程池管理所有辅线程，开发者可以使用 reactor.suggestThreadPoolsize()函数定义线程池中的线程数量。比如：

```
reactor.suggestThreadPoolsize (10)                   # 辅线程数量为10
```

进行如上配置后，当用 reactor.callInThread()函数调度执行中的函数在 10 个以内时，这些函数将立即在各自的线程中被执行；而当超过 10 个时，这些函数将排队等待前面的被调度的函数执行完成后才执行。

9.4.3 安全信道

SSL（Secure Sockets Layer）也被称为 TLS（Transport Layer Security），为 TCP 通信加入 SSL 信道可以认证通信的主体，保证通信内容的私密性和完整性。因为 Twisted 框架支持开发非 HTTP 的应用层协议，所以这些应用无法使用 Nginx 等 Web 服务器提供的 SSL 信道。

注意：SSL 信道只能建立在传输层 TCP 上，而无法建立在 UDP 上。

在进行 SSL 的通信开发之前，需要安装 Python 的 SSL 插件 pyOpenSSL：

```
# pip install pyopenssl
```

用该命令完成 pyOpenSSL 的下载及安装后，就可以在 Twisted 中引用 twisted.internet.ssl 包进行基于 SSL 信道的程序开发了。从 Twisted SSL 信道的目的来看，SSL 通信可以分为两个级别。

- 加密信道的 SSL 通信：目的是保证网络中传输内容的私密性，第三方即使窥探到了全部的通信比特流，也无法破解其真实内容。
- 认证客户端身份的 SSL 通信：除了能加密信道，还能提供客户端的身份认证，即只允许有身份证明的客户端与服务器进行通信。

1. 加密信道的 SSL 通信

加密信道的 SSL 通信在服务器端需配置服务器密钥文件和服务器证书文件。其中密钥文件的内容是服务器的通信密钥；服务器证书文件是通信时发送给客户端的通信凭证。服务器端的代码如下：

```
from twisted.internet import ssl, reactor
from twisted.internet.protocol import Factory, Protocol

class EchoServer(Protocol):                      # Protocol 子类与普通 TCP 通信相同
    def dataReceived(self, data):
        self.transport.write(data)

if __name__ == '__main__':
    factory = Factory()
    factory.protocol = EchoServer
    reactor.listenSSL(8007, factory, ssl.DefaultOpenSSLContextFactory(
        '../ssl/server.key', '../ssl/server.crt'))    # 配置密钥文件和证书文件的路径
    reactor.run()
```

从代码中可以看出，TCP 服务器端需要使用 reactor.listenSSL()函数替换普通的监听函数 reactor.listen()，并在参数中给出密钥文件与证书文件的路径。其他编程方法（Protocol、Factory 等）与普通 TCP 通信一致。

注意：服务器密钥文件和证书文件可以用 OpenSSL 命令生成，具体方法详见第 5 章的相应小节。

在客户端方面，需使用 reactor.connectSSL()函数替换普通的连接函数 reactor.connect()，比如：

```
from twisted.internet import ssl, reactor
from twisted.internet.protocol import ClientFactory
```

```
if __name__ == '__main__':
    factory = ClientFactory()                               # 可以使用自定义的ClientFactory
    reactor.connectSSL('192.168.1.10', 8000,
                   factory, ssl.ClientContextFactory())     # SSL 连接
    reactor.run()
```

本例中省略了客户端的 Protocol 和 Factory 的逻辑代码，其中的关键是在 reactor.run()函数之前调用 reactor.connectSSL()函数，并传入一个 ssl.ClientContextFactory()对象。

经过上述改造后，TCP 服务器和客户端就可以在网络上使用密文通信了。

2. 认证客户端身份的 SSL 通信

在一些应用中，除了需要保证通信的私密性，服务器还需认证特定的客户端。尤其在金融领域，防止伪造的客户端与服务器进行通信是应用的基本要求。

因为客户端身份通过客户端证书进行标识，所以将 TCP 客户端的代码改造如下：

```
from twisted.internet import ssl, reactor
from twisted.internet.protocol import ClientFactory

class MySSLContext(ssl.ClientContextFactory):
    def getContext(self):
        self.method = SSL.SSLv3_METHOD                      # SSL 协议版本
        ctx = ssl.ClientContextFactory.getContext(self)
        ctx.use_certificate_file('../ssl/client.crt')       # 客户端证书文件路径
        ctx.use_privatekey_file('../ssl/client.key')        # 客户端密钥文件路径
        return ctx

if __name__ == '__main__':
    factory = ClientFactory()
    reactor.connectSSL('localhost', 8000, factory, MySSLContext())
    reactor.run()
```

上述代码在客户端定义了 MySSLContext 类用于配置客户端的 SSL 证书及密钥，并在调用 reactor.connectSSL()函数时传入该类的实例。本例省略了客户端中的其他 Protocol 和 Factory 逻辑代码。

在服务器端需要根据客户端提交的证书验证是否允许其与自己通信时，代码如下：

```
from OpenSSL import SSL
from twisted.internet import ssl, reactor
```

```python
from twisted.internet.protocol import Factory, Protocol

class Echo(Protocol):
    def dataReceived(self, data):
        self.transport.write(data)

def verifyCallback(connection, x509, errnum, errdepth, ok):
    print(' _verify (ok=%d):' % ok)                              # CA 是否匹配
    print(' subject:', x509.get_subject())                       # 客户端证书 subject
    print(' issuer:', x509.get_issuer())                         # 客户端证书发行方
    print(' errnum %s, errdepth %d' % (errnum, errdepth))        # 错误代码
    return True                                                  # 是否允许通信

if __name__ == '__main__':
    factory = Factory()
    factory.protocol = Echo

    myContextFactory = ssl.DefaultOpenSSLContextFactory(
        '../ssl/server.key', '../ssl/server.crt'                 # 服务器端的密钥和证书文件
    )

    ctx = myContextFactory.getContext()
    ctx.set_verify(
        SSL.VERIFY_PEER | SSL.VERIFY_FAIL_IF_NO_PEER_CERT,
        verifyCallback
    )
    ctx.load_verify_locations("../ssl/ca.crt")                   # 客户端证书的发行 CA

    reactor.listenSSL(8000, factory, myContextFactory)
    reactor.run()
```

因为要验证客户端的证书，所以在服务器调用 reactor.listenSSL() 函数时要传入更丰富的 SSL 上下文信息。本例中的 myContextFactory 除了配置了服务器密钥与证书文件，还用 ctx.set_verify() 函数定义了 SSL 上下文的客户端验证方式。

本例中的 verifyCallback() 函数是客户端验证的核心代码，开发者可以根据 x509 证书的内容判断是否允许客户端连接。如果允许客户端连接则返回 True，否则返回 False。

9.5 本章总结

对本章内容总结如下。

- 讲解 Twisted 框架的特点及适用场景。
- 讲解在 Windows、Linux 和 macOS 中安装 Twisted 的方法。
- 讲解使用 TCP 进行非 HTTP 应用层协议开发的方法，包括服务器端与客户端。
- 讲解使用 Twisted 进行 UDP 开发的方法。
- 讲解 Connected UDP 的概念及其与 TCP 和普通 UDP 的异同，讲解 Twisted 中的 Connected UDP 开发方法。
- 讲解组播的概念及组播开发方法。
- 讲解 Defer 对象的原理及使用 Defer 对象进行异步程序开发的方法。
- 讲解 Twisted 主线程与线程池，使读者能够判断哪些代码需要放在主线程中，哪些代码需要放在辅线程中。
- 讲解使用 SSL 进行 TCP 密文通信的编程方法。
- 讲解使用 SSL 进行客户端证书认证的编程方法。

下篇
Python 框架实战

- 第 10 章 实战 1：用 Django+PostgreSQL 开发移动 Twitter
- 第 11 章 实战 2：用 Tornado+jQuery 开发 WebSocket 聊天室
- 第 12 章 实战 3：用 Flask+Bootstrap+Restful 开发学校管理系统
- 第 13 章 实战 4：用 Twisted+SQLAlchemy+ZeroMQ 开发跨平台物联网消息网关

第 10 章

实战 1：用 Django+PostgreSQL 开发移动 Twitter

从本章起我们将进入本书的实战阶段，分别学习用 Django、Tornado、Flask、Twisted 开发项目。本章讲解用 Django 开发开源项目 Tmitter，该项目实现了基于手机的社交网站程序的基本功能，是学习 Django 框架和社交网站设计的最佳途径。本章的主要内容如下。

- 项目概览：了解开源代码库 GitHub 和 GNU General Public License，并学习 Tmitter 项目的代码结构。
- Tmitter 项目模块分析：分析项目的用户注册、登录、朋友管理、状态发布等功能，学习它们的设计和开发方法。
- Django 项目国际化：掌握用 Django 开发适用于不同语言的网站。
- Django 管理平台：通过真实的项目掌握管理平台的开发和使用方法。

注意：本章的内容以第 6 章的内容为基础。

第 10 章 实战 1：用 Django+PostgreSQL 开发移动 Twitter

10.1 项目概览

10.1.1 项目来源（GitHub）

Tmitter 是开源软件代码库 GitHub 上的一个 GNU General Public License（GPL）项目，本章讲解的 Tmitter 版本是对 GitHub 上的版本的改进和升级。因为 Tmitter 的功能类似于国外的 Twitter（中文译作推特），所以本章也可以说是制作一个移动版的 Twitter。

1. GitHub

GitHub 是一个利用 Git 进行版本控制，专门用于存放软件代码与内容的共享虚拟主机。它由 GitHub 公司的开发者 Chris Wanstrath、PJ Hyett 和 Tom Preston-Werner 使用 Ruby on Rails 编写而成。

GitHub 可以托管各种 Git 库，并提供一个 Web 界面，但与其他像 SourceForge 或 Google Code 这样的服务不同，GitHub 的独特卖点在于开源项目开发者从一个已有项目进行分支开发非常方便。

除了允许个人和组织建立和存取代码库，它也提供了一些方便社会化软件开发的功能，包括允许用户跟踪其他用户、组织、软件库的动态，对软件代码的改动和 Bug 提出评论等。GitHub 也提供了图表功能，用于显示开发者怎样在代码库上工作及软件的开发活跃程度。

随着越来越多的应用程序转移到了云上，GitHub 已经成为管理软件开发及发现已有代码的首选方法。根据 2020 年度开发者报告，GitHub 上已经有超过 5600 万注册用户和超过 6000 万的新建代码仓库，事实上它已经成为世界上最大的代码存放网站和开源社区。

2. GNU GPL

GNU 是由 Richard Stallman 在 1983 年 9 月 27 日公开发起的计划，其主要目标是创建一套完全自由的操作系统。GNU 计划采用 General Public License 的方式发行软件。

以自由操作系统为目标的 GNU 计划尚未完成，使用 GPL 许可证开发的很多软件却随着 Linux、FreeBSD 等操作系统内核一同发展，使得 GPL 软件成为开源领域最重要的组成部分之一。

使用 GPL 许可证开发的软件项目具有如下特点。

- 开源性：软件以源代码的形式发布，并规定任何用户都能够以源代码的形式将软件复制或发布给别的用户，保证了终端用户执行、学习、分享、编辑软件的自由。
- 传染性：如果开发者的软件项目中的一部分使用了 GPL 软件，那么整个项目就继承了 GPL 许可证，即整个项目的应用程序应该随着 GPL 一起开源。

自从 GPL 许可证被发布后，又出现了 GPLv2、GPLv3、LGPL、MIT 等其他开源项目许可证，这些许可证和 GPL 对开源软件的发展起到了关键作用。

说明：Python 语言本身就是基于 GPL 许可证的。如果没有 GPL，则 Python 语言及 Django、Tornado 等框架都不会出现！

10.1.2 安装 PostgreSQL 数据库并配置 Python 环境

在进行 Tmitter 项目的开发之前，读者应该先安装并使用一次 Tmitter，了解其系统组成和网站功能。

1. 安装 PostgreSQL 数据库

虽然 Django 项目可以使用任何关系型数据库为模型层提供持久化支持，但是 Django 默认的 SQLite 数据库没有官方的数据库客户端软件，不利于初学者深入学习 Django 后台的表结构。所以本书中的 Tmitter 项目使用 PostgreSQL 作为底层数据库，读者可以在开发项目的同时使用成熟的官方 pgAdmin 客户端程序了解该数据库的内容。

以 Ubuntu Linux 为例，安装 PostgreSQL 数据库的命令是：

```
# sudo apt-get install update
# sudo apt-get install postgresql postgresql-contrib
```

提示：Windows 系统下要安装的包是 psycopg2（不包含各种工具）。或者也可以直接下载 exe 版本的安装程序，它会包含图形化 pgAdmin 等各种附加工具。

系统会提示安装所需的磁盘空间，输入"y"，按照提示逐步完成安装。安装完毕后，系统会创建一个数据库超级用户"postgres"，密码为空。可以用如下命令设置 postgres 用户的新密码：

```
# sudo passwd postgres                              // 此处输入新密码
```

```
# sudo -i -u postgres                                    // 按提示输入密码
# psql                                                   // 进入 Postgres 命令工具 psql

postgres=#                                               // psql 命令提示符
postgres=# \password postgres
Enter new password                                       // 此处输入新密码
```

提示：Windows 系统下如果采用 exe 版本的安装程序，postgres 用户及其密码会在安装过程中设置，请忽略上述代码。

此后，需要为 Tmitter 项目新建一个数据库，命令如下：

```
postgres=#CREATE DATABASE  ;                             // 新建数据库 tmitter
postgres=# \q                                            // 退出 psql
#
```

注意：在生产环境中出于对安全因素的考虑，应该新建一个非超级用户作为管理 Tmitter 数据库的 owner，具体内容请参考 PostgreSQL 数据库手册。

2. 复制代码及安装依赖组件

安装好数据库后就可以复制本书配套源文件中的代码到用户的服务器上了，例如，将代码复制到如下目录中：

```
# pwd
/home/lynn/project/tmitter
```

在该目录中建立 Python 虚环境：

```
# virtualenv venv
# source ./venv/bin/activate                             // 激活虚环境
```

提示：Windows 系统下激活虚环境的命令在 venv\scripts 下。

在虚环境中安装 Tmitter 项目所依赖的包括 Django 在内的第三方组件：

```
# pip install Django==3.1.5                              // 安装 Django

# pip install psycopg2==2.8.6                            // 安装 Postgres 数据库引擎

# pip install Pillow==8.1.0                              // 安装图像处理库
```

```
# pip install pytz==2021.1                                    // 时区管理
```

3. 运行并使用

在运行之前需要配置 Tmitter 项目 setting.py 文件中的数据库连接信息，将其指向刚刚安装并配置的 PostgreSQL 数据库。找到 setting.py 文件中的如下部分，将其配置为适当信息：

```
DATABASES = {
  'default': {
    'ENGINE': 'django.db.backends.postgresql_psycopg2',
    'NAME': 'tmitter',                          # 数据库名
    'USER': 'postgres',                         # 数据库用户名
    'PASSWORD': 'postgres',                     # 数据库密码
    'HOST': '127.0.0.1',                        # 数据库 IP 地址
    'PORT': '5432',                             # 数据库端口
  }
}
```

完成配置后先通过 Django 的数据迁移功能新建一个数据库：

```
# cd /home/lynn/project/tmitter                               // 进入项目目录
# python3 manage.py makemigrations                            // 创建迁移脚本
# python3 manage.py migrate                                   // 按照脚本生成数据库
```

注意：很多读者在这一步出错，一般提示的错误是 mvc_area 不存在，这个时候请查看数据库中是否有 area 这个表，其中是否有数据。出现这个错误的原因是数据表或数据创建不成功，再次检查 mvc 下的 models.py 文件。

现在，可以通过如下命令启动 Tmitter 网站：

```
python manage.py runserver 0.0.0.0:8080                       // 启动服务器
```

图 10.1 Tmitter 主页界面

其中，0.0.0.0 指定服务器监听本机的所有 IP 地址，8080 是服务器的访问端口。此时访问 Tmitter 项目的主页 http://xx.xx.xx.xx:8080，Tmitter 主页界面如图 10.1 所示。

通过该主页读者可以熟悉项目的主要功能，包括用户注册、登录、发布消息、维护好友关系等。项目的页面功能简单实用，虽然其界面美观程度尚未达到商用水平，但其实现了社交网站所需的所有基本逻辑和功能。

注意：Tmitter 项目的目标场景是基于智能手机的社交网站，所以所有页面都是如图 10.1 所示的长方形布局。

10.1.3 项目结构

通过纵览源代码的目录及文件结构，可以直观地学习项目的组织结构。Tmitter 项目的目录结构如下：

```
tmitter/
    AUTHORS                             # 开发者声明文件
    INSTALL                             # 安装指导
    LICENSE                             # 许可证文件
    README.rdoc                         # GitHub Readme
    __init__.py
    conf\                               # 配置目录
        locale\                         # 本地化配置目录
            en\
                ...
            zh_Hans\
                ...
    manage.py                           # Django 项目管理文件
    mvc\
        __init__.py
        admin.py                        # 管理站点文件
        apps.py                         # Django 应用文件
        feed.py                         # 消息视图
        migrations\...                  # 数据库迁移目录
        models.py                       # 数据模型文件
        statics\                        # 静态文件目录
            images\                     # 网站静态图片目录
                ...
            styles\                     # 网站 CSS 文件目录
                default.py
        templatetags\                   # 自定义模板控件
            __init__.py
            common_tags.py
            user_tags.py
        tests.py                        # 测试文件
        views.py                        # 视图文件
```

```
scripts\                                # 脚本文件目录
    jquery.js
settings.py                             # 项目配置文件
statics\                                # 网站运行时的静态文件目录
    admin\
        …
    Images\
        ….
    styles\
        …
    uploads\
        …
templates\                              # 网站模板文件目录
    base.html                           # 页面父模板文件
    index.html                          # 主页模板文件
    signup.html                         # 用户注册页面模板文件
    …
urls.py                                 # URL 映射文件
utils\                                  # 工具箱包
    __init__.py
    formatter.py
    function.py
    mailer.py
    uploader.py                         # 文件上传处理工具
venv\                                   # 虚环境内容
    …
```

由此可见，项目主要由以下几部分组成。

- 项目信息文件：AUTHORS、INSTALL、LICENSE、README.rdoc 等。每个在 GitHub 上维护的开源软件都应该有上述文件，其内容分别包含了开发者信息、安装指导信息、版权信息、使用者必读等。其中 README.rdoc 文件的内容被 GitHub 作为项目信息显示在项目主页中。
- Django 项目文件：包括 manage.py、settings.py、urls.py 等，是每个 Django 项目必须具备的基础文件，由框架在执行 django-admin 命令时自动生成。这些文件用于维护项目的路径、模块加载、路径映射策略等，随着项目的开发要不断更新其中的内容。
- 静态文件：包括 conf 目录中的本地化文件、scripts 目录中的脚本文件等。
- 工具库文件：即 utils 目录中的内容，用于开发通用功能。这些代码中的功能不依赖于本网站中的特定逻辑，通常可以在其他站点、应用中被复用。在项目开发中经常把这些需要在其他应用中复用的代码组织在单独的目录中。
- MVC 架构的程序文件：即 mvc 和 template 目录中的内容，是实现网站应用的主体内容。本章将详细讲解这部分内容。

10.2 页面框架设计

因为框架定义了一个网站中所有页面的展现风格，所以页面框架是设计网页的首要工作。在页面框架中往往需要设计网站的 Logo、标题、导航、页尾、版权声明等。

10.2.1 基模板文件

在 Django 中，页面框架通过设计基模板（base template）文件实现，网站中的每个页面模板文件都继承自基模板文件。在基模板文件中需要定义所有页面的公共元素，除了可见元素，还包括 JavaScript 脚本、CSS 定义等公共文件的引用。

本网站的基模板文件是项目目录中的 template/base.html 文件，主要内容如下：

```
{% load i18n %}
{% get_current_language as LANGUAGE_CODE %}
{% get_available_languages as LANGUAGES %}
{% get_current_language_bidi as LANGUAGE_BIDI %}
{% spaceless %}
<?xml version="1.0" encoding="UTF-8"?>
<!DOCTYPE html PUBLIC "-//W3C//DTD XHTML 1.0 Strict//EN"
"http://www.w3.org/TR/xhtml1/DTD/xhtml1-strict.dtd">
<html xmlns="http://www.w3.org/1999/xhtml">

<head>
<meta http-equiv="Content-Type" content="text/html; charset=utf-8" />
<title>Tmitter - {% block title %}{% endblock %}</title>
<link rel="shortcut icon" href="/statics/images/favicon.png" />
{% block head_link %}{% endblock %}
<link rel="stylesheet" type="text/css" href="/statics/styles/default.css" media="all" />
{% block styles %}{% endblock %}
```

```html
<script type="text/javascript" src="http://code.jquery.com/jquery-1.11.0.js"></script>

<script type="text/javascript">

$(function() {
var scale_width = $(document).width() / 230.0;
var scale_height = $(document).height() / 34;
$(document.body).css("zoom",Math.min(scale_width, scale_height));
});

$(window).resize(function() {
var scale_width = $(document).width() / 230.0;
var scale_height = $(document).height() / 34;
$(document.body).css("zoom",Math.min(scale_width, scale_height));
});

</script>
</head>

<body style="zoom1:3;transform1:scale(3)">

{% block scripts %}{% endblock %}
<div id="container">
    <div id="header">
        <h1><a href="/"><img src="/statics/images/favicon.png" alt="Tmitter" />Tmitter</a></h1>
        <ul id="nav">
            <li><a href="/">{% trans 'Home' %}</a></li>
            <li><a href="/users">{% trans 'Everyone' %}</a></li>
            {% if not islogin %}
            <li><a href="/signin">{% trans 'Signin' %}</a></li>
            <li><a href="/signup">{% trans 'Signup' %}</a></li>
            {% else %}
            <li><a href="/user/{{ username }}">{% trans 'Me' %}</a></li>
            <li><a href="/settings">{% trans 'Edit' %}</a></li>
            <li><a href="/signout">{% trans 'Signout' %}</a></li>
            {% endif %}
        </ul>
    </div>
```

```
    <div id="main">
    {% block main %}{% endblock %}
    </div>
    <div id="footer">
      Powered by <a href="http://www.thewolfs.com.cn">Thewolfs Lab</a>.
      </div>
</div>
</body>
</html>
{% endspaceless %}
```

对基模板文件的解析如下。

- 文件中最开始几行的{%load i18n %}等标签用于使页面具备 Django 国际化的功能，该功能使网页中的文字可以根据浏览器的语言设置而显示为不同的语言。Tmitter 项目支持两种语言：中文、英文，该功能的相关配置和开发方法将在本节后续部分详细描述。
- 页面的<head>部分中定义了<title>元素，该元素显示在浏览器的窗口标题栏中。该元素的内容包括可继承的块{% block title %}{% endblock %}，使得每个子页面在需要时可以定义自己的<title>元素内容。
- 引用所有页面所必需的 JavaScript 文件、CSS 文件、页面 Logo 等。
- 用自定义的两个 JavaScript 函数实现页面缩放，使得页面可以适应不同浏览器的大小，并随着浏览器窗口大小的变化而变化。
- 在页面<body>内通过<ul>、<li>元素定义了基本的导航栏。导航栏中的每个链接文本部分都是用{trans }标签进行翻译的，使得这些文本可以实现国际化功能，即显示文本随着浏览器语言的不同而不同。
- 在<div id ="footer">中定义了页脚，页脚部分通常用于显示版权声明等信息。
- 在基页面中定义了{% block main %}{% endblock %}块，网站中的所有子模板需要重载该块的内容以实现各子页面的独特功能。

10.2.2　手机大小自适应（jQuery 技术）

在 Tmitter 项目的基模板中通过两个自定义 JavaScript 函数实现最简单的页面大小自适应。下面的函数在页面初始化时调用：

```
$(function() {
var scale_width = $(document).width() / 230.0;
```

```
var scale_height = $(document).height() / 34;
$(document.body).css("zoom",Math.min(scale_width, scale_height));
});
```

该函数使用了 jQuery 技术，详解如下。

- 通过$(document).width()和$(document).height()获取当前浏览器显示区域的大小。
- 通过将区域的大小除以一个常数可获得所需要的缩放比例，取两者之间较小的数值对页面进行缩放。
- 通过页面<body>的 css 属性 zoom 可以设置页面的缩放比例，用 jQuery 表达式 $(document.body).css 对该属性进行设置。

另外一个函数$(window).resize(function() {...})的内容与初始化函数一致，它使得在用户打开页面后，页面缩放比例能够随着用户的浏览器窗口的变化而变化。

> **技巧**：如果这里学习的页面大小自适应技术不能满足项目的需求，或者需要针对不同的浏览器显示不同的页面布局，则需要学习 Bootstrap 技术，第 12 章的 Flask 项目中使用的就是 Bootstrap 设计的前端页面。

10.2.3 文本国际化

所谓网站国际化，是指有不同语言使用习惯的用户访问同一个网站的页面时能够看到其自身语言的文本页面。国际化的基本原理如下。

- 浏览器通过 LANGUAGE_CODE 在 HTTP 请求头中告诉站点用户所需要的页面语言。
- 网站在渲染页面时根据 LANGUAGE_CODE 查询每个需要翻译成字符串的语言文本，并将其替换到网页中。

Django 为该流程提供了强大的支持，下面学习其具体方法。

1. 标识需要翻译的文本

在 Python 源文件和 HTML 等模板文件中都可以标识要翻译的文本。在 Python 源文件中通过 _()或 ugettext()函数表达翻译的需求，比如：

```
def my_view(request):
    sentence = 'Welcome to my site.'
    output = _(sentence)                          # 与 output = ugettext(sentence)等价
```

```
return HttpResponse(output)
```

其中的 sentence 变量保存待翻译的字符串，而 output 变量是翻译后的字符串。

在模板文件中，用{%trans %}标签表达翻译需求，比如：

```
<a href="/">{% trans 'Home' %}</a>
```

其中的 Home 是待翻译的字符串，而该<a>标签的最终内容将是翻译后的文本。

2. 创建语言文件

语言文件（Language File）是 Django 中用于保存翻译关系的文件，网站应该为每种支持的语言建立一个语言文件。创建语言文件的方法是在项目根目录中执行如下命令：

```
# cd /home/lynn/project/tmitter                  # 进入项目目录
# django-admin makemessages -l zh_Hans           # zh_Hans 是 LANGUAGE CODE
```

该条 django-admin 命令会在当前目录及子目录的 Python 文件及模板文件中查找需要翻译的字符串，并将这些字符串放在 zh_Hans 的语言文件中，该文件被命名为 django.po。所有语言文件都被保存在/tmitter/conf/locale 路径中，具体为：

```
tmitter/                                         # 项目目录
   conf/
      locale/                                    # 本地化目录
         zh_Hans/                                # 语言目录
            LC_MESSAGES/
               django.po                        # 语言文件
```

技巧：zh_Hans 是简体中文的 LANGUAGE CODE，其他常用 LANGUAGE CODE 还有 zh_Hant（繁体中文）、en（英文）、de（德文）、ja-jp（日文）、fr（法文）等。

在 django.po 文件中需要对每个字符串进行翻译，如下所示是 Tmitter 项目的中文语言文件的部分内容：

```
#: .\mvc\views.py:396                            # Python 代码所在的位置
msgid "Signup successed"
msgstr "注册成功"

#: .\mvc\views.py:396
msgid "Your account was regested success."
msgstr "恭喜！您已经注册成功。"
```

```
#: .\mvc\views.py:469
msgid "Error"
msgstr "错误"

#: .\mvc\views.py:479
msgid "Profile"
msgstr "个人设置"

#: .\mvc\views.py:497
msgid "Everyone"
msgstr "网友们"

#: .\templates\signup.html.py:25                    # 模板文件所在的位置
msgid "Password"
msgstr "密码"

#: .\templates\signup.html.py:29
msgid "Confirm"
msgstr "确认密码"

#: .\templates\signup.html.py:34
msgid "Submit"
msgstr "提交"

#: .\templates\control\home_pagebar.html.py:8
#: .\templates\control\home_pagebar.html.py:10
#: .\templates\control\user_pagebar.html.py:8
#: .\templates\control\user_pagebar.html.py:10
#: .\templates\control\userslist_pagebar.html.py:8
#: .\templates\control\userslist_pagebar.html.py:10
msgid "First"
msgstr "首页"
```

文件中的每条翻译由以下 3 部分组成。

- 通过注释表达的该条翻译出现在 Python 源文件或 HTML 模板文件中的代码位置。
- 用 msgid 表达待翻译的文本内容。
- 用 msgstr 表达翻译后的文本内容,开发者需要在语言文件生成后逐个配置 msgstr 字段。

3. 编译语言文件

当完成语言文件的创建及翻译工作后，需要再次调用 django-admin 命令编译语言文件，使翻译生效，具体为：

```
# cd /home/lynn/project/tmitter                    # 进入项目目录
# django-admin compilemessages
```

该条命令将自动搜索项目中的所有*.po 语言文件，并将其编译后生成对应的*.mo 文件。Django 框架在运行时使用*.mo 文件进行网站国际化翻译。

4. 更改语言文件的位置

如果开发者不希望按照 Django 默认的方式将语言文件及其编译文件放在 conf/locale 目录中，则可以在项目 setting.py 文件中修改国际化语言文件的保存路径：

```
LOCALE_PATHS = (
  '/home/lynn/project/tmitter/conf/locale',
)
```

在文件中找到上述部分并将路径改为相应的位置即可。

10.2.4 网站页面一览

Tmitter 把网站中所有页面路径的映射都维护在项目根目录的 urls.py 文件中，通过该文件可以清晰地看到网站中需要开发的所有页面，映射部分的代码如下：

```
urlpatterns = [
    url(r'^$', mvc.views.index),                                           # 消息发布页面、主页
url(r'^p/(?P<_page_index>\d+)/$',
    mvc.views.index_page),                                                 # 消息发布页面、分页
    url(r'^user/$',mvc.views.index_user_self),                             # 查看登录用户
url(r'^user/(?P<_username>[a-zA-Z\-_\d]+)/$',
    mvc.views.index_user,
    name= "tmitter-mvc-views-index_user"),                                 # 查看指定用户
url(r'^user/(?P<_username>[a-zA-Z\-_\d]+)/(?P<_page_index>\d+)/$',
    mvc.views.index_user_page),                                            # 查看指定的用户消息分页
    url(r'^users/$', mvc.views.users_index),                               # 查看所有用户、朋友
url(r'^users/(?P<_page_index>\d+)/$',
    mvc.views.users_list),                                                 # 查看所有用户分页
```

```
    url(r'^signin/$', mvc.views.signin),                          # 登录
    url(r'^signout/$', mvc.views.signout),                        # 登出
    url(r'^signup/$', mvc.views.signup),                          # 注册
url(r'^settings/$', mvc.views.settings,
    name ='tmitter_mvc_views_settings'),                          # 修改登录用户的信息
url(r'^message/(?P<_id>\d+)/$',
    mvc.views.detail,
    name = "tmitter-mvc-views-detail"),                           # 消息详情页面
url(r'^message/(?P<_id>\d+)/delete/$',
    mvc.views.detail_delete,
    name = "tmitter-mvc-views-detail_delete"),                    # 删除单条消息
url(r'^friend/add/(?P<_username>[a-zA-Z\-_\d]+)',
    mvc.views.friend_add,
    name="tmitter-mvc-views-friend_add"),                         # 添加朋友
url(r'^friend/remove/(?P<_username>[a-zA-Z\-_\d]+)',
    mvc.views.friend_remove),                                     # 删除朋友
    url(r'^api/note/add/', mvc.views.api_note_add),               # 发布消息
    url(r'^admin/',admin.site.urls),                              # 后台管理站点
]
+static(settings.STATIC_URL, document_root = settings.STATIC_ROOT) # 静态文件
```

虽然 Tmitter 只实现了社交网站的基本功能，但从以上 URL 映射可知其实它涉及了非常多的页面。按照功能可以将这些页面分为 5 大类，即用户注册及登录、消息发布及浏览、朋友管理、个人资料配置和管理站点。

本章后续将逐个学习这些模块的页面设计、模型设计及作为控制中心的视图设计。

10.3 用户注册及登录

用户注册及登录是社交网站的必备功能，本节首先解析 Tmitter 的用户注册的相关模块。

10.3.1 页面设计

在主页中单击导航栏中的"注册"链接，网站将跳转到用户注册页面/signup。在注册页面中需要填入如下信息。

第 10 章 实战 1：用 Django+PostgreSQL 开发移动 Twitter

图 10.2 用户注册页面的内容

- 用户名：登录 Tmitter 网站时的登录名，可以是昵称。
- 姓名：即真实姓名，用于识别用户的真实身份。
- 电子邮件：可以进一步联系用户的其他朋友。
- 密码：本用户名的登录密码。
- 确认密码：必须与登录密码相同。

读者可逐项输入并单击"提交"按钮完成注册，用户注册页面的内容如图 10.2 所示。

该页面所对应的模板文件为 template/signup.html，其主要内容如下：

```
{% block title %}{{ page_title }}{% endblock %}
{% block main %}
<div class="form">
   <div class="message">{{ state.message }}</div>
   <form action="/signup/" method="post">
      <table cellpadding="0" cellspacing="0">
         <tr>
            <td class="field">{% trans 'Username' %}:</td>
            <td><input type="text" name="username" value="{{ state.form.username }}" class="text" size="12" /></td>
         </tr>
         <tr>
            <td class="field">{% trans 'Name' %}:</td>
            <td><input type="text" name="realname" class="text" value="{{ state.form.realname }}" size="5" /></td>
         </tr>
         <tr>
            <td class="field">{% trans 'Email' %}:</td>
            <td><input type="text" name="email" class="text" value="{{ state.form.email }}" size="15" /></td>
         </tr>
         <tr>
            <td class="field">{% trans 'Password' %}:</td>
            <td><input type="password" name="password" class="text" size="15" /></td>
         </tr>
         <tr>
            <td class="field">{% trans 'Confirm' %}:</td>
            <td><input type="password" name="confirm" class="text" size="15" /></td>
```

```
            </tr>
            <tr>
                <td class="field"></td>
                <td><button type="submit" class="submit">{% trans 'Submit' %}</button></td>
            </tr>
        </table>
    </form>
</div>
{% endblock %}
```

解析如下。

- 文件的内容重载了模板文件中的两个可继承块{% block title %}和{% block main %}。
- 在页面中用 HTML <table>标签组的方式进行页面布局,该标签组将页面的主要区域分成两列:左列用于存放输入提示文本,右列存放输入控件。
- 在<form>标签中有属性 action="/signup/",定义了当用户完成输入并单击"提交"按钮后,页面会将请求以 POST 方式提交给/signup 处理。

用户登录页面 /signin 也是一个通过<form>标签实现的表单页面,其内容比注册页面更简单,读者可自行查看其源代码内容。

10.3.2 模型层

要实现用户注册功能,则需要在 Django 模型层设计相应的数据对象类,Tmitter 项目的所有模型都在 mvc/models.py 文件中维护,注册及登录的模型代码如下:

```
class User(models.Model):                                           # 用户模型类
    id = models.AutoField(primary_key = True)
    username = models.CharField('用户名',max_length = 20)
    password = models.CharField('密码',max_length = 100)
    realname = models.CharField('姓名',max_length = 20)
    email = models.EmailField('Email')
    area = models.ForeignKey(Area,verbose_name='地区', on_delete=models.CASCADE)
    face = models.ImageField('头像',upload_to='face/%Y/%m/%d',default='',blank=True)
    url = models.CharField('个人主页',max_length=200,default='',blank=True)
    about = models.TextField('关于我',max_length = 1000,default='',blank=True)
    addtime = models.DateTimeField('注册时间',auto_now = True)
    friend = models.ManyToManyField("self",verbose_name='朋友')
```

```python
def __unicode__(self):
    return self.realname

def addtime_format(self):
    return self.addtime.strftime('%Y-%m-%d %H:%M:%S')

def save(self,modify_pwd=True):                         # 新增、修改函数
    if modify_pwd:
        self.password = function.md5_encode(self.password)
    self.about = formatter.substr(self.about,20,True)
    super(User,self).save()

class Meta:
    verbose_name = u'用户'
    verbose_name_plural = u'用户'
```

解析如下：

- 在 User 类中定义了若干字段，用于维护用户的基本信息，除了用户注册界面中需要输入的每一个字段，还包括用户头像、个人主页等其他信息，这些个性化信息可在用户登录后自行设置。
- 在 User 类中定义 save()函数，用于修改用户的信息。该函数中使用 md5 对用户的密码进行加密，使得用户的密码以密文的方式被保存在数据库中。function.md5_encode()函数通过 md5 库实现密码加密：

```python
from hashlib import md5
def md5_encode(str):
    return md5(str.encode('utf-8')).hexdigest()
```

10.3.3 视图设计

在 Django 中视图（View）是功能模块的核心，它连接了页面模板与数据模型，并进行一定的逻辑控制。通过在 urls.py 文件中配置 urlpatterns 可实现对路由映射的控制：

```python
urlpatterns = [
    url(r'^signup/$',mvc.views.signup),
    url(r'^signin/$',mvc.views.signin),
    # 还有其他路由
]
```

其定义注册页面/signup 的处理函数为 mvc/views.py 文件中的 signup()函数，并定义了登录页面的处理函数为 signin()函数。

1. signup()函数

signup()函数是处理注册请求的核心函数，其主要作用是根据页面的不同调用方式（GET/POST）进行不同的逻辑处理。该函数的内容为：

```python
def signup(request):
    _islogin = __is_login(request)                          # 判断是否登录

    if(_islogin):                                            # 如果已经登录，则重定向到根目录
        return HttpResponseRedirect('/')

    _userinfo = {                                            # 用户信息的数据结构
        'username' : '',
        'password' : '',
        'confirm' : '',
        'realname' : '',
        'email' : '',
    }

    try:
        _userinfo = {                                        # 从页面获取用户的输入
        'username' : request.POST['username'],
        'password' : request.POST['password'],
        'confirm' : request.POST['confirm'],
        'realname' : request.POST['realname'],
        'email' : request.POST['email'],
        }
        _is_post = True
    except (KeyError):
        _is_post = False

    if(_is_post):                                            # 如果是post消息，则执行注册逻辑
        _state = __do_signup(request,_userinfo)
    else:
        _state = {
            'success' : False,
            'message' : _('Signup')
        }
```

```
    if(_state['success']):                                  # 如果注册成功，则返回成功页面
        return __result_message(request,_('Signup successed'),_('Your account was registed success.'))

    _result = {                                             # 显示注册信息
        'success' : _state['success'],
        'message' : _state['message'],
        'form' : {
            'username' : _userinfo['username'],
            'realname' : _userinfo['realname'],
            'email' : _userinfo['email'],
        }
    }

    # body content
    _template = loader.get_template('signup.html')          # 渲染注册页面
    _context = {                                            # 配置模板参数
        'page_title' : _('Signup'),
        'state' : _result,
    }
    _output = _template.render(_context)
    return HttpResponse(_output)
```

解析如下。

- 页面首先判断客户是否已经登录，如果已经登录，则不允许进行注册操作，直接重定向到首页。在__is_login()函数中通过session 数据即可判断登录与否：

```
def __is_login(request):
    return request.session.get('islogin', False)
```

- 如果本页面通过 POST 方式访问，则用 request.POST['xxx']的方式获得客户端对各输入项的输入值，将这些数据保存在结构体_userinfo 中提交给__do_signup()函数进行注册。
- 如果__do_signup 处理成功，则通过__result_message()函数显示成功消息页面。
- 如果本次访问不是通过 POST 方式进行访问的，或者__do_signup 处理失败，则通过模板的 render()函数继续显示/signup 页面。

2. __do_signup()函数

__do_signup()函数是实际处理注册操作的函数，在其中需要检测用户输入的合法性，并将

该输入保存到数据模型层中，代码如下：

```python
def __do_signup(request,_userinfo):
    _state = {                                              # 初始化处理状态
        'success' : False,
        'message' : '',
    }

    # check username exist
    if(_userinfo['username'] == ''):                        # 查看是否输入用户名
        _state['success'] = False
        _state['message'] = _('"Username" have not inputed.')
        return _state

    if(_userinfo['password'] == ''):                        # 查看是否输入密码
        _state['success'] = False
        _state['message'] = _('"Password" have not inputed.')
        return _state

    if(_userinfo['realname'] == ''):                        # 查看是否输入名字
        _state['success'] = False
        _state['message'] = _('"Real Name" have not inputed.')
        return _state

    if(_userinfo['email'] == ''):                           # 查看是否输入邮件地址
        _state['success'] = False
        _state['message'] = _('"Email" have not inputed.')
        return _state

    # check username exist                                  # 检查用户名是否已经被注册
    if(__check_username_exist(_userinfo['username'])):
        _state['success'] = False
        _state['message'] = _('"Username" have existed.')
        return _state

    # check password & confirm password
    if(_userinfo['password'] != _userinfo['confirm']):      # 检查两次密码输入是否匹配
        _state['success'] = False
        _state['message'] = _('"Confirm Password" have not match.')
        return _state
```

```
_user = User(
            username = _userinfo['username'],
            realname = _userinfo['realname'] ,
            password = _userinfo['password'],
            email = _userinfo['email'],
            area = Area.objects.filter().all()[0]
        )
_user.save()                                            # 保存
return _state
```

3. signin()函数

signin()函数是 views.py 中用于调度登录操作的视图函数，其内容为：

```
def signin(request):

    _islogin = __is_login(request)                      # 检查是否登录

    try:
        # get post params                               # 获取输入用户名和密码
        _username = request.POST['username']
        _password = request.POST['password']
        _is_post = True
    except (KeyError):
        _is_post = False

    # check username and password
    if _is_post:
        _state = __do_login(request,_username,_password)    # 进行登录操作

        if _state['success']:
            return __result_message(request,_('Login successed'),_('You are logied now.'))
    else:
        _state = {
            'success' : False,
            'message' : _('Please login first.')
        }

    # body content
    _template = loader.get_template('signin.html')      # 显示登录页面
    _context = {
        'page_title' : _('Signin'),
```

```
    'state' : _state,
    }
_output = _template.render(_context)
return HttpResponse(_output)
```

登录函数的总体调度与注册函数类似，都要排除用户已经登录的情况，并且只在用户通过 Post 方式访问此页面才通过 __do_login() 函数执行登录操作，否则仅仅通过渲染页面模板来显示页面。

> **注意**：在本项目的其他视图函数中，都有这样检验是否登录、是否是 Post 方式访问的判断逻辑，此后不再重复解释。

4. __do_login()函数

通过在 session 中存入用户的数据来实现登录操作，代码如下：

```
def __do_login(request, _username, _password):
    _state = __check_login(_username, _password)
    if _state['success']:
        request.session['islogin'] = True                  # 标识已登录
        request.session['userid'] = _state['userid']       # 保存用户的 id
        request.session['username'] = _username            # 保存用户名
        request.session['realname'] = _state['realname']   # 真实姓名
    return _state
```

session 信息在同一个客户端的每一次访问中都会有效。在整个网站的应用中，会频繁访问登录后在 session 中保存的信息。

10.4 手机消息的发布和浏览

消息发布是社交网站的核心功能，Tmitter 项目提供了基本的消息发布与浏览功能。

10.4.1 页面设计

在 Tmitter 项目中，登录用户可以在系统中自由地发布消息，所有与该用户建立朋友关系的其他用户都可以看到该消息。发布消息及消息浏览功能都集成在主页面中，如图 10.3 所示。

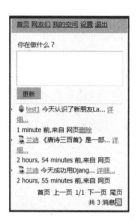

图 10.3　消息的发布与浏览

通过该页面可以直接发布消息，以及查看自己和好友的所有消息。为了节省页面空间，在本页面中每条好友消息仅显示前 10 个字节，如果需要查看详情，则可以单击"详细"链接进入 /message 页面查看完整信息。

1. 模板结构

图 10.3 的页面模板为 templates/index.html，与消息相关的关键代码如下：

```
<div class="list">
   <ol>
   {% for item in notes %}
   <li>
      {% include 'include/list_item.html' %}         <!--用另外一个子模板显示信息条目-->
   </li>
   {% endfor %}
   </ol>
   <div class="pagebar">
      {{ page_bar| safe }}                            <!--分页条 -->
      <img src="/statics/images/feed.png" style="border:0;margin-bottom:-2px;"
         alt="feed icon" />                           <!--logo 图标 -->
      </a>
   </div>
</div>
```

在视图函数中为模板传入参数 notes 和 page_bar，它们分别保存了消息条目模型数据和分页条视图。这里使用{% include %}标签进行子模板嵌入，用于显示每一条消息。

技巧：在同一格式的重复显示场景中，使用{% include %}标签嵌入子模板是一种常用技术。

2. 消息子模板 list_item.html

显示每一条消息的子模板 templates/include/list_item.html 的主要内容如下：

```html
<p class="message">
   <span class="face"><img src="{{ item.user.face|face16 }}" class="face16" /></span>
   <a href="{% url 'tmitter-mvc-views-index_user' item.user.username %}"
      class="name">{{ item.user.realname }}
   </a>
   {{ item.message|urlize|slice:":10" }}...
   <a class="more" href="{% url 'tmitter-mvc-views-detail' item.id %}">{% trans 'Detail' %}...
   </a>
<p>
<p class="info">
   <span class="date">{{ item.addtime|timesince }} {% trans 'ago' %},</span>
   <span class="category">{% trans 'from' %} {% trans item.category.name %}</span>
   {% if islogin %}
   {% ifequal userid item.user.id %}
   <span class="delete"><a href="{% url 'tmitter-mvc-views-detail_delete' item.id %}">{% trans 'Delete' %}</a></span>
   {% endifequal %}
   {% endif %}
</p>
```

本模板由两个段落组成：第 1 个<p>段落显示消息的主要内容，包括发布者的头像、消息文字、详情链接；第 2 个<p>段落显示消息的辅助信息，包括发布日期、来源、删除链接等。此处用{% if %}标签判断当前用户是否是本条消息的发布者，如果是发布者本人的消息则才会显示"删除"链接。

3. 分页条 page_bar

在 templates/index.html 中直接通过{{page_bar}}变量显示分页条，其实该变量保存了对 templates/control/user_pagebar.html 子模板的渲染结果。

与加载该子模板相关的视图函数的代码如下：

```python
# 如下代码在mvc/views.py中
def index_user_page(request, username, page_index):
    #......
    _page_bar = formatter.pagebar(_notes, page_index, username)
    #......
```

```
# 如下代码在/utils/formatter.py中
from django.shortcuts import render, HttpResponse
from django.core.paginator import Paginator

def pagebar(request,objects,page_index,username='',tempate='control/home_pagebar.html'):
    page_index = int(page_index)
    _paginator = Paginator(objects, PAGE_SIZE)        # Django分页工具

    if(username):
        tempate = 'control/user_pagebar.html'

    return render(request,tempate, {
        'paginator': _paginator,
        'username' : username,
        'has_pages': _paginator.num_pages > 1,
        'has_next': _paginator.page(page_index).has_next(),
        'has_prev': _paginator.page(page_index).has_previous(),
        'page_index': page_index,
        'page_next': page_index + 1,
        'page_prev': page_index - 1,
        'page_count': _paginator.num_pages,
        'row_count' : _paginator.count,
        'page_nums': range(_paginator.num_pages+1)[1:],
    }).content
```

由此可见，分页的核心代码被保存在/utils/formatter.py 的 pagebar()函数中，该函数的调用者只需要传递页数参数 page_index，该函数即可返回一个已渲染好的用于显示的 HTML 内容块。

在 pagebar()函数中首先调用 django.core.paginator.Paginator()函数计算分页的信息，该函数的返回值_paginator 中包含了所有分页条中需要用到的信息，如下所述。

- _paginator.num_pages：总共有多少页。
- _paginator.page(page_index).has_next()：是否有下一页、当前是否为最后一页。
- _paginator.page(page_index).has_previous()：是否有前一页、当前是否为首页。
- _paginator.count：当前页有多少行。

有了这些信息后，我们就可以把它们作为参数传递给模板进行渲染了，即调用 Django 渲染工具 django.shortcuts.render_to_response()。读者需要注意该函数返回的是一个 HTTP Response 对象，但由于 pagebar()函数的目的仅仅是获取模板渲染结果，因此需要访问其结果的 content

属性以获得 Response 的消息体部分,即 HTML 页面块。

> **注意**:在用户已登录的情况下,pagebar()函数渲染的是 templates/control/user_pagebar.html 模板;在未登录的状态下,pagebar()函数渲染的是 templates/control/home_pagebar.html 模板。本节只描述前者,读者可自行分析后者。

模板 templates/control/user_pagebar.html 的主要内容如下:

```
<span class="first">
    <!--如果本页不是首页,即page_index 不等于1,则显示到首页的链接 -->
    {% ifequal page_index 1 %}
        {% trans 'First' %}
    {% else %}
        <a href="{% url mvc.views.index_user_page username page_index %}">
            {% trans 'First' %}
        </a>
    {% endifequal %}
</span>

<span class="prev">
    <!--如果本页有前一页,则显示到前一页的链接 -->
    {% if has_prev %}
        <a href="{% url mvc.views.index_user_page username page_prev %}">
            {% trans 'Prev' %}
        </a>
    {% else %}
        {% trans 'Prev' %}
    {% endif %}
</span>

<span class="page">
    <!--显示当前页和总页数 -->
{{ page_index }}/{{ page_count }}
</span>

<span class="next">
    <!--如果本页有后一页,则显示到后一页的链接 -->
    {% if has_next %}
        <a href="{% url mvc.views.index_user_page username page_next %}">
            {% trans 'Next' %}
        </a>
    {% else %}
```

```
          {% trans 'Next' %}
    {% endif %}
</span>

<span class="last">
    <!--如果本页不是末页,即 page_index 不等于总页数,则显示到末页的链接 -->
    {% ifequal page_index page_count %}
        {% trans 'Last' %}
    {% else %}
        <a href="{% url mvc.views.index_user_page username page_count %}">
            {% trans 'Last' %}
        </a>
    {% endifequal %}
</span>

<br />
<span class="tip">
    <!--显示信息总条数 -->
{% trans 'All of ' %} {{ row_count }} {% trans 'messages' %}
</span>
```

本模板分为 6 个<span>区域,分别显示首页链接、前一页链接、当前页、后一页链接、末页链接、信息总条数。每一个文本信息都用{% trans %}标签实现了本地化。

10.4.2 模型层

信息发布的模型层需要维护信息的内容、发布时间、发布者等信息。在 mvc/models.py 中的模型层代码如下:

```
class Note(models.Model):
    id = models.AutoField(
        primary_key = True
    )
    message = models.TextField('消息')                                        # 消息数据
    addtime = models.DateTimeField('发布时间',auto_now = True)
    category = models.ForeignKey(Category,verbose_name='来源', on_delete=models.CASCADE)
    user = models.ForeignKey(User,verbose_name='发布者', on_delete=models.CASCADE)

    def __unicode__(self):
        return self.message
```

```python
def message_short(self):                                    # 缩略形式的消息
    return formatter.substr(self.message, 30)

def addtime_format_admin(self):                             # 获取发布时间
    return self.addtime.strftime('%Y-%m-%d %H:%M:%S')

def user_name(self):                                        # 获取作者名字
    return self.user.realname

def save(self):                                             # 持久化
    self.message = formatter.content_tiny_url(self.message)
    self.message = html.escape(self.message)
    self.message = formatter.substr(self.message, 140)
    super(Note, self).save()

class Meta:
    verbose_name = u'消息'
    verbose_name_plural = u'消息'

def get_absolute_url(self):                                 # 获取详细的信息页面URL
    return APP_DOMAIN + 'message/%s/' % self.id
```

除了为数据定义相应的字段，模型类 Note 还提供了格式化时间显示格式、获取作者的名字等支持函数。

10.4.3 视图设计

本节分 3 部分学习视图设计：消息发布、朋友消息列表、消息的详细内容。

1. 消息发布

信息发布功能在 mvc/views.py 的 index_user_page() 函数中实现，代码片段如下：

```
# save message
    if _is_post:                                            # 只有用 POST 方式访问时才保存信息
        if not _islogin:                                    # 只有已经登录才能保存信息
            return HttpResponseRedirect('/signin/')

        # 获得来源字段，目前信息来源只有"网页"一种
```

```python
    (_category,_is_added_cate) = Category.objects.get_or_create(name=u'网页')

    try:
        _user = User.objects.get(id = __user_id(request))       # 获得当前登录用户
    except:
        return HttpResponseRedirect('/signin/')

    # 初始化模型类 Note 实例,并保存
    _note = Note(message = _message,category = _category , user = _user)
    _note.save()

    return HttpResponseRedirect('/user/' + _user.username)
```

此段代码中需要注意的是 get_or_create()函数,它的原型如下:

```
get_or_create(defaults = None, **kwargs)
```

在其返回的元组中包含两个返回值,分别是对象实例和布尔值(标识该对象是否是新建的)。可以为其传入若干个命名参数,get_or_create()函数会根据传入的参数在数据库中查找是否有匹配的模型。如果有,则返回该实例和 False 值;如果没有,则新建一个实例,返回该实例和 True 值。

2. 朋友消息列表

朋友消息列表也位于如图 10.3 所示的主页中,其在 mvc/views.py 的 index_user_page()函数中的相关代码如下:

```python
from django.shortcuts import import get_object_or_404

def index_user_page(request,_username,_page_index):        # 访问 URL 中传入页码数
    # 此处省略不相关代码

    _userid = -1

    # 根据页码数_page_index 计算读取消息的索引范围
    _offset_index = (int(_page_index) - 1) * PAGE_SIZE
    _last_item_index = PAGE_SIZE * int(_page_index)

    if _username != '':                                    # 只获取某个用户的消息
        _user = get_object_or_404(User, username=_username)
        _userid = _user.id
        _notes = Note.objects.filter(user = _user).order_by('-addtime')
```

```
    else:                                              # 获取所有用户的消息
        _user = None
        if _islogin:
            _query_users = [_login_user]
            _query_users.extend(_login_user.friend.all())
            _notes = Note.objects.filter(user__in = _query_users).order_by('-addtime')
        else:
            _notes = []                                # 如未登录,则不允许查询
```

代码分析如注释所示。请读者注意 get_object_or_404()函数的用法,该函数根据传入的条件参数查找相应的数据模型。如果能找到符合条件的记录,则返回该实例;否则触发 HTTP404 异常,使得该视图函数马上返回 404 Response 给客户端。

在 django.shortcuts 中还有一个与 get_object_or_404()函数类似的函数,即 get_list_or_404()函数。该函数根据传入的条件查询数据模型,如果有记录则返回由所有记录实例组成的列表,否则抛出 HTTP404 异常,比如:

```
from django.shortcuts import get_list_or_404

def my_view():
    my_objects = get_list_or_404(User, id < 10 )       # 查询所有 id 小于 10 的 User 记录
```

3. 消息的详细内容

消息的详细内容是一个单独的页面/message/id,其在 urls.py 文件中的配置相关项为:

```
from django.conf.urls import patterns, url

urlpatterns = [
url(r'^message/(?P<_id>\d+)/$',                        # 纯数字的参数_id
    mvc.views.detail,
    name = "tmitter-mvc-views-detail"),                # name 参数
]
```

其中使用了参数化 URL 技术,即在 URL 中传入视图函数命名参数_id,用以标识查看哪条消息。在本条 URL 配置中还使用了参数 name,该参数使得在所有模板中可以用指定的名字获取该条 URL 的具体路径,比如:

```
<a href="{% url 'tmitter-mvc-views-detail' item.id %}">{% trans 'Detail' %}...</a>
```

URL 映射的目标函数为 mvc/views.py 中的 detail()，具体代码为：

```python
def detail(request,_id):
    _islogin = __is_login(request)                          # 检查是否登录

    _note = get_object_or_404(Note,id=_id)                  # 根据id获取消息

    # body content
    _template = loader.get_template('detail.html')          # 消息详细页面的HTML模板

    _context = {
        'page_title' : _('%s\'s message %s') % (_note.user.realname,_id),
        'item' : _note,
        'islogin' : _islogin,
        'userid' : __user_id(request),
    }

    _output = _template.render(_context)                    # 渲染模板

    return HttpResponse(_output)                            # 生成HTTP Response
```

本函数的逻辑清晰，即根据 URL 中传入的消息 id 查找相应的消息，并使用 templates/detail.html 模板渲染页面。该模板的内容与本节解析过的 list_item.html 类似，读者可以自行分析。

10.5 社交朋友圈

朋友管理是指用户在社交网站查找朋友、添加朋友、解除朋友关系等一系列行为。Tmitter 项目实现了这些行为的基本功能。

10.5.1 页面设计

在主页中单击导航栏中的"网友们"链接可以进入朋友管理页面。朋友管理的所有功能围绕着该页面（即/users）展开。此页面提供分页朋友查看功能，还提供朋友添加、解除的链接，如图 10.4 所示。

图 10.4 朋友管理页面

与其页面模板相关的模板文件是/templates/users_list.html,主要内容为:

```html
{% block main %}                                    <!--重载base.html中的main块-->
  <div class="list">
    <ol>
    {% for user in users %}                         <!--为每个用户进行渲染-->
    <li>
      <div class="userinfo">
        {% include 'include/userinfo.html'%}        <!--调用子模板-->
      </div>
    </li>
    {% endfor %}
    </ol>
    <div class="pagebar">
      {{ page_bar| safe }}                          <!-- 分页条 -->
    </div>
  </div>
{% endblock %}
```

本代码块主要由两部分组成:针对每个用户调用子模板 templates/include/userinfo.html 进行渲染;用{{pagebar}}标签进行分页显示。其中的分页机制与消息页面中的机制类似,此处不再详述。子模板 userinfo.html 的主要内容如下:

```html
<div class="face">
<a href="{% url 'tmitter-mvc-views-index_user' user.username %}">
  <img src="{{ user.face|face }}" class="face75" />      <!--显示网友头像-->
```

第 10 章　实战 1：用 Django+PostgreSQL 开发移动 Twitter

```html
</a>
</div>

<ul class="right">
<li>{% trans 'Name' %}:{{ user.realname }}</li>

  <li>
     <span><a href="{{ user.url }}" target="_blank"          <!--显示网友主页链接 -->
           title="{% trans 'Open as new window.' %}">
             {% trans 'Blog' %}
         </a>
     </span>

     {% if islogin %}                                         <!--判断是否登录 -->
       {% if user|in_list:login_user_friend_list %}           <!--判断是否已经是好友 -->
        <span><a href="{% url 'mvc.views.friend_remove' user.username %}"
            title="{% trans 'Remove friend' %} {{ user.realname }}">
              {% trans 'Unfollow' %}                          <!--解除朋友关系 -->
           </a>
        </span>
        {% else %}
        <span><a href="{% url 'tmitter-mvc-views-friend_add' user.username %}"
            title="{{ user.realname }}">
              {% trans 'Follow' %}                            <!--添加朋友关系 -->
           </a>
        </span>
         {% endif %}
       {% endif %}
  </li>
  <li>{{ user.about }}</li>
</ul>
```

以上模板中的变量 islogin、user、login_user_friend_list 分别保存了当前用户是否登录、正在渲染的用户名、当前登录用户的朋友列表，所以通过这 3 个变量值可以针对不同用户的登录状态有不同的渲染结果。

- 只有在当前用户已登录的状态下，才能进行朋友管理，否则只能浏览网友的信息。
- 如果当前登录的用户已经是正在渲染用户的朋友，则显示"解除好友"链接。
- 如果当前登录的用户不是正在渲染用户的朋友，则显示"添加好友"链接。

10.5.2 模型层

从数据建模的角度分析，朋友之间是多对多的关系，即每个用户可以和任意多的用户建立朋友关系。在 Django 中，这种多对多的关系可以通过被关联模型的 ManyToManyField()字段快速实现，即：

```
class User(models.Model):
    friend = models.ManyToManyField("self",verbose_name='朋友')
    # 此处省略 User 模型的其他属性及方法
```

这是一个指向 User 类自身的多对多属性，可以通过任意 User 实例的 friend 属性找到与其关联的朋友。

注意：关于 ManyToManyField()字段的详细用法请参考第 6 章。

在底层的数据库实现中，模型层会为该条多对多关系建立一个关系表 mvc_user_friend 来保存关系数据。读者使用 PostgreSQL 数据库的 pgAdmin 程序打开本项目生成的数据库，则可以看到模型层底层的数据表结构，数据库的朋友关系表 mvc_user_friend 如图 10.5 所示。

图 10.5 数据库的朋友关系表 mvc_user_friend

自动生成的 mvc_user_friend 表由 3 列组成，分别是关系本身的主键 id、实体 A 的主键 from_user_id、实体 B 的主键 to_user_id。

技巧：在 Django 的 ManyToManyField 类型的字段自动生成的关系表中，用 from_xxx 和 to_xxx 的形式命名两个实体的主键列。

10.5.3 视图设计

从项目 urls.py 文件可知，朋友管理相关的视图函数都位于 mvc/views.py 文件中，分别是 users_index()、users_list()、friend_add()、friend_remove()函数。

1. users_index()、users_list()

这两个函数都用于查询指定页的用户列表，其中 user_index()函数是对 users_list()函数的简单封装，核心代码如下：

```python
def users_index(request):
    return users_list(request,1)                            # 显示第1页的users_list

def users_list(request,_page_index=1):
    _islogin = __is_login(request)                          # 检查是否登录

    _page_title = _('Everyone')
    _users = User.objects.order_by('-addtime')

    _login_user = None
    _login_user_friend_list = None
    if _islogin:
        try:
            _login_user = User.objects.get(
                id=__user_id(request))                      # 获取当前登录用户
            _login_user_friend_list = _login_user.friend.all()  # 用多对多关系查询所有朋友
        except:
            _login_user = None

    _page_bar = formatter.pagebar(request,_users,_page_index,'',
                'control/userslist_pagebar.html')           # 分页

    _offset_index = (int(_page_index) - 1) * PAGE_SIZE      # 计算当前页的起止记录
```

```python
    _last_item_index = PAGE_SIZE * int(_page_index)

    _users = _users[_offset_index:_last_item_index]          # 获取当前页的用户

    _template = loader.get_template('users_list.html')       # 加载模板

    _context = {                                             # 配置传递参数
        'page_title' : _page_title,
        'users' : _users,
        'login_user_friend_list' : _login_user_friend_list,
        'islogin' : _islogin,
        'userid' : __user_id(request),
        'page_bar' : _page_bar,
    }

    _output = _template.render(_context)                     # 渲染

    return HttpResponse(_output)                             # 生成 Response
```

代码中仅通过 _login_user.friend.all() 语句查询到了当前用户的所有朋友，然后将当前页的用户列表、当前用户的所有朋友等参数传递给之前解析的 users_list.html 渲染，动态生成包含"加为好友""解除好友"等链接的朋友列表页面。

2. friend_add()、friend_remove()

这两个函数互为反函数，一个是向当前登录用户添加朋友，另一个是当前登录用户删除朋友。其实现逻辑相似，此处仅解析 friend_add() 函数。friend_add() 函数的代码如下：

```python
def friend_add(request, _username):
    _islogin = __is_login(request)                           # 检查是否登录

    if(not _islogin):
        return HttpResponseRedirect('/signin/')              # 未登录则不允许添加朋友

    _state = {
        "success" : False,
        "message" : "",
    }

    _user_id = __user_id(request)
    try:
        _user = User.objects.get(id=_user_id)                # 获取当前用户
```

```
    except:
        return __result_message(request,_('Sorry'),_('This user dose not exist.'))
    try:
        _friend = User.objects.get(username=_username)      # 获得被添加朋友的 User 实例
        _user.friend.add(_friend)                            # 将其加入当前用户的朋友列表
        return __result_message(request,_('Successed'),    # 显示添加成功页面
                _('%s and you are friend now.') % _friend.realname)
    except:
        return __result_message(request,_('Sorry'),_('This user dose not exist.'))
```

此段代码的关键点如下。

- 如果未登录用户访问此链接，则重定向到登录页面/signin/。
- 用 User.objects.get()函数以 username 作为条件搜索被添加用户。
- 将被添加用户添加到当前用户的 User.friend 属性中，完成添加操作。
- 调用__result_message()函数显示添加成功页面。

其中的__result_message()函数是项目中用于显示所有信息提示的工具函数，其代码如下：

```
def __result_message(request,_title=_('Message'),
        _message=_('Unknow error,processing interrupted.'),_go_back_url=''):
    _islogin = __is_login(request)

    if _go_back_url == '':
        _go_back_url = function.get_referer_url(request)    # 生成 back_url

    _template = loader.get_template('result_message.html')  # 加载信息提示模板

    _context = Context({                                    # 传入参数
        'page_title' : _title,
        'message' : _message,
        'go_back_url' : _go_back_url,
        'islogin' : _islogin
    })

    _output = _template.render(_context)                    # 渲染模板

    return HttpResponse(_output)                            # 生成 Response
```

该函数与普通视图函数类似，其中比较特别的地方是其向模板传递了 go_back_url 参数。

back url 的概念在网站设计中非常重要，它用于保存当用户完成当前页的浏览之后可以跳转到哪一个页继续进行访问。

其中的 function.get_referer_url()函数位于 utils/function.py 文件中，其内容为：

```
def get_referer_url(request):
    return request.META.get('HTTP_REFERER', '/')
```

即读取本次访问 Header 中的 HTTP_REFERER 属性，将其作为消息页面的 back url 地址。

技巧：HTTP_REFERER 是当浏览器向 Web 服务器发送请求时附带的内容，告诉服务器本次请求是从哪个页面链接过来的，服务器就可以获得一些信息用于处理。

10.6 个人资料配置

在社交网站中，个人资料用于让一个用户的朋友对其有更多了解，通常保存真实名字、联系方式、照片、个人介绍等。其功能虽然简单，却也是必不可少的。

10.6.1 页面设计

在用户登录后，可以通过站点导航栏中的"设置"链接进入个人资料的配置页面，如图 10.6 所示。

图 10.6　个人资料的配置页面

此页面对应的模板文件为 templates/settings.html，其主要内容如下：

```html
{% block main %}                                          <!--继承 base.html 的 main 块 -->
<div class="form">
    <div class="message">{{ state.message }}</div>
<form action="{% url 'tmitter_mvc_views_settings' %}"
      method="post" enctype="multipart/form-data">        <!--HTML 表单 -->
    <table cellpadding="0" cellspacing="0">
        <tr>                                              <!--真实姓名 -->
            <td class="field">{% trans 'Name' %}:</td>
            <td><input type="text" name="realname" class="text"
                value="{{ user.realname }}" size="5" /></td>
        </tr>
        <tr>                                              <!--邮件联系方式 -->
            <td class="field">{% trans 'Email' %}:</td>
            <td><input type="text" name="email" class="text"
                value="{{ user.email }}" size="15" /></td>
        </tr>
        <tr>                                              <!--个人主页 -->
            <td class="field">{% trans 'Blog' %}:</td>
            <td><input type="text" name="url" class="text"
                value="{{ user.url }}" size="22" /></td>
        </tr>
        <tr>                                              <!--个人头像显示 -->
            <td class="field">{% trans 'Face' %}:</td>
            <td><img src="{{ user.face|face }}" class="face100"
                alt="{% trans 'My face' %}" /></td>
        </tr>
        <tr>                                              <!--个人头像上传 -->
            <td class="field"></td>
            <td><input type="file" name="face" class="text" size="6" /></td>
        </tr>
        <tr>                                              <!--个人介绍 -->
            <td class="field">{% trans 'About me' %}:</td>
            <td><textarea name="about" class="text" cols="22"
                style="overflow:hidden;" rows="4">{{ user.about }}</textarea></td>
        </tr>
        <tr>                                              <!--表单提交按钮-->
            <td class="field"></td>
            <td><button type="submit" class="submit">{% trans 'Save' %}</button></td>
```

```
            </tr>
        </table>
    </form>
</div>
{% endblock %}
```

本模板由一个较大的表单构成，该表单由网站用户的可输入属性组成。当用户完成输入并提交后，浏览器发送 POST 请求到被命名为 tmitter_mvc_views_settings 的 URL，完成资料配置行为。

注意：本模块有独立的页面，但其模型层与用户注册、登录部分共用 User 模型，模型层的代码请读者参考 10.3 节。

10.6.2　图片上传（第三方库 PIL）

个人资料配置的视图层代码与用户注册及登录模块的其他基于 Form 表单的视图类似，但是在之前的模块中并没有图片上传功能，所以本节重点分析这部分实现。

在 mvc/views.py 的 settings()函数中，与头像上传相关的代码如下：

```
def settings(request):
    # 此处省略若干代码

    if request.method == "POST":                            # 从 request.POST 中获取表单输入
        _userinfo = {
            'realname' : request.POST['realname'],
            'url' : request.POST['url'],
            'email' : request.POST['email'],
            'face' : request.FILES.get('face',None),        # 获取上传的文件对象
            "about" : request.POST['about'],
        }
        _is_post = True
    else:
        _is_post = False

    if _is_post:
        _user.realname = _userinfo['realname']
        _user.url = _userinfo['url']
        _user.email = _userinfo['email']
        _user.about = _userinfo['about']
```

```
        _file_obj = _userinfo['face']                              # 获取图片文件对象
        if _file_obj:
            _upload_state = uploader.upload_face(_file_obj)        # 保存上传文件
            if _upload_state['success']:
                _user.face = _upload_state['message']              # 配置图片文件路径
            else:
                return __result_message(request,_('Error'),_upload_state['message'])

        _user.save(False)                                          # 保存图片路径到数据库

# 此处省略若干代码
```

解析图片上传的相关代码如下。

- 用 request.FILES.get('face',None)函数从 POST 请求的消息体中获取<input name = 'file'>的 HTML 控件上传的文件对象。
- 调用工具函数 uploader.upload_face()将该文件对象保存到服务器的文件系统中,该函数将保存的路径保存在返回值的"messag"属性中。
- 将文件路径赋予_user.face 属性,并通过_user.save()函数将文件保存到数据库中。

其中的工具函数 uploader.upload_face()位于 utils/uploader.py 文件中,代码如下:

```python
from PIL import Image

def upload_face(data):
    _state = {                                            # 初始化返回值对象
        'success' : False,
        'message' : '',
    }

    if data.size > 0:
        base_im = Image.open(data)                        # 用图片生成 Image 对象

        size16 = (16,16)                                  # 4 种头像图片的大小
        size24 = (24,24)
        size32 = (32,32)
        size100 = (75,75)
        size_array = (size100,size32,size24,size16)

        file_name = time.strftime('%H%M%S') + '.png'      # 用时间戳生成头像的文件名
```

```python
    # 用settings.py中的MEDIA_ROOT变量生成文件保存路径
    file_root_path = '%sface/' % (MEDIA_ROOT)
    file_sub_path = '%s' % (str(time.strftime("%Y/%m/%d/")))

    for size in size_array:                          # 针对每种头像的大小生成一个文件
        file_middle_path = '%d/' % size[0]

        # 将每种大小的文件保存到各自的路径中
        file_path = os.path.abspath(file_root_path + file_middle_path + file_sub_path)

        im = base_im
        im = make_thumb(im,size[0])                  # 生成指定大小的头像文件
        if not os.path.exists(file_path):            # 如果保存路径不存在则新建
            os.makedirs(file_path)

        im.save('%s/%s' % (file_path,file_name),'PNG')   # 保存文件

    _state['success'] = True
    # 将相对路径名保存到返回对象的"message"属性中
    _state['message'] = file_sub_path + file_name
else:
    _state['success'] = False
    _state['message'] = 'Failed to save face.'       # 保存失败时，没有路径名
return _state
```

由此可见，针对每个用户上传的头像文件，upload_face()函数将用4种不同的大小进行保存，并保存在4个不同的以文件格式的大小命名的路径中。这种策略的好处如下。

- 每个用户上传的文件都被保存为4个固定大小的文件，这样当用户上传的文件过大时，可以保证不占用过多的服务器空间。
- 4种不同的大小可以分别用于不同的显示页面，例如，在"主页"和"网友们"这两个页面模板中使用的用户图片的大小是不一样的。

上述代码中用到的图片大小的转换函数是Tmitter项目开发者自定义的函数make_thumb()，其内容为：

```python
def make_thumb(im, size=75):
    width, height = im.size                          # 被转换图片的宽、高
```

```
# 如果被转换图片是正方形，则可直接转换；否则，只取其当中区域
if width == height:
    region = im
else:
    if width > height:                    # 如果宽大于高，则切除图片左、右部分内容
        delta = (width - height)/2
        box = (delta, 0, delta+height, height)
    else:                                 # 如果宽小于高，则切除图片上、下部分的内容
        delta = (height - width)/2
        box = (0, delta, width, delta+width)
    region = im.crop(box)

thumb = region.resize((size, size), Image.ANTIALIAS)   # 转换图像大小
return thumb
```

本函数根据上传图片的形状截取位于中央部分的正方形区域进行转换。进行实际转换的函数是 region.resize()，其中 resize()函数是第三方库 PIL 的 Image 对象函数。

技巧：PIL 即 Python Imaging Library，是使用 Python 进行多媒体编程的常用第三方库，可以用 pip install Pillow 命令直接安装。

10.7 Web 管理站点

使用 Django 框架进行 Web 开发的一个优点就是框架可自动生成数据模型后台管理站点。本书的 Tmitter 项目用管理站点实现了消息、用户这两个模型数据的增、删、改、查功能。

10.7.1 定义可管理对象

需要使用管理站点的项目首先应该在 settings.py 的 INSTALLED_APPS 列表中加入 django.contrib.admin 模块，即：

```
INSTALLED_APPS = (
'django.contrib.admin',
# ......
)
```

然后在 urls.py 中加入管理站点的地址：

```
urlpatterns = patterns('',
    # ......
    url(r'^admin/', include(admin.site.urls)),
)
```

所有需要在管理站点中进行管理的模型层类需要定义相应的 admin.ModelAdmin 子类并注册在管理站点中，Tmitter 项目的此类代码在 mvc/models.py 文件中，代码如下：

```
from django.contrib import admin

class UserAdmin(admin.ModelAdmin):                    # 管理 User 模型的管理类
    list_display = ('id','username','realname','email','addtime_format')
    list_display_links = ('username','realname','email')
    list_per_page = ADMIN_PAGE_SIZE

class NoteAdmin(admin.ModelAdmin):                    # 管理 Note 模型的管理类
    list_display =
('id','user_name','message_short','addtime_format_admin','category_name')
    list_display_links = ('id','message_short')
    search_fields = ['message']
    list_per_page = ADMIN_PAGE_SIZE

admin.site.register(Note, NoteAdmin)                  # 注册 NoteAdmin
admin.site.register(User,UserAdmin)                   # 注册 UserAdmin
```

UserAdmin 用于定义 User 类数据模型在后台管理界面中如何进行管理，其中用 list_display 属性定义了可显示的用户属性，list_display_links 用于定义需要以链接形式显示的属性，list_per_page 定义了每页显示的对象数量。

NoteAdmin 比 UserAdmin 还多定义了一个属性，即 search_fields。Django 管理站点为该属性定义的列提供搜索控件，使得管理员能够按照字段的内容搜索模型记录。

10.7.2 配置管理员

在启动管理站点之前，需要通过 manage.py createsuperuser 命令建立管理员用户，比如：

```
# python manage.py createsuperuser
Username (leave blank to use 'root'): admin
```

```
Email address: admin@mysite.com
Password:
Password (again):
Superuser created successfully.
```

在执行命令的过程中依次输入用户名、邮件的地址、密码、确认密码。当出现"Superuser created successfully"提示后,管理员的账号就已经配置成功了。

10.7.3 使用管理站点

访问管理站点的地址/admin 并登录它的主页。管理站点的主页如图 10.7 所示。

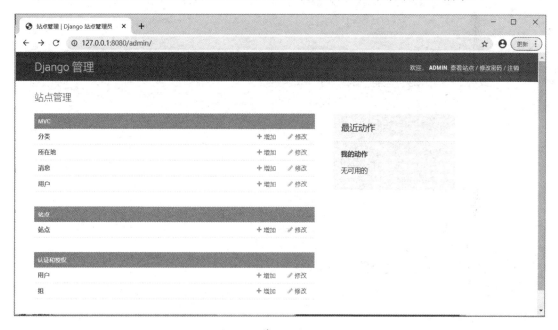

图 10.7 管理站点的主页

在该页面中,MVC 模块中的"消息"和"用户"是 Tmitter 项目中需要管理的模型;"站点"是维护整个项目信息的模型;认证和授权区域的"用户"和"组"是维护管理站点本身的登录权限的功能。

图 10.7 中已经提供了各模型的新增链接,当需要查询、修改或删除某些已有的记录时,可以单击该模型名进入相应模型的记录维护页面,例如,单击"消息"链接后的消息模型的记录

维护页面如图 10.8 所示。

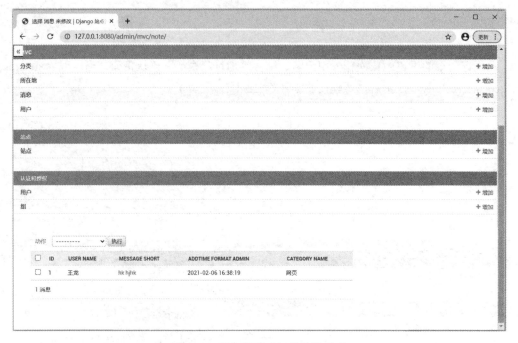

图 10.8　消息模型的记录维护页面

该页面可用的功能点如下。

- 查询：可以在搜索框中输入要搜索的消息内容，并单击"搜索"按钮，页面中将只显示符合条件的记录。
- 修改：单击该条记录链接即可进入记录修改页面。
- 删除：可以勾选相关的记录，在"动作"列表中选择"删除所选的消息"，并单击"执行"按钮。

10.8　本章总结

对本章内容总结如下。

- 讲解了开源项目的概念，帮助读者理解 GPL 软件许可证。

第 10 章 实战 1：用 Django+PostgreSQL 开发移动 Twitter

- 通过讲解 Tmitter 的总体结构，讲解 Django 项目的组成情况。
- 通过基模板 base.html 讲解 Tmitter 项目的页面框架。
- 讲解 Django 网站国际化的配置及开发方法。
- 讲解社交网站用户相关模块的页面设计、模型设计、视图设计。
- 讲解消息发布功能的页面设计、模型设计、视图设计。
- 讲解 Django 的分页功能，使读者具备在不同的场景中设计分页数据页面的能力。
- 讲解朋友管理功能的页面设计、模型设计、视图设计。
- 讲解用 Django 管理客户端上传文件的技术。
- 实践对 Django 管理站点的配置及功能。

第 11 章

实战 2：用 Tornado+jQuery 开发 WebSocket 聊天室

Tornado 是一个可扩展的非阻塞式 Web 服务器，每秒可以处理数以千计的连接，所以特别适用于高并发 Web 站点的搭建。在线聊天室是一个典型的高并发通信应用，本章通过开发一个在线聊天室帮助读者进一步掌握 Tornado 框架开发的相关内容。本章的主要内容如下。

- 聊天室概览：了解项目的功能和代码结构。
- 消息通信：开发基本的消息显示界面和实时通信群发功能。
- 聊天功能：为聊天室添加昵称，使得每条消息有明确的来源和时间，并且让后来的用户能够看到之前的聊天内容。
- 用户面板：为聊天室实现在线用户视图，使得每个在线用户都能看到其他用户是否在线。

第 11 章 实战 2：用 Tornado+jQuery 开发 WebSocket 聊天室

11.1 聊天室概览

本节描述聊天室项目的来源、安装及功能，使读者对项目有一个整体的认识。

11.1.1 项目介绍

本项目的名称为 TWebChat，来源于 Tornado 开源框架的官方演示项目 websocket。该项目的许可证名称为 Apache License v2.0，该许可证是著名的非营利开源组织 Apache 采用的协议。该协议鼓励代码共享，尊重原作者的著作权，允许作为开源或商业软件进行代码修改和再发布。在修改和再发布代码时需要满足下列要求。

- 需要给代码的用户一份 Apache License，即继承性。
- 如果修改了代码，则需要在被修改的文件中说明。
- 在延伸的代码中（修改和有源代码衍生的代码中）需要带有原来代码中的协议、商标、专利声明和原作者规定的需要包含的其他说明。
- 如果再发布的产品中包含一个 Notice 文件，则需要在 Notice 文件中带有 Apache License。我们可以在 Notice 中增加自己的许可，但不可以表现为对 Apache License 构成的更改。

实际上，Tornado 框架项目本身也是 Apache License v2.0，所以任何基于 Tornado 开发的项目都必须满足以上要求。

在官方的原始版本中，websocket 项目仅仅具备基于 WebSocket 的消息通信功能；而 TWebChat 对其进行了升级，让其具有扁平化的简洁实用界面，具备消息发送、显示、身份追踪、用户列表等较完善的聊天室功能。聊天室界面如图 11.1 所示。

该界面与 QQ 等聊天软件的设计类似，由 3 部分组成。

- 左侧的用户列表：实时显示所有在线用户的昵称。
- 右下部分的输入表单：所有用户在此处输入用户名和聊天内容，通过"提交"按钮发送消息。
- 右上部分的聊天记录：从下向上滚动显示聊天历史消息。

图 11.1 聊天室界面

11.1.2 安装和代码结构

TWebChat 完全基于 Tornado 框架，没有用到其他 Python 组件，所以安装和运行相对简单。

1. 安装和运行

首先读者需要在计算机中安装 Python 虚环境和 Tornado 框架，以 Linux 为例：

```
# virtualenv venv                              // 安装虚环境
# source venv/bin/activate                     // 启用虚环境，Windows 下是 scripts 目录
# pip install tornado                          // 在虚环境中安装 Tornado 框架
```

之后将本书配套源文件中的 TWebChat 项目复制到计算机中即可直接启动，比如：

```
# cd TWebChat                                  // 进入项目目录
# python chatdemo.py                           // 启动聊天室程序
```

至此已经可以通过 http://your_ip:8888/ 访问聊天室网站了，其中 your_ip 是安装 Python 的计算机的 IP 地址。

项目默认的运行端口是 8888。如果希望改成 80 或其他端口，则可以在启动聊天室之前修改 TWebChat/chatdemo.py 源文件中的端口配置，即：

```
define("port", default=8888, help="run on the given port", type=int)
```

找到如上字段修改 default 的值为期望端口即可。

2. 代码结构

TWebChat 的代码结构如下：

```
TWebChat/
    chatdemo.py                                 // 主程序
    static/
        chat.css                                // 样式表
        chat.js                                 // 客户端 JavaScript
        jquery.min.js                           // jQuery 库
    templates/
        index.html                              // 主页模板
        message.html                            // 消息模板
```

项目主要由 3 大块组成：主程序 chatdemo.py、客户端脚本及样式、页面模板。项目没有持久化需求，所以没有数据模型层的代码。

11.2 消息通信

本节完成站点初始代码的开发，并使网站具备基本的消息群发功能。

11.2.1 建立网站

首先通过 Tornado 框架开发一个可访问的站点，使其能够显示聊天界面。初始的 chatdemo.py 文件代码如下：

```python
import tornado.ioloop
import tornado.options
import tornado.web
import os.path
from tornado.options import import define, options

define("port", default=8888, help="run on the given port", type=int)      # 启动端口

class Application(tornado.web.Application):                               # Tornado 应用类
```

```python
    def __init__(self):
        handlers = [                                            # URL映射
            (r"/", MainHandler),
        ]
        settings = dict(                                        # 初始参数设置
            cookie_secret = "YOU_CANT_GUESS_MY_SECRET",
            template_path=os.path.join(os.path.dirname(__file__), "templates"),
            static_path=os.path.join(os.path.dirname(__file__), "static"),
            xsrf_cookies=True,
        )
        super(Application, self).__init__(handlers, **settings) # 调用基类构造函数


class MainHandler(tornado.web.RequestHandler):                  # 主页处理器
    def get(self):                                              # GET 响应函数
        self.render("index.html")                               # 渲染模板


def main():
    tornado.options.parse_command_line()
    app = Application()
    app.listen(options.port)                                    # 监听端口
    tornado.ioloop.IOLoop.current().start()                     # 启动 IOLoop


if __name__ == "__main__":
    main()                                                      # Python 主函数
```

该程序的架构与我们在第 7 章中学到的一样，即通过 tornado.web.Application 子类实现网站参数定义和监听，通过 tornado.ioloop.IOLoop.current().start()函数挂起执行。

通过如下代码可知当前只实现了一个 URL 响应处理器，即用 MainHandler 处理对网站根目录的访问。

```python
        handlers = [                                            # URL映射
            (r"/", MainHandler),
        ]
```

访问的结果是显示模板文件 index.html。模板文件的内容如下：

```html
<!DOCTYPE html>
<html>
```

第 11 章 实战 2：用 Tornado+jQuery 开发 WebSocket 聊天室

```html
<head>                                              <!--页面头 -->
  <meta charset="UTF-8">
  <link rel="stylesheet" href="{{ static_url("chat.css") }}" type="text/css">
  <title>Tornado Chat Demo</title>
</head>
<body>                                              <!--页面体 -->
<div id="body">
    <div id="inbox">                                <!-消息接收框 -->
  </div>
    <form action="/" method="post" id="messageform">  <!-信息发送表单 -->
      <table>
        <tr>
          <td><input id="message"></td>             <!-消息输入框 -->
          <td style="padding-left:5px">
            <input type="submit" value="提交">       <!-提交按钮 -->
            <input type="hidden" name="next" value="{{ request.path }}">
            {% module xsrf_form_html() %}
          </td>
        </tr>
      </table>
    </form>
  </div>
 </body>
</html>
```

该页面主体是信息发送表单，在其中包含一个消息输入框和"提交"按钮。同时，页面中的<div id="inbox">标签被设计为用于显示接收到的聊天消息。

因为在 chatdemo.py 文件中配置了模板文件的加载路径：

```
settings = dict(                                    # 初始参数设置
    template_path=os.path.join(os.path.dirname(__file__), "templates"),
)
```

所以必须将模板文件 index.html 放在项目的 templates 子目录中。

至此，已经可以运行 chatdemo.py 程序并能够访问网站的主页了。

注意：此时因为尚未开发通信功能，所以用户还不能在表单中输入文本并发送聊天内容。

11.2.2　WebSocket 服务器

现在开始为网站添加 WebSocket 通信功能。首先用 Tornado 实现服务器端的代码，在 chatdemo.py 中添加如下 Handler 用于处理 WebSocket 访问：

```python
import tornado.websocket
import logging

class ChatSocketHandler(tornado.websocket.WebSocketHandler):
    waiters = set()                                          # 保存所有在线 WebSocket 连接

    def open(self):                                          # WebSocket 建立时调用
        ChatSocketHandler.waiters.add(self)

    def on_close(self):                                      # WebSocket 断开连接后调用
        ChatSocketHandler.waiters.remove(self)

    def on_message(self, message):                           # 收到 WebSocket 消息时调用
        logging.info("got message %r", message)
        parsed = tornado.escape.json_decode(message)
        self.username = parsed["username"]
        chat = {
            "id": str(uuid.uuid4()),
            "body": parsed["body"],
            "type": "message",
            }
        chat["html"] = tornado.escape.to_basestring(
            self.render_string("message.html", message=chat))
        ChatSocketHandler.send_updates(chat)

    @classmethod
    def send_updates(cls, chat):                             # 向所有客户端发送聊天消息
        logging.info("sending message to %d waiters", len(cls.waiters))
        for waiter in cls.waiters:
            try:
                waiter.write_message(chat)
            except:
                logging.error("Error sending message", exc_info=True)
```

代码解析如下。

- ChatSocketHandler 继承自 tornado.websocket.WebSocketHandler，每个与服务器进行 Websocket 通信的浏览器将生成一个 ChatSocketHandler 实例。
- 类变量 waiters 是一个集合变量，用于保存所有浏览器连接服务器而产生的 ChatSocketHandler 实例，以便以后能够向这些浏览器发送聊天消息。
- 成员函数 open() 由 Tornado 在浏览器连接到服务器后调用，在该函数中将 ChatSocketHandler 实例本身保存到 waiters 中。
- 成员函数 on_close() 由 Tornado 在发现浏览器的 WebSocket 连接已经断开后调用，在该函数中将 ChatSocketHandler 实例从 waiters 中移出。
- 成员函数 on_message() 由 Tornado 在收到浏览器发来的 WebSocket 消息时调用，在该函数中解析浏览器发来的消息内容，并调用 send_updates() 函数将该消息发送给所有在线用户。
- 成员函数 send_updates() 不是 Tornado 的预定义事件。该函数轮询 waiters 中的在线用户（即 ChatSocketHandler 实例），用 write_message() 函数向每个用户发送聊天消息。

注意：因为计划用 JSON 格式在服务器与浏览器之间传递聊天消息，所以在 on_message() 函数中使用 tornado.escape.json_decode() 函数解析收到的消息。

在完成 ChatSocketHandler 的编码后，不能忘记为其添加 URL 映射代码，使其真正作为处理器挂载在网站上。修改 chatdemo.py 的消息映射部分为如下代码：

```
class Application(tornado.web.Application):
    def __init__(self):
        handlers = [
            (r"/", MainHandler),
            (r"/chatsocket", ChatSocketHandler),          #本行新加
        ]
        #......
```

也就是将 ChatSocketHandler 绑定在 URL 的 /chatsocket 上。

11.2.3 WebSocket 客户端

在浏览器中，开发者可以通过 JavaScript 与服务器建立 WebSocket 连接并进行通信。TWebChat 的 JavaScript 代码被保存在 static/chat.js 中，首先需要在 index.html 中加入引用 chat.js 的代码：

```
<script src="{{ static_url("jquery.min.js") }}" type="text/javascript"></script>
```

```
<script src="{{ static_url("chat.js") }}" type="text/javascript"></script>
```

在引用 chat.js 之前引用 jquery.min.js，是为了在 chat.js 中能够使用 jQuery 功能。在 static/chat.js 中 WebSocket 的相关代码如下：

```javascript
$(document).ready(function() {                          // 页面加载完成后调用
    if (!window.console) window.console = {};
    if (!window.console.log) window.console.log = function() {};

    // 重新定义发送表单"messageform"的 submit 事件
    $("#messageform").live("submit", function() {
        newMessage($(this));
        return false;
    });

    // 定义发送表单"messageform"的 keypress 事件，使用户在按下回车键时自动发送
    $("#messageform").live("keypress", function(e) {
        if (e.keyCode == 13) {                          // 回车键的 keyCode 为 13
            newMessage($(this));
            return false;
        }
    });

    $("#message").select();                             // 将页面的焦点设置在 message 控件上
    updater.start();                                    // 调用 updater.start()函数
});

function newMessage(form) {
    var message = form.formToDict();                    // 调用 jQuery.fn.formToDict
    updater.socket.send(JSON.stringify(message));       // 生成 JSON 字符串
    form.find("input[type=text]").val("").select();
}

jQuery.fn.formToDict = function() {                     // 将表单中的所有输入值保存到 JSON 对象中
    var fields = this.serializeArray();
    var json = {}
    for (var i = 0; i < fields.length; i++) {
        json[fields[i].name] = fields[i].value;
    }
    if (json.next) delete json.next;
    return json;
```

```javascript
};

var updater = {
    socket: null,

    start: function() {
        var url = "ws://" + location.host + "/chatsocket";      // 服务器 WebSocket 的地址
        updater.socket = new WebSocket(url);                    // 用 WebSocket 连接服务器

        // 定义收到 Websocket 消息时的行为，即调用 showMessage() 函数
        updater.socket.onmessage = function(event) {
            updater.showMessage(JSON.parse(event.data));
        }
    },

    showMessage: function(message) {                            // 将收到的信息显示在页面上
        var node = $(message.html);
        node.hide();
        $("#inbox").append(node);                               // 添加在 inbox 标签的尾部
        node.slideDown();                                       // 窗口滑到底部
    }
};
```

本段 JavaScript 代码基于 jQuery 编写，所以在页面上使用本段代码之前需引入 jQuery 库。对代码的内容解析如下。

- $(document).ready 是 jQuery 的加载完成处理器，当页面完全被加载后调用其定义的函数。
- 在$(document).ready 中做了 3 件事：定义当用户提交表单时调用 newMessage()函数，定义当用户在表单界面下按下回车键时调用 newMessage()函数和 updater.start()函数。
- 在用户发送消息，即调用 newMessage()函数时，通过 formToDict()函数加载所有用户的输入到 JSON 对象中，并通过 updater.socket.send()函数发送到服务器。
- 对象 updater 是实际的 WebSocket 处理者，在它的 start()函数中连接服务器的 WebSocket 地址，并定义在收到消息时调用 updater.showMessage()函数。
- 在 updater.showMessage()函数中为新收到的消息建立一个新的节点 node，并将其添加到 <div id="inbox">标签的底部显示。

现在重新运行 chatdemo.py 程序，已经可以使用页面的"提交"按钮发送聊天消息了，但是功能十分有限。基本消息通信界面如图 11.2 所示。

图 11.2　基本消息通信界面

11.3　聊天功能

我们在 11.2 节中实现了在基本的浏览器之间相互发送消息的功能,为了使其成为真正的聊天室,本节我们为其添加昵称和历史消息加载功能。

11.3.1　昵称

为了使聊天室中的用户能够看到消息发送者的身份,需要为页面添加昵称功能。

1. 模板修改

首先需要在页面模板中为用户添加昵称、用户名输入控件,将原来 index.html 中的表单部分修改为如下内容:

```html
<form action="" method="post" id="messageform">
 <table>
  <tr>
   <td >用户名:</td>
   <td><input name="username" id="username" style="width:100px"
         value="{{username}}"></td>           <!-- username 是模板参数-->
  </tr>
  <tr>
   <td>输入消息: </td>
   <td><input name="body" id="message" style="width:500px"></td>
  </tr>
```

```
    <tr>
      <td style="padding-left:5px">
        <input type="submit" value="提交">
        <input type="hidden" name="next" value="{{ request.path }}">
        {% module xsrf_form_html() %}
      </td>
</tr>
 </table>
</form>
```

其中用<table>标签将表单的内容分为 3 行布局：第 1 行为昵称、用户名输入控件；第 2 行为聊天内容输入控件；第 3 行为表单提交按钮。

2．默认昵称

在用户首次进入聊天页面时，需要为用户设置一个初始昵称，并且要保证不同用户的初始昵称不相同。通过在服务器端管理一个用户序列号可以实现该功能，该序列号在网站内部是全局唯一的，所以在 ChatSocketHandler 中定义该序列号（client_id），代码如下：

```
class ChatSocketHandler(tornado.websocket.WebSocketHandler):
    client_id = 1

    def open(self):
        self.client_id = ChatSocketHandler.client_id
        ChatSocketHandler.client_id = ChatSocketHandler.client_id + 1
        ChatSocketHandler.waiters.add(self)
```

这样，系统在初始化时定义首个用户序列号为 client_id = 1。之后在每次有浏览器用 WebSocket 连接上服务器后将 client_id 赋予该浏览器的用户，并增加 client_id 的值以备下一个用户使用。

此外，为了使得默认的用户昵称能够在用户打开网站时显示在浏览器的用户名输入控件中，需要在渲染 index.html 页面时传入默认的用户昵称：

```
class MainHandler(tornado.web.RequestHandler):
    def get(self):
        self.render("index.html", username= "游客%d" % ChatSocketHandler.client_id)
```

至此，每当用户打开网站页面时，便能看到站点赋予其的默认用户名"游客×××"。

11.3.2 消息来源

前面我们已经为每个浏览器的用户分配了昵称，现在可以开发聊天消息的来源标识功能了。

1. 昵称修改

请回顾 static/chat.js 中的如下代码：

```javascript
// 将表单中的所有输入值保存到 JSON 对象中，并返回该对象
jQuery.fn.formToDict = function() {
    var fields = this.serializeArray();         // 提取所有<input>控件
    var json = {}
    for (var i = 0; i < fields.length; i++) {   // 封装每个输入值到JSON对象中
        json[fields[i].name] = fields[i].value;
    }
    if (json.next) delete json.next;
    return json;
};
```

用户在浏览器中发送聊天消息时，会通过 formToDict() 函数将表单中的所有控件的输入值以 JSON 格式发送给服务器。因此，服务器在每次接收到 WebSocket 消息时能够收到用户设置的新用户名、昵称。

因为用户名、昵称字段的输入控件名为 username，所以只需在服务器端读取 WebSocket 消息中的 username 字段，就可以记录该客户的新昵称了，即：

```python
class ChatSocketHandler(tornado.websocket.WebSocketHandler):
    def on_message(self, message):
        parsed = tornado.escape.json_decode(message)
        self.username = parsed["username"]       # 此行记录用户自行设置的昵称
        #...
```

2. 显示标记

用户自行设置用户名、昵称并为每条聊天信息打上来源标记，就可以让每个用户在接收消息时看到是谁在说话了，修改 ChatSocketHandler.on_message() 代码如下：

```python
class ChatSocketHandler(tornado.websocket.WebSocketHandler):
    def on_message(self, message):
        logging.info("got message %r", message)
        parsed = tornado.escape.json_decode(message)
        self.username = parsed["username"]
```

```
    chat = {
        "id": str(uuid.uuid4()),
        "body": parsed["body"],
        "type": "message",

        # 为聊天消息添加用户名id、昵称、时间信息
        "client_id": self.client_id,
        "username": self.username,
        "datetime": datetime.datetime.now().strftime("%Y-%m-%d %H:%M:%S")
        }
    chat["html"] = tornado.escape.to_basestring(
        self.render_string("message.html", message=chat))
    ChatSocketHandler.send_updates(chat)
```

在接收到消息后，为字典对象 chat 加入 username 来标识用户的昵称，加入 datetime 来标识消息发送的时间，然后用模板 message.html 生成消息文本并存入 chat["html"]中。

模板 message.html 中的内容如下：

```
<div class="message" id="m{{ message["id"] }}">
    {{message["username"]}} 说：{% module linkify(message["body"]) %}
    ({{message["datetime"]}})
</div>
```

其中的 message 就是 on_message() 函数生成的 chat 对象，用 message["username"]、message["body"]、message["datetime"]生成格式化的聊天字符串。

现在运行 chatdemo.py，就能够在聊天记录窗口中显示消息的来源了，如图 11.3 所示。

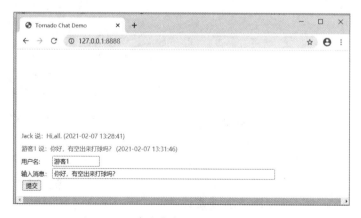

图 11.3　具有消息来源标识的聊天室界面

注意：要使用昵称 username 而不是用户序列号 client_id 来生成聊天字符串。

11.3.3 历史消息缓存

虽然目前在线的用户已经可以相互聊天了，但是他们一旦掉线就收不到消息了，并且当他们再次上线后，也看不到大家在其掉线期间发送的消息。

为了能使新上线或者掉线重新上线的用户看到最近一段时间内大家的聊天记录，需要为 TWebChat 添加消息缓存功能。为服务器 ChatSocketHandler 添加如下代码：

```python
class ChatSocketHandler(tornado.websocket.WebSocketHandler):
    cache = []                                          # 消息缓存列表
    cache_size = 200                                    # 最大缓存数量

    @classmethod
    def update_cache(cls, chat):                        # 增加缓存
        cls.cache.append(chat)
        if len(cls.cache) > cls.cache_size:
            cls.cache = cls.cache[-cls.cache_size:]

    def on_message(self, message):
        logging.info("got message %r", message)
        parsed = tornado.escape.json_decode(message)
        self.username = parsed["username"]
        chat = {
            "id": str(uuid.uuid4()),
            "body": parsed["body"],
            "type": "message",
            "client_id": self.client_id,
            "username": self.username,
            "datetime": datetime.datetime.now().strftime("%Y-%m-%d %H:%M:%S")
            }
        chat["html"] = tornado.escape.to_basestring(
            self.render_string("message.html", message=chat))
        ChatSocketHandler.update_cache(chat)            # 本行新增
        ChatSocketHandler.send_updates(chat)
```

在 ChatSocketHandler 中新增了类变量 cache，用于保存所有用户的聊天记录；当在 on_message() 函数中收到用户的消息后，调用 update_cache() 函数将该条聊天消息保存到 cache

列表变量中。

为了不使服务器的内存占用溢出,在 update_cache() 函数中限制了缓存聊天记录的数量。当缓存记录数量大于 cache_size 的限定值时,只保存最新的 cache_size 条记录。

为了使新上线的用户能够看到缓存中的消息,需要在渲染模板 index.html 时加入 ChatSocketHandler.cache 参数,以便在页面初始化时进行显示:

```
class MainHandler(tornado.web.RequestHandler):
    def get(self):
        self.render("index.html", messages=ChatSocketHandler.cache,
                    username= "游客%d" % ChatSocketHandler.client_id)
```

同时需要在模板 index.html 中加入渲染传入的 messages 变量的代码:

```
<div id="inbox">
  {% for message in messages %}
    {% include "message.html" %}
  {% end %}
</div>
```

在最初的版本中,<div id="inbox"> 中的内容为空,而现在用 {% for %} 标签将缓存聊天记录逐个加入该区域中。

11.4 用户面板

本节开发图 11.1 中左侧的在线用户显示功能,完成这项功能后,网站就是一个比较完整的聊天室了。

11.4.1 用 CSS 定义用户列表

首先需要用户在打开聊天网站时,能够在页面中看到当前已有的用户列表。通过完善 index.html 模板的渲染方法可以达到该目的。在渲染时添加参数如下:

```
class MainHandler(tornado.web.RequestHandler):
    def get(self):
```

```
        self.render("index.html", messages=ChatSocketHandler.cache,
                clients=ChatSocketHandler.waiters,              # 本参数新增
                username= "游客%d" % ChatSocketHandler.client_id)
```

这样，在 index.html 模板初始化时就可以将当前用户渲染在页面中了：

```
<div id="body">
    <div id="users">
      在线用户：<p/>
      <ul id="user_list">
        {% for client in clients %}          <!--将所有客户端显示在用户面板中 -->
          <li id={{client.client_id}}>{{client.username}}</li>
        {% end %}
      </ul>
    </div>
    <div id = "right">
      <!--原来的聊天板块放在这里 -->
    </div>
</div>
```

在现在的模板中，用两个<div>标签将页面分为两部分，分别是用户面板 users 和右侧聊天视图 right。为了使两个<div>标签能够按照左、右顺序排列，需要使用样式表固定它们的位置。项目的样式表文件为 static/chat.css，分别定义两个<div>标签的属性如下：

```
#users {
position: absolute;                    /* 使用 left、bottom 等属性定义位置 */
color: red;
width: 150px;
left: 0px;                             /* 显示在最左侧 */
bottom: 0;                             /* 显示在底部 */
border-right:1px solid #000;           /* 显示两个板块之间的分割条*/
}

#right {
position: absolute;                    /* 使用 left、bottom 等属性定义位置 */
color: green;
left: 160px;                           /* 在距离左边框 160px 的位置显示*/
bottom: 0;                             /* 显示在底部 */
width: 600px;
}
```

至此再运行 chatdemo.py，图 11.1 的页面布局便已经形成了，并且每个新到用户都能够看到当前系统中的其他在线用户。

11.4.2 服务器通知

聊天室中的用户不可能一直在线，并且先到的用户也不知道后来用户的登录情况，所以还必须实现用户上线、下线状态的动态通知功能。

服务器在发现一个用户上线、下线时会将该消息通知给所有的在线用户，修改 ChatSocketHandler 的 open()和 on_close()函数的代码如下：

```python
class ChatSocketHandler(tornado.websocket.WebSocketHandler):
    def open(self):
        self.client_id = ChatSocketHandler.client_id
        ChatSocketHandler.client_id = ChatSocketHandler.client_id + 1
        self.username = "游客%d" % self.client_id            # 初始化用户昵称
        ChatSocketHandler.waiters.add(self)

        chat = {
            "id": str(uuid.uuid4()),
            "type": "online",                                 # 定义本条消息的类型为online
            "client_id": self.client_id,
            "username": self.username,
            "datetime": datetime.datetime.now().strftime("%Y-%m-%d %H:%M:%S")
        }
        ChatSocketHandler.send_updates(chat)                  # 广播上线通知

    def on_close(self):
        ChatSocketHandler.waiters.remove(self)
        chat = {
            "id": str(uuid.uuid4()),
            "type": "offline",                                # 定义本条消息的类型为offline
            "client_id": self.client_id,
            "username": self.username,
            "datetime": datetime.datetime.now().strftime("%Y-%m-%d %H:%M:%S")
        }
        ChatSocketHandler.send_updates(chat)                  # 广播下线通知
```

上述代码中，在发现有浏览器 WebSocket 连接成功时，会立即为该用户赋予新的 client_id 和 username，并将该信息通过 send_updates()函数广播给所有在线浏览器；同样，当发现有 WebSocket 掉线时，也新建一条 type="offline"的消息，用 send_updates()函数广播给其他在线用户。

11.4.3　响应服务器动态通知（jQuery 动态编程）

接下来需要开发在浏览器中响应服务器动态通知的功能，首先在 static/chat.js 中添加动态添加、删除<ul id ="user_list">列表元素的代码：

```javascript
function add(id,txt) {                                // 添加元素
   var ul=$('#user_list');
   var li= document.createElement("li");              // 新建一个<li>标签
   li.innerHTML=txt;                                  // 列表项显示字符串
   li.id=id;                                          // 列表项 id
   ul.append(li);                                     // 将新建的<li>添加到<ul id="user_list">中
}

function del(id){                                     // 删除元素
   $('#'+id).remove();                                // 找到相应 id 的元素并删除
}
```

在代码中使用了 jQuery 查找器进行元素定位，例如，如下代码会查找 id="user_list" 的 HTML 标签，之后就可以通过 append()、remove() 函数动态地在被找到的标签中添加、删除元素。

```javascript
$('#user_list')
```

下面修改 static/chat.js 中的消息接收函数 updater.showMessage()，使其能够响应服务器的用户上线、下线通知，代码如下：

```javascript
var updater = {
   // 省略其他已分析代码
   showMessage: function(message) {
      del(message.client_id);                         // 从用户面板中删除用户
      if (message.type!="offline"){
         add(message.client_id, message.username);    // 在用户面板中添加用户
         if (message.body=="") return;                // 如果消息内容为空则返回
         var existing = $("#m" + message.id);
         if (existing.length > 0) return;             // 如果消息 id 已经存在则返回
         var node = $(message.html);
         node.hide();
         $("#inbox").append(node);
         node.slideDown();
      }
   }
};
```

因为服务器发送的每条消息都会携带 client_id 和 username 属性，所以在客户端收到消息后，就先在用户面板中删除该用户，然后判断消息类型；当不是下线消息时，再将用户的昵称添加到用户面板中。这样做的目的是：当用户更换昵称时，能通过以上的"删除后添加"策略将新昵称显示在面板上。

同时，在显示聊天消息之前，如果发现聊天内容为空，或者服务器重复发送聊天消息，则屏蔽该消息的显示。

11.5 本章总结

对本章内容总结如下。

- 介绍开源软件许可证 Apache License v2.0 的特点和要求。
- 安装并使用 TWebChat 网站聊天室。
- 用 Tornado 搭建基于 WebSocketHandler 的处理器。
- 在服务器端集中管理消息缓存、在线用户缓存。
- 用 JavaScript 在浏览器上实现 WebSocket 客户端。
- 应用 jQuery 进行初步的动态客户端编程。

第 12 章

实战 3：用 Flask+Bootstrap+Restful 开发学校管理系统

Flask 是一个微框架，有众多围绕其开发的辅助库，如 Jinja2 模板、Restless 接口库、SQLAlchemy 对象关系模型等。本章通过讲解一个学校管理系统，带领读者学习如何运用 Flask 及其周边技术开发一个完整的网站应用。本章的主要内容如下。

- 系统概览：学习系统功能的安装、使用，熟悉代码的总体结构。
- 数据模型：掌握信息管理系统的关系数据模型。
- 页面框架设计：使用常用的前端框架设计网站页面的基模板和边侧导航栏。
- 网站数据处理：分析学校信息的录入、修改、删除功能的设计及编程方法，包括文本、下拉列表、图片上传等多种形式的信息录入方式。
- 数据查询：学习信息查询功能的设计及编码，包括信息分页等技术。
- Restful 接口开发：学习 Restful 架构的概念及技术，使用 Restless 接口库为网站开发基于 Restful 的网络服务接口。

第 12 章 实战 3：用 Flask+Bootstrap+Restful 开发学校管理系统

12.1 系统概览

本节在功能、安装、代码结构等方面带领读者全面了解开源学校管理系统，为进一步开发打下基础。

12.1.1 项目来源及功能

本章的学校管理系统项目的名称为 xuemc，基于 Flask 框架及其周边的 Python 库开发而成。在前端页面设计方面引用了开源 UI 框架 AdminLTE，该框架提供了一套基于 Bootstrap 的网站 HTML 模板，使得没有前端设计经验的开发者也能快速开发出优雅的响应式页面。

学校管理系统的目标是建立一个用于管理学校和培训机构信息的信息库，使各种第三方应用能够通过 Restful 接口获取信息。作为平台管理员的维护工具，它提供了 Web 页面用于信息录入及查询。学校管理系统的主页如图 12.1 所示。

图 12.1 学校管理系统的主页

说明：通过对本项目的学习，读者可以掌握用 Flask 开发信息管理系统的基本增、删、改、查页面。虽然本章的项目用于管理学校和培训机构，但可以很容易地将其改造为管理其他实体信息的网站。

该页面主要由两部分组成，即左侧的导航栏和右侧的学校显示页面。在左侧的导航栏中有 8 个功能链接，分别如下。

- 所有学校：黄色标签显示学校的数量，单击后在右侧区域显示所有学校信息的分页表格，即如图 12.1 所示的页面。
- 所有培训机构：黄色标签显示系统中培训机构的数量，单击后在右侧区域显示所有培训机构的分页表格。
- 公告列表：黄色标签显示公告的数量，单击后在右侧区域显示所有公告的分页表格。
- 用户账号列表：黄色标签显示账号的数量，单击后在右侧区域显示所有账号的分页表格。
- 新建学校：单击后进入学校信息录入及新建页面。
- 新建培训机构：单击后进入培训机构信息录入及新建页面。
- 新建公告：单击后进入公告录入及新建页面。
- 新建用户账号：单击后进入新建账号页面。

以上 8 个功能可以分为两组：实体列表页面（前 4 项）和实体录入页面（后 4 项），这是因为网站中把类似的设计方法用在了不同的信息实体上。另外，在左侧导航栏的最上方有一个搜索区域，用户可直接在该区域输入名称进行实体模糊搜索。

12.1.2 项目安装

对 xuemc 项目建议使用 PostgreSQL 数据库，所以在安装项目代码前请确保该数据库正常安装，具体内容请参考第 10 章。下面以 Ubuntu Linux 为例演示 xuemc 系统的安装过程。

提示：本章的项目使用了 uWSGI，但 Windows 并不支持它，所以如果读者使用 Windows 系统，请复制本章源代码下的 xuemc_win 进行测试，测试时，在客户端输入 python run.py。

1. 安装代码及依赖库

将 xuemc 项目从本书配套源文件复制到目标计算机路径中，如~/project 目录。复制完成后，找到项目中的 requirement.txt 文件，其中包括所有本项目依赖的组件库，内容是：

```
aniso8601==3.0.2
certifi==2020.12.5
chardet==3.0.4
click==6.7
Flask==1.0.2                         # Flask 框架核心
Flask-Login==0.4.1
Flask-RESTful==0.3.6
Flask-Restless==0.17.0
Flask-SQLAlchemy==2.3.2
Flask-Uploads==0.2.1
Flask-WTF==0.14.2
idna==2.7
itsdangerous==0.24
Jinja2==2.10                         # Jinja2 模板库
MarkupSafe==1.0
mimerender==0.6.0
psycopg2-binary==2.7.5
python-dateutil==2.7.3
python-mimeparse==1.6.0
pytz==2018.5
requests==2.19.1
six==1.11.0
SQLAlchemy==1.2.10                   # Python 对象数据模型
urllib3==1.23
uWSGI==2.0.17.1
Werkzeug==0.14.1                     # Flask 底层的 WSGI 工具库
WTForms==2.2.1
```

该文件以"库名==版本号"的形式对每一行进行编排，其中的很多库相互之间存在依赖关系，读者无须理解每一个库的具体作用，通过如下命令可以对它们实现一键安装：

```
#pip install -r requirement.txt
```

该条命令会自动下载和安装 requirements.txt 文件中的所有库的指定版本。为了不污染原来的开发环境，还是推荐使用虚环境安装。

上述列表中有很多以 Flask-XXX 命名的组件，它们都是 Flask 外围组件。在安装 Flask 框架时不会自动安装它们，使用者根据需要单独安装，这就是 Flask 被称为微框架的原因。

2. 安装和配置数据库

PostgreSQL 安装完成后用如下命令新建登录角色和数据库：

```
# psql postgres                                              // 进入 Postgres 命令工具 psql
postgres=# CREATE ROLE xuemc WITH LOGIN PASSWORD 'xuemc';    // 新建登录角色 xuemc，并设置密码
postgres=# ALTER ROLE xuemc CREATEDB;                        // 给新角色赋予 CREATEDB 权限
postgres=# \q                                                // 退出 psql
#
# psql postgres -U xuemc                                     // 以 xuemc 身份登录 psql
postgres=# CREATE DATABASE xuemc_db;                         // 新建数据库 xuemc_bd
postgres=> GRANT ALL PRIVILEGES ON DATABASE xuemc_db TO xuemc;
postgres=# \q                                                // 退出 psql
```

之后执行数据库安装脚本 DB/xuemc_db.sql，该文件位于项目 DB/ 目录中：

```
#psql -h localhost -U xuemc -W -d xuemc_db < xuemc_db.sql
```

提示：Windows 下如果没有配置环境变量，可以在安装程序的 bin 路径下执行 psql 命令，如 Program Files\PostgreSQL\13\bin（cmd 命令窗口下执行）。

其中，localhost 是主机的 IP 地址、xuemc 是刚刚新建的 Postgres 登录用户名、xuemc_db 是数据库的名称。在执行过程中需要输入用户 xuemc 的密码。

安装完成后可在本项目中配置数据库的连接参数，在 web/app.py 文件中找到如下部分并修改：

```
app.config['SQLALCHEMY_DATABASE_URI'] = 'postgresql://USER:PASS@localhost/DBNAME'
```

将其中的 USER、PASS、DBNAME 分别修改为安装数据库时的用户名、密码、数据库名称。

3. 启动

项目用 uWSGI 进行运行管理，其配置文件为项目目录中的 uwsgi.ini，内容为：

```
[uwsgi]
http = 127.0.0.1:5010                          # 可以修改为主机真实 IP 地址和端口
venv = /home/lynn/project/xuemc/venv           # 修改为虚环境路径
chdir = /home/lynn/project/xuemc               # 修改为运行目录
wsgi-file = run.py
callable = app
processes = 2
threads = 2
py-autoreload = 1
```

修改其中的 http、venv、chdir 3 个参数分别为真实的监听地址、虚环境路径、项目路径。

如果修改了 uwsgi.ini 文件中的主机 IP 地址与端口，则要对 web/Logic/restful.py 文件中的如

下配置做相应修改：

```
ROOT_DOMAIN = 'http://127.0.0.1:5010'
```

保存文件后通过如下命令即可启动站点：

```
#uwsgi uwsgi.ini
```

此时打开浏览器访问 http://127.0.0.1:5010，可以获得如图 12.1 所示站点。

12.1.3　代码结构

xuemc 项目整合了各种第三方资源，包括使用开源 UI 库 AdminLTE、调用 SQLAlchemy 数据模型、Restful 接口调用等，学习如何优雅地将这些资源和代码整合在一起能够大大提高初学者的设计能力。

通过纵览 xuemc 项目的代码结构可以对项目有一个整体的了解，它也可以作为读者以后开发自己的 Flask 项目的参考架构。xuemc 项目的代码结构如下：

```
xuemc/
  DB/                                    # 数据模型层
    __init__.py
    orm.py                               # 关系数据库数据模型
    xuemc_db.sql                         # 数据库安装脚本
  Utils/
    __init__.py
    Util.py                              # 工具包
  requirement.txt                        # 依赖组件管理文件
  run.py                                 # 启动程序
  uwsgi.ini                              # uWSGI 配置文件
  web/                                   # 网站
    __init__.py
    AdminLTE/                            # 开源 UI 框架
      bootstrap/                         # Bootstrap
        …
      dist/
        css/                             # CSS 库
          …
        img/                             # 网页图片
          …
```

```
            js/                              # JavaScript 库
                …
            pugins/                          # AdminLTE 页面插件
                jQuery/                      # jQuery
                chartjs/                     # HTML Chart
                    …
                    …
    Logic/                                   # 逻辑层
        __init__.py
        logic.py                             # 逻辑代码
        restful.py                           # Restful 请求封装
    files/                                   # 用户上传文件目录
    ….
    plugins/                                 # 本站页面插件
        Font-Awesome-3.2.1/                  # Font-Awesome 插件
            …
    static/
        base.js
        favicon.ico
        …
    app.py                                   # 网站配置文件
    forms.py                                 # WTForm 表单子类代码
    templates/                               # 站点模板目录
        base.html                            # 网站框架、页面父模板
        view_school.html                     # 学校信息页面模板
        …
    views.py                                 # 视图代码文件
```

项目主目录中的文件有 4 个主要部分，即数据层包 DB\、工具包 Utils\、网站包 web\和启动文件 run.py，对它们说明如下。

- 数据层与网站业务的逻辑相互独立，在包 DB\中管理所有关系数据对象模型。如果有非关系数据，如 MongoDB 等，也可放在 DB\包中。
- 在包 Utils\中存放工具箱代码，如发送短信、编码转换等。Utils\包中的代码一般可在不同的项目之间共享。
- 在包 web\中部署了开源 UI 框架（AdminLTE/）、网站逻辑层（Logic/）、网站 UI 文件（plugins/、statics/）和网站 MVC 架构代码文件（app.py、forms.py、templates/、views/）。
- 启动文件 run.py 完成各模块的加载工作，uwsgi.ini 中的下列参数指定通过 run.py 完成站点加载：

```
wsgi-file = run.py
```

12.2 数据模型设计

在大型应用开发的初期，数据模型设计是非常重要的工作。本节解析 xuemc 项目的数据模型及其使用 SQLAlchemy 的物理设计。

12.2.1 E-R 图设计

E-R 图是最有用的数据库建模工具，通过它可以分析系统中的实体、属性及实体之间的关系。xuemc 系统的核心实体建模如图 12.2 所示。

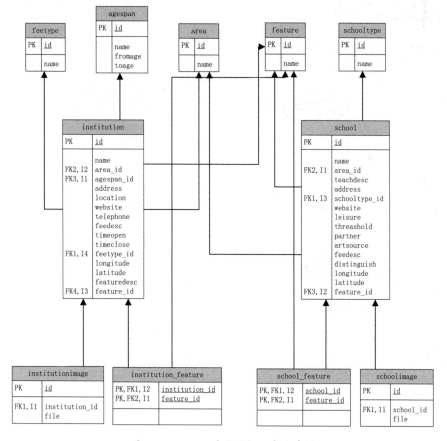

图 12.2　xuemc 系统的核心实体建模

xuemc 系统中的学校实体分两种：培训机构（institution）和普通学校（school），图 12.2 中的所有实体均围绕两者展开，可以分为 3 层。

- 第 1 层是 5 个元数据实体，包括收费类型（feetype）、年龄段（agespan）、所在区县（area）、教学特色（feature）、学校类型（schooltype）。下两层实体与这些实体建立多对一或多对多关系。
- 第 2 层是两个核心实体：培训机构和学校。每个实体中的字段用于存放实体的相关信息，如招生年龄（通过 agespan_id 关联到年龄段实体）、地址（address）、联系方式（telephone）等。
- 第 3 层是第 2 层实体的附属实体和关系实体。institutionimage 和 schoolimage 分别是第 2 层实体的附属多对一实体，用于保存每个机构、学校的图片路径信息。而 institution_feature 和 school_feature 是第 2 层实体与第 1 层 feature 实体进行关联的多对多关系实体。

除了图 12.2 中关系非常紧密的 3 层实体，xuemc 中还管理了公告和用户这两类实体，它们的数据建模如图 12.3 所示。

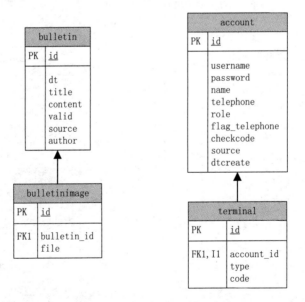

图 12.3　公告和用户的数据建模

这两类实体相对独立，只进行了简单的信息保存。

- bulletin 是公告主表，用于保存公告标题、时间、内容、来源、作者等信息。bulletinimage

是其辅助实体，保存公告相关的图片信息。
- account 是用户实体，保存用户的注册手机号、用户名、密码、注册时间等。其辅助实体 terminal 用于管理用户的登录设备。例如，同一个账号在不同的手机上登录时会在 terminal 实体中产生多条记录。

xuemc 项目中的账号（account）实体仅仅用作在 Restful 接口中提供用户注册功能，并没有基于账号进行任何权限控制，即所有账号都可以查询、修改任何实体数据。所以图 12.3 中 account 和 terminal 实体不与任何其他实体相关联。

12.2.2　SQLAlchemy 建模

完成 E-R 图建模后，就可以直接用 SQLAlchemy 进行模型实现了。在 xuemc 项目中物理模型代码保存在 DB/orm.py 文件中，本节分析其主要内容。

1．账号及登录设备

图 12.3 中的账号及登录设备实体可以映射为如下两个 SQLAlchemy 类。

```python
from flask_sqlalchemy import SQLAlchemy            # 引用 Flask 扩展 SQLAlchemy
import os
import sys

sys.path.append(
    os.path.join(os.path.dirname(os.path.abspath(__file__)), os.path.pardir))
import app
db = SQLAlchemy(app.app)                           # 实例化 SQLAlchemy 对象

class Account(db.Model):                           # 用户账号类
    id = db.Column(db.Integer, primary_key=True)
    username = db.Column(db.String(50))
    password = db.Column(db.String(255))
    name = db.Column(db.String(20))
    telephone = db.Column(db.String(50), unique=True)
    role = db.Column(db.Integer)
    flag_telephone = db.Column(db.Integer)
    checkcode = db.Column(db.String(50))
    source = db.Column(db.String(20))
    dtcreate = db.Column(db.DateTime)
```

```python
    def __repr__(self):
        return '<Account %s>' % self.username

class Terminal(db.Model):                                   # 登录设备类
    id = db.Column(db.Integer, primary_key=True)
    account_id = db.Column(db.ForeignKey(u'account.id'))
    os = db.Column(db.String(20))
    code = db.Column(db.String(255))

    account = db.relationship(u'Account', backref=db.backref('terminals'))

    def __repr__(self):
        return '<Terminal %d,%d,%s>' % (self.account_id, self.type, self.code)
```

通过这种方式为 E-R 图中的实体都定义了对应的 db.Model 子类 Account 和 Terminal，并且通过类属性定义了每个模型中列的具体类型、主外键约束、实体间的关联关系等。在 Terminal 中定义了具有 backref 参数的 relationship 属性，所以 Account 和 Terminal 实例之间可以互相引用，比如：

```
>>> terminal = Terminal(...)
>>> ......
>>> print(terminal.account)                                 # 通过 Terminal 实例引用 Account

>>> account = Account(...)
>>> ......
>>> for term in account.terminals:                          # 通过 Account 实例引用 Terminal
>>>     print(term)
```

注意：由于篇幅所限，这里省略了每个类的构造函数（即 __init__()）的定义，读者可自行分析本书配套源文件中的源码。

2. 系统元数据

元数据（Metadata）又称中介数据，主要描述系统中实体数据属性（property）的信息，用来支持资源查找、记录等功能。项目的元数据在执行安装脚本 xuemc_db 时一次性写入，在系统运行的过程中不会发生变化。如图 12.2 所示，xuemc 系统的元数据表应该包括年龄段定义、区县定义等 5 个实体类。

```python
class Agespan(db.Model):                                    # 年龄段类
    id = db.Column(db.Integer, primary_key=True)
    name = db.Column(db.Unicode(50, collation='utf8_bin'))
```

```
    fromage = db.Column(db.Integer)
    toage = db.Column(db.Integer)

    def __repr__(self):
        return '<Agespan %s>' % self.name


class Area(db.Model):                                           # 所在区县类
    id = db.Column(db.Integer, primary_key=True)
    name = db.Column(db.String(50), unique=True)

    def __repr__(self):
        return '<Area %s>' % self.name


class Feature(db.Model):                                        # 教学特色类
    id = db.Column(db.Integer, primary_key=True)
    name = db.Column(db.String(50), unique=True)

    def __repr__(self):
        return '<Feature %s>' % self.name


class Feetype(db.Model):                                        # 收费类型类
    id = db.Column(db.Integer, primary_key=True)
    name = db.Column(db.String(100), unique=True)

    def __repr__(self):
        return '<Feetype %s>' % self.name


class Schooltype(db.Model):                                     # 学校级别类
    id = db.Column(db.Integer, primary_key=True)
    name = db.Column(db.String(50), unique=True)

    def __repr__(self):
        return '<Schooltype %s>' % self.name
```

3. 学校信息模型

公告、培训机构和学校实体及围绕它们的关系实体代码如下：

```
class Bulletin(db.Model):                                       # 公告类
```

```python
    id = db.Column(db.Integer, primary_key=True)
    dt = db.Column(db.DateTime)
    title = db.Column(db.String(68))
    content = db.Column(db.String(3000))
    valid = db.Integer
    source = db.Column(db.String(68))
    author = db.Column(db.String(68))

    def __repr__(self):
        return '<Bulletin %s>' % self.title


class Bulletinimage(db.Model):                          # 公告图片类
    id = db.Column(db.Integer, primary_key=True)
    bulletin_id = db.Column(db.ForeignKey(u'bulletin.id'))
    file = db.Column(db.String(500))

    bulletin = db.relationship(u'Bulletin', backref = db.backref('bulletinimages', cascade="all, delete-orphan"))

    def __repr__(self):
        return '<Bulletinimage %d,%s>' % (self.bulletin_id, self.file)


class Institution(db.Model):                            # 培训机构类
    id = db.Column(db.Integer, primary_key=True)
    name = db.Column(db.String(100))
    agespan_id = db.Column(db.ForeignKey(u'agespan.id'))
    area_id = db.Column(db.ForeignKey(u'area.id'))
    address = db.Column(db.String(100))
    location = db.Column(db.String(100))
    website = db.Column(db.String(100))
    telephone = db.Column(db.String(50))
    feedesc = db.Column(db.String(100))
    timeopen = db.Column(db.DateTime)
    timeclose = db.Column(db.DateTime)
    feetype_id = db.Column(db.ForeignKey(u'feetype.id'))
    longitude = db.Column(db.Float)
    latitude = db.Column(db.Float)
    featuredesc = db.Column(db.String(200))
```

```python
    feetype = db.relationship(u'Feetype')
    area = db.relationship(u'Area')
    agespan = db.relationship(u'Agespan')

    def __repr__(self):
        return '<Institution %s>' % self.name


class InstitutionFeature(db.Model):                       # 培训机构的特色关系
    institution_id = db.Column(db.ForeignKey(u'institution.id'), primary_key=True)
    feature_id = db.Column(db.ForeignKey(u'feature.id'), primary_key=True)

    institution = db.relationship(u'Institution',
            backref = db.backref('institutionfeatures', cascade="all, delete-orphan"))
    feature = db.relationship(u'Feature')

    def __repr__(self):
        return '<InstitutionFeature %s>' % self.name


class Institutionimage(db.Model):                         # 培训机构的图片类
    id = db.Column(db.Integer, primary_key=True)
    institution_id = db.Column(db.ForeignKey(u'institution.id'))
    file = db.Column(db.String(500))
    institution = db.relationship(u'Institution', backref = db.backref('institutionimages',
cascade="all, delete-orphan"))

    def __repr__(self):
        return '<Institutionimage %d,%s>' % (self.institution_id, self.file)


class School(db.Model):                                   # 学校信息类
    id = db.Column(db.Integer, primary_key=True)
    name = db.Column(db.String(100))
    area_id = db.Column(db.ForeignKey(u'area.id'))
    teachdesc = db.Column(db.Text)
    address = db.Column(db.String(100))
    schooltype_id = db.Column(db.ForeignKey(u'schooltype.id'))
    website = db.Column(db.String(100))
    distinguish = db.Column(db.Text)
    leisure = db.Column(db.String(1000))
```

```python
    threashold = db.Column(db.String(1000))
    partner = db.Column(db.String(100))
    artsource = db.Column(db.String(1000))
    feedesc = db.Column(db.String(100))
    longitude = db.Column(db.Float)
    latitude = db.Column(db.Float)

    schooltype = db.relationship(u'Schooltype')
    area = db.relationship(u'Area')

    def __repr__(self):
        return '<School %s>' % self.name


class SchoolFeature(db.Model):                          # 学校教学的特色关系
    school_id = db.Column(db.ForeignKey(u'school.id'), primary_key=True)
    feature_id = db.Column(db.ForeignKey(u'feature.id'), primary_key=True)

    school = db.relationship(u'School',
            backref = db.backref('schoolfeatures', cascade="all, delete-orphan"))
    feature = db.relationship(u'Feature')

    def __repr__(self):
        return '<SchoolFeature %d,%d>' % (self.school_id, self.feature_id)


class Schoolimage(db.Model):                            # 学校图片类
    id = db.Column(db.Integer, primary_key=True)
    school_id = db.Column(db.ForeignKey(u'school.id'))
    file = db.Column(db.String(500))

    school = db.relationship(u'School',
            backref = db.backref('schoolimages', cascade="all, delete-orphan"))

    def __repr__(self):
        return '<Schoolimage %d,%s>' % (self.school_id, self.file)
```

读者需要重点关注和维护它们之间关系的 db.relationship()属性的用法，通过它定义了 Bulletin 与 BulletinImage、Institution 与 InstitutionImage、School 与 SchoolImage 之间的相互引用属性，并且其中的 cascade="all, delete-orphan"定义了级联删除属性，即当删除主模型（Bulletin、

Institution、School）中的记录时，副模型中的记录也自动删除。

12.3 响应式页面框架设计

xuemc 系统的页面框架是基于开源框架 AdminLTE 开发而成的，本节解析其响应式的页面结构，使 Web 开发初学者能够理解前端设计方法并能改造已有的页面框架。

12.3.1 基模板组件引用

为了保证各子页面的风格一致，所有网站项目开发中都有一个页面基模板。基模板定义了站点的标题栏、导航、页脚等基本元素。

基于 Bootstrap、jQuery 等公共前端组件库进行页面开发已经成为业界的主流，它们使得开发者能够站在巨人的肩膀上，避免了很多基础性工作。xuemc 项目的基模板文件为 web/templates/base.html，其主要工作是加载页面元素用到的 Bootstrap、Font Awesome、Ionicons 等组件库，并实现导航栏。

基模板中的页面框架和组件的引用代码如下：

```
<!DOCTYPE html>
<html>
 <head>
  <meta charset="UTF-8">
  <title>{{ form.pagename }} - 学校宝典</title>
<meta content='width=device-width, initial-scale=1,
     maximum-scale=1, user-scalable=no' name='viewport'>
  <!-- Bootstrap 3.3.4 -->
<link href="/bd/web/AdminLTE/bootstrap/css/bootstrap.min.css"
     rel="stylesheet" type="text/css" />
  <!-- FontAwesome 4.3.0 -->
  <link href="/bd/web/static/font-awesome.min.css" rel="stylesheet" type="text/css" />
  <!-- Ionicons 2.0.0 -->
  <link href="/bd/web/static/ionicons.min.css" rel="stylesheet" type="text/css" />
  <!-- Theme style -->
```

```html
    <link href="/bd/web/AdminLTE/dist/css/AdminLTE.min.css" rel="stylesheet"
type="text/css" />
<link href="/bd/web/AdminLTE/dist/css/skins/_all-skins.min.css"
    rel="stylesheet" type="text/css" />
    <!-- iCheck -->
    <link href="/bd/web/AdminLTE/plugins/iCheck/flat/blue.css" rel="stylesheet"
type="text/css" />
    <!-- Morris chart -->
    <link href="/bd/web/AdminLTE/plugins/morris/morris.css" rel="stylesheet"
type="text/css" />
    <!-- jvectormap -->
<link href="/bd/web/AdminLTE/plugins/jvectormap/jquery-jvectormap-1.2.2.css"
    rel="stylesheet" type="text/css" />
    <!-- Date Picker -->
<link href="/bd/web/AdminLTE/plugins/datepicker/datepicker3.css"
    rel="stylesheet" type="text/css" />
    <!-- Daterange picker -->
<link href="/bd/web/AdminLTE/plugins/daterangepicker/daterangepicker-bs3.css"
    rel="stylesheet" type="text/css" />
    <!-- bootstrap wysiHTML 5 - text editor -->
<link href="/bd/web/AdminLTE/plugins/bootstrap-wysiHTML 5/bootstrap3-wysiHTML 5.min.css"
    rel="stylesheet" type="text/css" />
    <link rel="stylesheet"
        href="/bd/web/plugins/Font-Awesome-3.2.1/css/font-awesome.min.css" />
</head>

<body class="skin-blue sidebar-mini">

    {% block content %}{% endblock %}

    <!--[if lt IE 9]>
        <script src="/bd/web/static/HTML 5shiv.min.js"></script>
        <script src="/bd/web/static/respond.min.js"></script>
    <![endif]-->
    <script src="/bd/web/static/base.js"></script>
    <!-- jQuery 2.1.4 -->
    <script src="/bd/web/AdminLTE/plugins/jQuery/jQuery-2.1.4.min.js"></script>
    <!-- jQuery UI 1.11.2 -->
    <script src="/bd/web/static/jquery-ui.min.js" type="text/javascript"></script>
    <!-- Bootstrap 3.3.2 JS -->
    <script src="/bd/web/AdminLTE/bootstrap/js/bootstrap.min.js" type="text/javascript">
</script>
```

```html
  <!-- Morris.js charts -->
  <script src="/bd/web/static/raphael-min.js"></script>
  <script src="/bd/web/AdminLTE/plugins/morris/morris.min.js"
type="text/javascript"></script>
  <!-- Sparkline -->
<script src="/bd/web/AdminLTE/plugins/sparkline/jquery.sparkline.min.js"
       type="text/javascript"></script>
  <!-- jvectormap -->
<script src="/bd/web/AdminLTE/plugins/jvectormap/jquery-jvectormap-1.2.2.min.js"
       type="text/javascript"></script>
<script src="/bd/web/AdminLTE/plugins/jvectormap/jquery-jvectormap-world-mill-en.js"
       type="text/javascript"></script>
  <!-- jQuery Knob Chart -->
  <script src="/bd/web/AdminLTE/plugins/knob/jquery.knob.js"
type="text/javascript"></script>
  <!-- daterangepicker -->
  <script src="/bd/web/static/moment.min.js" type="text/javascript"></script>
<script src="/bd/web/AdminLTE/plugins/daterangepicker/daterangepicker.js"
       type="text/javascript"></script>
  <!-- datepicker -->
<script src="/bd/web/AdminLTE/plugins/datepicker/bootstrap-datepicker.js"
       type="text/javascript"></script>
  <!-- Bootstrap WYSIHTML 5 -->
<script src="/bd/web/AdminLTE/plugins/bootstrap-wysiHTML 5/bootstrap3-wysiHTML 5.all.min.js"
       type="text/javascript"></script>
  <!-- Slimscroll -->
<script src="/bd/web/AdminLTE/plugins/slimScroll/jquery.slimscroll.min.js"
        type="text/javascript"></script>
  <!-- FastClick -->
  <script src="/bd/web/AdminLTE/plugins/fastclick/fastclick.min.js"></script>
  <!-- AdminLTE App -->
  <script src="/bd/web/AdminLTE/dist/js/app.min.js" type="text/javascript"></script>
 </body>
</html>
```

代码中在<head>和<body>标签内都有大量的第三方组件引用，其中<head>是对层叠样式表 CSS 的组件引用；<body>是对 JavaScript 的脚本引用。有了这些组件，就可以较容易地实现 HTML 5 页面的个性化 UI 元素。

代码中的所有引用路径（href 和 src）都以/bd/web 的形式开头，这是因为在项目 Flask 的视

图代码中定义了 /bd/web 路径文件的映射地址，代码如下：

```
@app.route('/bd/web/<path:path>')
def rootDir_web(path):
    index_key = path.rfind('py')
    if index_key > (len(path)-4):
        return redirect(url_for('view_schools'))
    return send_from_directory(os.path.join(app.root_path, '.'), path)
```

所有对以 /bd/web 为开头的地址的访问将由函数 rootDir_web() 进行处理。出于安全原因，该函数不允许客户端直接读取任何 *.py 代码文件；所有其他类型的文件将被映射到项目的 web/ 子目录中。因此，对 /bd/web/AdminLTE/bootstrap/css/bootstrap.min.css 的访问将被映射为服务器项目中的 web/AdminLTE/bootstrap/css/bootstrap.min.css 文件；/bd/web/static/base.js 被映射为 web/static/base.js 文件，依此类推。此处读者可回顾在 12.1.3 节讲解的项目代码结构。

本书不再分析各前端 HTML 组件的使用细节。xuemc 项目开发者无须理解全部组件的具体开发方式，只需保证组件路径被正确配置即可。

12.3.2 响应式导航

在基模板 web/templates/base.html 中还完成了站点导航栏的设计。本项目使用了 HTML 5 中的新标签 <aside>，结合 sidebar.less 中的响应式属性，实现了可以适应不同浏览器的大小，进行自动伸缩的边侧导航栏。导航栏部分的代码如下：

```
<aside class="main-sidebar">
 <section class="sidebar">
  <!-- Sidebar user panel -->
  <div class="user-panel">
    <div class="pull-left image">
      <img src="/bd/web/AdminLTE/dist/img/user2-160x160.jpg" class="img-circle" alt="User Image" />
    </div>
    <div class="pull-left info">
      <p>管理员</p>

      <a href="#"><i class="fa fa-circle text-success"></i> 在线</a>
    </div>
  </div>
```

第 12 章 实战 3：用 Flask+Bootstrap+Restful 开发学校管理系统

```html
<!-- search form in left side column -->
<!-- search form -->
<form action="#" method="get" class="sidebar-form">
  <div class="input-group">
    <input type="text" name="q" class="form-control" placeholder="搜索..."/>
    <span class="input-group-btn">
      <button type='submit' name='search' id='search-btn' class="btn btn-flat">
        <i class="fa fa-search"></i>
      </button>
    </span>
  </div>
</form>
<!-- /.search form -->

<ul class="sidebar-menu">
  <li class="header">导航</li>
  <li class="active"><a href="/bd/view_schools"><i class="fa fa-circle-o"></i>
    所有学校
    {% if form and form.school_count %}
    <small class="label pull-right bg-yellow">{{form.school_count}}</small>
    {% endif %}
  </a></li>
  <li class="active"><a href="/bd/view_institutions"><i class="fa fa-circle-o"></i>
    所有培训机构
    {% if form and form.institution_count %}
    <small class="label pull-right bg-yellow">{{form.institution_count}}</small>
    {% endif %}
  </a></li>
  <li class="active"><a href="/bd/view_bulletins"><i class="fa fa-circle-o"></i>
    公告列表
    {% if form and form.bulletin_count %}
    <small class="label pull-right bg-yellow">{{form.bulletin_count}}</small>
    {% endif %}
  </a></li>
  <li class="active"><a href="/bd/view_accounts"><i class="fa fa-circle-o"></i>
    用户账号列表
    {% if form and form.account_count %}
    <small class="label pull-right bg-yellow">{{form.account_count}}</small>
    {% endif %}
  </a></li>
```

```
            <li class="header">编辑</li>
            <li class="active"><a href="/bd/view_school"><i class="fa fa-circle-o"></i>
                新建学校
            </a></li>
            <li class="active"><a href="/bd/view_institution"><i class="fa fa-circle-o"></i>
                新建培训机构
            </a></li>
            <li class="active"><a href="/bd/view_bulletin"><i class="fa fa-circle-o"></i>
                新建公告
            </a></li>
            <li class="active"><a href="/bd/view_account"><i class="fa fa-circle-o"></i>
                新建用户账号
            </a></li>
        </ul>
    </section>
    <!-- /.sidebar -->
</aside>
```

解析如下。

- 导航栏内容全部包含在<aside class="main-sidebar">标签中,其中<aside>定义了这是一个边侧区域,而 class="main-sidebar"定义了该区域随着浏览器可见区域的大小自动变化。

    技巧:main-sidebar、sidebar 等层叠样式表类在 web/AdminLTE/dist/css/AdminLTE.min.css 中定义,要使用这些类则必须在页面中引用它。

- 在<div class="user-panel">区域中定义了登录显示区域,在其中显示了一些静态信息,如状态、头像图片等。其中用<img class = "img-circle">实现了显示圆形图片的方法。
- 在<form action="#" method="get" class="sidebar-form">标签中实现了搜索工具界面,当用户单击"提交"按钮时,会向当前 URL 发送 GET 请求,并传入查询字符串的参数 q。
- 用以下格式为每个页面定义一个导航链接,其中<a href="..">标签定义目标地址和显示文字;{% if .. %}标签组显示数量属性。

```
    <li class="active"><a href="/bd/view_schools"><i class="fa fa-circle-o"></i>
        所有学校
        {% if form and form.school_count %}
        <small class="label pull-right bg-yellow">{{form.school_count}}</small>
        {% endif %}
    </a></li>
```

12.4 新建学校

在系统中逐个新建学校和培训机构的基本信息是本系统在实际应用中的第 1 项工作，所以这里以新建学校为例学习 xuemc 项目的新建学校、机构、公告功能。

12.4.1 WTForm 表单

项目通过 HTML 表单的方式让管理员在网页中输入学校信息。信息的输入界面如图 12.4 所示。

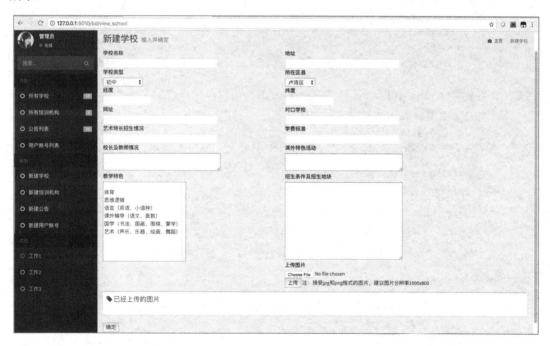

图 12.4　信息的输入界面

表单中包含所有在 E-R 图中定义的学校实体属性。在 web/forms.py 文件中定义了项目的所有 WTForm 子类，学校的表单类如下：

```
from flask_wtf import Form
```

```
class SchoolForm(Form):
    id = HiddenField('id')
    name = StringField('学校名称', validators=[Length(min=1, max= 50)])
    area_id = SelectField(u'所在区县', coerce=int)
    teachdesc = TextAreaField(u'校长及教师情况')
    address = StringField('地址')
    schooltype_id = SelectField(u'学校类型', coerce=int)
    website = StringField('网址')
    distinguish = TextAreaField(u'教学特色')
    leisure = TextAreaField(u'课外特色活动')
    threshold = TextAreaField(u'招生条件及招生地块')
    partner = StringField('对口学校')
    artsource = StringField('艺术特长招生情况')
    feedesc = StringField('学费标准')
    longitude = DecimalField('经度', places=4)
    latitude = DecimalField('纬度', places=4)
    feature_ids = SelectMultipleField(u'教学特色', coerce=int)
    image = FileField('上传图片', validators= [FileAllowed(['jpg', 'png'], 'Images only!')])
```

表单类继承自 flask_wtf.Form 基类，SchoolForm 的每个类属性定义了一个表单中的输入项目，类属性的第 1 个参数是输入项在网页中的显示字符串。类属性按类型可分为以下几类。

- 隐藏字段：HiddenField。该字段在网页中不可见，但可被用来在提交之间传递数据。
- 简单输入字段：StringField、TextAreaField、DecimalField。这些类型的属性在页面中由用户直接输入数据。
- 选择字段：SelectFiled、SelectMultipleField，分别为单选字段（area_id 和 schooltype_id）和多选字段（feature_ids）。这些字段需要在页面显示之前指定可选项。
- 文件上传字段：FileField。用于上传学校的图片，每次上传图片需要进行单独的一次页面提交。

对于选择类型字段，通过配置字段的 choices 属性设置字段的可选项，比如：

```
# 以下代码位于web/Logic/logic.py 文件中
g_choices_area = [(g.id, g.name) for g in orm.Area.query.order_by('name')]
g_choices_schooltype = [(g.id, g.name) for g in orm.Schooltype.query.order_by('name')]
g_choices_feature = [(g.id, g.name) for g in orm.Feature.query.order_by('name')]

# 以下代码位于web/views.py 文件的 view_school()函数中
from Logic import logic
```

```
def view_school():
    # 省略若干代码
    form = SchoolForm(request.form)
    form.area_id.choices = logic.g_choices_area
    form.schooltype_id.choices = logic.g_choices_schooltype
    form.feature_ids.choices = logic.g_choices_feature
```

所在区县、学校类型、教学特色等是系统的元数据。在代码 logic.py 中通过 SQLAlchemy 从数据库中加载所有的元数据到变量 g_choices_xxx 中；在 views.py 中为每个实例化的表单类定义其选择字段的 choices 属性。

12.4.2 视图及文件上传

使用 SchoolForm 的视图函数是 views.py 中的 view_school()，其关键代码如下：

```
from app import app

@app.route('/bd/view_school' , methods=['GET', 'POST'])
def view_school():
    school_id = request.args.get('id')
    form = SchoolForm(request.form)
    if request.method == 'POST' and form.validate():
    # 保存学校数据到数据库
        school = orm.School(form.name.data, form.area_id.data, form.teachdesc.data,
form.address.data, form.schooltype_id.data, form.website.data, form.distinguish.data,
form.leisure.data, form.threashold.data, form.partner.data, form.artsource.data,
form.feedesc.data, form.longitude.data, form.latitude.data)
        orm.db.session.add(school)
        orm.db.session.commit()
        form.id.data = school.id

        logic.SetSchoolFeatures(int(form.id.data),form.feature_ids.data)

        if 'upload' in request.form:
            file = request.files['image']
            if file :
                file_server = str(uuid.uuid1())+Util.file_extension(file.filename)
                pathfile_server = os.path.join(UPLOAD_PATH, file_server)
```

```
            file.save(pathfile_server)
            if os.stat(pathfile_server).st_size <1*1024*1024:
                schoolimage = orm.Schoolimage(school.id,file_server)
                orm.db.session.merge(schoolimage)
                orm.db.session.commit()
            else:
                os.remove(pathfile_server)

# 加载学校的图片
if form.id.data:
    school = orm.School.query.get(int(form.id.data))
    form.school = school
    if form.school:
        form.schoolimages = form.school.schoolimages

return render_template('view_school.html',form = form)
```

对上述代码解析如下。

- 通过@app.route()函数定义该函数的响应地址是/bd/view_school。
- 用 request.form 初始化 SchollForm 实例 form，使得 form 变量中保存了用户提交的数据。
- 如果这是一个提交访问，则实例化一个 orm.School()对象，将用户输入的数据传给该对象，并用 orm.db.session.add()函数新增对象到数据库中。
- 回顾 E-R 建模，学校的教学特色被保存在单独的实体 SchoolFeatures 中，所以调用 logic.SetSchoolFeatures()函数管理学校的特色实体。
- 判断是否通过 upgrade 按钮提交，如果是则保存文件到服务器的指定路径，并新增 orm.SchoolImage 对象保存文件路径到数据库。
- 加载所有的学校图片到 form.schoolimages 中，用于在页面中显示已经上传的图片。

12.4.3 响应式布局

在新建学校的页面上，项目使用了 Bootstrap 的响应式布局方法。该方法将页面纵向分为 12 个栅格，用不同大小的浏览器可视区域中元素所占的栅格数量进行响应式布局。

例如，对于<div class="col-lg-5 col-xs-10">，标签定义该内容在大屏幕（lg）时所占用的栅格数是 5，在小屏幕（xs）时所占用的栅格数是 10。这样，在大屏幕下<div>在一行中可以显示

第12章 实战3：用 Flask+Bootstrap+Restful 开发学校管理系统

两个（因为两个共占用 10 个栅格，小于 12 个栅格数）；而在小屏幕下<div>只能够显示 1 个（因为要显示 2 个则需占用 20 个栅格，大于 12 个栅格数）。

表 12.1 列出了 Bootstrap 中布局标签的可用 class 类型定义。

表 12.1 Bootstrap 中布局标签的可用 class 类型定义

	超小屏幕	小屏幕	中等屏幕	大屏幕
类前缀	col-xs-	col-sm-	col-md-	col-lg-
浏览器宽度	<768px	≥768px	≥992px	≥1200px
适合设备	手机	平板电脑	桌面显示器	大型显示器

举例如下。

- <div class="col-xs-12 col-xs-sm-6">，在手机中占用 1 行，在其他设备中占用 1/2 行。
- <div class="col-xs-6 col-xs-md-4">，在手机中占用 1/2 行，在其他设备中占用 1/3 行。
- <div class="col-sm-5 col-lg-3">，在手机、平板电脑、桌面显示器中占用 5/12 行，在大型显示器中占用 1/4 行。

在页面模板 web/templates/view_school.py 中，通过 Bootstrap 类型实现对表单项目的响应式布局，代码如下：

```
{% extends "base.html" %}
{% block content %}

<form action="" method="post" name="view_school" enctype="multipart/form-data">
    {{form.hidden_tag()}}

<div class="row">
<div class="col-lg-5 col-xs-10"> {{ render_field(form.name, size=50)}} </div>
<div class="col-lg-5 col-xs-10"> {{ render_field(form.address, size=50)}} </div>
<div class="col-lg-5 col-xs-10"> {{ render_field(form.schooltype_id)}} </div>
<div class="col-lg-5 col-xs-10"> {{ render_field(form.area_id)}} </div>
<div class="col-lg-5 col-xs-10"> {{ render_field(form.longitude)}} </div>
<div class="col-lg-5 col-xs-10"> {{ render_field(form.latitude)}} </div>
<div class="col-lg-5 col-xs-10"> {{ render_field(form.website, size=50)}} </div>
<div class="col-lg-5 col-xs-10"> {{ render_field(form.partner, size= 50)}} </div>
<div class="col-lg-5 col-xs-10"> {{ render_field(form.artsource, size= 50)}} </div>
<div class="col-lg-5 col-xs-10"> {{ render_field(form.feedesc, size= 50)}} </div>
```

```html
<div class="col-lg-5 col-xs-10"> {{ render_field(form.teachdesc, rows="2", cols="50")}}
</div>
<div class="col-lg-5 col-xs-10"> {{ render_field(form.leisure, rows="2", cols="50")}}
</div>
<div class="col-lg-5 col-xs-10"> {{ render_field(form.feature_ids, size = 10)}} </div>
<div class="col-lg-5 col-xs-10"> {{ render_field(form.threashold, rows="10", cols="50")}}
</div>
<div class="col-lg-5 col-xs-10">
{{ render_field(form.image, accept="image/png, image/jpeg")}}
<p><input type="submit" value="上传" name="upload">
  注:接受 jpg 和 png 格式的图片,建议图片分辨率为1000 像素×800 像素
</p>
</div>
</div>                                                                  <!-- end of row -->

<!-- images -->
<div class='box box-default'>
  <div class='box-header with-border'>
    <h3 class='box-title'><i class="fa fa-tag"></i> 已经上传的图片</h3>
  </div>
  <div class='box-body'>
    <div class='row'>
    {% if form.schoolimages %}
    {% for image in form.schoolimages %}
      <div class='col-sm-8 col-md-4'>
        <img src='{{"/bd/web/files/"+image.file}}' alt='{{image.file}}' height="200" width="200"/>
        <a href="javascript:genDeleteRef('{{image.file}}');">删除本图片</a>
      </div>
    {% endfor %}
    {% endif %}
    </div>
  </div>
</div>

<p><input type="submit" value="提交" name="confirm"></p>
</form>
{% endblock %}
```

模板逻辑相当简单,即将视图传入的 form 参数中的字段属性逐个用{{ render_field }}标签渲染到页面中。

12.5 学校管理

通过开发学校管理界面,可以熟练掌握查询字符串的处理、分页视图、修改及删除操作的常用设计方法。

12.5.1 查询视图

学校管理功能围绕着主页(见图 12.1)的学校查询及显示功能展开,该页面通过 Restful 接口完成数据查询功能,xuemc 的数据流程如图 12.5 所示,xuemc 站点为第三方 App 和 xuemc 页面提供了统一的 Restful 接口用于信息查询,同时通过 SQLAlchemy orm 实现数据的增、删、改操作。

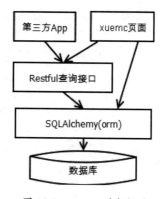

图 12.5　xuemc 的数据流程

这样做的好处是对查询操作提供了唯一的接口,以便集中实现分页、数据筛选等开发工作。同时,避免让第三方 App 通过 Restful 接口对网站数据进行修改。

本节开发图 12.5 中的"xuemc 页面"组件,在 12.6 节中对"Restful 查询接口"进行解析。

学校管理通过页面/bd/view_schools(见图 12.1)完成,该页面对所有学校的信息进行分页显示,并且提供按名称筛选功能。视图函数如下:

```
@app.route('/bd/view_schools' , methods=['GET', 'POST'])
def view_schools():
```

```
page = request.args.get('page', 1)
q = request.args.get('q')
schools = restful.GetSchools(int(page), q)
if restful.ITEM_OBJECTS not in schools:
    return redirect(url_for('view_schools'))

schoolforms =[logic.GetSchoolFormById(x[restful.ITEM_ID])
            for x in schools[restful.ITEM_OBJECTS]]
while None in schoolforms:
    schoolforms.remove(None)

if request.method == 'POST':
    form = SchoolForm(request.form)
    if 'delete' in request.form:
        for x in orm.Schoolimage.query.filter_by(school_id=int(form.id.data)).all():
            pathfile_server = os.path.join(UPLOAD_PATH, x.file)
            if os.path.exists(pathfile_server):
                os.remove(pathfile_server)
        orm.db.session.delete(orm.School.query.get(int(form.id.data)))
        orm.db.session.commit()
        return redirect(url_for('view_schools', page=page, q=q))

form = PageInfo()
logic.LoadBasePageInfo('所有学校','查看',form)

return render_template('view_schools.html',forms = schoolforms,
            form = form, paging=restful.GetPagingFromResult(schools))
```

解析如下。

- 用 request.args.get()函数从查询字符串中获取页数（page）和查询字符串（q）。如果没有提供 page，则默认显示第 1 页。
- 用 restful.GetSchools()函数从 Restful 接口中获取查询数据，该函数的内容如下：

```
# 本代码位于 web/Logic/restful.py 文件中
import json, requests, urllib

ROOT_DOMAIN = 'http://www.mysite'
ROOT_RESTFUL = ROOT_DOMAIN + '/bd/api/v1.0'
RESTFUL_SCHOOL = ROOT_RESTFUL+'/school'
```

```
def GetSchools(page, name=None):
    if name is None:
        x = requests.get('%s?page=%d'%(RESTFUL_SCHOOL, page)).text
        return json.loads(x)
    else:
        q_value = '{"filters":[{"name":"name","op":"like","val":"%%s%%"}]}'%name
        q_value=urllib.quote(q_value.encode('utf-8'))
        return json.loads(requests.get('%s?page=%d&q=%s'
                                      % (RESTFUL_SCHOOL, page, q_value)).text)
```

用 requests.get()函数可以通过 HTTP 访问 Restful 接口，并通过 json.loads()函数解析收到的学校数据。

- 用 GetSchoolFormById()函数为每个查询到的学校新建一个 SchoolForm 实例，保存在列表 schoolforms 中，该函数的内容如下。

```
# 本代码位于 web/Logic/logic.py 文件中
def GetSchoolFormById(school_id):
    school = orm.School.query.get(int(school_id))    # 通过 ORM 查询单个学校
    if school is None: return None
    schoolform = SchoolForm()
    schoolform.id.data = school.id
    # 将所有 school 数据赋值给 schoolform

    return schoolform
```

- 如果是一次通过 delete 按钮提交的 POST 请求，则通过 ORM 模块删除相关数据。
- 用 restful.GetPagingFromResult()函数获取学校实体的分页信息，即生成一个 paging 对象，里面包含总页数、当前页、开始页、结束页等信息。代码如下：

```
# 本代码位于 web/Logic/restful.py 文件中
def GetPagingFromResult(result):
    total_pages=int(result[ITEM_TOTAL_PAGES])
    page = int(result[ITEM_PAGE])                    # 当前页
    page_from = max(1,page-5)                        # 取第一页，或当前页之前的第 5 页
    page_to = min(total_pages,page+5)                # 取最后一页，或当前页之后的第 5 页
    return {'total_pages':total_pages, 'page': page, 'page_from':page_from, 'page_to':page_to}
```

注意：因为用到了 ITEM_TOTAL_PAGES 和 ITEM_PAGE 参数，所以 GetPagingFromResult()函数的输入参数 result 必须为从 Restful 接口获取的数据集。

- 通过渲染模板 view_schools.html 显示页面。

12.5.2 分页模板

学校管理的模板文件主要用于将所有元素显示到网页中，并为每个学校实体提供修改、删除链接。模板文件 web/templates/view_schools.html 的内容如下：

```
{% extends "base.html" %}
{% block content %}

<div class="row" style="overflow:hidden; text-overflow:ellipsis;">
 <div class="col-md-10">
  <div class="box">
    <div class="box-header with-border">
      <h3 class="box-title">--</h3>
    </div><!-- /.box-header -->
    <div class="box-body">
      <table class="table table-bordered">
        <tr>
          <th style="width: 10px">#</th>                  <!-- 列表标题 -->
          <th>学校名称</th>
          <th>类型</th>
          <th>地址</th>
          <th>区县</th>
          <th style="width: 40px"></th>
        </tr>
{% if forms %}                                            <!-- 列表实体 -->
  {% for f in forms %}
        <tr>
          <td>
            {{f.id.data}}
          </td>
          <td>
            <a href="/bd/view_school?id={{f.id.data}}">
              {{f.name.data}}
            </a>
          </td>
          <td>
            {{f.schooltype_name}}
```

```
            </td>
            <td>
                {{f.address.data}}
            </td>
            <td>
                {{f.area_name}}
            </td>
            <td>
                <form action="" method="post" name="edit_school"
                    onsubmit="return confirm('确认要提交吗?');">
                    {{f.hidden_tag()}}
                    <input type="submit" value="删除" name="delete">
                </form>
            </td>
        </tr>
    {% endfor %}
{% endif %}
    </table>
</div><!-- /.box-body -->

<div class="box-footer clearfix">                    <!--分页-->
    <ul class="pagination pagination-sm no-margin pull-right">
{% if paging %}
        <li><a href="javascript:genPagingRef('/bd/view_schools?page=1');">&laquo;</a></li>
    {% for i in range(paging.page_from,paging.page_to+1) %}

        <li><a href="javascript:genPagingRef('/bd/view_schools?page={{i}}');">{{i}}</a></li>

    {% endfor %}
        <li><a
href="javascript:genPagingRef( '/bd/view_schools?page={{paging.total_pages}}' );">
        &raquo;</a></li>
{% endif %}

    </ul>
</div>
</div><!-- /.box -->
</div>
</div>
```

除了若干用于布局和 CSS 样式设定的<div>标签，本模板主要由两部分组成：一部分是学校显示区域,另一部分是分页区域,解析如下。

- 在学校显示区域通过{% for f in forms %}标签组为每个学校建立一个<form>标签。
- 在显示学校的名字时,用<a href="/bd/view_school?id={{f.id.data}}">{{f.name.data}} </a>提供到该学校修改页面的链接。
- 在每个学校的<form>中提供一个删除按钮用于删除该学校。为<form>标签设置 onsubmit 属性,使得用户单击时能够弹出二次确认框。
- 用 javascript:genPagingRef()函数分别显示首页、当前上下 5 页、末页的链接数字。该工具函数位于脚本 web/static/base.js 中,内容如下:

```javascript
function genPagingRef(pageurl)
{
 if (typeof QueryString["q"] === "undefined") {    # 判断本页的查询字符串中是否有q参数
  window.location=pageurl;                          # 如果没有,则导航到查询页面
 }
 else
 {
  window.location=pageurl + "&q=" +QueryString["q"];  # 如果有,则在导航时加入q参数
 }
}
```

该函数使得网站在用查询参数搜索页面结果后,仍能按该查询参数在分页之间导航。

12.6 Restful 接口

在 12.5 节中,读者了解到了 Restful 接口在 xuemc 项目中的核心作用。本节学习 Restful 的概念和在 Flask 中用 Restless 插件快速开发的 Restful 接口技术。

12.6.1 Restful 的概念

Rest 即表述性状态传递(Representational State Transfer),是 Roy Fielding 博士于 2000 年在博士论文中提出来的一种软件架构风格。它是一种针对网络应用的设计和开发方式,可以降低开发的复杂性,提高系统的可伸缩性。遵循 Rest 架构风格的网络接口被称为 Restful 接口。

Restful 接口围绕着网络资源及其动作展开。所谓"资源"就是网络上的一个实体,或者说是网络上的一个具体信息。资源可以是一个文本、一张图片、一首歌曲,在本章的 xuemc 站点中,所有学校、培训机构、公告都是一种网络资源。

在开发者进行良好设计的前提下,任何网络操作都可以被抽象成对网络资源的 CRUD 动作。Restful 接口将对网络资源的操作抽象为用 HTTP 的 GET、POST 等谓词表达的形式,它们的调用形式如下。

- GET/resource:查询集合,返回一个 resource 对象的集合。
- GET/resource/ID:查询个体,返回某个指定 ID 的 resource 对象。
- POST/resource:新增,按 Request Body 中的实体信息新建一个 resource 对象。
- PUT/resource/ID:全量修改,将指定 ID 对象的全部属性按照 Request Body 的内容进行修改。如果 Request Body 中未给出某些字段,则这些字段被修改为默认值。
- PATCH/resource/ID:部分修改,将指定 ID 的对象属性按照 Request Body 的内容进行修改。如果 Request Body 中未给出某些字段,则这些字段保持对象原来的值。
- DELETE/resource/ID:删除指定 ID 的对象。

注意:CRUD 是数据操作的常用语,即 Create、Read、Update、Delete。

12.6.2 Restless 插件

Restless 是一个基于 SQLAlchemy 的 Restful API 快速开发插件,通过简单配置它就可以实现功能全面的 Restful 接口。Restless 在使用 pip 工具进行安装后即可使用。

1. 基本使用

通过如下例子演示 Restless 的接口编程:

```
import flask
import flask_sqlalchemy                                   # Flask-SQLAlchemy
import flask_restless                                     # Flask-Restless

app = flask.Flask(__name__)                               # Flask实例
app.config['SQLALCHEMY_DATABASE_URI'] = 'sqlite:////tmp/test.db'
db = flask_sqlalchemy.SQLAlchemy(app)
```

```python
class Panda(db.Model):                                  # 用 SQLAlchemy 定义资源
    id = db.Column(db.Integer, primary_key=True)        # 主键
    name = db.Column(db.Unicode, unique=True)
    zoo = db.Column(db.Unicode)
    weight = db.Column(db.Integer)
    birth_date = db.Column(db.Date)

db.create_all()                                         # 建立数据库

# 实例化一个 Restless Manager
manager = flask_restless.APIManager(app, flask_sqlalchemy_db=db)

#建立一个 Restful 接口/api/panda，该接口具备 GET、POST、DELETE 方法
manager.create_api(Panda, methods=['GET', 'POST', 'DELETE'])

app.run()                                               # 启动 Flask 站点
```

通过上述代码已经开发了一个具备对 Panda 资源进行查询、新增、删除 Restful 接口的网站。其中的关键点如下。

- 引用 flask_sqlachemy 和 flask_restless 包。
- 用 SQLAlchemy 定义资源数据模型，数据模型必须有一个主键属性。
- 在程序中实例化一个 flask_restless.APIManager 作为 Restless 管理者对象（manager），向构造函数中传入 Flask 实例和 Flask-SQLAlchemy 实例。
- 通过 manager.create_api()函数为每一个资源建立 Restful 接口。在该函数中，可以用 methods 参数指定该 Restful 接口需要支持的 HTTP 方法列表。

2. 定制接口

为了提供更加灵活的定制功能，前例中的 manager.create_api()函数具有更多的可选参数，常用的如下。

- url_prefix：默认为"/api"，定义接口的 URL 前缀。
- allow_patch_many：默认为 True，定义是否允许用一条 PATCH 访问、修改多条资源实体。
- allow_delete_many：默认为 True，定义是否允许用一条 DELETE 访问、删除多条资源实体。
- include_columns：定义需要在接口中可见的资源属性。

```python
manager.create_api(Panda, include_columns= ['zoo', 'name'])
```

Restful 接口中将只能让客户端管理 Panda 实例的 zoo 和 name 属性,而不能管理 id、weight、birth_date。

- exclude_columns:与 include_columns 相反,定义需要在接口中排除的资源属性。
- preprocessors:定义访问 Restful 接口资源之前调用的函数。

```
manager.create_api(Panda, preprocessors={'POST'=[foo], 'GET_SINGLE' = [trace_log]})
```

在以 POST 方式访问 Panda 资源之前先执行 foo()函数,在 GET 之前执行 trace_log()函数。

- postprocessors:与 preprocessors 相反,定义访问 Restful 接口资源之后调用的函数。
- preprocessors 和 postprocessors 回调类型如表 12.2 所示。

表 12.2　preprocessors 和 postprocessors 回调类型

键	含　义
'POST'	在POST请求时被调用
'GET_SINGLE'	在GET单个资源实例时被调用
'GET_MANY'	在GET资源集合时被调用
'PATCH_SINGLE'	在用PATCH方式修改单个资源时被调用
'PATCH_MANY'	在用PATCH方式修改多个资源时被调用
'PUT_SINGLE'	在用PUT方式修改单个资源时被调用
'PUT_MANY'	在用PUT方式修改多个资源时被调用
'DELETE_SINGLE'	在用DELETE方式删除单个资源时被调用
'DELETE_MANY'	在用DELETE方式删除多个资源时被调用

3. 回调函数原型

在 manager.create_api()函数中,preprocessors 和 postprocessors 参数定义的函数必须遵守 Restless 插件定义的函数原型。

GET_SINGLE 调用:

```
def get_single_preprocessor(instance_id=None, **kw):
    # instance_id是查询对象的ID
    pass

def get_single_postprocessor(result=None, **kw):
    # result参数是查询到的Response Body
    pass
```

GET_MANY 调用：

```
def get_many_preprocessor(search_params=None, **kw):
    # search_params 是一个字典参数，包含客户端提交的搜索条件
    pass

def get_many_postprocessor(result=None, search_params=None, **kw):
    # result 包含查询到的 Response Body；search_params 是查询条件
    pass
```

PATCH_SINGLE 和 PUT_SINGLE 调用：

```
def patch_or_put_single_preprocessor(instance_id=None, data=None, **kw):
    # instance_id 是修改对象的 ID；data 是传入的修改数据
    pass

def patch_or_put_single_postprocessor(result=None, **kw):
    # result 包含返回的数据
    pass
```

PATCH_MANY 和 PUT_MANY 调用：

```
def patch_or_put_many_preprocessor(search_params=None, data=None, **kw):
    # search_params 是一个字典参数，包含客户端提交的搜索条件
    # data 包含修改内容
    pass

def patch_or_put_many_postprocessor(query=None, data=None, search_params=None, **kw):
    # search_params 是一个字典参数，包含客户端提交的搜索条件
    # query 是根据 search_params 生成的 SQLAlchemy 查询语句
    # data 包含修改内容
    pass
```

POST 调用：

```
def post_preprocessor(data=None, **kw):
    # data 是客户端传入的 Request Body
    pass

def post_postprocessor(result=None, **kw):
    # result 是新建的资源对象，即 Response Body
    pass
```

DELETE_SINGLE 调用：

```python
def delete_single_preprocessor(instance_id=None, **kw):
    # instance_id 是要删除对象的 ID
    pass

def delete_postprocessor(was_deleted=None, **kw):
    # was_deleted 是一个布尔值，代表对象是否被成功删除
    pass
```

DELETE_MANY 调用：

```python
def delete_many_preprocessor(search_params=None, **kw):
    # search_params 是一个字典参数，包含客户端提交的删除条件
    pass

def delete_many_postprocessor(result=None, search_params=None, **kw):
    # result 是即将返回的 Response Body
    # search_params 是一个字典参数，包含客户端提交的搜索条件
    pass
```

12.6.3　开发 Restful 接口

在 xuemc 项目中，所有 Restful 接口通过 Restless 组件实现。由于只是按照 Restless 插件的要求执行配置工作，因此相关代码都保存在项目的主文件 run.py 中。代码如下：

```python
import json, threading, datetime
from DB import orm
from Logic import logic, restful
from flask import Flask, request
from flask_restful import Resource, Api
import flask_restless
from flask_restless import ProcessingException
import random
from web.views import *

# 在 GET_SINGLE 请求后，为学校、培训机构设置默认图片
def post_get_one(result=None, **kw):
    if result:
        logic.SetDefaultImage(result)
```

```python
        return result

# 在'GET_MANY'请求后，为学校、培训机构设置默认图片
def post_get_many(result=None, search_params=None, **kw):
    if result and restful.ITEM_OBJECTS in result:
        for obj in result[restful.ITEM_OBJECTS]:
            logic.SetDefaultImage(obj)
    return result

# 如果新建用户时没有提交用户名，则将电话号码设为用户名
def pre_post_account(data=None, **kw):
    if restful.ITEM_USERNAME not in data:
        data[restful.ITEM_USERNAME] = data.get(restful.ITEM_TELEPHONE)
    data[restful.ITEM_DTCREATE]=datetime.datetime.now().strftime("%Y-%m-%d %H:%M:%S")

# 新建用户后，向用户手机发送验证码
def post_post_account(result=None, **kw):
    if result and restful.ITEM_ID in result:
        account = orm.Account.query.get(int(result.get(restful.ITEM_ID)))
        account.checkcode = str(random.randint(100001,999999))
        orm.db.session.commit()
        #send sms verification here
        message = '您的验证码为%s，请勿告诉他人，15分钟内有效 【学校宝典】' % \
                  account.checkcode
        Util.SendSMSByZA(account.telephone, message)
    return result

# 检查用户验证码
def pre_put_single_account(instance_id=None, data=None, **kw):
    if instance_id is None: return
    account = orm.Account.query.get(int(instance_id))
    if account is None:
        return
    if restful.ITEM_CHECKCODE in data:
        dtNow = datetime.datetime.now()
        dtValidTime = account.dtcreate if account.dtcreate else datetime.datetime.now()
        dtValidTime = dtValidTime + datetime.timedelta(minutes=15)
        if account.checkcode == data.get(restful.ITEM_CHECKCODE) and dtNow < dtValidTime:
            account.flag_telephone = 1
            orm.db.session.commit()
    if restful.ITEM_TELEPHONE in data:
```

```python
        if account.telephone!=data.get(restful.ITEM_TELEPHONE):
            account.flag_telephone = 0
            orm.db.session.commit()
    data.pop(restful.ITEM_FLAG_TELEPHONE,None)
    data.pop(restful.ITEM_CHECKCODE,None)


# 建立 Flask-Restless API manager.
orm.db.create_all()
manager = flask_restless.APIManager(app, flask_sqlalchemy_db=orm.db)

# 逐个为开放的资源配置 Restful 接口
manager.create_api(orm.Advert, methods=['GET'], url_prefix='/bd/api/v1.0')
manager.create_api(orm.Agespan, methods=['GET'], url_prefix='/bd/api/v1.0')
manager.create_api(orm.Area, methods=['GET'], url_prefix='/bd/api/v1.0')
manager.create_api(
    orm.Bulletin,
    methods=['GET'],
    url_prefix='/bd/api/v1.0',
    postprocessors={
        'GET_SINGLE': [post_get_one],
        'GET_MANY': [post_get_many]
    })
manager.create_api(orm.Feature, methods=['GET'], url_prefix='/bd/api/v1.0')
manager.create_api(orm.Feetype, methods=['GET'], url_prefix='/bd/api/v1.0')
manager.create_api(
    orm.Institution,
    methods=['GET'],
    url_prefix='/bd/api/v1.0',
    postprocessors={
        'GET_SINGLE': [post_get_one],
        'GET_MANY': [post_get_many]
    })
manager.create_api(
    orm.InstitutionFeature, methods=['GET'], url_prefix='/bd/api/v1.0')
manager.create_api(
    orm.School,
    results_per_page=7,
    methods=['GET'],
    url_prefix='/bd/api/v1.0',
    postprocessors={
```

```
        'GET_SINGLE': [post_get_one],
        'GET_MANY': [post_get_many]
    })
manager.create_api(
    orm.SchoolFeature, methods=['GET'], url_prefix='/bd/api/v1.0')
manager.create_api(orm.Schooltype, methods=['GET'], url_prefix='/bd/api/v1.0')
manager.create_api(
    orm.Account,
    methods=['GET', 'PUT', 'PATCH'],
    url_prefix='/bd/api/v1.0',
    preprocessors={'PATCH_SINGLE': [pre_put_single_account]},
    exclude_columns=['checkcode', 'password'])
manager.create_api(
    orm.Account,
    methods=['POST'],
    url_prefix='/bd/api/v1.0/back',
    preprocessors={'POST': [pre_post_account]},
    postprocessors={'POST': [post_post_account]},
    exclude_columns=['checkcode', 'password'])
manager.create_api(
    orm.Test,
    methods=['POST', 'PATCH'],
    preprocessors={'POST': [pre_post_test]},
    url_prefix='/bd/api/v1.0')
```

除了逐个配置每个 SQLAlchemy 资源的开放接口及其地址，上述代码还通过 preprocessors 和 postprocessers 实现了用户注册短信认证和默认图片的设置功能。

1. 用户注册

用户注册流程如图 12.6 所示。

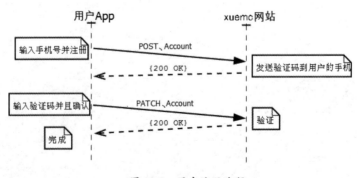

图 12.6　用户注册流程

在图 12.6 中,用户通过向服务器发送 POST、Account 请求提交注册要求,并通过 PATCH、Account 请求提交注册码。因此在实现这两个 Restful 接口时,需要添加特殊逻辑以实现短信验证功能,具体如下。

- 为 orm.Account 的 POST 请求增加一个 postprocessor 回调函数,即 post_post_account(),用于向用户的手机发送短信验证码。其中验证码的格式是一个 6 位随机数,将该验证码保存到数据库中,并通过 Util.SendSMSByZA() 函数进行实际发送。对于 Util.SendSMSByZA() 函数处理发送短信的通信细节,有兴趣的读者可查看文件 Utils/Util.py 中的相关源代码。
- 为 orm.Account 资源的 PATCH 请求增加一个 preprocessor 回调函数进行短信代码认证,即 pre_put_single_account()。该函数将用户提交的验证码与数据库中保存的验证码相比较,如果一致并且距离发送验证码的时间在 15 分钟以内,则认为验证成功。验证成功时,将相应的 Account 资源的 flag_telephone 属性置为 1。

2. **默认图片设置**

系统还对 orm.Bulletin、orm.Institution、orm.School 3 个资源的 GET_SINGLE 和 GET_MANY 请求都实现了 postprocessors 回调,即 post_get_one() 和 post_get_many() 函数,用来为没有图片的公告、培训机构、学校配置一个默认图片。

函数 post_get_one() 和 post_get_many() 都对即将返回给客户端的资源对象调用了 logic.SetDefaultImage() 函数,该函数的内容如下:

```python
def SetDefaultImage(obj):
    if restful.ITEM_BULLETINIMAGES in obj:                  # 是公告资源
        listimage = obj.get(restful.ITEM_BULLETINIMAGES, [])
        if len(listimage) <= 0:
            listimage.append({
                restful.ITEM_ID: 0,
                restful.ITEM_FILE: 'default_bulletinimage.jpg'
            })

    if restful.ITEM_INSTITUTIONIMAGES in obj:               # 是培训机构资源
        listimage = obj.get(restful.ITEM_INSTITUTIONIMAGES, [])
        if len(listimage) <= 0:
            listimage.append({
                restful.ITEM_ID: 0,
                restful.ITEM_FILE: 'default_institutionimage.jpg'
            })
```

```
if restful.ITEM_SCHOOLIMAGES in obj:                    # 是学校资源
    listimage = obj.get(restful.ITEM_SCHOOLIMAGES, [])
    if len(listimage) <= 0:
        listimage.append({
            restful.ITEM_ID: 0,
            restful.ITEM_FILE: 'default_schoolimage.jpg'
        }) #是学校资源
```

该函数通过检查资源对象中的图片属性判断资源的类型，并为图片属性的列表长度为 0 的对象设置默认的图片名。

12.7 本章总结

对本章内容总结如下。

- 讲解用 Flask 框架开发的学校管理系统的项目概况和功能要点。
- 实践使用 E-R 图和 SQLAlchemy 的数据建模方法，以使读者具备将该套方法应用到不同信息管理系统开发中的能力。
- 讲解基于 BootStrap、jQuery 等若干客户端框架的开源 UI 系统 AdminLTE，以使读者具备快速应用和二次开发的能力。
- 使用 Flask 的 WTForm 插件设计数据录入页面，包括简单输入、多行文本、单选、多选等多种录入模式。
- 使用 Flask 处理文件、图片上传。
- 讲解如何运用 SQLAlchemy 的 ORM 方法进行数据对象的 CRUD，即增、删、改、查。
- 讲解基于 Restful 接口的分页视图技术。
- 讲解如何运用 Restless 插件进行 Restful 接口开发。

第 13 章

实战 4：用 Twisted+SQLAlchemy+ZeroMQ 开发跨平台物联网消息网关

经过前面的学习，我们已经了解到 Twisted 是一个精于通过传输层协议实现高效自定义应用协议功能开发的网络框架。本章带领读者开发一个物联网消息网关，在其中使用自定义的消息协议，并用 ZeroMQ 实现服务器集群。本章的主要内容如下。

- 项目概况：学习本项目消息网关的功能定义、安装及代码结构。
- 项目设计：完成项目的数据库设计、外部接口设计。
- 通信引擎：用 Twisted 框架开发 TCP 服务器接口，包括 ServerFactory、Protocol 编程、跨平台引擎和字节流分包等。
- 协议编程：跟踪网关系统的应用层协议栈设计和开发，并灵活运用 Twisted 线程锁、struct 字节流解析等技巧。
- ZeroMQ 集群：使用 ZeroMQ 的 PUB、SUB 模型实现集群架构设计和基本开发。

13.1 项目概况

本项目的名称为 IotGateway，是一个开源物联网关，它的定位是为智能设备提供远程访问和控制功能。在技术上它使用 TCP+JSON 协议，相对于 HTTP 来说是一种轻量级的接入方式。

13.1.1 功能定义

如今智能设备产品正处于发展高峰期，各式各样的家电、自动控制、安防告警系统不断智能化和互联网化。如何进行智能设备的远程控制、实时通知是物联网领域的一个热点。

本项目的功能是为智能设备提供云服务，使得用户能够通过智能手机远程控制设备的运行情况，消息网关的服务场景如图 13.1 所示。

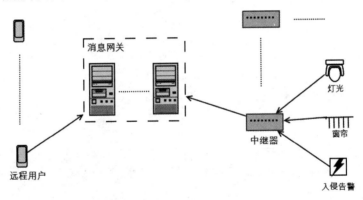

图 13.1　消息网关的服务场景

- 消息网关为大量的远程手机和中继器设备提供服务。如果使用同一个关系数据库，则网关本身可以是一个集群系统，所以架构允许系统随着用户量的上升进行扩容。
- 因为目前很多智能设备无法直接连入 Internet，所以需要通过一个中继设备进行转接。中继器用于作为消息网关和实际智能设备的桥梁。
- 远程手机用户登录消息网关，通过网关完成对远程中继器及子设备的控制。
- 当中继设备及其子设备有即时消息要通知给用户时（如检测到小偷入侵、火灾警报），则通过消息网关进行消息推送。

- 账号注册及设备绑定：手机用户注册，登录消息网关，并告诉消息网关该账号需要管理哪些中继器及其相关设备。

13.1.2 安装和测试

本项目实现了图 13.1 中的消息网关，通过 Twisted 框架提供了大量的客户端接入能力，同时开发了对远程手机用户和中继器设备的模拟客户端程序，以便于对消息网关进行压力测试。

本节演示网关系统的安装过程。项目建议使用 PostgreSQL 数据库，所以在安装项目代码前请确保该数据库已正常安装，具体内容请参考第 10 章。消息网关是一个集群系统，在其开发和运行的过程中用到了 OpenSSL 和 ZeroMQ。

1. 安装 OpenSSL

OpenSSL 是被广泛使用的安全组件，本项目使用它完成对 SSL 接口的开发，以便为客户端提供安全的传输层接口。通过如下命令在 Ubuntu 等 Linux 系统中可以快速安装 OpenSSL：

```
# sudo apt-get install openssl
# sudo apt-get install libssl-dev
```

对于 macOS 系统来说则是：

```
# brew install openssl
```

Windows 系统可以直接从官网下载安装包，也有一些其他网站提供的 EXE 安装版本。

注意：本书使用的版本为 OpenSSL 1.1.1，这是当前的最稳定版本，但截至 2021 年 2 月，官方已经在实验 3.0 版本，是的，版本跨度有点大，读者可去官网查看其区别。

2. 安装 ZeroMQ

ZeroMQ 是一个高效的消息队列中间件，本项目使用它完成集群内部不同主机之间的通信。当前 ZeroMQ 在所有操作系统上都有较方便的安装方法，具体方法与上述 OpenSSL 的安装类似，例如，在 Ubuntu 上使用 apt-get、在 macOS 系统上使用 brew、在 Windows 系统上直接运行安装包或尝试 pip install zmq 等。读者可以访问官网查找 ZeroMQ 在不同操作系统上最新版本的安装方法。

注意：本书使用的版本为 ZeroMQ 4.2.5。

3. 安装代码及依赖库

将项目从本书配套源文件的本章目录中复制到目标计算机路径中，如~/project。复制完成后，找到项目中的 requirement.txt 文件，其中包括本项目所依赖的所有组件库，内容如下：

```
asn1crypto==0.24.0
astroid==2.0.4
attrs==18.1.0
Automat==0.7.0
cffi==1.11.5
constantly==15.1.0
cryptography==2.3
hyperlink==18.0.0
idna==2.7
incremental==17.5.0
isort==4.3.4
lazy-object-proxy==1.3.1
mccabe==0.6.1
psycopg2-binary==2.7.5         # PostgreSQL Python 引擎
pyasn1==0.4.4
pyasn1-modules==0.2.2
pycparser==2.18
PyHamcrest==1.9.0
pylint==2.1.1
pyOpenSSL==18.0.0              # OpenSSL Python 插件
pyzmq==17.1.2                  # ZeroMQ Python 插件
service-identity==17.0.0
six==1.11.0
SQLAlchemy==1.2.10             # SQLAlchemy
Twisted==20.3.0                # Twisted
Werkzeug==0.14.1
wrapt==1.10.11
zope.interface==4.5.0
```

该文件以"库名==版本号"的形式对每一行进行编排，其中的很多库相互之间存在依赖关系，读者无须理解每一个库的具体作用，通过如下命令可以对它们实现一键安装：

```
#pip install -r requirement.txt
```

该命令会自动下载和安装 requirements.txt 文件中的所有库的指定版本。

4. 安装和配置数据库

PostgreSQL 安装完成后用如下命令新建数据库：

```
# psql postgres                                              // 进入 Postgres 命令工具 psql
postgres=# CREATE ROLE sbdb WITH LOGIN PASSWORD 'sbdb';      // 新建登录角色 sbdb，并配置密码
postgres=# ALTER ROLE sbdb CREATEDB;                         // 给新角色赋予 CREATEDB 权限
postgres=# \q                                                // 退出 psql
#
# psql postgres -U sbdb                                      // 以 sbdb 身份登录 psql
postgres=# CREATE DATABASE sbdb;                             // 新建数据库 SBDB
postgres=> GRANT ALL PRIVILEGES ON DATABASE SBDB TO sbdb;
postgres=# \q                                                // 退出 psql
```

提示：数据库脚本在本书源代码中，读者可参考上一章的 SQL 脚本执行方式操作数据库。

完成后可在本项目中配置数据库连接参数，在 src/sbs.conf 文件中找到如下部分并修改：

```
db_connection_string = 'postgresql://USER:PASS@localhost/DBNAME'
```

将其中的 USER、PASS、DBNAME 分别修改为已安装的数据库的用户名、密码、名称。

5. 启动服务器

进入项目的 src 目录，执行如下命令可以启动服务：

```
#python main.py
```

在默认情况下，服务监听的端口号为 9630 和 9631，其中 9630 是普通的 TCP 接口，9631 是 SSL 接口。如果需要改为其他端口，则只需在启动前编辑 src/SBPS/ProtocolReactor.py 文件中的如下部分：

```
if withListen:
    reactor.listenTCP(9630,instance_SBProtocolFactory)
    #……
    reactor.listenSSL(9631, instance_SBProtocolFactory, cert.options())
```

将其中的 9630、9631 改为新端口号即可。

6. 用模拟客户端测试

从图 13.1 可知，本项目设计的物联网消息网关主要面向两类设备的接入：远程用户和中继

器。其中远程用户通常为智能手机，可以连接网关管理、查询、控制家中的智能设备；而中继器则负责非 IP 设备的 Internet 接入。

本项目制作了这两类设备的模拟客户端程序，分别命名为 emuHuman.py 和 emuRelayer.py。要体验网关的功能，首先启动模拟中继器：

```
# python emuRelayer.py
```

该客户端在启动后连接本地服务器（localhost）的 9630 端口并发送认证命令，然后每隔一分钟发送一次心跳命令以保持自己时刻在线。

然后启动模拟用户客户端，即可完成若干网关协议的功能测试：

```
#python emuHuman.py auto
```

其中的参数 auto 表示客户端自动对所有协议的命令进行巡检测试，测试客户端结果如图 13.2 所示。

```
changlol@CHANGLOL-M-40YR# python emuHuman.py auto
a connection made:  4563034408
data sent in transport 4563034408 : 00 00 00 5D 00 02 00 05 00 00 00 00 00 00 01 7B 22 75 73
65 72 5F 6E 61 6D 65 22 3A 20 22 70 70 36 33 38 37 38 31 31 31 22 2C 20 22 70 61 73 73 77 6F 72 64
22 3A 20 22 31 32 33 22 2C 20 22 65 6D 61 69 6C 22 3A 20 22 70 70 36 33 38 37 38 31 31 31 40
31 36 33 2E 63 6F 6D 22 7D   (b'\x00\x00\x00]\x00\x02\x00\x05\x00\x00\x00\x00\x00\x00\x00\x01{"us
er_name": "pp63878111", "password": "123", "email": "pp63878111@163.com"}')
data received in transport 4563034408 : 00 00 00 43 80 02 00 05 00 00 00 00 00 00 00 01 7B 22 76
65 72 73 69 6F 6E 22 3A 20 30 2C 20 22 61 70 61 72 74 6D 65 6E 74 5F 69 64 22 3A 20 31 33 37 2C
20 22 6E 61 6D 65 22 3A 20 22 48 6F 6D 65 22 7D   (b'\x00\x00\x00C\x80\x02\x00\x05\x00\x00\x00\x
00\x00\x00\x01{"version": 0, "apartment_id": 137, "name": "Home"}')
pass: <class 'AddAccount.CAddAccount'>
data sent in transport 4563034408 : 00 00 00 58 00 00 00 01 00 00 00 00 00 00 00 02 7B 22 75 73
65 72 5F 6E 61 6D 65 22 3A 20 22 70 70 36 33 38 37 38 31 31 31 22 2C 20 22 70 61 73 73 77 6F 72 64
22 3A 20 22 31 32 33 22 2C 20 22 74 65 72 6D 69 6E 61 6C 5F 74 79 70 65 22 3A 20 22 68 75 6D 61
6E 22 7D   (b'\x00\x00\x00X\x00\x00\x00\x01\x00\x00\x00\x00\x00\x00\x00\x02{"user_name": "pp63
878111", "password": "123", "terminal_type": "human"}')
data received in transport 4563034408 : 00 00 00 3A 80 00 00 01 00 00 00 00 00 00 00 02 7B 22 72
65 73 75 6C 74 22 3A 20 30 2C 20 22 61 70 61 72 74 6D 65 6E 74 73 22 3A 20 5B 7B 22 69 64 22 3A 20
31 33 37 7D 5D 7D   (b'\x00\x00\x00:\x80\x00\x00\x01\x00\x00\x00\x00\x00\x00\x00\x02{"result"
: 0, "apartments": [{"id": 137}]}')
pass: <class 'Authorize.CAuthorize'>
```

图 13.2　测试客户端结果

在测试界面中逐条打印客户端发送和接收到的所有字节流，并显示每条命令的测试结果。在图 13.2 中的如下字样明确显示了命令执行成功：

```
pass: <class 'Command.AddAccount.CAddAccount'>
pass: <class 'Command.Authorize.CAuthorize'>
```

第 13 章 实战 4：用 Twisted+SQLAlchemy+ZeroMQ 开发跨平台物联网消息网关

13.1.3 项目结构

由于消息网关完全作为后台进程运行，没有 UI 界面，因此相对于前几章的项目代码，本章项目代码的结构比较简单。整个项目源码的结构如下：

```
src/
    Command/                                    # 协议处理包
        __init__.py
        AddAccount.py
        AddApartment.py
        Authorize.py
        BaseCommand.py
        # ....省略其他命令代码文件
    DB/                                         # 数据库层
        __init__.py
        SBDB.py
        SBDB_ORM.py
    emuSBPS/                                    # 模拟客户端通信引擎包
        __init__.py
        ControlDevice.py
        emuReactor.py
        QueryDevice.py
    SBPS/                                       # 服务器通信引擎包
        __init__.py
        InternalMessage.py                      # 集群通信
        ProtocolReactor.py                      # 与客户端通信
    Utils/                                      # 工具包
        __init__.py
        Config.py
        Util.py
    main.py                                     # 服务器主程序
    server.pem                                  # 证书文件
    emuHuman.py                                 # App 模拟程序
    emuRelayer                                  # Relayer 设备模拟程序
```

代码结构按照逻辑功能划分 Python 包，解析如下。

- Command 包中是所有的协议处理代码，每个通信协议由 Command 包中单独的一个命令文件和类进行处理。
- DB 包中包含所有的数据库 ORM 对象定义和数据访问逻辑。

- emuSBPS 包是模拟客户端的通信引擎，为 emuHuman.py 和 emuRelayer.py 提供通信接口。
- SBPS 包是服务器的通信引擎，其中包括服务器内部的通信引擎（InternalMessage.py）、服务器与客户端的通信引擎（ProtocolReactor.py）。
- Utils 是通用工具包。
- main.py 是服务器程序的主文件，它加载各个模块并启动通信引擎为客户端提供服务。
- server.pem 是 SSL 通信的服务器证书文件。
- emuHuman.py 和 emuRelayer.py 是客户端模拟程序，通过它们可以测试服务器的功能模块。

13.2 项目设计

本节学习 IotGateway 项目的设计方案，让读者对项目情况有总体把握，为之后分析代码打下基础。

13.2.1 SQLAlchmey 建模

首先通过 E-R 图进行数据库的逻辑设计，然后用 SQLAlchemy 进行 ORM 物理设计。

1．E-R 图分析

通信网关需要处理用户、手机、中继设备、终端设备、区域等不同的实体，并需要维护各实体之间的关系，系统的 E-R 图如图 13.3 所示。

由图 13.3 可知，系统围绕着账号实体（account）逐步扩展，具体如下：

- account 对应于 IotGateway 中远程用户的账号，其中有用户名、密码、手机、邮件等属性。
- 对于每个用户终端有 account 的一对多实体 client，在 client 中有手机系统类型（os）、登录时间（dt_auth）、手机设备号（terminal_code）等属性。
- 每个 account 可以建立多个物理区域（apartment），在区域中可以有该区域的特定信息，如区域名称、区域设备版本号（version）等。
- 实体 realyer 对应于中继器（relayer）实体，其中有设备号、登录时间等属性。
- 设备类型（device_type）和设备型号（device_model）是系统元数据实体，其中管理了本 IotGateway 可以管理的物理设备类型，即图 13.1 中最右侧的若干设备的类型、型号。

- 每个物理区域可以有多个中继器，因此产生多对多关系表 apartment_relayer；每个物理区域也可以有多个设备（device），因此定义多对多关系表 apartment_device。
- 独立实体 server 用于管理 IotGateway 平台内的所有服务器信息，如服务器 ID、IP 地址等。

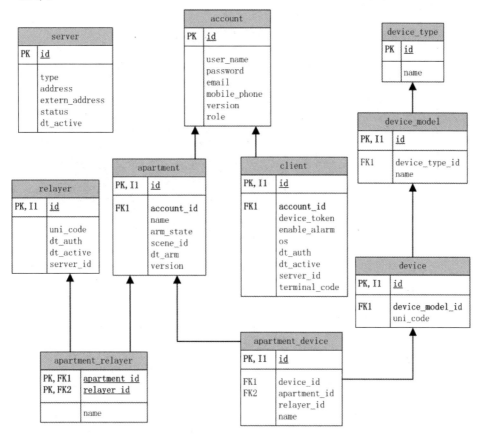

图 13.3　系统的 E-R 图

2. SQLAlchemy 物理建模

IotGateway 的物理设计可以直接使用 SQLAlchemy 模型完成，代码的文件名为 src/DB/SBDB_ORM.py，其中的主要内容如下：

```
from sqlalchemy import Boolean, Column, DateTime, ForeignKey, Integer, String
```

```python
from sqlalchemy.orm import relationship,backref
from sqlalchemy.ext.declarative import declarative_base

Base = declarative_base()                                    # SQLAlchemy Base
metadata = Base.metadata

class Account(Base):                                         # 账号表
    __tablename__ = u'account'

    id = Column(Integer, primary_key=True)
    user_name = Column(String(20))
    password = Column(String(50))
    email = Column(String(255))
    mobile_phone = Column(String(50))
    version = Column(Integer)
    role = Column(Integer)

class Apartment(Base):                                       # 物理区域表
    __tablename__ = u'apartment'

    id = Column(Integer, primary_key=True, index=True)
    account_id = Column(ForeignKey(u'account.id'), nullable=False)
    name = Column(String(50))
    arm_state = Column(Integer)
    scene_id = Column(Integer)
    dt_arm = Column(DateTime)
    version = Column(Integer)

    account = relationship(u'Account',backref=backref('apartments', order_by=id))

class ApartmentDevice(Base):                                 # 物理区域中包含哪些设备
    __tablename__ = u'apartment_device'

    id = Column(Integer, primary_key=True, index=True)
    device_id = Column(ForeignKey(u'device.id'))
    apartment_id = Column(ForeignKey(u'apartment.id'))
    relayer_id = Column(Integer)
    name = Column(String(50))

    device = relationship(u'Device',backref="apartment_devices")
    apartment = relationship(u'Apartment',backref="apartment_devices",lazy='joined')
```

```python
class Apartment_Relayer(Base):                                    # 物理区域中包含哪些中继器
    __tablename__ = u'apartment_relayer'

    apartment_id = Column(Integer,ForeignKey(u'apartment.id'), primary_key=True)
    relayer_id = Column(Integer,ForeignKey(u'relayer.id'), primary_key=True)
    name = Column(String(50))

    apartment = relationship(u'Apartment',
                backref=backref('apartment_relayers', order_by=relayer_id))
    relayer = relationship(u'Relayer',
                backref=backref('apartment_relayers', order_by=apartment_id))

class Client(Base):                                               # 登录终端表
    __tablename__ = u'client'

    id = Column(Integer, primary_key=True, index=True)
    account_id = Column(ForeignKey(u'account.id'), nullable=False)
    device_token = Column(String(100))
    enable_alarm = Column(Boolean)
    os = Column(String(50))
    dt_auth=Column(DateTime)
    dt_active=Column(DateTime)
    server_id=Column(Integer)
    terminal_code = Column(String(50))

    account = relationship(u'Account',backref="clients")

class Device(Base):                                               # 设备表
    __tablename__ = u'device'

    id = Column(Integer, primary_key=True, index=True)
    device_model_id = Column(ForeignKey(u'device_model.id'), nullable=False)
    uni_code = Column(String(50))

    device_model = relationship(u'DeviceModel',backref="devices")

class DeviceType(Base):                                           # 设备类型表
    __tablename__ = u'device_type'
```

```python
    id = Column(Integer, primary_key=True)
    name = Column(String(50))

class DeviceModel(Base):                                    # 设备模型表
    __tablename__ = u'device_model'

    id = Column(Integer, primary_key=True, index=True)
    device_type_id = Column(ForeignKey(u'device_type.id'))
    name = Column(String(50))

    device_type = relationship(u'DeviceType',backref="device_models")

class Server(Base):                                         # 服务器表
    __tablename__ = u'server'

    id = Column(Integer, primary_key=True)
    type = Column(Integer)
    address =Column(String(50))
    extern_address=Column(String(50))
    status =Column(String(50))
    dt_active=Column(DateTime)

class Relayer(Base):                                        # 中继器表
    __tablename__ = u'relayer'

    id = Column(Integer, primary_key=True, index=True)
    uni_code = Column(String(50))
    dt_auth=Column(DateTime)
    dt_active=Column(DateTime)
    server_id=Column(Integer)
```

在建模过程中明确了每个字段的类型、长度、默认值等属性。读者应留意每个模型中的 relationship 类型属性，正是通过该属性实现了 SQLAlchemy 模型之间的关联关系。

13.2.2 TCP 接口设计

接口是指图 13.1 中服务器与远程用户和中继器之间的接口。通过定义消息流程和消息结构，可以明确服务器与客户端之间的交互接口。

1. 消息流程

客户端与服务器之间的交互流程如图 13.4 所示。

第 13 章　实战 4：用 Twisted+SQLAlchemy+ZeroMQ 开发跨平台物联网消息网关

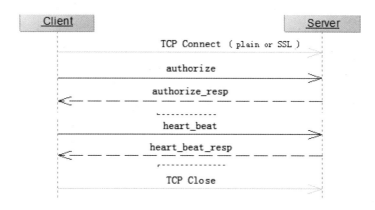

图 13.4　客户端与服务器之间的交互流程

对交互流程解析如下。

- 每个客户端与服务器之间建立并维持一个 TCP 长连接，该连接可以是明文信道或者 SSL 信道。
- 客户端登录后用 authorize 命令向服务器提供身份验证信息，服务器根据验证结果返回 Response。
- 验证成功后，客户端和服务器之间可以在任何时候互相通信。每次通信都以一问一答的 Request-Response 方式进行。
- 为了保持长连接一直有效，客户端每隔一段时间需要发送一条 heart_beat 消息，以使通信双方都能确认连接仍然有效。

2. 消息结构

消息结构接口使用基于 TCP 的自定义协议。IotGateway 的自定义消息结构如表 13.1 所示。

表 13.1　IotGateway 的自定义消息结构

字段		长度（字节）	内容
head	start_tag	2	固定为：0x03BB
	length	4	从本字段开始到消息结束的总长度
	command_id	4	命令ID
	status	4	状态码，0表示成功，其他表示错误
	sequence	4	消息序列号
body		length-16	JSON消息体，是可选部分

由表 13.1 可见，IotGateway 的消息由两部分组成：消息头 head 和消息体 body。消息头部分是每条消息的必有项目，由 5 个字段组成，分别为消息起始标识、消息的长度、命令号、状态码、序列号；消息体为可选项目，由 JSON 格式的字符串组成。典型的消息体举例如下：

```
{
"dev_id": "123456",
"dev_model": "lighting-1302"
}
```

因为每条消息的消息体的长度不定，所以需要消息头中的 length 字段标识消息的总长度。正因如此，接收消息的一方可以计算出 body 的长度，从而进行解析。

技巧：在自定义 TCP 消息中，可以通过定义 length 字段实现不定长消息。

作为不定长消息的一种特殊情况，有一些消息可以没有消息体，即消息体长度为 0。此时，消息头中的 length 字段的内容为 16，即只包含消息头中字段的长度。典型的无消息体消息包括：心跳消息、大多数 Response 消息。

3. 命令列表

在明确了消息结构之后，就可以逐个设计具体的消息了，表 13.2 定义了 IotGateway 消息类型。

表 13.2　IotGateway 消息类型

Command_id	名　称	方　向	说　明
0x00020005	Add_account	Human->Server	注册账号
0x00000001	Authorize	Client->Server	验证
0x00000002	Heart_beat	Client->Server	心跳
0x00010002	Query_apartment	Human->Server	查询某区域内的所有设备信息
0x00020001	Add_device	Human->Server	为账号增加设备
0x00030001	Remove_device	Human->Server	删除账号中的设备
0x00020006	Add_apartment	Human->Server	为账号增加区域
0x00030006	Remove_apartment	Human->Server	删除账号中的区域
0x00020007	Add_relayer	Human->Server	为账号增加中继器
0x00030007	Remove_relayer	Human->Server	删除账号中的中继器
0x00060001	Control_Device	Human->Server->Relayer	远程控制
0x00070001	Event	Relayer->Server->Human	事件通知

表 13.2 中列举了消息网关为实现账号设备信息管理和实时消息通知功能所定义的消息类型。其中的"方向"一列说明了消息的发送来源与目的地，Human 是指图 13.1 中左侧的远程用户（如手机 App）；Server 是指本项目的 IotGateway 消息网关；Relayer 是指被管理和控制的设备。

表 13.2 列出的只是所有的 Request 消息，其相应的 Response 没有列出，这是因为在 IotGateway 协议中约定了所有的 Response 消息的命令号规则，即：

所有 Response 消息的命令号 ← 对应 Request 消息命令号+0x80000000

举例说明：Add_account(0x00020005) 消息的对应 Response 消息是 0x80020005；Authorize(0x00000001) 消息对应 Response 的命令号是 0x80000001，依此类推。

注意：对每条消息的具体消息体内容此处不再详述，在代码分析过程中将举例说明。感兴趣的读者可以直接分析代码文件 src/Command/*.py。

13.3 通信引擎

通过 13.2 节读者已经了解 IotGateway 项目各个方面的设计概要，本节按照 IotGateway 模块结构带领读者解析项目代码。

服务器程序以通信引擎为核心，通过它处理所有客户端连接和收发包请求。通信引擎也是展现 Twisted 强大功能的重要模块。

13.3.1 跨平台安全端口

IotGateway 项目被设计为跨平台应用，在 Windows 中使用 Windows 完成端口（IOCP）作为底层接口；在 Linux 中使用 Epoll 作为底层通信管理接口。这部分代码是系统启动后的第 1 个任务，具体代码在 src/main.py 中：

```
from Utils import Util
if Util.isWindows():
    from twisted.internet import iocpreactor            # Windows: IOCP
    iocpreactor.install()
```

```
elif Util.isMac():
    from twisted.internet import kqreactor        # macOS: KQueue
    kqreactor.install()
else:
    from twisted.internet import epollreactor     # Linux: Epoll
    epollreactor.install()

import logging                                    # 配置日志文件、级别、格式
logging.basicConfig(filename='example.log',level=logging.INFO,
            format="%(asctime)s-%(name)s-%(levelname)s-%(message)s")

import SBPS.ProtocolReactor as ProtocolReactor    # IotGateway 通信引擎

if __name__ == '__main__':
    logging.info("Relayer Server start...")
    ProtocolReactor.Run()                         # 挂起运行
```

代码解析如下。

- 首先通过 Utils.Util 中的函数判断程序运行在什么操作系统中。该函数的代码为：

```
import platform
platform_system=platform.system().lower()

def isWindows():                                  # 如果平台名称中有"windows"，则认为是Windows 平台
    return platform_system.find("windows")>=0

def isMac():                                      # 如果平台名称中有"darwin"，则认为是macOS 平台
    return platform_system.find("darwin") >= 0
```

- 在 Windows 操作系统中可以通过 iocpreactor.install()语句指定 Twisted 以 IOCP 方式运行。
- 在 macOS 操作系统中可以通过 kqreactor.install()语句指定 Twisted 以 KQueue 方式运行。
- 在 Linux 操作系统中可以通过 epollreactor.install()语句指定 Twisted 以 Epoll 方式运行。
- 通过 logging.basicConfig()定义 logging 模块的运行参数，在 IotGateway 项目运行中使用 logging 进行通信记录有利于系统的调试和消息追踪。
- SBPS.ProtocolReactor 是系统的通信引擎，调用其 Run()函数使主线程挂起运行。该函数位于 src/SBPS/ProtocolReactor.py 文件中，主要代码为：

```
from twisted.internet import reactor,ssl
from SBPS import InternalMessage
```

第 13 章　实战 4：用 Twisted+SQLAlchemy+ZeroMQ 开发跨平台物联网消息网关

```python
def Run(withListen=True):
    instance_SBProtocolFactory=SBProtocolFactory()

    if withListen:
        reactor.listenTCP(9630,instance_SBProtocolFactory)        # 监听普通 TCP 端口

        cert=None
        with open('server.pem') as keyAndCert:                    # 加载服务器证书
            cert = ssl.PrivateCertificate.loadPEM(keyAndCert.read())
        reactor.listenSSL(9631, instance_SBProtocolFactory, cert.options()) # 监听 SSL 端口

    reactor.run()
```

对 Run()函数解析如下。

- SBProtocolFactory 和 SBProtocol 分别是 Twisted 框架 ServerFactory 和 Protocol 的子类。
- 用 reactor.listenTCP()函数启动对不同端口的监听。
- 用 ssl 库加载服务器证书文件，并用 reactor.listenSSL()函数启动对 SSL 端口的监听。
- 用 reactor.run()函数启动通信引擎。

13.3.2　管理连接

ProtocolReactor.Run()函数中使用的 SBProtocolFactory 是 Twisted 框架 ServerFactory 的子类。在 IotGateway 中 SBProtocolFactory 负责维护所有的客户端连接，代码如下：

```python
# 本段代码位于 src/SBPS/ProtocolReactor.py 文件中
from twisted.internet.protocol import Protocol, ServerFactory
import threading

class SBProtocol(Protocol):
    #......

class SBProtocolFactory(ServerFactory):
    protocol = SBProtocol

    def __init__(self):
        self.lockDict=threading.RLock()
        self.dictRelayer={}                  # key:中继器 ID, value:中继器 SBProtocol 对象
        self.dictAccounts={}                 # key:中继器 ID, value:用户 SBProtocol 列表
```

```
            self.SBMP_HEADERTAG=struct.pack("2B",0x01,0xBB)
            self.lockPendingCmd=threading.RLock()

    def GetAccountProtocol(self,relayer_id,client_id):
        with self.lockDict:
            if relayer_id in self.dictAccounts:
                for clientProtocol in self.dictAccounts[relayer_id]:
                    if clientProtocol.client_id==client_id:
                        return clientProtocol
        return None
```

对 SBProtocolFactory 解析如下。

- 配置类属性 protocol=SBProtocol，指定本工厂建立的所有连接都由协议类 SBProtocol 进行处理。
- 在构造函数 __init__() 中初始化成员变量 dictRelayer 和 dictAccounts，分别用于保存已经与服务器建立连接的客户端 Protocol 对象。
- 每个中继器只能与服务器建立一个连接，所以 dictRelayer 的 value 是一个 SBProtocol 对象。
- 成员变量 dictAccounts 用于保存用户用手机等智能设备登录的 SBProtocol 对象。每个中继器可以被多个账号关联，所以 dictAccounts 的 value 是一个 SBProtocol 对象的列表。
- 成员变量 lockDict 用于在多线程环境中保护对变量 dictRelayer 和 dictAccounts 的操作。
- 成员函数 GetAccountProtocol() 用于根据中继器 ID 和手机终端 ID 查询、获得 SBProtocol 对象。

13.3.3 收发数据

通信引擎中的 SBProtocol 是真正的协议处理类，其继承于 Twisted 框架的 Protocol 基类。SBProtocol 负责数据包的收、发、解析等工作，并且对客户端连接数和正在处理的命令数进行控制。SBProtocol 的关键通信代码如下：

```
# 本段代码位于 src/SBPS/ProtocolReactor.py 文件中
from twisted.internet.protocol import Protocol
from twisted.internet import reactor,threads,ssl
from twisted.internet.defer import DeferredLock
import twisted.internet.error as twistedError
import struct
import Command
```

```python
import logging,time
import threading
from Utils import Util,Config
from SBPS import InternalMessage


class SBProtocol(Protocol):
    connection_count=0                                          # 连接总数
    countPendingCmd=0                                           # 正在处理的命令数

    def __init__(self):
        '''
        Constructor
        '''
        self.m_buffer=b""                                       # 接收缓冲区
        self.lockBuffer=DeferredLock()
        self.tmActivate=time.time()                             # 最近活动时间
        self.dictWaitResp={}                                    # 待反馈命令表
        self.lock_dictWaitResp=threading.RLock()
        self.dictControlling={}                                 # 控制命令表
        self.cond_dictControlling=threading.Condition()
        self.timer=reactor.callLater(Config.time_heartbeat,self.timeout)  # 超时定时器
        self.lockCmd=threading.RLock()
        self.HeaderTagType=-1
        self.role=""

    def dataReceived(self, data):                               # 接收数据时调用
        Protocol.dataReceived(self, data)
        self.lockBuffer.acquire().addCallback(self.AddDataAndDecode,data)

    def connectionMade(self):                                   # 建立连接时调用
        ip=self.transport.getPeer().host
        with self.factory.lockPendingCmd:
            SBProtocol.connection_count=SBProtocol.connection_count+1
            if SBProtocol.connection_count>Config.count_connection:
                self.transport.loseConnection()
                print("close connection due to reaching connection limit.")

    def connectionLost(self, reason=twistedError.ConnectionDone):   # 连接断开时调用
        try:
            self.timer.cancel()                                 # 取消超时定时器
```

```
        except Exception:
            pass
        self.releaseFromDict()                                  # 取消保存SBProtocol对象
        with self.factory.lockPendingCmd:
            SBProtocol.connection_count=SBProtocol.connection_count-1
        Protocol.connectionLost(self, reason=reason)            # 调用基类函数

    def timeout(self):                                          # 超时后取消
        self.transport.loseConnection()

    def releaseFromDict(self):                  # 取消在factory中保存的SBProtocol对象
        with self.factory.lockDict:
            if 'role' not in dir(self): return
            if self.role == Command.BaseCommand.PV_ROLE_RELAYER:
                if self.relayer_id in self.factory.dictRelayer:
                    if self.factory.dictRelayer[self.relayer_id]==self:
                        self.factory.dictRelayer.pop(self.relayer_id)
            elif self.role == Command.BaseCommand.PV_ROLE_HUMAN:
                for relayerId in SBDB.GetRelayerIDsByAccountId(self.account_id):
                    if relayerId in self.factory.dictAccounts:
                        listAccount = self.factory.dictAccounts[relayerId]
                        if self in listAccount:
                            listAccount.remove(self)
                            if len(listAccount)<=0:
                                self.factory.dictAccounts.pop(relayerId)
```

对 SBProtocol 解析如下。

- 为了对单服务器上的客户端进行流量控制，定义了类变量 connection_count 和 countPendingCmd 作为活跃客户端数量和待处理命令的计数器。当客户端连接数量或命令数量超过阈值时需要做丢弃处理，以防止服务器因流量过大而瘫痪。
- 在构造函数 __init__ 中定义成员变量维护每个客户端连接的状态，包括接收字节流缓冲区、最近活跃时间等。
- 成员变量 self.timer 是 Twisted 延时调用器 reactor.callLater()返回的对象。该延时调用的目的是回收不活跃的客户端连接。当延时到期时，通过 self.timeout()函数断开连接。
- 成员函数 connectionMade ()、dataReceived()和 connectionLost()是 Twisted 框架 TCP 编程常用的事件函数，分别处理连接建立、数据接收、连接断开等情况。
- 在连接建立和断开时，SBProtocol 维护 factory 中 dictRelayer 和 dictAccounts 对客户连接对象的管理。在之后的命令处理中会频繁地用到这些连接对象。

- 接收到数据时，通过 self.lockBuffer.acquire().addCallback() 函数对消息处理函数 AddDataAndDecode 进行异步调用。其中 self.lockBuffer 是一个 DeferredLock()对象，通过它可以保证在多线程环境中同一个 SBProtocol 的多个 AddDataAndDecode 函数之间保持顺序调用关系。
- 成员函数 releaseFromDict()对 factory 中的 dictRelayer 和 dictAccounts 进行简单搜索，保证释放掉线的客户端 SBProtocol 对象。

13.3.4　TCP 流式分包

从第 2 章的学习中，读者已经知道 TCP 通信的流式特性，即连接性、可靠、有序。这些特性给我们带来了很大的便利。但是有一点仍然需要 TCP 开发者进行处理，就是流式协议具有可粘包、拆包特性，即发送端的多次发送可能在接收端一次接收；或者发送端的一次发送被拆分为多个包发送给接收端。

因此，在 TCP 编程中，接收数据时需要处理字节流的粘包、拆包情况，在保证收到完整的数据段后才进行命令解析和执行工作。在 IotGateway 项目中，协议处理类 SBProtocol 的 AddDataAndDecode()函数完成了该项工作，代码如下：

```
# 本段代码位于 src/SBPS/ProtocolReactor.py 文件中
from twisted.internet.protocol import Protocol

class SBProtocol(Protocol):
    # 省略部分代码

    def AddDataAndDecode(self,lock,data):
        print("data received in transport %d : %s (%s)" %
            (id(self.transport),Util.asscii_string(data),data))
        self.m_buffer += data                           # 将新到数据放入接收缓冲区

        # 如果已经收到了完整的消息头，则尝试解包
        while len(self.m_buffer) >= Command.BaseCommand.CBaseCommand.HEAD_LEN :
            self.m_buffer, command, = self.Decode(self.m_buffer)
            if command is None:
                break

            #####################################
            #此处用于处理命令
```

```
#######################################
    lock.release()                                      # 释放 DeferredLock()占用

def Decode(self, data):
    # 检查协议是否包含固定前缀，如果有则切换到前缀模式
    if self.HeaderTagType<0:                             # 尚未确定前缀类型
        if data[:4] == self.factory.SBMP_HEADERTAG:
            self.HeaderTagType = 1
        else:
            self.HeaderTagType = 0

    if self.HeaderTagType == 1:                          # 如果有前缀，则在解码前去除
        tag_position = data.find(self.factory.SBMP_HEADERTAG)
        if tag_position<0: return (data,None)
        data = data[tag_position+len(self.factory.SBMP_HEADERTAG):]

    length,command_id=struct.unpack("!2I",data[:8])  # 获取命令长度和命令 ID
    command=None
    if length<=len(data):                                # 如果整条命令已收取完整，则解析命令
        command_data=data[:length]
        if command_id in Command.dicInt_Type :
            try:
                # 根据命令 ID 初始化命令对象
                Command = Command.dicInt_Type[command_id](command_data,self)
            except Exception as e:
                logging.error("build command exception in transport %d: %s :%s",
                    id(self.transport),str(e),Util.asscii_string(command_data))
                command=None
        else:
            command = Command.BaseCommand.CMesscodeCommand(
                command_data,self)
        data=data[length:]                               # 删除已解包数据
    else:
        if self.HeaderTagType == 1:
            data=self.factory.SBMP_HEADERTAG+data
    return (data, command)                               # 返回结果
```

代码解析如下。

- 在 AddDataAndDecode()函数中将所有接收到的消息合并到接收缓冲区中。
- 根据缓冲区的长度判断是否已经接收到完整的消息头，如果已经接收到了，则调用

Decode()函数尝试解包。
- 在 Decode()函数中,去除消息的固定头。
- 使用 struct.unpack()函数将字节流转换为 Python 数据对象,以得到命令长度、命令 ID。
- 使用命令 ID 从 Command.dicInt_Type 中建立新的命令对象。其中 dicInt_Type 是一个命令对象类型字典,内容是所有命令 ID 和命令类的映射。该字典在 Command 包的 __init__.py 文件中进行初始化,比如:

```
dicInt_Type={}
import AddAccount                                    # 账号注册
dicInt_Type[AddAccount.CAddAccount.command_id] = AddAccount.CAddAccount

import AddApartment                                  # 添加区域
dicInt_Type[AddApartment.CAddApartment.command_id] = AddApartment.CAddApartment

import AddDevice                                     # 添加设备
dicInt_Type[AddDevice.CAddDevice.command_id] = AddDevice.CAddDevice

import AddRelayer                                    # 添加中继器
dicInt_Type[AddRelayer.CAddRelayer.command_id] = AddRelayer.CAddRelayer

# 所有命令都添加到 dicInt_Type 中
```

- 如果 Decode()函数解包成功,则返回一个命令对象给 AddDataAndDecode()函数进行处理。

13.3.5 异步执行

在 AddDataAndDecode()函数通过 Decode 进行解包后,接下来需要执行收到的命令。命令执行的时间长短不一,为了不拖延后续命令的解包,需要通过异步方式执行命令。

> 说明:AddDataAndDecode()函数通过 DeferredLock()对象被调用,所以多次接收数据包的处理是按顺序执行的。在分包完成后,用异步方式执行命令可以提高吞吐能力。

异步执行命令的代码如下:

```
from twisted.internet.protocol import Protocol
from twisted.internet import threads,
```

```
class SBProtocol(Protocol):
    # 省略部分代码

def AddDataAndDecode(self,lock,data):
    # 省略上一小节解析过的 while 分包循环
        # 如果正在处理的命令数在阈值允许范围内
        if SBProtocol.countPendingCmd < Config.count_connection/100:
            # 在 Twisted 辅助线程中运行
            threads.deferToThread(self.RunCommand,command)
            with self.factory.lockPendingCmd:
                SBProtocol.countPendingCmd = SBProtocol.countPendingCmd+1
        else:
            try:
                # 无法处理命令,直接生成错误消息给客户端
                cmd_resp = command.GetResp()
                cmd_resp.SetErrorCode(Command.BaseCommand.CS_SERVERBUSY)
                cmd_resp.Send()
            except:
                pass

    def RunCommand(self, command):                    # 执行命令
        with self.factory.lockPendingCmd:
            SBProtocol.countPendingCmd = SBProtocol.countPendingCmd - 1
        command.Run()
```

以上是 AddDataAndDecode() 函数在获取到命令后的处理代码,解析如下。

- 用配置阈值检查当前正在处理的命令数是否已经太多,如果是,则丢弃当前的命令,直接向客户端返回服务器忙的消息。
- 如果可以处理,则维护当前正在处理的命令计数器 SBProtocol.countPendingCmd,并用 threads.deferToThread() 函数在 Twisted 辅助线程中执行命令。
- 辅助线程中执行的函数是 RunCommand(),该函数减小了 SBProtocol.countPendingCmd 的值,并调用命令对象的 Run() 函数进行真实处理。

13.4 协议编程

在完成了服务器通信引擎后,需要对服务器的命令进行逐个处理。IotGateway 中的所有命

第 13 章 实战 4：用 Twisted+SQLAlchemy+ZeroMQ 开发跨平台物联网消息网关

令都继承自命令基类 CBaseCommand，将所有命令的共同特性集成在一个命令基类中有利于对代码的精简和优化。本节解析 CBaseCommand 和用户注册命令 CAddAccount，使读者有能力自行分析其他协议命令代码。完整的协议代码在 src/Command 包的各个 Python 协议文件中。

13.4.1 执行命令

在通信引擎 ProtocolReactor.py 中，对所有解析到的客户端命令调用命令类的 Run()函数。以用户注册命令为例，Run()函数的代码如下：

```python
from BaseCommand import CBaseCommand
from sqlalchemy.exc import SQLAlchemyError
from DB import SBDB,SBDB_ORM
from Command import BaseCommand
import logging
from Utils import Util
from sqlalchemy import or_

class CAddAccount(CBaseCommand):                          # 所有命令继承自 CBaseCommand
    command_id = 0x00020005                               # 命令 ID

    def __init__(self, data=None, protocol=None):
        CBaseCommand.__init__(self, data, protocol)       # 执行基类构造函数

    def Run(self):
        with self.protocol.lockCmd:                       # 防止同一客户端命令并行处理
            CBaseCommand.Run(self)                        # 通用逻辑写在基类中

            # 提取 JSON 消息体中的命令参数
            user_name = self.body.get(BaseCommand.PN_USERNAME)
            if user_name is not None:
                user_name = user_name.strip()
            password = self.body[BaseCommand.PN_PASSWORD]
            email = self.body.get(BaseCommand.PN_EMAIL)

            # 检查消息体参数，如果不满足要求则向客户端返回错误
            if email is not None:
                email = email.strip()
            mobile_phone = self.body.get(BaseCommand.PN_MOBLEPHONE)
            if mobile_phone is not None:    mobile_phone=mobile_phone.strip()
```

```python
respond=self.GetResp()
with SBDB.session_scope() as session :
    # 检查命令参数
    if user_name is None and password is None and email is None:
        respond.SetErrorCode(BaseCommand.CS_PARAMLACK)
    elif user_name is not None and (
        session.query(SBDB_ORM.Account).filter(
            or_(SBDB_ORM.Account.user_name == user_name,
                SBDB_ORM.Account.email == user_name,
                SBDB_ORM.Account.mobile_phone == user_name))
        .first() is not None or len(user_name) < 2):
        respond.SetErrorCode(BaseCommand.CS_USERNAME)
    elif email is not None and (
        session.query(SBDB_ORM.Account).filter(
            or_(SBDB_ORM.Account.user_name == email,
                SBDB_ORM.Account.email == email,
                SBDB_ORM.Account.mobile_phone == email))
        .first() is not None or not Util.validateEmail(email)):
        respond.SetErrorCode(BaseCommand.CS_EMAIL)
    elif mobile_phone is not None and (
        session.query(SBDB_ORM.Account).filter(
            or_(SBDB_ORM.Account.user_name == mobile_phone,
                SBDB_ORM.Account.email == mobile_phone,
                SBDB_ORM.Account.mobile_phone == mobile_phone))
        .first() is not None
        or not Util.validateMobilePhone(mobile_phone)):
        respond.SetErrorCode(BaseCommand.CS_MOBILEPHONE)
    else:
        # 命令参数正确，执行命令代码
        try:
            # 用SQLAlchemy增加用户账号对象
            account = SBDB_ORM.Account()
            account.language_id = 2
            account.email = email
            account.password = Util.hash_password(password)
            account.user_name = user_name
            account.mobile_phone = mobile_phone
            account.version = 0

            # 用SQLAlchemy增加区域对象
            Apartment = SBDB_ORM.Apartment()
```

```python
                apartment.arm_state = BaseCommand.PV_ARM_OFF
                apartment.name = "Home"
                apartment.scene_id = None
                apartment.version = 0
                account.apartments.append(apartment)
                session.add(account)
                session.commit()                        # 提交 SQLAlchemy 会话
                respond.body[BaseCommand.PN_VERSION] = apartment.version
                respond.body[BaseCommand.PN_APARTMENTID] = apartment.id
                respond.body[BaseCommand.PN_NAME] = apartment.name
            except SQLAlchemyError as e:
                respond.SetErrorCode(BaseCommand.CS_DBEXCEPTION)
                logging.error("transport %d:%s",id(self.protocol.transport),e)
                session.rollback()
        respond.Send()
```

以上代码为如何编写协议命令的代码做了清晰的示范，对其解析如下。

- 用 import 语句引用需要的代码包，如命令基类 CBaseCommand、数据模型层代码 SBDB/SBDB_ORM、日志工具 logging 等。
- 在构造函数 __init__()中调用基类构造函数，在基类构造函数中完成基本的命令解析工作。
- 在 Run()函数中启用锁 self.protocol.lockCmd，其中 self.protocol 是发送本条消息命令的客户端连接协议类（即 SBProtocol）的实例。这样使得同一客户端的所有命令能够按顺序执行。
- 在 Run()函数中执行基类 CBaseCommand 的 Run()函数，在该函数中执行更新客户端激活时间等公共逻辑。
- 用基类函数 self.GetResp()生成 Response 消息对象。
- 读取消息中的参数（在 CAddAccount 中即 user_name、password、email 等），并且判断参数是否被允许，如果出现相同的用户名重复注册等问题，则用 respond.SetErrorCode() 函数设置错误代码。
- 如果所有参数提交正确，则执行命令逻辑（在 CAddAccount 中，是用 SQLAlchemy 模型新增账号和区域的）。

13.4.2 struct 解析字节流

13.4.1 节解析的 CAddAccount 消息命令类有很多逻辑都封装在了基类 CBaseCommand 中，

例如，命令构造时的函数__init__()，该函数的主要作用是将网络中发送来的字节流解析成 Python 命令类中的对象参数。基类 CBaseCommand 中__init__()函数的代码如下：

```python
import struct
import json

class CBaseCommand(object):
    HEAD_LEN = 16                                   # 命令头长度固定为16
    def __init__(self,data=None,protocol=None):
        self.protocol=protocol
        self.role=None
        self.tmActivate=time.time()
        self.body={}
        self.relayer_id=0
        if data is not None:
            if isinstance(data, str):
                data = data.encode('utf-8')         # 将str类型数据转换为bytes类型
            self.data = data
            # 解析消息头
            self.command_len,self.command_id,self.command_status,self.command_seq = 
                struct.unpack("!4I",data[:CBaseCommand.HEAD_LEN])
            if self.command_len > CBaseCommand.HEAD_LEN:
                # 如果消息长度大于16，则解析消息体
                self.body = json.loads(data[CBaseCommand.HEAD_LEN:])
        else:
            self.command_len = CBaseCommand.HEAD_LEN
            self.command_status = 0
            self.command_id = type(self).command_id
            self.command_seq = self.GetNextSeq()    # 生成序列号
        self.internalMessage = None
```

构造函数__init__()有两个参数：data 和 protocol，其中 data 是客户端从 TCP 信道发来的字节流，protocol 是接收到该字节流的 SBProtocol 对象实例。命令消息头和消息体都由 data 参数解析而来，以上代码在发现 data 参数不是 None 时对字节流按照表 13.1 进行解析。

注意：表 13.1 中的固定头 start_tag 已经在通信引擎 SBProtocol 的 Decode()函数中被去除，因此 CBaseCommand 只解析其余 4 个头字段和 1 个 JSON 消息体字段。

因为协议中的 JSON 消息体不是必需的字段，所以只有当发现协议的整体长度大于消息头的长度（即 16）时，才需要解析消息体。用 json.loads()函数将消息体中的 JSON 字节流转换为

Python 字典对象并保存在 self.body 变量中。

用 struct.unpack() 函数可以将网络字节流转换为 Python 的内置对象，如下代码为调用从 data 的前 16 个字节中解析出 command_len、command_id、command_status、command_seq 等 4 个 Integer 对象：

```
struct.unpack("!4I",data[:CBaseCommand.HEAD_LEN])
```

格式字符串参数"!4I"定义了如何解析 data 中的内容，其中的"!"是固定头，"4I"表示有 4 个整型数字需要解析，因为每个整型数字占用 4 个字节，所以一共解析了 4×4=16 个字节。struct 常用数字格式符号如表 13.3 所示。

表 13.3 struct 常用数字格式符号

格 式	C类型	Python类型	字节流长度
B	signed char	integer	1
B	unsigned char	integer	1
?	_Bool	bool	1
H	short	integer	2
H	unsigned short	integer	2
I	int	integer	4
I	unsigned int	integer	4
F	float	float	4
d	double	float	8

13.4.3 序列号生成

在函数 CBaseCommand.__init__() 中，对于没有赋予 data 参数的情况被认为是服务器主动发送的消息，所以需要调用 self.GetNextSeq() 函数生成唯一的序列号，该函数的内容如下：

```
import threading

class CBaseCommand(object):
    sequence_latest = 0                              # 当前序列号
    lock_sequence = threading.RLock()                # 序列号锁
```

```
def GetNextSeq(self):
    CBaseCommand.lock_sequence.acquire()
    if CBaseCommand.sequence_latest >= 0x7fffffff:
        CBaseCommand.sequence_latest = 0
    next_sequence = CBaseCommand.sequence_latest + 1
    CBaseCommand.sequence_latest = next_sequence
    CBaseCommand.lock_sequence.release()
    return next_sequence
```

对其解析如下。

- 定义类变量 sequence_latest，用于保存当前服务器的序列号。
- 定义 threading.Rlock() 类型的锁变量 lock_sequence，用于在多线程环境下保护 sequence_latest 变量。
- 在 GetNextSeq() 函数中，在生成新序列号之前用 acquire() 函数获取锁，在生成完成后用 release() 函数释放锁。
- 当序列号过大时（大于 0x7fffffff），将 sequence_latest 置为 0 并重新开始计数。

13.4.4 连接保持

由于网络和设备的不稳定性，服务器与客户端的 TCP 长连接会随时中断，因此服务器系统需要建立机制以确认客户端连接是否仍然有效。IotGateway 采用的策略如下。

- 服务器端在每次收到客户端发送的命令时，都更新该客户端 SBProtocol 对象中的激活时间。
- 如果客户端在一定的激活阈值时间内（如 300 秒）没有发送任何消息，则认为连接已经中断，并主动断开连接。
- 如果客户端在阈值时间内没有发送过消息，则应主动发送一条 HeartBeat 命令，以更新服务器中该连接的激活时间。
- 服务器中更新激活时间的代码在 CBaseCommand.Run() 函数，代码如下：

```
from twisted.internet import reactor

class CBaseCommand(object):
    def Run(self):
```

```
        print("run: ", self.__class__)
        if self.protocol is not None and self.protocol.role != PV_ROLE_INTERNAL:
            try:
                # 取消 SBProtocol 对象中之前的超时计时器,并建立新的计时器
                self.protocol.timer.cancel()
                self.protocol.timer =reactor.callLater(
                    Config.time_heartbeat,self.protocol.timeout)
            except Exception:
                pass
            self.protocol.tmActivate = time.time()
```

在代码中首先判断该命令是内部命令还是外部命令,只有外部命令才需要控制激活。然后取消之前设置的超时计时器,并激活阈值时间,设置新的计时器。如此,只要能在计时器到期之前收到新的命令,就不会真正产生超时调用。

注意：内部命令是指服务器之间的通信命令,与 Twisted 无关,所以本书不做重点解析。外部命令是指从客户端连接发送来的命令。

当超时真的发生时,则认为客户端连接已经中断,通过 SBProtocol.timeout()函数从服务器 SBProtocolFactory 中删除该连接,详见对 SBProtocol 的解析。

13.4.5 发送 Response

在命令基类 CBaseCommand 中还定义了统一的 Response 生成及发送机制,该机制使得所有命令子类只需通过如下代码即可向客户端发送命令响应消息。

```
class CXXXXXXX(CBaseCommand):                           # 任意 CBaseCommand 子类
    command_id = 0x00xxxxxx                             # 定义命令 ID
    def Run(self):
        respond = self.GetResp()                        # 生成 Response
        respond.SetErrorCode(BaseCommand.CS_XXX)        # 如果有错误,则设置错误代码
        respond.Send()                                  # 发送 Response
```

其中用到的接口函数 GetResp()、Send()代码如下：

```
from twisted.internet import reactor

Class CBaseCommand(object):
    TypeResp = object                                   # Response 命令类
```

```python
    def GetResp(self):
        TypeResp = type(self).TypeResp                          # 获取 Response 命令类
        # 根据 Response 命令号是 Request 命令号最高位置 1 的规则设置命令 ID
        command_id = Util.int32_to_uint32(self.command_id)|0x80000000
        # 生成 Response 命令对象
        return TypeResp(protocol=self.protocol, request=self, command_id=command_id)

    # 调用 Twisted 的 TCP 信道发送接口
    def Send_Real(self):
        reactor.callFromThread(self.protocol.transport.write,self.data)
        print("data sent in transport %d : %s (%s)" %
            (id(self.protocol.transport),Util.asscii_string(self.data),self.data))

    # 发送
    def Send(self,internalMessage=None):
        body_string = ""
        if len(self.body)>0:
            body_string = json.dumps(self.body)                 # 生成消息体
        self.command_len = CBaseCommand.HEAD_LEN+len(body_string)
        if isinstance(self, CBaseRespCommand):
            self.command_seq = self.request.command_seq
        # 将消息头的 4 个变量打包为字节流
        self.data = struct.pack("!4I",self.command_len, self.command_id,
                        self.command_status, self.command_seq)
        self.data = self.data+body_string.encode('utf-8')

        if internalMessage is None:
            if self.protocol.HeaderTagType == 1:
                self.data = self.protocol.factory.SBMP_HEADERTAG + self.data
            self.Send_Real()
            return

        internalMessage.body = self.data
        internalMessage.Send()


class CBaseRespCommand(CBaseCommand):                           # Response 消息
    command_id = 0x80000000
    def __init__(self,data=None,protocol=None,request=None,command_id=None):
        CBaseCommand.__init__(self,data, protocol)
```

第13章 实战4：用 Twisted+SQLAlchemy+ZeroMQ 开发跨平台物联网消息网关

```
        self.request = request
        if command_id is not None:
            self.command_id = command_id

CBaseCommand.TypeResp = CBaseRespCommand          # 配置默认 TypeResp 为 CBaseRespCommand
```

对其解析如下。

- GetResp()函数首先根据"Response 命令号是 Request 命令号最高位置 1"的规则生成 Response 命令 ID，然后通过类属性 TypeResp 生成 Response 消息对象。
- TypeResp 默认为 object。当该属性没有被设为其他类型时，GetResp()函数使用 CBaseRespCommand 作为 Response 消息对象的类型，否则使用 TypeResp 指定的类。
- CBaseRespCommand 也是 CBaseCommand 的子类，所以它能使用 CBaseCommand 中定义的 Send()、SetErrorCode()等函数。
- 在 Send()函数中用 struct 和 json 库将命令属性打包为网络字节流。如果是内部协议命令，则使用内部通信引擎 internalMessage 进行发送，否则调用 Send_Real()函数直接向客户端发送。
- 作为实际的消息发送者，Send_Real()函数使用 reactor.callFromThread()函数将发送任务交给 Twisted 主线程。

注意：本节中解析的 Send()函数不仅可用于发送 Response 消息，也可作为服务器主动向客户端发送 Request 消息的工具函数。

13.4.6　错误机制

IotGatway 的错误返回机制围绕协议消息头中的 command_status 字段进行设计。在 Response 消息中，如果命令执行成功则将 command_status 置为 0，否则置为其他数值，并在消息体中返回错误描述文本 error_string。

CBaseCommand.SetErrorCode()函数用于实现上述机制，函数接收一个必要参数 command_status（错误码）和一个可选参数 error_string（错误字符串）。如果调用者没有传入 error_string，则通过字典 dictErrorString 自动获取 error_string，代码如下：

```
Class CBaseCommand(object):
    # 设置错误代码和错误字符串
    def SetErrorCode(self,command_status,error_string=None):
```

```
        self.command_status = command_status
        if command_status != CS_OK:                    # 如果不成功，则设置错误字符串
            if error_string is None:
                error_string = dictErrorString.get(command_status,"unknown error")
            self.body[PN_ERRORSTRING] = error_string
```

为了精简命令子类中的代码，在 CBaseCommand 中还提供了两个工具函数，用于快捷地发送 Response 消息：

```
class CBaseCommand(object):
    def SendResp(self):                                # 成功 Response 消息
        cmd_resp = self.GetResp()
        cmd_resp.Send()

    def SendUnauthorizedResp(self):                    # 未认证错误 Response 消息
        cmd_resp = self.GetResp()
        cmd_resp.SetErrorCode(CS_UNAUTHORIZED)
        cmd_resp.Send()
```

在 src/Command/BaseCommand.py 中定义了系统中的 command_status 和相应的 error_string：

```
CS_OK = 0                    # 成功
CS_DEVICEEXIST = 1           # 消息不存在
CS_DEVICEMODEL = 2           # 设备类型不存在
CS_DBEXCEPTION = 3           # 数据库错误
CS_PARAMLACK = 4             # 参数不足
CS_USERNAME = 5              # 用户名重复注册
CS_EMAIL = 6                 # 邮件重复注册
#......

dictErrorString = {
        CS_DEVICEEXIST:"device has exist",
        CS_DEVICEMODEL:"wrong model",
        CS_DBEXCEPTION:"database exception",
        CS_PARAMLACK: "parameter do not enough",
        CS_USERNAME: "user_name has been existed",
        CS_EMAIL: "email has been existed",
        # ......
}
```

此处只列出了部分错误代码和描述，读者可自行查看本书配套源文件并获得全部代码。

13.5　ZeroMQ 集群

本项目使用 ZeroMQ 实现了不同服务器之间的内部通信，从而实现了一个高冗余、可扩展的服务器应用集群。

13.5.1　内部接口设计

内部接口是指图 13.1 中的多台消息网关内部服务器之间的交互接口，当连接在不同服务器上的客户端之间需要通信时需要使用该接口。该接口基于 ZeroMQ 的 PUB/SUB 模型，从而实现了主机之间的分布式网状通信。

1. PUB/SUB 模型

ZeroMQ 是对 TCP 的进一步封装，屏蔽了底层的通信细节，开发者只须定义数据的接收方和发送来源即可进行消息通信。

PUB/SUB 是 ZeroMQ 最重要的通信模型，该模型的通信方式如图 13.5 所示。

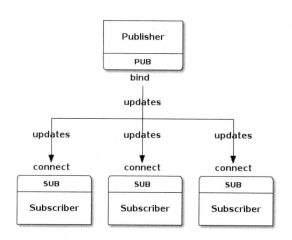

图 13.5　PUB/SUB 通信模型的通信方式

在该模型中，每个 Publisher 可以绑定在一个地址中；任何 Subscriber 都可以订阅该地址的消息；当 Publisher 发布消息时，ZeroMQ 会自动将该消息推送给所有 Subscriber。

与普通 TCP 的服务器、客户端通信不同的是，在 PUB/SUB 模型中，Subscriber 的订阅不依赖于 Publisher 已经绑定，即使在 Publisher 尚未启动时，Subscriber 也可以订阅该地址（当然，直到 Publisher 启动并发送消息后，Subscriber 才能从该地址收到消息）。这种松耦合的设计大大简化了通信开发者的编码过程。

> **注意**：除了 PUB/SUB，ZeroMQ 还有其他通信模型。由于消息中间件不在本书讲解的范围内，所以这里不再描述其他模型。

2. 协议设计

IotGateway 的内部服务器之间采用如下方式利用 PUB/SUB 模型进行通信。

- 所有服务器都有一个 Publisher 和一个 Subscriber。
- Publisher 绑定在本服务器的 5557 端口上，在本服务器需要发送消息时使用。
- Subscriber 订阅所有服务器的 5557 端口，用于接收来自所有服务器的消息。

这样，每个服务器就都可以与其他服务器收发消息了。内部通信协议如表 13.4 所示。

表 13.4 内部通信协议

部分（part）	字段	意义
Head	Type	消息类型
	destId	目的服务器ID
	destSock	目的服务器上的客户端Socket连接号
	operation	操作
From	fromId	来源服务器ID
	fromSock	来源客户端在来源服务器上的Socket连接号
Body	Body	在服务器之间转发的消息体

由表 13.5 可知，每条内部消息由 3 个 ZeroMQ Part 组成，分别标识消息目的地的信息（Head）、消息来源的信息（From）和消息体（Body）。其中 Head 和 From 具有 6 个定义好的字段，而 Body 可以是任何内容。

由于在 ZeroMQ 通信中不会发生普通 TCP 通信常见的粘包现象，因此在本协议中无须设置"包长度"等字段。

13.5.2　PUB/SUB 通信模型编程

在 IotGateway 集群的每个服务器上，使用一个 Publisher 向集群内的其他服务器发送消息，同时使用一个 Subscriber 接收其他服务器发来的消息，示例代码如下：

```python
import zmq                                               # ZeroMQ 包

context = zmq.Context()                                  # 初始化 zmq 上下文
socketSubscribe = context.socket(zmq.SUB)                # Subscriber 对象
socketPublish = context.socket(zmq.PUB)                  # Publisher 对象

PORT_PUBSUB=5557

# 将 Subscriber 连接到集群中的所有服务器地址，用来接收消息
socketSubscribe.connect("tcp://%s:%d" % (server1,PORT_PUBSUB))
socketSubscribe.connect("tcp://%s:%d" % (server2,PORT_PUBSUB))
socketSubscribe.connect("tcp://%s:%d" % (server3,PORT_PUBSUB))

# 用 Publisher 绑定到本地端口，用来发送消息
socketPublish.bind("tcp://*:%d" % (PORT_PUBSUB))

def ProcessMessage(head, from, body):                    # 消息处理函数
    # 此处省略处理逻辑，在需要时可调用如下函数向其他服务器发送消息
    socketPublisher.send_multipart(hear, from, body)

while True:
    try:
        [head,from_filter,body]=socketSubscribe.recv_multipart()   # 接收消息
        # 异步调用 ProcessMessage() 函数处理消息
        threads.deferToThread(ProcessMessage,head,from_filter,body)
    except:
        pass
```

对以上代码解析如下。

- 用 import 语句引入 ZeroMQ 的 Python 包 zmq，在使用之前需要获得一个 zmq 的上下文对象。

- 分别实例化 Publisher 对象和 Subscriber 对象。
- 用 connect()函数将 Subscriber 对象连接到集群内的所有主机上，代码中的 server1、server2、server3 等变量需要定义为服务器的真实 IP 地址。
- 用 bind()函数将 Publisher 绑定到本服务器的端口上，其中的"tcp://*"定义绑定本服务器的所有 IP 地址。
- 在一个循环中用 Subscriber 对象调用 recv_multipart()函数接收消息，当收到消息后用 Twisted 辅助线程进行异步处理。消息处理函数为 ProcessMessage()。
- 使用 Publisher 对象的 send_multipart()函数可以向集群内的所有服务器发送消息。

消息处理函数 ProcessMessage()按照表 13.4 分析收到的消息并按其中的消息类型（Type）字段进行不同消息的处理。有兴趣的读者可分析 IotGateway 项目的 SBPS/InternalMessage.py 文件，以学习协议处理的细节。

13.6　本章总结

对本章内容总结如下。

- 讲解物联网关的概念和适用场景，讲解 Twisted 框架与本书其他 3 个 Python 框架 Django、Tornado、Flask 的不同适用领域。
- 讲解安装物联网关项目 IotGateway，并使用模拟客户端 emuHuman.py 对其进行基本测试。
- 讲解物联网关数据模型的核心实体，即账号、中继器、设备、设备模型，使读者具备修改和移植该套数据模型到更多项目中的能力。
- 自定义 TCP 的设计方法，即使用 Head+JSON 的方式定义灵活、可扩展的协议。
- 使用 Twisted 在不同的操作系统下装载不同的 Reactor 以达到高并发的性能，即 Windows 中的 iocpreactor 和 Linux 中的 epollreactor。
- 使用 Twisted ServerFactory 子类中的成员变量管理客户端的连接对象。
- 使用 Twisted Protocol 子类解析、发送字节流。
- 讲解 TCP 流式协议的粘包、拆包编程处理技巧。
- 灵活运用 reactor.callFromThread()、threads.deferToThread()等函数进行线程间切换。
- 使用 threading.RLock()函数保护多线程共享资源操作。

第 13 章 实战 4：用 Twisted+SQLAlchemy+ZeroMQ 开发跨平台物联网消息网关

- 使用 struct.pack()函数和 struct.unpack()函数进行网络字节流与 Python 数据对象的转换。
- 使用 json.loads()函数和 json.dumps()函数进行 JSON 数据包的解析与字节流化。
- 讲解长连接应用在服务器端的设计与实现机制，即心跳、激活、超时断连。
- 讲解 IotGateway 的错误机制设计。
- 讲解使用 ZeroMQ 搭建服务器集群的原理和基本概念。

反侵权盗版声明

电子工业出版社依法对本作品享有专有出版权。任何未经权利人书面许可,复制、销售或通过信息网络传播本作品的行为;歪曲、篡改、剽窃本作品的行为,均违反《中华人民共和国著作权法》,其行为人应承担相应的民事责任和行政责任,构成犯罪的,将被依法追究刑事责任。

为了维护市场秩序,保护权利人的合法权益,我社将依法查处和打击侵权盗版的单位和个人。欢迎社会各界人士积极举报侵权盗版行为,本社将奖励举报有功人员,并保证举报人的信息不被泄露。

举报电话:(010)88254396;(010)88258888

传　　真:(010)88254397

E-mail: dbqq@phei.com.cn

通信地址:北京市万寿路173信箱　电子工业出版社总编办公室

邮　　编:100036